高 等 学 校 专 业 教 材

食品科学与工程类专业应用型本科教材

果蔬贮藏与加工

金昌海 主 编

鲁茂林 秦 文 执行主编

中国轻工业出版社

图书在版编目（CIP）数据

果蔬贮藏与加工/金昌海主编．—北京：中国轻工业出版社，2023.6

普通高等教育“十三五”规划教材

食品科学与工程类专业应用型本科教材

ISBN 978－7－5184－0995－2

Ⅰ．①果… Ⅱ．①金… Ⅲ．①果蔬保藏—高等学校—教材 ②果蔬加工—高等学校—教材 Ⅳ．①TS255.3

中国版本图书馆CIP数据核字（2016）第152825号

责任编辑：马　妍

策划编辑：马　妍　　责任终审：劳国强　　封面设计：锋尚设计

版式设计：锋尚设计　　责任校对：晋　洁　　责任监印：张　可

出版发行：中国轻工业出版社（北京东长安街6号，邮编：100740）

印　　刷：三河市万龙印装有限公司

经　　销：各地新华书店

版　　次：2023年6月第1版第4次印刷

开　　本：787×1092　1/16　印张：21.75

字　　数：480千字

书　　号：ISBN 978－7－5184－0995－2　定价：45.00元

邮购电话：010－65241695

发行电话：010－85119835　传真：85113293

网　　址：http://www.chlip.com.cn

Email：club@chlip.com.cn

如发现图书残缺请与我社邮购联系调换

230762J1C104ZBQ

本书编写人员

主　　编： 金昌海（扬州大学）

执行主编： 鲁茂林（扬州大学）

秦　文（四川农业大学）

副 主 编： 王兆升（山东农业大学）

苏　琳（内蒙古农业大学）

阚　娟（扬州大学）

刘　俊（扬州大学）

编　　者： 千春录（扬州大学）

刘杏荣（江苏大学）

张　清（四川农业大学）

庞凌云（河南农业大学）

李素清（四川农业大学）

出版说明

《国家中长期教育改革和发展规划纲要（2010—2020年）》颁布实施以来，我国职业教育进入到加快构建现代职业教育体系、全面提高技能型人才培养质量的新阶段。加快发展现代职业教育，实现职业教育改革发展新跨越，对职业学校“双师型”教师队伍建设提出了更高的要求。为此，教育部明确提出，要以推动教师专业化为引领，以加强“双师型”教师队伍建设为重点，以创新制度和机制为动力，以完善培养培训体系为保障，以实施素质提高计划为抓手，统筹规划，突出重点，改革创新，狠抓落实，切实提升职业院校教师队伍整体素质和建设水平，加快建成一支师德高尚、素质优良、技艺精湛、结构合理、专兼结合的高素质专业化的“双师型”教师队伍，为建设具有中国特色、世界水平的现代职业教育体系提供强有力的师资保障。

目前，我国共有60余所高校正在开展职教师资培养，但由于教师培养标准的缺失和培养课程资源的匮乏，制约了“双师型”教师培养质量的提高。为完善教师培养标准和课程体系，教育部、财政部在“职业院校教师素质提高计划”框架内专门设置了职教师资培养资源开发项目，中央财政划拨1.5亿元，系统开发用于本科专业职教师资培养标准、培养方案、核心课程和特色教材等系列资源。其中，包括88个专业项目，12个资格考试制度开发等公共项目。该项目由42家开设职业技术师范专业的高等学校牵头，组织近千家科研院所、职业学校、行业企业共同研发，一大批专家学者、优秀校长、一线教师、企业工程技术人员参与其中。

经过三年的努力，培养资源开发项目取得了丰硕成果。一是开发了中等职业学校88个专业（类）职教师资本科培养资源项目，内容包括专业教师标准、专业教师培养标准、评价方案，以及一系列专业课程大纲、主干课程教材及数字化资源；二是取得了6项公共基础研究成果，内容包括职教师资培养模式、国际职教师资培养、教育理论课程、质量保障体系、教学资源中心建设和学习平台开发等；三是完成了18个专业大类职教师资资格标准及认证考试标准开发。上述成果，共计800多本正式出版物。总体来说，培养资源开发项目实现了高效益：形成了一大批资源，填补了相关标准和资源的空白；凝聚了一支研发队伍，强化了教师培养的“校－企－校”协同；引领了一批高校的教学改革，带动了“双师型”教师的专业化培养。职教师资培养资源开发项目是支撑专业化培养的一项系统化、基础性工程，是加强职教教师培养培训一体化建设的关键环节，也是对职教师资培养培训基地教师专业化培养实践、教师教育研究能力的系统检阅。

自2013年项目立项开题以来，各项目承担单位、项目负责人及全体开发人员做了大量深入细致的工作，结合职教教师培养实践，研发出很多填补空白、体现科学性和前瞻性的成果，有力推进了“双师型”教师专门化培养向更深层次发展。同时，专家指导委员会的各位专家以及项目管理办公室的各位同志，克服了许多困难，按照两部对项目开发工作的总体要求，为实施项目管理、研发、检查等投入了大量时间和心血，也为各个项目提供了专业的咨询和指导，有力地保障了项目实施和成果质量。在此，我们一并表示衷心的感谢。

编写委员会

2016 年 3 月

前 言
Preface

为加快发展现代职业教育，实现职业教育改革发展新跨越，国家对职业学校“双师型”教师队伍建设提出了更高的要求。教育部、财政部通过在“职业院校教师素质提高计划”框架内设置专门的职教师资培养资源开发项目，系统开发用于本科专业职教师资培养标准、培养方案、核心课程和特色教材等系列资源来加快建设一支师德高尚、素质优良、技艺精湛、结构合理、专兼结合的高素质专业化的“双师型”教师队伍。根据教育部、财政部的要求，扬州大学牵头组织全国部分相关高等学校、职业学校、行业企业，承担了食品科学与工程专业职教师资培养资源的开发项目。《果蔬贮藏与加工》是本项目组完成的特色教材成果之一。

《果蔬贮藏与加工》课程教材的开发原则是重视学生的学科专业基础知识与能力、从事专业的知识与能力、行业企业实践能力和职业岗位操作能力的养成。在参考了国外优秀职教师资培养教材的基础上，以工作过程为导向，创新了有别于学科体系的教材架构。为了更好地体现职业性、专业性和师范性的特点，各章增加了“典型产品的贮藏或加工案例”“综合实验”等环节。并在此基础上对果蔬贮藏与加工的原料、主要产品的生产工艺与技术、工艺过程的分析与组织、原料和成品的检验、质量控制体系等进行了较为系统的介绍。

参加本教材编写的人员主要为扬州大学鲁茂林、阚娟、刘俊、千春录；四川农业大学秦文、张清、李素清；山东农业大学王兆升；内蒙古农业大学苏琳；江苏大学刘杏荣；河南农业大学庞凌云。具体执笔为：第一章和第二章由阚娟编写；第三章由千春录编写；第四章由庞凌云编写；第五章由秦文和李素清编写；第六章由刘杏荣编写；第七章由张清编写；第八章由鲁茂林编写；第九章由刘俊编写；第十章由王兆升编写；第十一章由苏琳编写。本教材由鲁茂林、秦文任执行主编，王兆升、苏琳、阚娟、刘俊任副主编，鲁茂林负责全书的设计与统稿工作。

本教材为高等院校食品科学与工程职教师资本科专业及应用型本科专业的主干课程教材，也可用于职业院校相关专业的教师培训教材，同时可供相关专业人员参考使用。教材编写是一项探索性的工作，难度较大，由于我们水平有限，教材中难免会有一些疏漏之处，恳请专家和广大读者予以指正，以便做进一步的修改完善。

编者

2016 年 3 月

目　录

Contents

CHAPTER 1

第一章 果蔬产品采后生理

[知识目标]

1. 了解果蔬产品采后生理的有关概念。
2. 掌握果蔬产品采后的成熟与衰老、乙烯与成熟衰老、呼吸、蒸腾、休眠等生理作用的基本理论。
3. 认识各种生理作用与果蔬产品贮运的关系。

[能力目标]

1. 掌握果蔬呼吸强度的测定方法和技能。
2. 能够准确使用相关仪器进行果蔬贮藏环境条件的测定。

第一节 呼吸生理

一、植物的代谢

代谢是维持生命各种活动过程中化学变化（包括物质合成、转化和分解）的总称。植物代谢的特点在于它能把环境中简单的无机物直接合成为复杂的有机物，因此植物是地球上最重要的自养生物。

植物的代谢，从性质上可分为物质代谢和能量代谢，从方向上可分为同化或合成和异化或分解。具体来说，植物从环境中吸收简单的无机物，经过各种变化，形成各种复杂的有机物，综合成为自身的一部分，同时把太阳光能转变为化学能，贮藏于有机物中。这种合成物质的同时获得能量的代谢过程，称为同化作用。反之，植物将体内复杂的有机物分解为简单的无机物，同时把贮藏在有机物中的能量释放出去，供生命活动用。这种分解物质的同时释放能量的代谢过程，称为异化作用。这种划分不是绝对的，其实在同化作用中有异化反应（如光合作用暗反应中消耗ATP，生成ADP和Pi），在异化作用中有同化反应（如呼吸作用中把ADP和Pi形成ATP）。

碳素营养是植物的生命基础。首先，植物体的干物质中有90%是有机化合物，而有机化合物都含有碳素（约占有机化合物质量的45%），碳素就成为植物体内含量较多的一种元素；其次，碳原子是组成所有有机化合物的主要骨架。碳原子与其他元素有各种不同形式的结合。因此，决定了这些化合物的多样性。

果蔬在采收之后，仍然是具有生命活动的生命体，其呼吸作用和蒸腾作用依旧进行，但由于离开了母体，失去了母体和土壤的水分及养分供应，其同化作用基本结束。因此，呼吸作用就成为新陈代谢的主体和其生命活动的重要标志。呼吸代谢集物质代谢与能量代谢为一体，是果蔬生命活动得以顺利进行的物质、能量和信息的源泉，是代谢的中心枢纽。

二、呼吸作用

呼吸作用是生物界非常普遍的现象，是生命存在的重要标志。果蔬的呼吸作用是呼吸底物在一系列酶参与的生物氧化下，经过许多中间环节，将生物体内的复杂有机物分解为简单物质，并释放出化学键能的过程。依据呼吸过程中是否有氧的参与，可将呼吸作用分为有氧呼吸和无氧呼吸两大类型。

（一）有氧呼吸

有氧呼吸是在有氧参与的情况下，将本身复杂的有机物（糖、淀粉、有机酸及其他物质）逐步分解为简单物质（H_2O和CO_2），并释放能量的过程。以已糖为呼吸底物时，有氧呼吸的总反应式是：

$$C_6H_{12}O_6 + 6O_2 \longrightarrow 6CO_2 + 6H_2O + 2.87 \times 10^6 J\ (674kcal)$$

呼吸作用释放的能量，少部分以ATP、NADH和NADPH的形式贮藏起来，为果蔬体内生命活动过程所必需，大部分以热能的形式释放到体外。在正常情况下，有氧呼吸是高等植物进行呼吸的主要形式。然而，在各种贮藏条件下，大气中的O_2量可能受到限制，不足以维持完全的有氧代谢，植物也被迫进行无氧呼吸。有氧呼吸是主要的呼吸方式，它是从空气中吸收O_2，将糖、有机酸、淀粉及其他物质氧化分解为CO_2和H_2O，同时放出能量的过程。这种生物氧化过程释放的能量并非全部以热量的形式散发，而是一步步借助于载体——高能磷酸键来传递，同时释放出热量。

（二）无氧呼吸

无氧呼吸是指在无O_2参与的条件下，把某些有机物分解成不彻底的氧化产物，同时释放出部分能量的过程。这时，糖酵解产生的丙酮酸不再进入三羧酸循环，而是生成乙醛，然后还原成乙醇。以已糖为呼吸底物时，其反应式是：

$$C_6H_{12}O_6 \longrightarrow 2C_2H_5OH + 2CO_2 + 1.00 \times 10^5 J\ (24kcal)$$

无氧呼吸释放的能量很少。为了获得同等数量的能量，要消耗远比有氧呼吸为多的呼吸底物。而且，无氧呼吸的最终产物为乙醛和酒精，这些物质对细胞有毒性，浓度高时还能杀死细胞。从这些方面来看，无氧呼吸是不利的或是有害的。但有些植物的器官内层组织，处在气体交换比较困难的位置，经常缺氧，如薯类。这些产品的正常呼吸中包括部分缺氧呼吸，这是植物对环境的适应；只是这种无氧呼吸在整个呼吸中所占的比例不大。

由于呼吸作用同各种果蔬的生理生化过程有着密切的联系，并制约着生理生化变化，因此必然会影响果蔬采后的品质、成熟、耐贮性、抗病性以及整个贮藏寿命。呼吸作用越旺盛，各种生理生化过程进行得越快，采后寿命就越短。因此在果蔬采后贮藏和运输过程中要设法抑制呼吸，但又不可过分抑制，应该在维持产品正常生命过程的前提下，尽量使呼吸作用进行得缓慢一些。

（三）呼吸作用的生理意义

呼吸作用对植物生命活动具有十分重要的意义，主要表现在以下三个方面。

1. 提供植物生命活动所需要的大部分能量

呼吸作用释放能量的速度较慢，而且逐步释放，适合于细胞利用。释放出来的能量，一部分转变为热能而散失掉，另一部分以 ATP 等形式贮存着。当 ATP 在 ATP 酶作用下分解时，就把贮存的能量释放出来，以不断满足植物体内各种生理过程对能量的需要，未被利用的能量就转变为热能而散失掉。

2. 中间产物是合成植物体内重要有机物质的原料

呼吸过程产生一系列的中间产物，这些中间产物很不稳定，成为进一步合成植物体内各种重要化合物的原料，在植物体内有机物转变中起着枢纽作用。由于呼吸作用供给能量以带动各种生理过程，其中间产物又能转变为其他重要的有机物，当呼吸作用发生改变时，中间产物的数量和种类也随之而改变，从而影响着其他物质代谢过程。

3. 增强植物抗病免疫能力

在植物和病原微生物的相互作用中，植物依靠呼吸作用来氧化分解病原微生物所分泌的毒素，以消除其毒害。植物受伤或受到病菌侵染时，也通过旺盛的呼吸，促进伤口愈合，加速木质化或栓质化，以减少病菌的侵染。此外，呼吸作用的加强还可促进具有杀菌作用的绿原酸、咖啡酸等的合成，以增加植物的免疫能力。

三、果蔬采后的呼吸作用

（一）基本概念

1. 呼吸强度

呼吸强度是衡量呼吸作用强弱的一个指标，在一定的温度下，用单位时间内单位质量来产品放出的 CO_2 或吸收的 O_2 的量来表示，常用单位为 $mgCO_2$/（kg·h）或 mgO_2/（kg·h）。以 CO_2 或 O_2 的容积计［mL/（kg·h）］时，可称为呼吸速率。呼吸强度是表示组织新陈代谢的一个重要指标，是估计产品贮藏潜力的依据，呼吸强度越大说明呼吸作用越旺盛，营养物质消耗得越快，会加速产品衰老，缩短贮藏寿命。常见果蔬的呼吸强度见表 1－1。

表 1－1　不同温度下各种果蔬的呼吸强度　单位：$mgCO_2$/（kg·h）

产品	温度					
	0℃	4～5℃	10℃	15～16℃	20～21℃	25～27℃
夏苹果	3～6	5～11	14～20	18～31	20～41	—
秋苹果	2～4	5～7	7～10	9～20	15～25	—

续表

产品	温度					
	0℃	4~5℃	10℃	15~16℃	20~21℃	25~27℃
杏	5~6	6~9	11~19	21~34	29~52	—
草莓	12~18	16~23	49~95	71~62	102~196	169~211
甘蓝	4~6	9~12	17~19	20~32	28~49	49~63
胡萝卜	10~20	13~26	20~42	26~54	46~95	—
花椰菜	16~19	19~22	32~36	43~49	75~86	84~140
芹菜	5~7	9~11	24	30~37	64	—
甜樱桃	4~5	10~14	—	25~45	28~32	—
柠檬	—	—	11	10~23	19~25	20~28
黄瓜	—	—	23~29	24~33	14~48	19~55
猕猴桃	3	6	12	—	16~22	—
杧果	—	10~22	—	45	75~151	120
蘑菇	28~44	71	100	—	264~316	—
菠菜	19~22	35~58	82~138	134~223	172~287	—

资料来源：美国农业部，《农业手册》66卷，果蔬花卉商业性贮藏，1986。

2. 呼吸热

果蔬呼吸过程中所释放的热量，只有一小部分用于维持生命活动及合成新物质，大部分都以热能的形态释放至体外，使果蔬体温和环境温度升高，这种释放的热量称为呼吸热。由于果蔬采后呼吸作用旺盛，释放出大量的呼吸热，当大量产品采后堆积在一起或长途运输缺少通风散热装置时，由于呼吸热无法散出，产品自身温度会升高，而温度升高又会使呼吸增强，放出更多的热，形成恶性循环，缩短贮藏寿命。因此，贮藏中通常要尽快排除呼吸热，降低产品温度。但在北方寒冷季节，环境温度低于产品要求的温度时，产品可以利用自身释放的呼吸热进行保温，防止冷害和冻害的发生。

根据呼吸反应方程式，消耗1mol己糖产生6mol（264g）CO_2，并放出2870kJ自由能，以此计算，则每释放1mg CO_2，应同时释放10.87J的热能。假设这些能全部转变为呼吸热，则可以通过测定果蔬的呼吸强度计算呼吸热。以下是呼吸热的计算公式。

$$\text{呼吸热}\ [\mathrm{J/(kg\cdot h)}] = \text{呼吸强度}\ [\mathrm{mg/(kg\cdot h)}] \times 10.87\mathrm{J/mg} \qquad (1-1)$$

3. 呼吸商

呼吸商（RQ），也称呼吸系数或气体交换率，是指一定质量的果蔬，在一定时间内，释放CO_2与吸收O_2的体积之比或物质的量之比，即指呼吸作用所释放的CO_2和吸收的O_2的分子比。即$RQ = V_{CO_2}/V_{O_2}$，RQ的大小与呼吸状态和呼吸底物有关。不同呼吸底物有着不同的RQ值，通过测定植物不同组织或器官的RQ，可以判断呼吸底物的类型。例如，以糖为呼吸底物时，

$RQ=1.0$；以有机酸（苹果酸）为底物时，$RQ=1.3>1.0$；以脂肪为呼吸底物时，$RQ=0.69<1.0$。在正常情况下，以糖为呼吸底物，当 $RQ>1$ 时，可以判断出现了无氧呼吸，这是因为无氧呼吸只释放 CO_2而不吸收 O_2，因此整个呼吸过程的 RQ 值就要增大。

不过，呼吸商往往还受到许多其他因素的影响而变得更为复杂。例如，无氧呼吸时，没有 O_2的吸收，只有 CO_2的释放，此时 RQ 值为无穷大；当植物体内发生物质的转化，呼吸作用中间产物用于其他物质的生物合成时，RQ 值会受到影响；植物体内往往是多种呼吸底物同时进行呼吸作用，其呼吸商实际上是这些物质氧化时细胞耗 O_2量和释放 CO_2量的总体结果。

（二）果蔬采后呼吸作用

果蔬呼吸速率的高低与果蔬的生长发育有密切关系。根据采后呼吸强度的变化曲线，呼吸作用又可以分为呼吸跃变型和非呼吸跃变型两种类型。有一类果实的呼吸强度在幼果发育阶段不断下降，此后在成熟开始时，呼吸强度急剧上升，达到高峰后便转为下降，直到衰老死亡，伴随呼吸高峰的出现，体内的代谢发生很大的变化，这一现象被称为呼吸跃变。具有呼吸跃变的果实称为跃变型果实，如苹果、梨、桃、李、杏、柿、香蕉、油梨、杧果、无花果、西瓜、香瓜、哈密瓜、番茄等果实。

进一步研究表明并非所有的果实在完熟时期都出现呼吸高峰，不产生呼吸高峰的果实称为非跃变型果实，包括甜橙、红橘、温州蜜柑、柠檬、柚、葡萄柚、葡萄、草莓、荔枝、菠萝、灯笼椒、黄瓜等。

不同种类的跃变型果实其呼吸跃变高度和出现的时间不完全相同。果蔬呼吸模式不能单纯从呼吸强度的高低和呼吸峰的出现与否加以判断。有些果实如苹果留在树上也可以出现呼吸高峰，但与采摘下来的果实相比，其高峰出现的时间和高度是有差异的。另外一些果实如油梨，由于留在母树上可以持续不断地生长，不能成熟，因此无呼吸高峰出现，它只有在离开母体以后才会成熟，故呼吸高峰的出现也只限于离体果实。呼吸跃变的发生并不只限于将成熟的果实，某些未长成的幼果（如苹果、桃、李等）采后放置一段时间，或早期脱落的幼果，也可发生短期的呼吸跃变，甚至某些非跃变型的果实如甜橙，将其幼果采摘下来，也可出现呼吸跃变现象，而长成的果实反而没有此现象。此类果实呼吸跃变并未伴有成熟过程，因而称之为伪跃变现象。因此，判断呼吸跃变型和非呼吸跃变型应从多方面因素综合评价。

（三）跃变型果实与非跃变型果实的区别

跃变型果实与非跃变型果实的区别，不仅在于成熟时期是否出现呼吸跃变，两者在内源乙烯的产生和对外源乙烯的反应等方面均有很大差异。

1. 内源乙烯含量不同

所有的果实在发育期间都产生微量的乙烯。然而在完熟期内，跃变型果实所产生乙烯的量比非跃变型果实多得多，而且跃变型果实在跃变前后其内源乙烯的量变化幅度很大；非跃变型果实的内源乙烯一直维持在很低的水平，没有产生上升现象。对于跃变型果实和非跃变型果实在成熟期间内源乙烯生成量的巨大差异，引起了许多学者的关注。Kidd 等最早用乙烯短时间处理跃变前期的苹果果实，发现不仅能提前启动呼吸跃变的时间，还能促进组织内乙烯产生自动催化作用，产生大量内源乙烯。McMurchic 等人（1972）在前人研究的基础上用500mg/kg 的丙烯（相当于5mg/kg 乙烯）代替乙烯启动果实成熟，以研究完熟开始时期的变化和对自动催化的诱导，试验在香蕉上获得成功，不仅生成大量乙烯，并引起呼吸跃变。由此提出植物体内存在有两套乙烯合成系统的理论，认为所有植物组织在生长发育过程中都能合成并释放微量乙烯，这种乙烯的合成系统称为系统Ⅰ。就果实而言，非跃变型果实或未成熟的跃变型果实所产生的乙烯，都是来自乙烯合成系统Ⅰ。而跃变型果实在完熟期前期合成并大量释放的乙烯，则是由另一个系统产生的，称为乙烯合成系统Ⅱ，它既可以随果实的自然完熟而产生，也可被外源乙烯所诱导。当跃变型果实内源乙烯积累到一定限值，便出现生产乙烯的自动催化作用，产生大量内源乙烯，从而诱导呼吸跃变和完熟期生理生化变化的出现。系统Ⅱ引发的乙烯自动催化作用一旦开始即可自动催化下去，即使停止施用外源乙烯，果实内部的各种完熟反应仍然继续进行。非跃变型果实只有乙烯生物合成系统Ⅰ，缺少系统Ⅱ，如将外源乙烯除去，则各种完熟反应便停止了。根据 McMurchic 的理论和大量实验结果，可以认为跃变型果实与非跃变型果实的第一个区别是两者组织内存在有两种不同的乙烯生物合成系统。几种跃变型和非跃变型果实内源乙烯含量见表 1－2。

表 1－2　　几种跃变型和非跃变型果实内源乙烯含量（S. P. Burg）

跃变型果实	乙烯/（mg/m^3）	非跃变型果实	乙烯/（mg/m^3）
苹果	25～2500	柠檬	0.11～0.17
桃	0.9～20.7	酸橙	0.30～1.96
油桃	3.6～602	橙	0.13～0.32
香蕉	0.05～2.1	菠萝	0.16～0.40

2. 对外源乙烯的刺激反应不同

对跃变型果实来说，外源乙烯只有在呼吸跃变前期施用才有效果，它可引起呼吸作用上升和内源乙烯的自动催化作用，这种反应是不可逆的，一旦反应发生即可自动进行下去。而且在呼吸高峰出现以后，果实就达到完全成熟阶段。非跃变型果实任何时候都可以对外源乙烯发生反应，但将外源乙烯除去，则由外源乙烯所诱导的各种生理生化反应便停止了，呼吸作用又回复到原来的水平。与跃变型果实不同的是呼吸高峰的出现并不意味着果实已完全成熟。

3. 对外源乙烯浓度的反应不同

不同浓度的外源乙烯对两种不同类型的果实呼吸作用的影响是不同的。对跃变型果实来说，提高外源乙烯浓度，果实呼吸跃变出现的时间可以提前，但不改变跃变的高度，乙烯浓度的改变与跃变期提前的时间大致呈对数关系；对非跃变型果实来说，提高外源乙烯浓度，可提高呼吸跃变的高度，但不能提早呼吸跃变出现的时间。

四、影响呼吸作用的因素

果蔬在贮藏过程中的呼吸作用与产品贮藏寿命密切相关，呼吸强度越大所消耗的营养物质越多。因此，在不妨碍果蔬正常生理活动和不出现生理病害的前提下，应尽可能降低它们的呼吸强度，减少营养物质的消耗，延长果蔬贮藏的寿命。影响呼吸强度的因素很多，概括起来主要有如下几种。

（一）果蔬产品本身因素

1. 种类与品种

园艺产品的呼吸强度相差很大，这是由遗传特性决定的。一般来说，热带、亚热带果实的呼吸强度比温带果实的呼吸强度大，高温季节采收的产品比低温季节采收的大；就种类而言，浆果的呼吸强度较大，柑橘类和仁果类果实的较小；同一种类果实，不同品种之间的呼吸强度也有很大的差异。例如，同是柑橘类果实，柑橘的呼吸强度约是甜橙的两倍。蔬菜中叶菜类呼吸强度最大，果菜类次之，根菜类最小。晚熟品种的呼吸强度大于早熟品种。

2. 同一器官的不同部位

果蔬同一器官的不同部位，其呼吸强度的大小也有差异。如蕉柑的果皮和果肉的呼吸强度有较大的差异。果蔬的皮层组织呼吸强度大，果皮、果肉、种子的呼吸强度都不同，柑橘果皮的呼吸强度大约是果肉组织的10倍，柿的蒂端比果顶的呼吸强度大5倍。这是由于不同部位的物质基础不同，氧化还原系统的活性及组织的供氧情况不同而造成的。

3. 发育年龄和成熟度

在果蔬的个体发育和器官发育过程中，幼嫩组织呼吸强度较高，随着生长发育，呼吸作用逐渐下降。成熟的瓜果和其他蔬菜，新陈代谢强度降低，表皮组织和蜡质、角质保护层加厚并变得完整，呼吸强度较低，则较耐贮藏。一些果实如番茄在成熟时细胞壁中胶层溶解，组织充水，细胞间隙被堵塞而使体积缩小，因此会阻碍气体交换，使得呼吸强度下降。块茎、鳞茎类蔬菜在田间生长期间呼吸作用不断下降，进入休眠期，呼吸降至最低点，休眠结束，呼吸再次升高。总之，不同发育年龄的果蔬，细胞内原生质发育的程度不同，内在各细胞器的结构及相互联系不同，酶系统及其活力和物质的积累情况也不同，因此所有这些差异都会影响果蔬的呼吸。

（二）影响呼吸作用的外界因素

1. 温度

温度是影响果蔬呼吸作用最重要的环境因素。在植物正常生活的条件下，温度升高，酶活力增强，呼吸强度相应增大。

一般说来，果蔬产品在低温下贮藏（各种果蔬产品耐受低温能力不同，原则上是在冷害温度以上），呼吸较弱，随着温度升高，呼吸作用增强，但温度超过35～40℃时，呼吸强度反而下降，这是因为过高的温度可引起蛋白质和酶变性，致使酶活力受到抑制或破坏。也可能由于高温使呼吸加强后，组织内外气体交换的速度满足不了组织内部对O_2的需要，因而造成内层组织缺氧和积累CO_2，而使呼吸作用受到抑制。

此外，贮藏温度经常波动，还会造成空气中的水分在果蔬表面凝结为冰珠，这就为霉菌生长提供了适宜条件，造成果蔬腐烂。再则，从几种蔬菜的测定表明，贮藏温度经常波动对细胞原生质有刺激作用，因而促进呼吸。

为了抑制果蔬产品在贮藏期间的呼吸作用，不能简单地认为贮藏温度越低越好。不同种类的果实和蔬菜，根据原产地带来的历史发育特性，都有一个适宜的低温限度，一般对冷害不太敏感的果蔬，如苹果、梨、甘蓝、花椰菜、豌豆等，最佳贮藏温度约在0℃左右（-1～4℃），一些喜温果蔬如香蕉、菠萝、番茄、辣椒、甘薯等，最佳贮藏温度约在10℃左右。这种适宜的低温限度，还因品种、成熟度而改变（图1-1）。

2. 相对湿度

相对湿度是人们用来表示空气湿度的常用名词术语，其定义是指一定温度下空气中的水蒸气压与该温度下饱和水蒸气压的百分比。

相对湿度对呼吸的影响，就目前来看还缺乏系统深入的研究，但这种影响在许多贮藏实例中确有反映。为了抑制果蔬在贮藏期间的呼吸作用，产品收获后轻微晾晒或风干，有利于降低

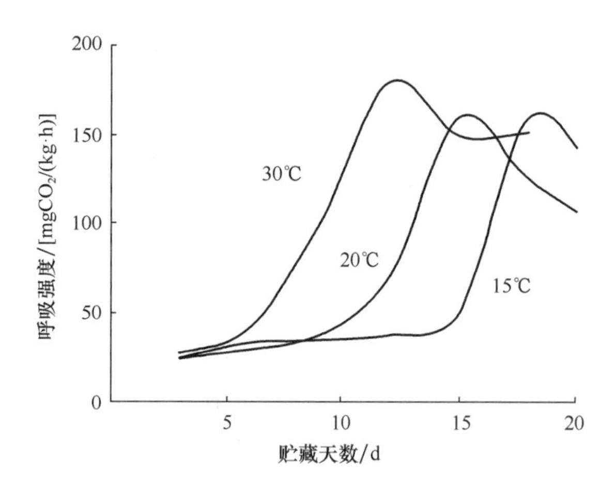

图 1-1 香蕉果实后熟过程中呼吸强度和温度的关系

呼吸强度。不过这种处理的效果因果蔬种类而有差异，如大白菜、菠菜以及某些果菜类，采收后稍经晾晒有抑制呼吸强度的作用，在温度较高时这种抑制作用表现得更明显；但薯芋类如甘薯、马铃薯、芋头等则要求高湿度，干燥反而会促进呼吸；洋葱贮藏要求低温，干燥可抑制呼吸；跃变型果实如香蕉，在相对湿度 80% 以下，可以正常后熟，不曾出现呼吸跃变上升，但在相对湿度 90% 以上，则表现正常呼吸跃变，在接近饱和的相对湿度下对防止香蕉遭受冷害有一定的保护作用。

3. 环境气体成分

贮藏环境中影响果蔬产品的气体主要是 O_2、CO_2 和乙烯。在正常的空气中，O_2 大约占 21%，CO_2 占 0.03%。在果蔬正常呼吸作用与外界环境进行气体交换中，需要不断地吸收 O_2 和释放 CO_2。因此适当降低贮藏环境中氧的浓度，或增加 CO_2 浓度，不仅可抑制果蔬呼吸作用的进行，降低呼吸强度，同时还可以抑制内源乙烯的生物合成，有利于延长果蔬的贮藏寿命。当 O_2 浓度低于 10% 时，呼吸强度明显降低，但 O_2 浓度低于 2% 有可能产生无氧呼吸，乙醇、乙醛大量积累，造成缺氧伤害。O_2 和 CO_2 的临界浓度取决于果蔬种类、温度和在该条件下的持续时间。

一般来说，果蔬在采后贮藏时期，其成熟进程、呼吸作用及乙烯的释放三者几乎是同步进行的，凡能控制乙烯生成的措施，就可以抑制呼吸作用和延缓成熟进程，反之，则促进呼吸作用和促进成熟进程。

4. 机械损伤与病虫害

果蔬在采收、采后处理及贮运过程中，很容易受到机械损伤。果蔬受机械损伤后，呼吸强度和乙烯的产生量明显提高。组织因受伤引起呼吸强度不正常的增加称为“伤呼吸”。果蔬受伤后，造成开放性伤口，可利用的氧增加，呼吸强度增加。试验证明，表面受伤的果实比完好的果实的氧消耗高 63%，摔伤了的苹果中乙烯含量比完好的果实高得多，促进呼吸高峰提早出现，不利于贮藏。果蔬表皮上的伤口，给微生物的侵染提供了入口，此外，微生物在产品上生长发育，也促进了呼吸作用，不利于贮藏。

5. 植物激素及其他

植物激素有两大类，一类是生长激素，如生长素、赤霉素和细胞分裂素等，有抑制呼吸、防止衰老的作用；另一类是成熟激素，如乙烯、脱落酸，有促进呼吸、加速成熟的作用。在贮藏中控制乙烯生成，降低乙烯含量，是减缓成熟、降低呼吸强度的有效方法。对果蔬采取涂膜、包装、避光等措施，以及辐照等处理，均可以不同程度地抑制产品的呼吸作用。

综上所述，影响呼吸强度的因素是多方面的、复杂的。这些因素之间不是孤立的，而是相互联系、相互制约的。由于果蔬贮藏中，外界环境中多种因素同时共同作用于果蔬，影响果蔬的呼吸强度。因此，在贮藏中不能片面强调哪个因素，而要综合考虑各种因素的影响，采取正确的保鲜措施，才能达到理想的贮藏效果。

第二节　蒸腾生理

一、蒸腾作用

蒸腾作用是指植物体内的水分以气态方式从植物的表面向外界散失的过程。蒸腾作用对果蔬保鲜影响很大。新鲜果蔬的含水量高达85% ~96%，产品采后因蒸腾作用脱水而导致果蔬的失重和失鲜，引起组织萎蔫，严重影响商品外观和贮藏寿命。蒸腾作用与物理学的蒸发过程不同，蒸腾作用不仅受外界环境条件的影响，而且还受植物本身的调节和控制，因此它是一种复杂的生理过程。

成长植物的蒸腾部位主要在叶片。叶片蒸腾有两种方式：一是通过角质层的蒸腾，称为角质蒸腾；二是通过气孔的蒸腾，称为气孔蒸腾。一般植物成熟叶片的角质蒸腾，仅占全部蒸腾量的3% ~5%。因此，气孔蒸腾是植物蒸腾作用的主要方式。

二、蒸腾作用对果蔬的影响

（一）失重和失鲜

失重又称自然损耗，是指贮藏过程中蒸腾失水和干物质损耗所造成质量的减少。失水是失重的重要原因。失水会引起产品失鲜，即品质方面的损失。几种蔬菜在贮藏过程中的自然损耗情况见表1-3。一般情况下，易腐果蔬失水5%时，表皮出现皱缩，光泽消失，味道变劣，维生素C的含量也降低。果蔬的水分蒸腾不但直接造成经济损失，而且引起果蔬品质方面的损失。

表1-3　一些蔬菜在贮藏过程中的自然损耗率　单位:%

种类	贮藏天数		
	1d	4d	10d
油菜	14	33	—
菠菜	24.2	—	—
莴苣	18.7	—	—

续表

种类	贮藏天数		
	1d	4d	10d
黄瓜	4.2	10.5	18.0
茄子	6.7	10.5	—
番茄	—	6.4	9.2
马铃薯	4.0	4.0	6.0
洋葱	1.0	4.0	4.0
胡萝卜	1.0	9.5	—

（二）破坏正常代谢过程

果蔬的蒸腾失水会引起组织代谢失调。果蔬水分蒸腾时，组织发生萎蔫，正常的呼吸作用受到干扰，正常的生理代谢遭到破坏。当果蔬出现萎蔫时，水解酶活力提高，造成果蔬干黄、变软。有研究发现，组织过度缺水会引起脱落酸含量增加，并且刺激乙烯合成，加速器官的衰老和脱落。严重脱水时，细胞液浓度增高，有些离子浓度过高会引起细胞中毒。但是，也有部分产品例外，在采后通过少量的失水来延长贮藏期，如洋葱、大蒜在贮藏前要进行适当的晾晒，加速鳞片的干燥，促进产品休眠等。

（三）降低耐藏性和抗病性

蒸腾萎蔫引起正常的代谢作用被破坏，水解过程加强，细胞膨压下降，造成结构特性改变，这些都会影响果蔬的耐藏性和抗病性。例如，萎蔫的甜菜腐烂率显著增加，萎蔫程度越高，腐烂率越大（表1-4）。

表1-4　萎蔫对甜菜腐烂率的影响

萎蔫程度	腐烂率/%	萎蔫程度	腐烂率/%
新鲜材料	—	失水17%	65.8
失水7%	37.2	失水28%	96.0
失水13%	55.2		

三、影响果蔬蒸腾作用的因素

果蔬的蒸腾作用主要受产品自身和环境因素的影响。

（一）果蔬自身因素

1. 果蔬的比表面积

比表面积指果蔬单位质量（或体积）所具有的表面积，果蔬的比表面积越大，由表面蒸腾导致的失水量就越多。叶菜的比表面积最大，蒸发最旺盛，因此叶菜类在贮运中最易脱水萎蔫；贮藏器官（块根、地下茎、球根和成熟果实）比表面积小，则蒸腾作用相对缓慢。同一条件下，同等质量的果蔬，个体小的比个体大的失水相对多些。

2. 表面保护结构

果蔬表皮及表皮下的组织结构，对蒸腾失水速率有明显的影响，特别是与表面开孔（皮孔和气孔）的数目、蜡质层结构及厚度有关。蔬菜组织水分容易蒸腾和迅速萎蔫的重要原因是细胞大和细胞间隙大，叶比表面积大，单行排列，角质化程度低。叶菜类蔬菜水分蒸腾主要通过气孔，而许多果实和贮藏器官只有皮孔而没有气孔。果蔬在成熟过程中不断形成保护层，如角质层、蜡质层等，故较成熟的果实水分蒸发量远低于未成熟的果蔬。

3. 细胞的持水力

果蔬水分蒸腾的速度与细胞中可溶性物质和亲水性胶体的含量有关，原生质亲水胶体和固形物含量高的细胞有高渗透压，可阻止水分向细胞壁和细胞间隙渗透，细胞的持水性好，不利于蒸发作用的进行。例如，洋葱的水分含量一般比马铃薯高，但在同样条件下，洋葱的水分损失反较马铃薯为少，这与洋葱中细胞原生质的亲水胶体及可溶性固形物含量多，其细胞持水力高密切相关。

4. 机械伤和病虫害

机械伤、病虫害等会破坏产品表皮保护组织的完整性，因此受伤部位的水分蒸发会更明显。当果蔬的表面受机械损伤后，伤口破坏了表面的保护层，使皮下组织暴露在空气中，因而容易失水。表面组织在遭到病虫害时也会造成伤口，从而增加水分的损失。

（二）外界环境因素

1. 温度

温度对水分蒸发的影响，是通过对空气的饱和湿度的影响来实现的。温度越高，空气的饱和湿度越大，从而引起湿度饱和差的增大，水分蒸发作用就越强。例如，在相对湿度 90% 下，10℃空气比 0℃空气中可容纳的水蒸气更多，因而 10℃空气中产品的失水速度比 0℃中的大约快 2 倍。当温度下降到饱和蒸汽压等于绝对蒸汽压时，就会发生结露现象，产品表面出现凝结水。反之，随温度下降，饱和差变小，果蔬的失水也相应变慢和减少。

2. 空气湿度

直接影响蒸发作用的是空气的湿度饱和差，这也是最主要的影响因素。一定的温度下，一般空气中水蒸气的量小于其所能容纳的量，存在饱和差，也就是其蒸汽压小于饱和蒸汽压。新鲜的果蔬组织中充满水，其蒸汽压一般是接近饱和的，高于周围空气的蒸汽压，水分就蒸腾，其快慢程度与饱和差成正比。因此，在一定温度下，绝对湿度或相对湿度大时，饱和差小，蒸腾就慢。在果蔬贮藏保鲜环境中，空气相对湿度越大，越不易发生蒸发作用，因此在实际应用过程中，常采用地面洒水、喷雾、在通风口导入湿空气等方法，保持贮藏库中较高的相对湿度，减少水分的蒸发。

3. 空气流速

贮藏环境中空气流动可把果蔬周围空气中的水汽带走。空气流动速度大，叶面气孔外水蒸气扩散层被吹散，减少附在果蔬表面层的水汽，增大果蔬表面附近水蒸气压差，水分蒸发快。空气流动会带走空气中的水分，改变空气的相对湿度，促进水分的蒸发。

4. 气压

气压也是影响蒸腾的主要因素之一。气压降低，沸点降低，越容易蒸发。一般在常压下贮藏，气压是正常的一个大气压，对果蔬水分蒸发影响不大。但采用减压技术进行预冷或贮藏时，水分沸点降低，可很快蒸散。因果蔬组织结构不同，气压对果蔬蒸腾失水的效果也不同。

四、控制蒸腾失水的措施

（一）降低温度

温度是影响果蔬水分蒸腾的主要因素。一方面，低温抑制代谢，对减轻失水起一定作用；另一方面，低温下饱和湿度小，产品自身蒸散的水分能明显增加环境相对湿度，失水缓慢。但低温贮藏时，应避免温度较大幅度地波动，以防止产品表面结露，引起腐烂。而且，迅速降温是减少果蔬蒸腾失水的首要措施。

（二）提高湿度

减少果蔬失水的另一有效措施是提高空气的湿度。然而高湿又对霉菌生长有利，易造成产品腐烂。采后配合使用杀菌剂可解决这一问题。增加空气湿度的方法比较简单，可以用地面洒水、采用自动加湿器向库内喷雾或喷蒸汽、库内挂湿帘等简单措施，以增加环境空气中的含水量，达到抑制蒸腾的目的。

（三）控制空气流速

空气流速较快，容易带走水分。空气流动虽然有利于产品散发热量，但风速对果蔬失水有很大的影响。空气在果蔬表面流动得越快，果蔬的失水率就越大。降低空气流速，可以有效地保持水分，减缓蒸腾速度。可通过控制风机在低速下运转，或者缩短风机开动的时间，以减少水分的损失。

（四）包装、打蜡或涂膜

良好的包装是减少果蔬水分损失和保持新鲜的有效方法之一。包装降低失水的程度取决于包装材料对水蒸气的透性，聚乙烯薄膜是较好的防水材料，它们的透水速度比纸或纤维板要低，尽管如此，纸袋或纤维板包装仍比无包装散堆的产品失水要少。打蜡和涂膜不但可减少果蔬水分的蒸腾，还可以增加产品的光泽和改善商品的外观。可以在产品表面打蜡或涂膜，然后再加上适当的包装，防止产品失水。

第三节　休眠生理

一、休眠现象

休眠是植物为了躲避外界不良的环境条件及本身的生理需要而进入生长暂时停滞阶段的现象。在休眠期，果蔬的各种生理代谢处于最低状态，营养物质的消耗也处于很低的水平。对果蔬贮藏来说，休眠是一种有利的生理现象。可充分利用蔬菜的休眠特性，以便达到延长贮藏期的目的。

不同种类果蔬的休眠期长短不同，大蒜的休眠期一般为60～80d，通常夏至收获到9月中旬芽才开始萌动；马铃薯的休眠期为2～4个月；洋葱的休眠期为1.5～2.5个月；板栗采后有1个月的休眠期。此外，休眠期的长短在同种类蔬菜的不同品种间也存在着差异。

二、休眠的类型与阶段

（一）休眠的类型

休眠有两种类型，分别为生理休眠和强制休眠。生理休眠是内在原因引起的，果蔬产品此时即使在适宜发芽生长的条件下也不会发芽，这种休眠也称为自发休眠。强制休眠是由于外界环境条件不适宜如低温、干燥所引起的，果蔬产品一旦遇到适宜发芽生长的条件即可发芽生长，这种休眠也称为被动休眠。

（二）休眠的阶段

果蔬的休眠通常可以分为三个阶段：休眠前期、生理休眠期和休眠后期。

1. 休眠前期

休眠前期是从生长到休眠的过渡阶段。此时产品刚刚收获，新陈代谢还比较旺盛，为了适应新的环境，往往加厚自身的表皮和角质层，或形成膜质鳞片，以减少水分蒸腾和病菌侵入，并在伤口部分加速愈伤，形成木栓组织或周皮层，以增强对自身的保护，从生理上为休眠做准备。此时，若给予产品某些处理可以抑制进入生理休眠而开始萌芽或者缩短生理休眠期。

2. 生理休眠期

这一阶段产品的生理作用处于相对静止的状态，一切代谢活动已降至生命周期中的最低水平，外层保护组织完全形成，细胞结构出现了深刻的变化，此时即使有适宜的条件也不会发芽。此阶段的长短与产品的种类和品种、环境因素有关。

3. 休眠苏醒期

此时产品由休眠向生长过渡，新陈代谢逐步恢复到生长期间的状态，呼吸作用加强，酶系统也发生变化，体内的大分子物质开始向小分子转化，可以利用的营养物质增加，为发芽、伸长、生长提供了物质基础。此时，如果环境条件不适，便抑制了代谢，使器官继续处于休眠状态，但外界条件一旦适宜，便会打破休眠，开始萌芽生长。

三、休眠的生理生化特征

（一）休眠的生理机制

休眠是植物在逆境环境诱导下发生的一种特殊反应，它必须伴随着机体内部生理机能、生化特性的相应改变。

早在20世纪40年代，就有学者指出，生理休眠期的细胞，原生质与细胞壁分离，生长期间存在于细胞间的胞间连丝消失了，细胞核也发生一些变化，并且原生质几乎不能吸水膨胀，也很难使电解质通过。产生这些现象是因为植物在进入休眠前原生质发生脱水过程，同时积累大量疏水性胶体，这些物质特别是脂肪和类脂，聚集在原生质和液泡的界面上，因而阻止水和细胞液透过原生质。所以，休眠时各个细胞像是处于孤立的状态，细胞与细胞之间，组织与外界之间的物质交换大大减少。脱离休眠后，原生质重新紧贴于细胞壁，胞间连丝恢复，原生质中的疏水性胶体减少，而亲水性胶体增加，促进了内外物质交换和各种生理生化过程。此外，他们还发现，用高渗透压的蔗糖分子溶液可使细胞产生质壁分离。不同休眠阶段的细胞所形成的质壁分离形状是不同的，正在休眠中的细胞形成的质壁分离呈凸形；已脱离休眠的细胞呈凹形；正在进入或正在脱离休眠的细胞呈混合型，即部分细胞呈凸形，部分细胞呈凹形。因此，可根据人为引起质壁分离所表现的形态，来辨认细胞所处的生理休眠阶段。

（二）休眠期间的生理生化变化

休眠是植物在漫长的进化过程中所形成的对自身生长发育特性的一种调节现象。而植物内源生长激素的动态平衡则是调节休眠－生长的重要因素。激素平衡的调节，不一定是有关激素相对含量的直接作用，而是通过核酸和酶来改变代谢活性，影响到物质的消长。调节休眠－生长的激素物质主要是吲哚－3－2酸（IAA）、赤霉素（GA）与脱落酸（ABA）之间的动态平衡。休眠过程中DNA、RNA都有变化，休眠期中没有RNA合成，打破休眠后才有RNA合成，GA可以打破休眠，促进各种水解酶、呼吸酶的合成和活化，促进休眠器官中酶蛋白的合成，促进合成的酶有α－淀粉酶、蛋白酶、核糖核酸水解酶以及异柠檬酸和苹果酸合成酶等呼吸系统的酶。GA促进合成酶的作用部位是在DNA向mRNA进行转录的水平上。ABA可以抑制mRNA合成，促进休眠。休眠实际上是ABA和GA维持一定平衡的结果，当ABA和各种抑制因子减少时，GA起作用。

总之，内源激素的动态平衡是通过活化或抑制特定的蛋白质合成系统来起作用的，酶的作用反映了代谢活性并直接影响到呼吸的作用，由此使整个机体的物质能量变化表现出特有的规律，实现休眠与生长之间的转变。大多数的蔬菜属于强迫休眠。因此，在贮藏过程中，要利用蔬菜的休眠特性，采取各种技术措施，延长休眠期，以减少养分的消耗和延长保藏期。

四、休眠的控制

植物器官休眠期过后就会发芽，使得体内的贮藏物质分解并向生长点运输，导致产品质量减轻、品质下降，甚至产生一些有毒物质。因此，贮藏中必须设法控制休眠，防止发芽，延长贮藏期。

（一）温度和湿度的控制

温度是控制休眠的重要因素。在低温下，可抑制果蔬整个生理活动。虽然高温干燥对马铃薯、大蒜和洋葱的休眠有利，但只是在深休眠阶段有效，一旦进入休眠苏醒期，高温便加速了萌芽。低温对板栗的休眠有利。板栗的休眠由于要度过低温环境，采收后就要创造低温条件使其延长休眠期，延迟发芽。一般要低于4℃。洋葱0℃贮藏时可延长发芽4～6个月。因此，不论是对于具有生理休眠还是具有强制休眠的蔬菜，控制适当的贮藏低温是延长休眠期的最有效手段。

（二）辐射处理

辐射可破坏芽的生长点，抑制发芽。根据种类及品种的不同，辐射处理的最适剂量为0.05～0.15kGy。马铃薯、洋葱等用γ射线辐射而延长休眠期，辐射后的品种在适宜条件下贮存，可保藏半年到一年。

（三）化学药物处理

化学药剂处理有明显的抑芽效果。使用萘乙酸甲酯（MENA）可防止马铃薯发芽。薯块经MENA处理后，在10℃下1年不发芽，在15～21℃下也可以贮藏几个月，它不仅能抑制发芽而且可以抑制萎蔫。抑芽丹（MH、青鲜素）是用于洋葱、大蒜等鳞茎类蔬菜的抑芽剂。抑芽剂CIPC（氯苯氨灵）对防止马铃薯发芽有效。美国将CIPC粉剂分层喷在马铃薯中，密闭24～48h，用量为1.4kg/kg（薯块）。

第四节 成熟（衰老）生理

一、果蔬的成熟与衰老

成熟与衰老是生活有机体生命过程中的两个阶段。供食用的果蔬有些是成熟的产品，如各种水果和部分蔬菜，有些则是不成熟或幼嫩的，如大部分蔬菜。所以讨论成熟问题主要是对前者而言。

（一）成熟

果实发育的过程，从开花受精后，细胞、组织、器官完成分化发育的最后阶段通常称为成熟或生理成熟。成熟是指果实生长的最后阶段，在此阶段，果实充分长大，养分充分积累，已经完成发育并达到生理成熟。在这一时期，果实中发生了明显的变化。如含糖量增加，含酸量降低，淀粉减少（苹果、梨、香蕉等），果胶物质变化引起果肉变软，单宁物质变化导致涩味减退，芳香物质和果皮、果肉中的色素生成，叶绿素降解，维生素 C 增加，类胡萝卜素增加或减少，果实长到一定大小和形状，这些都是果实开始成熟的表现。有些果实在这一阶段开始出现光泽或带果霜，这是由于果皮上逐渐生成蜡质，能减少水分蒸散。随着含糖量的增加，果实可溶性固形物含量相应增高。这些性状常被用来判断果实采收成熟度的指标和销售标准。对某些果实如苹果、梨、柑橘、荔枝等来说，已达到可以采收的阶段和可食用阶段；但对一些果实如香蕉、菠萝、番茄等来说，尽管已完成发育或达到生理成熟阶段，但不一定是食用的最佳时期。

（二）完熟

完熟是指果实达到成熟以后的阶段，果实完全表现出本品种的典型性状，体积已经充分长大。当果实表现出特有的风味、香气、质地和色泽，达到最佳食用的品质称为完熟。成熟的过程大都是果实着生在树上时发生，完熟则是成熟的终了时期，可以发生在树上，也可发生在采收之后。这时果实的风味、质地和芳香气味已经达到适宜食用的程度。香蕉、菠萝、番茄等果实通常不能在完熟时才采收，因为这些果实在完熟阶段的耐藏性明显下降。巴梨同鳄梨一样，尽管它已完全成熟，但继续留在树上却不能完熟，采后经过一段时间贮藏或处理以后才能达到完熟。新鲜果蔬其生命的各个阶段是相互连接又相互重叠的。图 1 -2 为新鲜果蔬在其生命期间各个阶段的状态。

（三）衰老

果实生长已经停止，完熟阶段的变化基本结束，即将进入衰老时期，所以完熟可以视为衰老的开始阶段。衰老也可能发生在采收之前，但大多数发生在果实采收之后。一般认为，果实的呼吸作用骤然升高，也就是某些果实呼吸跃变的出现代表衰老的开始。果实的衰老是它个体发育的最后阶段，是分解过程旺盛进行、细胞趋向崩溃，最终导致整个器官死亡的过程。对于食用茎、叶、花等器官来说，虽然没有像果实那样的成熟现象，但有组织衰老的问题，采后的主要问题之一是如何延缓组织衰老。

果蔬的生命虽然可以划分为生长、成熟、完熟和衰老几个主要的生理阶段，但各个阶段既相互连接又相互重叠，不易区分。总之，从坐果开始到衰老结束，是果实生命的全过程。研究者普遍认为，该过程被许多植物激素所控制，特别是乙烯的出现是果实进入成熟的征兆。由于

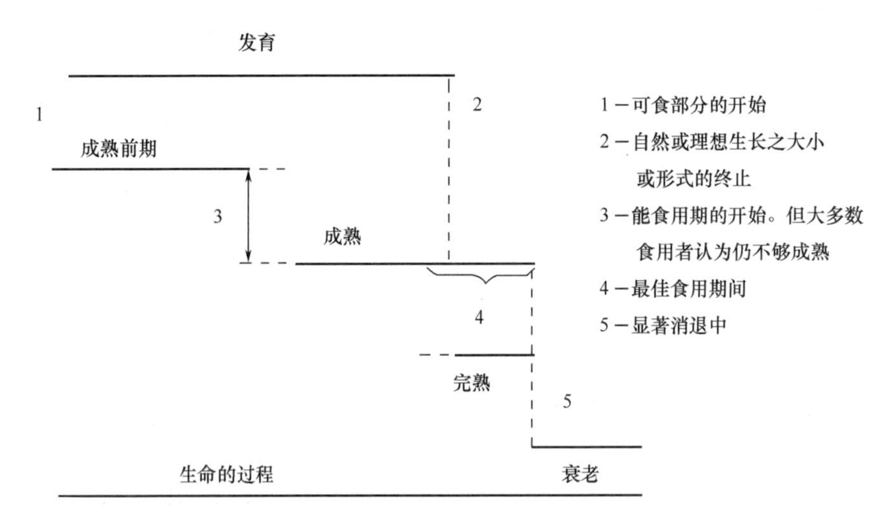

图1－2 新鲜果蔬在其生命期间各个阶段的状态

适当浓度乙烯的作用，果实的呼吸作用随之提高，某些酶的活力增强，从而促成了果实成熟、完熟、衰老等一系列生理生化的变化，果实也同时表现出不同成熟阶段的特征。

二、 果蔬采后成熟衰老中的物质转化

果蔬中所含有的各种维生素、矿物质和有机酸，是从粮食、肉类和禽蛋中难于摄取到的，而且是具有特殊营养价值的物质，所以果蔬作为保健食品的效用很大。但是反映果蔬品质的各种化学物质，在果蔬成长、成熟和贮藏过程中不断发生着变化，而这些变化和果蔬的流通和贮藏保鲜密切相关。

果蔬中所含的化学成分可分为两部分，即水分和固形物（干物质）。固形物包括有机物和无机物。有机物又分为含氮化合物和无氮化合物，此外还有一些重要的维生素、色素、芳香物质以及许多的酶。这些物质具有各种各样的特性，这些特性是决定果蔬本身品质的重要因素。果蔬成熟的有关生理生化变化见表1－5。

表1－5 果蔬成熟的有关生理生化变化

降解	合成
叶绿体破坏	保持线粒体结构
叶绿体分解	形成类胡萝卜素和花色素苷
淀粉的水解	糖类互相转化
酸的破坏	促进 TCA 循环
底物氧化	ATP 生成增加
由酚类物质引起钝化	合成香气挥发物
果胶质分解	增加氨基酸的掺入
水解酶活化	加快转录和翻译速率
膜渗透开始	保存选择性的膜
由乙烯引起细胞壁软化	乙烯合成途径的形成

资料来源：Biale 和 Yoang，1981。

（一）水分及无机成分

1. 水分

水分是果蔬的主要成分，其含量依果蔬种类和品种而异。大多数的果蔬组成中水分占80%～90%，西瓜、草莓、番茄、黄瓜可达90%以上，含水分较低的山楂也占65%左右。水分的存在是植物完成生命活动过程的必要条件。水分是影响果蔬嫩度、鲜度和味道的重要成分，与果蔬的风味品质有密切关系。但是果蔬含水量高，又是它贮存性能差、容易变质和腐烂的重要原因之一。果蔬采收后，水分得不到补充，在运贮过程中容易蒸散失水而引起萎蔫、失重和失鲜。其失水程度与果蔬种类、品种及运贮条件有密切关系。

2. 无机成分（灰分或矿质元素）

果蔬中矿质元素的量与水分和有机物质比较起来，虽然非常少，但在果蔬的化学变化中，却起着重要作用，因此也是重要的营养成分之一。果蔬中矿物质的80%是钾、钠、钙等金属成分，其中钾约占成分的一半以上，磷酸和硫酸等非金属成分只不过占20%。此外，果蔬中还含多种微量矿质元素，如锰、锌、钼、硼等，对人体也具有重要的生理作用。水果类虽然含有机酸，呈现酸味，但它的灰分却在体内呈现碱性，因此和蔬菜一样，都被称为碱性食品。果蔬中大部分矿物质是和有机酸结合在一起的，其余的部分与果胶物质结合。与人体关系最密切而且需要最多的是钙、磷、铁，在蔬菜中含量也较多。

（二）色素

果蔬中所含色素主要是叶绿素（绿）、类胡萝卜素（红、黄）、黄酮素（黄）、花色素（红、青、紫）等。果实成熟期间叶绿素迅速降解，类胡萝卜素或花色素增加，表现出黄色、红色或紫色，是成熟最明显的标志。

1. 叶绿素

普通绿叶中含有叶绿素0.28%，叶绿素是由叶绿酸、叶绿醇和甲醇三部分组成的酯，高等植物中由叶绿素a（蓝绿色）和叶绿素b（黄绿色）混合而成，叶绿素a与叶绿素b的含量比为3:1。采后果蔬在常温下叶绿素分解迅速，低温可抑制叶绿素分解，香蕉、番茄、甜椒果实在12℃以下，叶绿素分解受到明显抑制，苹果和梨贮藏于0～1.3℃下，经2个月果皮仍保持绿色。气调贮藏的实践证明降低贮藏环境空气的氧分压，增加CO_2分压，可抑制叶绿素分解，对苹果、梨、番茄都具有良好的保绿效果。抑制番茄果实叶绿素分解的“阈值”约为6% O_2。高温和乙烯可加速叶绿素分解。

2. 类胡萝卜素

类胡萝卜素是从浅黄到深红的脂溶性色素，分子中含有4个异戊二烯单位，在植物体中多与脂肪酸结合成酯。通常，叶绿素存在较多时，类胡萝卜素含量也较多。类胡萝卜素可分为胡萝卜素类和叶黄素类。番茄果实成熟所生成的类胡萝卜素主要为番茄红素，呈红色，还有少量的β-胡萝卜素和叶黄素。番茄红素合成的适温为19～24℃，将绿熟番茄果实贮放在30℃以上变红减慢，10～12℃以下变红也非常缓慢。番茄红素的形成需要O_2，气调贮藏可完全抑制番茄红素的生成，而外源乙烯则可加速番茄红素的形成。番茄红素的合成直接依赖于乙烯的刺激，因为只有番茄果实从气调贮藏环境移至普通空气中，在内源乙烯开始合成以后，番茄红素才迅速累积。

3. 黄酮类色素

此类色素广布于植物花、果实和茎、叶中，是水溶性的黄色色素，它与葡萄糖、鼠李糖、芸香糖等结合成配糖苷类形式而存在。黄酮类色素是由苯骈吡喃与基环组成的。

4. 花色素（红、青、紫）

花色素属于水溶性色素，以糖苷的形式存在于植物细胞液中。葡萄、李、樱桃、草莓等果实的色彩以花色素为主，不同果蔬的花色素受遗传因子控制，在田间发育期间必须有可溶性碳水化合物积累、昼夜温差大、光照充足才能形成良好的花色素。通常草莓在花色素开始着色以后才采收，在成熟期间温度越高着色越快。

（三）挥发性物质（芳香物质）

1. 果蔬芳香物质的组成

果蔬成熟时发出特有的芳香气味，由多种挥发性的香味物质组成，以酯类、醇类、萜类为主，其次为醛类、酮类以及挥发酸等。

由低级饱和脂肪酸与醇所形成的酯具有各种果香。醇类的气味随相对分子质量的增加而增强。$C_1 \sim C_3$具有愉快的香味，是水果醇香的主体。具有双键的醇类比饱和的醇类气味强。羰基化合物多具有强烈的气味，丙酮有类似薄荷的香气，低级脂肪醛具有强烈的刺鼻气味，随相对分子质量的增加刺激性的程度减弱，并逐渐出现愉快的香气。低分子脂肪酸具有较强刺激气味（如甲酸），醋酸有刺鼻气味，丁酸有腐坏的不愉快气味。上述的酯醇、醛、酮以及低分子挥发酸总和表现出果实的香味。但各种果实的芳香物质成分及主体成分有很大差异。

2. 挥发性物质在果实成熟期间的积累

不论各种果蔬释放的挥发性物质组分差异如何，只有成熟或衰老时才有足够的数量累积，显示出该品种特有的香气。可以说挥发性物质是果实成熟或衰老过程的产物，具有呼吸跃变的果实在呼吸高峰后挥发性物质才有明显的积累，而在植株上正常成熟的果实远比提前采收的果实芳香物质累积要多。如市场上出售的哈密瓜、香瓜、甜瓜、桃等，其香气味道远不如正常成熟采收果。无呼吸高峰的果实挥发性物质积累可作为成熟或衰老的标志。通常产生挥发性物质多的品种耐藏性较差，如耐藏的小国光苹果在土窑中贮藏210d，乙醇仅为7.89mg/100g，检测不出乙酸乙酯，同期红元帅乙醇积累达到14.5mg/100g，乙酸乙酯4.6mg/100g。

（四）碳水化合物

1. 单糖

植物体中的单糖包括丙糖（甘油醛、二羟丙酮）、丁糖（赤藓糖）、戊糖（核糖、脱氧核糖、木糖、阿拉伯糖）、己糖（葡萄糖、果糖、半乳糖、甘露糖）和庚糖（景天庚酮糖）。果蔬中葡萄糖、半乳糖、果糖、阿拉伯糖、木糖、甘露糖等的含量较高。单糖在植物代谢中能相互转化。由于植物体中存在催化磷酸化和形成磷酸酯的酶，可以活化单糖，形成各种各样的物质，参与糖类的代谢。

2. 寡糖

植物体中的寡糖包括双糖（蔗糖、麦芽糖、纤维二糖）、三糖（棉籽糖、麦芽三糖）和四糖（水苏糖）等，其中最主要的是蔗糖。多数果蔬中含蔗糖、葡萄糖和果糖，各种糖的多少因果蔬种类和品种等而有差别。而且果蔬在成熟和衰老过程中，含糖量和含糖种类也在不断变化。可溶性糖是果蔬的呼吸底物，在呼吸过程中分解放出热能，果蔬糖含量在贮藏过程中趋于下降。但有些种类的果蔬，由于淀粉水解所致，使糖含量测值有升高现象。

3. 多糖

多糖占植物体很大的部分，它的功能可分为两大类：形成植物骨干结构的不溶性多糖，如纤维素、半纤维素、木质素等；贮藏的营养多糖，如淀粉、菊糖等。

淀粉为多糖类，未熟果实中含有大量的淀粉，如香蕉的绿果中淀粉占20% ~25%，而成熟后下降到1%以下。块根、块茎类蔬菜中含淀粉最多，有藕、菱、芋头、山药、马铃薯等，其淀粉含量与老熟程度成正比增加。凡是以淀粉形态作为贮藏物质的蔬菜种类大多能保持休眠状态，有利于贮藏。对于青豌豆、甜玉米等以细嫩籽粒供食用的蔬菜，其淀粉含量的多少，会影响食用及加工产品的品质。贮藏温度对淀粉的转化影响很大。如青豌豆采后存放在高温下，经2d后糖分能合成淀粉，淀粉含量可由5% ~6%增到10% ~11%，使糖量下降，甜味减少，品质变劣。

果胶物质是细胞壁的主要成分之一，在果蔬组织中存在有三种状态的果胶物质，即原果胶、果胶和果胶酸。未熟果实组织坚硬就是与原果胶存在有一定相关，原果胶含量越多，果肉硬度也越大，随着果实成熟度提高，原果胶逐渐分解为果胶或果胶酸，细胞间松弛，果实硬度也就随之而下降。果肉的硬度与细胞之间原果胶含量成正相关，可作为果实成熟度的判别标准之一。

纤维素在果蔬皮层中含量较多，它又能与木质素、栓质、角质、果胶等结合成复合纤维素。这对果蔬的品质与贮运有重要意义。果蔬成熟衰老时产生木质素和角质使组织坚硬粗糙，影响品质。如芹菜、菜豆等老化时纤维素增加，品质变劣。纤维素不溶于水，只有在特定的酶的作用下才被分解。许多霉菌含有分解纤维素的酶，受霉菌感染腐烂的果实和蔬菜，往往变为软烂状态，就是因为纤维素和半纤维素被分解的缘故。

半纤维素是细胞壁的主要成分之一其在化学上与纤维素无关，只是与细胞壁的纤维素分子在物理上相连而已。半纤维素包含葡萄糖、半乳糖、甘露糖、木糖、阿拉伯糖、葡萄糖醛酸、半乳糖醛酸和甘露糖醛酸等，其中以木糖为最多，但各种物质的比例、连接和排列都不太清楚，不同组织半纤维素的组成物质的数目和类型也不同。

（五）有机酸

果蔬中的有机酸主要有柠檬酸、苹果酸、酒石酸等，统称为果酸，此外还有少量的草酸、琥珀酸、延胡索酸、醋酸、乳酸和甲酸等。有机酸是果蔬酸味的主要来源，但是酸的浓度与酸味之间不是简单的相关关系。因为有些酸可能不处于游离状态，而处于结合状态。酸味与酸根种类、pH、可滴定的酸度、缓冲效应以及其他物质，特别是糖的存在都有关系。果品的风味常以糖酸比来衡量。

通常果实发育完成后含酸量最高，随着成熟或贮藏期的延长逐渐下降。但辣椒则例外，随着贮藏期的延长，色泽由青转红，可滴定酸反而增加。有机酸的代谢具有重要的生理意义。果蔬中的苹果酸和柠檬酸在三羧酸循环中占有重要地位。果实贮藏期间更多地利用有机酸作为呼吸基质，有机酸的消耗较可溶性糖降低更快。经长期贮藏的果实糖酸比升高，贮藏温度越高有机酸消耗越多，糖酸比也越高。

（六）维生素

维生素是维持生物体正常生理功能所必需，而需求量甚微的一类天然有机物。各种维生素的化学结构无共同性。根据它们的溶解性质可分为脂溶性维生素和非脂溶性维生素（水溶性）两大类，前者有维生素A、维生素D、维生素E、维生素K，后者有B族维生素（维生素B_1、维生素B_2等）和维生素C，果实含有丰富的各种维生素，主要是维生素C（抗坏血酸）。不同果实维生素含量差异很大，以100g鲜重计算，番茄含维生素8 ~33mg，香蕉1 ~9mg，红辣椒128mg。维生素A及维生素A原的性质相当稳定；维生素C在酸性条件下比较稳定，在中性或碱性介质中反应快。由于果蔬本身含有抗坏血酸氧化酶，它可以催化抗坏血酸的氧化，因而在贮藏过程中果蔬本身含有的抗坏血酸会逐渐被氧化而减少，减少的快慢与贮藏条件有很大关系。一般在低温、低氧中贮藏的果蔬，可以降低或延缓维生素 C 的损失。

三、乙烯与果蔬的成熟衰老

（一）乙烯的生物合成

乙烯是一种最简单的烯烃，在正常的条件下为气态，是一种调节生长、发育和衰老的植物激素。1965 年，Lieberman、Mapson 和 Kunish 提出乙烯是由蛋氨酸转变来的，但并不了解其反应的中间步骤。直到 1979 年，Adams 和 Yang（杨祥发等）才发现了乙烯的生物合成途径是：蛋氨酸→硫腺苷蛋氨酸（SAM）→1－氨基羧基环丙烷（ACC）→乙烯。植物组织的蛋氨酸水平太低，要维持正常的乙烯产率，硫一定要再循环。试验证明，蛋氨酸的 CH_3S—是保留在植物组织内的，在产生 ACC 的同时，也形成 5′－甲硫基腺苷（5′－methylthioadenosine，MTA），MTA 进一步被水解为 5′－甲硫基核糖（5′－methylthioribose，MTR），通过蛋氨酸途径，又可重新合成蛋氨酸。

SAM→ACC 是乙烯生物合成的限速步骤。催化此反应的酶是 ACC 合成酶，因为该酶的出现能使 ACC 在果实中大量生成，并进而氧化生成乙烯。果蔬一旦产生少量乙烯，就会反过来诱导 ACC 合成酶的活力，启动乙烯的迅速合成。果实成熟、果实受到伤害、吲哚乙酸和乙烯都能刺激 ACC 合成酶活力。ACC 氧化酶（也称乙烯形成酶，EFE）是催化乙烯生物合成中 ACC 转化为乙烯的酶。缺氧、高温（>35℃）、解偶联剂、某些金属离子等可抑制 ACC 转化为乙烯。乙烯的生物合成途径及其调控见图 1－3。

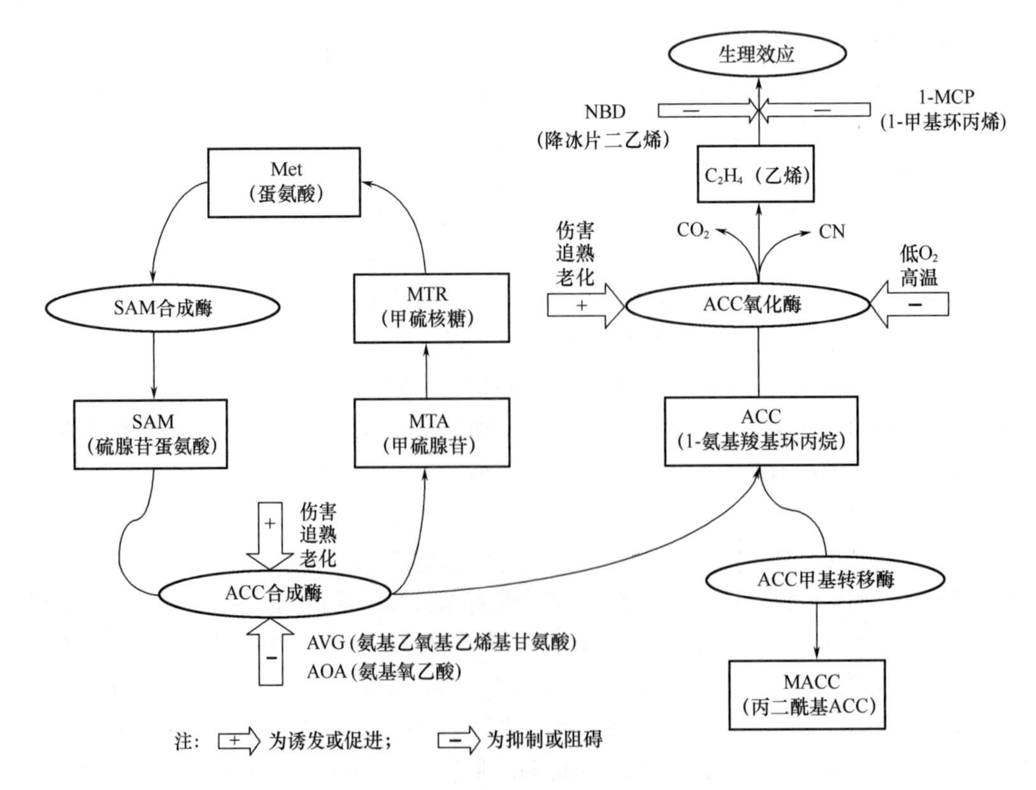

图 1－3　乙烯的生物合成途径及其调控

（二）乙烯生物合成的调节

虽然植物组织能产生乙烯，但合成乙烯的能力一方面受植物内在各发育阶段及其代谢调节，另一方面许多外界因素如逆境、胁迫和环境因素也会影响乙烯的生物合成。

1. 果实成熟和衰老的调节

未成熟果实乙烯合成能力很低，内源乙烯含量也很低。随着果实的成熟，乙烯合成能力急增，到衰老期乙烯合成又下降。例如，油梨、香蕉和番茄果实在跃变前 ACC 含量很低（低于 0.1nmol/g），进入果实成熟期内源乙烯释放量迅速增加，此时 ACC 生成量达 45nmol/g，果实衰老时 ACC 又下降到 5nmol/g。据研究表明，在果实跃变期能使蛋氨酸变成 SAM，但不能把 SAM 转化为 ACC，这是因为跃变前 ACC 合成酶被抑制，所以 ACC 含量很低。此时若加入外源 ACC，则乙烯的合成会迅速增加。

麝香石竹花衰老时乙烯合成也明显增加，类似于成熟的果实。有人分别研究了紫露草属植物切花和甜瓜花花瓣中 ACC 含量与衰老的关系，发现在新采摘的切花和甜瓜花中，ACC 和乙烯生成率很低，随着 ACC 含量的增加和乙烯自动催化能力的提高，花冠的衰老已开始出现，以后，乙烯的合成量随衰老进程而下降，但 ACC 在组织内的含量仍保持较高水平。

2. 乙烯对乙烯生物合成的调节

乙烯对乙烯生物合成的作用具有双重性，既可自身催化，又能自我抑制。

对成熟前跃变型果实施用少量乙烯，可诱发内源乙烯大量生成，因而促进呼吸跃变、加快成熟，乙烯的这种作用称为自身催化。但对非跃变型果实施用少量乙烯，虽能使呼吸强度增加，却不能增加内源乙烯的生成。

乙烯的自我抑制作用进行得十分快速。如柑橘、橙皮切片因机械损伤产生的乙烯受外源乙烯抑制，即在无外源乙烯作用下这种伤害乙烯生成量较对照大 20 倍。据研究，外源乙烯对内源乙烯的抑制作用是通过抑制 ACC 合成酶的活力而实现的，对乙烯生物合成的其他步骤则无影响。

3. 胁迫因素刺激乙烯的产生

胁迫（即逆境）可促进乙烯合成。胁迫因素很多，包括物理因素如机械损伤、电离辐射、高温、冷害、冻害、干旱和水涝等，化学因素如除莠剂、金属离子、臭氧及其他污染，生物因素如病菌侵入、昆虫侵袭等。在胁迫因素影响下，在植物活组织中产生的胁迫乙烯具有时间效应，一般在胁迫发生后 10 ~ 30min 开始产生乙烯，以后数小时内乙烯产生达到高峰。胁迫因子对乙烯合成作用的促进机理，主要是增加 ACC 合成酶的活力。低温胁迫对冷害敏感的植物内源乙烯的合成有明显的促进作用。将黄瓜放置在冷害温度下，其 ACC 含量、ACC 合成酶活力以及乙烯生成量都保持在较低水平，但当受冷害的黄瓜从低温转移到温暖的环境，上述三种指标迅速增加且显著高于对照。

4. Ca^{2+} 调节乙烯产生

采后用钙处理可降低果实的呼吸强度和减少乙烯的释放量，并延缓果实的软化。国外采前应用 $Ca(NO_3)_2$ 喷洒果实或采后将 $CaCl_2$ 渗入果实中，可以保持果实的硬度，这可能与抑制乙烯的形成有关。美国已有一种车载贮液罐和处理罐系统，果实洗净后装入处理罐，紧闭罐盖，再用真空泵通过加压或抽真空将贮液罐中的梯度钙溶液（2% ~4% $CaCl_2$）渗入果实，以提高果实含钙量，目前已有部分果园使用该系统。

5. 其他因素

其他植物激素如脱落酸、生长素、赤霉素和细胞分裂素对乙烯的生物合成都有一定的影响。ACC 合成酶需要磷酸吡哆醛为辅基，所以对磷酸吡哆醛的抑制剂很敏感，特别是氨基氧乙酸（aminooxyacetic acid，AOA）和氨基乙烯基甘氨酸（amihoethoxy vinyl glycine acid，AVG）。由 ACC 到乙烯需 ACC 氧化酶作用，这是一个需氧过程，而且解偶联剂（DNP）及自由基清除剂都能抑制乙烯的产生。另外，成熟可促进 ACC 的活力，而无氧条件、影响膜功能的金属离子钴离子（Co^{2+}）等、高温（>35℃）会抑制 ACC 的活力，抑制乙烯的生物合成。

（三）乙烯与果蔬成熟衰老的关系

1. 促进果实成熟

早在 1924 年 Denny 发现用燃烧加热器能促进柠檬转黄，后来证明这是外源乙烯的作用。对于有后熟作用或者具有呼吸高峰的果实来说，只要有微量的乙烯存在，就足以使果实催熟。不同果实对乙烯的反应不同，但每一种果实的成熟都有一个引起生理作用的乙烯阈值。表 1 -6 所示为几种果实的阈值。可见促进果实成熟所需的乙烯浓度是很低的，乙烯浓度一旦达到阈值就启动果实成熟，随着果实成熟进程的延伸，内源乙烯迅速增加，有的果实乙烯浓度可增加至 100 ~ 1000mg/kg。目前，在生产上常用乙烯进行香蕉催熟，在香蕉落梳之后，只须在切口上涂抹一些乙烯利，即可起到催熟作用。有的甚至在整蕾蕉的蕉轴上涂上乙烯利，就可使全蕾蕉逐渐成熟。

表 1 -6　几种果实引起成熟的乙烯阈值　单位：mg/kg

品名	乙烯阈值	品名	乙烯阈值
香蕉	0.1 ~ 0.2	甜瓜	0.1 ~ 1.0
油梨	0.1	番茄	0.5
杧果	0.04 ~ 0.4	柠檬	0.1
梨	0.46	甜橙	0.1

近年来的研究表明，除了乙烯以外，其他激素如脱落酸等对某些果实也有促进成热的作用，而且乙烯的作用也常受其他激素影响，因此乙烯并非是唯一的成熟激素，因为果实的成熟与衰老是多种激素综合作用的结果。

2. 促进果蔬的呼吸作用

果实成熟时期乙烯高峰与呼吸高峰出现的时间虽然有所不同，但就多数跃变型果实来说，乙烯高峰出现的时间常与呼吸高峰出现的时间相一致，或在呼吸高峰之前，这在叶片衰老时也有类似情况。据此，很多实验表明凡能抑制内源乙烯产生的措施，都可延缓呼吸高峰的出现。如用减压法贮藏香蕉，香蕉内源乙烯生成量减少，呼吸跃变期推迟，成熟期延缓。用真菌毒素——根瘤毒类处理未熟苹果，能抑制 72% 内源乙烯的产生，也显著地降低呼吸作用的上升。表 1 -7 列出了乙烯因子与呼吸模式的关系。

表 1－7　　乙烯因子与呼吸模式的关系

项目	跃变型果实	非跃变型果实
对外源乙烯的反应	只在呼吸上升前有反应	采后整个时期都有反应
内源乙烯水平	变化，由低至高	低
反应的大小	与浓度无关	与浓度相关
自身催化	显著	无

资料来源：Biale 和 Young，1981。

（四）果蔬贮藏运输中乙烯控制的应用

乙烯在促进果蔬的成熟中起关键作用。无论是内源乙烯还是外施乙烯都能加速果蔬的成熟、衰老和降低耐藏性。为了延长果蔬的贮藏寿命，使产品保持新鲜，控制内源乙烯的合成或清除贮藏环境中的乙烯气体，便显得十分重要。在实际应用中常采取以下方法来调控乙烯。

1. 控制适当的采收成熟度或采收期

同一品种的果实如果成熟度不同，在同一贮藏条件下其贮藏性能存在明显差异。要根据贮藏运输期的长短来决定适当的采收期。如果果实贮藏运输的时间短，一般应在成熟度较高时采收，此时的果实表现最佳的品质状态；如果用于较长时间贮藏运输，应在果实充分长大和养分充分积累，在生理上接近跃变期但未达到完熟阶段时采收，这时果实的内源乙烯生成量一般较少，耐藏性较好。因此，最适采收期应是在保持该品种品质风味基础上的最早时期。

2. 防止机械损伤

果蔬在采收、采后处理、运输、贮藏过程中不可避免地会出现机械损伤。机械损伤可刺激乙烯的大量增加。乙烯可加速有关的生理代谢和贮藏物质的消耗以及呼吸热的释放，导致品质下降，促进果实的成熟和衰老。此外，果实受机械损伤后在贮藏过程中，易受真菌和细菌侵染，形成恶性循环。因此，在采收、分级、包装、装卸、运输和销售等环节中，必须做到轻拿轻放和良好的包装，以避免机械损伤。

3. 控制贮藏环境条件

（1）适当的低温　乙烯的产生速率及其作用与温度有密切的关系。一般情况下果蔬采收后乙烯的释放几乎与呼吸强度成正比，在一定范围内降低温度除直接减弱呼吸作用外，还可减少内源乙烯的产生。因此，果蔬采收后应尽快预冷，在不出现冷害的前提下，尽可能降低贮藏运输的温度，以抑制乙烯的产生和作用，延缓果蔬的成熟衰老。控制适当的低温是果蔬贮运保鲜的基本条件。

（2）降低 O_2浓度和提高 CO_2浓度　降低贮藏环境的 O_2浓度和提高 CO_2浓度，可显著抑制乙烯的产生及其作用，降低呼吸强度，从而延缓果蔬的成熟和衰老。ACC 转变为乙烯是一个需氧过程，在缺氧的条件下，ACC 就不能转变为乙烯。长时间的低氧处理，不但对 ACC 转变为乙烯的反应有抑制作用，而且对 ACC 转变为乙烯的酶系统也产生钝化或损伤作用。低氧还能降低果蔬组织对乙烯的敏感性。采后短期高浓度 CO_2处理可以抑制乙烯产生和乙烯的生理作用。

(3) 乙烯吸收剂的应用　当贮藏环境中存在较多乙烯气体时，可用分离的方法把乙烯从空气中除掉。乙烯吸收剂就能起到分离乙烯的作用。脱除乙烯的方法有多种，如水洗法、稀释法、吸附法、化学法等，但目前被广泛使用的主要有两种方法：高锰酸钾氧化法和高温催化法。随着气调技术的发展，近年来又研制出了一种新型的高效脱乙烯装置——乙烯脱除器，它是根据高温催化的原理，当把气体加热至250℃左右时，在催化剂的参与下将乙烯分解成水和二氧化碳，即：

$$CH_2=CH_2 + 3O_2 \longrightarrow 2CO_2 + 2H_2O$$

(4) 乙烯抑制剂的应用　1 - 甲基环丙烯（1 - methylcyclopropene，1 - MCP），是近年研究较多的乙烯受体抑制剂，它对抑制乙烯的生成及其作用有良好的效果，可有效地延长果蔬的保鲜期。在实际应用中，1 - MCP 的处理效果可能受多种因素影响，例如：果蔬的种类与品种，1 - MCP的处理的剂量因果蔬种类的不同而异，甚至差别很大；1 - MCP 能明显延缓跃变型果蔬的后熟与植物组织的衰老，但对非跃变型果蔬的影响和作用却有所不同；果蔬的成熟度，1 - MCP处理对于跃变期以前的果实有效，对于已进入跃变后期的水果无效或效果很小；1 - MCP抑制乙烯效应所需浓度与其处理时间有关等。

(5) 乙烯催熟剂促进果蔬成熟　用乙烯进行催熟，对调节果蔬的成熟期具有重要的作用。在商业上用乙烯催熟果蔬的方式有用乙烯气体和乙烯利（液体）。乙烯利的水溶液进入组织后即被分解，释放出乙烯。乙烯利处理果实进行催熟已在生产上应用，例如，采前对绿色番茄用50 ~ 2000mg/kg 乙烯利水溶液喷施，可加速番茄成熟；用1000mg/kg 乙烯利浸香蕉 5min，或用此浓度浸柑橘 3s ~ 10min 均可促进果实转色催熟。应用乙烯催熟果蔬产品，产品应该是生理上成熟的，否则达不到应有的经济效果。

(6) 转基因技术（生物技术）在乙烯调控中的应用　过去对乙烯生成的调控主要是物理性和化学性的，近十余年来分子生物学研究为乙烯合成的控制提供了新途径，采用基因工程手段控制乙烯生成已取得了显著的效果，如导入反义 ACC 合成酶基因、导入反义 ACC 氧化酶基因、导入正义细菌 ACC 脱氨酶基因、导入正义噬菌体 SAM 水解酶基因。

第五节　病害生理

一、生理病害

果蔬采后生理病害（也称生理失调）主要是指非病原微生物引起果蔬成熟和衰老的正常生理代谢紊乱，造成组织结构、色泽和风味发生不正常的变化，因而降低果蔬产品的食用品质和经济价值。常见的症状有褐变、黑心、干疤、斑点、组织水浸状等。果蔬产品采后生理病害包括温度失调、营养失调、呼吸失调和其他失调。常见的主要有以下几种。

（一）低温伤害

园艺产品采后贮藏在不适宜的低温下产生的生理病变称为低温伤害。低温伤害又分为冷害和冻害两种。

1. 冷害

冷害是果蔬组织冰点以上的不适宜低温（一般0～15℃）对果蔬产品造成的伤害，它是一些冷敏果蔬在低温贮藏时常出现的一种生理失调。防止冷害的最好方法是掌握果蔬的冷害临界温度，不要将果蔬长时间地置于临界温度以下的环境中。另外，减轻冷害要加强果蔬在改变温度时的适应能力或者采用各种处理以防止冷害的发生或使冷害降到最低限度。主要方法有热处理、冷锻炼和间歇升温处理。

热处理的方法有热水浴、热空气等。在进行热空气处理时，应避免果实失水；采用热水浴处理时应防止高温对果实带来的可能伤害。不同的果实热处理的方法要求不同，同时，热处理虽然能减轻果实低温贮藏冷害，但若方法不当或处理时间过长，反而会对果实造成伤害。果蔬贮藏前都要经过预冷，其目的就是让果蔬快速降温并适应其后的低温环境，同时延长低温贮藏期。冷锻炼可以提高果实对低温的耐性，其方法一般是用稍高于果实冷害临界的温度处理果实。间歇升温可减轻杧果、甜椒、柠檬及番茄等果实的耐低温能力。间歇升温的处理方法是将贮于低温下的果实，每间隔一定时间（如几天）将其从低温环境中取出并置于较高温度（如20℃或30℃）的环境中，然后再置于低温中。只要冷害尚处于可逆阶段，就可通过间歇升温，分解排除冷害下积累的有毒物并补充冷害中消耗的物质，修补冷害对膜、细胞器和代谢途径的伤害。

温度调节（预处理等）在减轻果实低温贮藏冷害方面的作用极为明显。冷锻炼在实际操作中较为方便，效果也很好。目前对热处理减轻果实冷害的作用及其机理的研究较多，虽然热处理能减少果蔬贮运期间的腐烂，不影响果蔬的品质，为无毒无农药残留的采后病害控制提供了一种重要的方法，间歇升温减轻果实低温贮藏冷害的效果也很明显，但其操作似显繁琐，且所研究的果实种类也较少，并不适于生产中大面积应用。

2. 冻害

当环境温度低于细胞液冰点温度而使果蔬细胞组织内结冰，植物体内发生冰冻，因而受伤甚至死亡，这种现象称为冻害。大多数果蔬冻结首先是胞间冻结，胞间小晶核不断长大，使细胞内水分不断从细胞中迁移出来，在细胞间隙中结晶，最终使细胞内结冰，称胞内冻结，胞内冻结对细胞质和细胞器的破坏性强，几乎是毁灭性的。冻害的发生需要一定的时间，如果受冻的时间很短，细胞膜尚未受到损伤，则细胞间结冰危害不大，通过缓慢升温解冻后，细胞间隙的水还可以回到细胞中去，组织不表现冻害。但是，如果果蔬长时间处于其冰点以下的温度环境中，细胞间冻结造成的细胞脱水已经使膜受到了损伤，产品就会发生冻伤。

为了防止冻害的发生，应将果蔬放在适温下贮藏，并严格控制环境温度，避免果蔬长时间处于冰点以下的温度中。在采用通风库贮藏时，当外界环境温度低于0℃时，应减少通风。冷库中靠近蒸发器的一端温度较低，在产品上要稍加覆盖，以防止产品受冻。如果冻结程度不很深，注意选择解冻方式，如缓慢升温，不搬动、移动，解冻后就不会呈现失水、褐变或异味等冻害症状。若冻害达到胞内结冰的程度，则无论采取何种解冻方式，都将表现冻害症状。

（二）呼吸失调

果蔬产品贮藏在不恰当的气体浓度环境中，正常的呼吸代谢受阻而造成呼吸代谢失调，又称气体伤害。一般最常见的主要是低氧伤害和高CO_2伤害。

1. 低氧伤害

低氧伤害是指果蔬在贮藏时，由于气体调节和控制不当，导致 O_2浓度过低而发生无氧呼吸，产生和积累大量的挥发性代谢产物（如乙醇、乙醛、甲醛）等，毒害细胞组织，使产品风味和品质恶化。果蔬产品在低氧条件下存放时间越长，伤害就越严重。低氧伤害的主要症状是果蔬表皮组织局部塌陷，褐变，软化，不能正常成熟，产生乙醇和异味。

2. 高 CO_2伤害

高 CO_2伤害也是贮藏期间常见的一种生理病害。CO_2作为植物呼吸作用的产物在新鲜空气中的含量只有 0.03%。当环境中的 CO_2浓度超过 10% 时，影响三羧酸循环的正常进行，导致丙酮酸向乙醛和乙醇转化，使乙醛和乙醇等挥发性物质积累，引起组织伤害和出现风味品质恶化。果蔬产品的高 CO_2伤害最明显的特征是表皮凹陷和产生褐色斑点。

果蔬的气体伤害会造成果蔬品质劣变，引起较大的经济损失。要防止气体伤害，只需将果蔬贮藏环境中的 O_2与 CO_2浓度控制到一定范围内即可。因此，气调贮藏期间或运输过程中，都应根据不同品种的生理特性，控制适宜的 O_2和 CO_2浓度，否则就会导致呼吸代谢紊乱而出现生理伤害。而这种伤害在较高的温度下将会更为严重，因为高温加速了果实的呼吸代谢。

（三）营养失调

营养物质亏缺也会引起果蔬产品的生理病害。因为营养元素直接参与细胞的结构和组织的功能，如钙是细胞壁和膜的重要组成成分，缺钙要导致生理失调、褐变和组织崩溃。如苹果苦痘病、苹果虎皮病、水心病，以及番茄花后腐烂和莴苣叶尖灼伤等都与缺钙有关。另外，苹果中缺硼会引起果实内部木栓化，其特征是果肉凹陷，与苦痘病不易区别。甜菜缺硼要产生黑心。番茄果实缺钾不能正常后熟。因此，采前喷营养元素对防止果蔬产品的营养失调非常重要。同时，采后浸钙处理对防治果蔬采后生理病害也很有效。

（四）其他生理失调

1. 衰老

衰老是果实采后的生理变化过程，也是贮藏期间常见的一种生理失调症，如苹果采收太迟，或贮藏期过长要出现内部崩溃；桃贮藏时间过长果肉出现木化、发绵和果肉褐变等。因此，根据不同果蔬品种的生理特性，适时采收，适期贮藏，对保持果蔬产品固有的风味品质非常重要。

2. SO_2毒害

SO_2通常作为一种杀菌剂被广泛地用于水果蔬菜的采后贮藏。但处理不当，容易引起果实中毒。

3. 乙烯毒害

乙烯是一种催熟激素，能增加呼吸强度，促进水解淀粉、糖类和代谢过程，加速果实成熟和衰老，被用做果实的催熟剂。如果乙烯使用不当，也会出现中毒，表现为果色变暗，失去光泽，出现斑块，并软化腐败。

表 1-8 所示为部分果实的一些生理病害。

表 1-8 部分果实的一些生理病害

产品	生理病害	症 状
梨	果心崩溃	贮藏过期的果实果心变褐，变软
	颈腐病，维管束腐烂	连接果柄与果心的维管束颜色由褐变黑
	果皮褐斑	果皮上的灰色斑转为黑色，贮藏早期发生
	贮藏斑	贮藏期过长果实上的褐色斑
	褐心病	果肉中有明显的褐色区域，可发展为空洞
葡萄	贮藏褐斑	白葡萄果皮上出现
柑橘	贮藏褐斑	果皮上褐色凹陷状斑
桃	毛绒病	赤褐色，果肉干枯
李子	冷藏伤害	果皮和果肉出现褐色凝胶

资料来源：Post Harvest，1981。

二、微生物病害

（一）病原种类

引起新鲜果蔬产品采后腐烂的病原菌主要有真菌和细菌两大类。其中真菌是最主要和最流行的病原微生物，它侵染广，危害大，是造成水果在贮藏运输期间损失的重要原因。水果贮运期间的传染性病害几乎全由真菌引起，这可能与水果组织多呈酸性有关。而叶用蔬菜和花卉的腐烂，细菌则是主要的病原物。

1. 真菌

真菌是生物中一类庞大的群体，果蔬采后的病原真菌以霉菌为主，营养阶段为菌丝体，无性孢子是主要的传染源，表现的症状有组织变色、斑块、腐败、干缩、变质等。引起果蔬采后病害的病原真菌主要有以下几类。

（1）鞭毛菌亚门　主要是腐霉（*Pythium*）、疫霉（*Phytophthora*）和霜疫霉菌，如引起瓜类和菜豆荚的绵腐病，柑橘类、瓜类和茄果类的疫病，荔枝的霜疫霉病等。

（2）接合菌亚门　主要有根霉（*Rhizopus*）、毛霉（*Mucor*）、并霉菌，如引起草莓、桃、杏和菠萝蜜的软腐病，葡萄、苹果、梨和猕猴桃的毛霉病和西葫芦的霉病。

（3）子囊菌亚门　主要有小丛壳、长啄壳、囊孢壳、间座壳、核盘菌和链核盘菌，如引起许多果蔬产品的炭疽病、焦腐病、蒂腐病、褐腐病、黑腐病等。

（4）担子菌亚门　果蔬贮藏期间的重要病原真菌，有亡革菌（*Thanatephorus*）引起的草莓干腐病和菜豆荚腐病，小核菌引起的梨干腐病和韭黄烂叶病。

（5）半知菌亚门　主要有地霉、葡萄孢霉、木霉（*Trichoderma* spp.）、青霉（*Bgbfngnvb. nhg*）、曲霉（*Aspergillus*）、镰刀菌、交链孢、壳卵孢、拟茎点霉、小穴壳、球二孢、刺盘孢和拟盘多毛孢等，包括了引起果蔬采后腐烂的主要病原菌，如灰霉病、青绿霉病、酸腐病、褐腐病、炭疽病、焦腐病、黑斑病等。

2. 细菌

细菌是原核生物，单细胞。植物细菌病害的症状可分为组织坏死、萎蔫和畸形。细菌不能直接入侵完整的植物表皮，一般是通过自然开口和伤口侵入。植物细菌病害的症状可分为组织坏死、萎蔫和畸形。有关果蔬采后细菌病害的报道较少，引起果蔬采后腐烂的细菌主要是欧氏杆菌属（*Erwinia*）和假单胞杆菌属（*Pseudomonas*）。

（二）侵染过程

病原菌通过一定的传播介质到达果蔬产品的感病点上，与之接触；然后侵入寄主体内取得营养，建立寄生关系；并在寄主体内进一步扩展使寄主组织破坏或死亡，最后出现症状。这种接触、侵入、扩展和出现症状的过程，称为侵染过程。

侵染过程一般分为 4 个时期：接触期、侵入期、潜育期、发病期。病原物的侵染过程受病原物、寄主植物和环境因素的影响，而环境因素又包括物理、化学和生物等因素。

1. 接触期

接触期是指从病原物与寄主植物接触或达到能够受到寄主外渗物质影响的根围或叶围后，开始向侵入的部位生长或运动，并形成某种侵入结构的一段时间。

2. 侵入期

从病原物侵入寄主到建立寄主关系的这段时间，称为病原物的侵入期。病原体进入寄主是经过自然开孔（如气孔、水孔等）和伤口，或是主动地借助自身分泌的酶和机械力入侵植物的过程称为侵染，前者称为被动侵染，后者称为主动侵染。

3. 潜育期

病原物从与寄主建立寄生关系，到表现明显的症状为止，这一时期就是病害的潜育期。症状的出现就是潜育期的结束。

4. 发病期

植物被病原菌侵染后，经过潜育期即出现症状，便进入发病期。

（三）发病原因

传染性病害的发生是寄主和病原菌在一定的环境条件下相互斗争，最后导致果蔬产品发病的过程，并经过进一步的发展而使病害扩大和蔓延。病害的发生与发展主要受三个因素的影响或制约，即病原菌、寄主和环境条件。当病原菌的致病力强，寄主的抵抗力弱，而环境条件又有利于病菌生长繁殖和致病时，病害就严重；反之，病害就受抑制。

1. 病原菌

病原菌的寄生性是病原菌从寄主活的细胞和组织中获取营养物质的能力。致病性是指病原菌对寄主组织进行破坏和毒害的能力，也称为致病力或病毒性。引起果蔬产品采后腐烂的病原菌（真菌和细菌）属于异养生物。

2. 寄主的抗性

植物对病菌进攻的抵抗能力称为抗病性或忍耐力。植物的抗病性与品种种类、自身的组织结构和生理代谢有关。采后果蔬产品的抗性主要与成熟度、伤口和生理病害等因素有关。

3. 环境条件

影响采后园艺产品发病的环境条件主要有温度、湿度和气体成分。

（四）防治措施

1. 物理防治

果蔬产品采后病害的物理防治主要包括控制贮藏温度和气体成分，以及采后热处理或辐射处理等。

（1）低温处理　低温可以明显地抑制病菌孢子萌发、侵染和致病力，同时还能抑制果实呼吸和生理代谢，延缓衰老，提高果实的抗性。

（2）气调处理　果蔬产品采后用高 CO_2 短时间处理及采用低 O_2 和高 CO_2 的贮藏环境条件对许多采后病害都有明显的抑制作用。

（3）其他处理

①热处理：采后热处理是近年来发展起来的一种非化学药物控制果蔬采后病害的方法。大量的试验证明，它可以有效地防治果实的某些采后病害，利于保持果实硬度，加速伤口的愈合，减少病菌侵染。

②辐射处理：辐射处理产生电离、激发、化学键断裂，使某些酶活力降低或失活，膜系统结构破坏，引起辐射效应，从而抑制或杀死病原菌。

③紫外线处理：能减少苹果、桃、西红柿、柑橘等果实的采后腐烂。用254nm 的短波紫外线可诱导果蔬产品的抗性，延缓果实成熟，减少对灰霉病、软腐病、黑斑病等的敏感性。

④电离辐射处理：利用高频电离辐射，使两个电极之间的外加交流高压放电，产生臭氧，对果实、蔬菜表面的病原微生物有一定的抑制作用。

2. 化学防治

化学防治是通过使用化学药剂来直接杀死园艺产品上的病原菌。化学药剂一般具有内吸或触杀作用，使用方法有喷洒、浸泡和熏蒸等。目前生产上常用的化学杀菌药剂主要有：碱性无机盐（如四硼酸钠和碳酸钠溶液）、氯、次氯酸和氯胺、硫化物、脂肪胺、酚类、联苯、苯并咪唑及其衍生物、新型杀菌剂如抑菌唑、双胍盐、米鲜安、抑菌脲、瑞毒霉、乙膦铝等。

3. 生物防治

生物防治是利用微生物之间的拮抗作用，选择对果蔬产品不造成危害的微生物来抑制引起产品腐烂的病原菌的致病力。

4. 综合防治

果蔬产品采后病害的有效防治是建立在综合防治措施的基础上的，它包括了采前田间的栽培管理和采后系列化配套技术处理。采前的田间管理包括合理的修剪、施肥、灌水、喷药，适时采收等措施，这对提高果实的抗病性、减少病原菌的田间侵染十分有效。采后的处理则包括及时预冷，病、虫、伤果的清除，防腐保鲜药剂的应用，包装材料的选择，冷链运输，选定适合于不同水果、蔬菜生理特性的贮藏温度和湿度、O_2 和 CO_2 浓度，以及确立适宜的贮藏时期等系列配套技术，这对延缓果蔬产品衰老、减少病害和保持风味品质都非常重要。

第六节　综合实验

一、果蔬呼吸强度的测定

（一）实验目的

呼吸作用是果蔬采收后进行的重要生理活动，是影响贮运效果的重要因素。测定呼吸强度可衡量呼吸作用的强弱，了解果蔬采后的生理状态，为低温和气调贮运以及呼吸热计算提供必要的数据。

呼吸强度的测定通常是采用定量碱液吸收果蔬在一定时间内呼吸所释放出来的CO_2，再用已知浓度的酸滴定剩余的碱，即可计算出呼吸所释放出的CO_2量，求出其呼吸强度。其单位为CO_2mg/（kg·h）。反应如下：

$$2NaOH + CO_2 \longrightarrow Na_2CO_3 + H_2O$$

$$Na_2CO_3 + BaCl_2 \longrightarrow BaCO_3\downarrow + 2NaCl$$

$$2NaOH + H_2C_2O_4 \longrightarrow Na_2C_2O_4 + 2H_2O$$

测定可分为气流法和静置法两种。本实验采用静置法。

通过本实践项目，掌握测定果蔬呼吸强度的原理和方法；了解不同种类果蔬和不同成熟度对果蔬呼吸强度的影响。

（二）材料设备

1. 试验材料

苹果、梨、番茄、黄瓜和香蕉等。

2. 试剂

0.4mol/L NaOH、0.3mol/L 草酸、饱和$BaCl_2$溶液、酚酞指示剂。

3. 仪器设备

天平、干燥器、滴定管架、铁夹、25mL 酸式滴定管、150mL 三角瓶、500mL 烧杯、φ8cm 培养皿、小漏斗、10mL 移液管、100mL 容量瓶、吸耳球、试纸。

（三）操作步骤

用移液管吸取0.4mol/L 的 NaOH 20mL 放入培养皿中，将培养皿放入干燥器的底部，放置隔板，放入1kg 左右果蔬，封盖，测定1h 左右（要记录测量的具体时间），取出培养皿，把碱液移入锥心瓶中（冲洗3～5次），加饱和$BaCl_2$5mL 和酚酞指示剂2滴，用0.1mol/L 草酸滴定至红色完全消失，记录0.1mol/L 草酸的用量（V_1）。用同样方法做空白滴定，记录0.1mol/L 草酸的用量（V_0）。按下式计算：

$$呼吸强度\ [mgCO_2/(kg\cdot h)] = \frac{(V_0 - V_1)\times c\times 44}{mt} \tag{1-2}$$

式中　c——草酸的摩尔浓度，mol/L；

m——样品质量，kg；

t——测定时间，h；

44——CO_2的相对分子质量；

V_0——空白滴定时消耗草酸的体积，mL；

V_1——样品滴定时消耗草酸的体积，mL。

（四）结果与分析

1. 不同种类果蔬呼吸强度的比较

分别测定苹果、梨、番茄、黄瓜等不同果蔬的呼吸强度，并分析结果（表1－9）。

表1－9　　不同种类果蔬呼吸强度的比较

果蔬名称	质量/kg	草酸体积/mL		呼吸强度/[mg/(kg·h)]
		样品消耗 V_1	空白消耗 V_0	
苹果				
梨				
番茄				
黄瓜				

2. 成熟度对呼吸强度的影响

分别测定不同成熟度香蕉的呼吸强度，并分析结果（表1－10）。

表1－10　　不同成熟度香蕉的呼吸强度的比较

果蔬名称	成熟度	草酸体积/mL		呼吸强度/[mg/(kg·h)]
		样品消耗 V_1	空白消耗 V_0	
香蕉	未成熟			
	稍成熟			
	完全成熟			

二、果蔬汁液冰点的测定

（一）实验目的

冰点是果蔬重要的物理性状之一，对于许多种果蔬来说，测定冰点有助于确定其适宜的贮运温度及冻结温度。液体在低温条件下，温度随时间下降，当降至该液体的冰点时，由于液体结冰发生相变放热的物理效应，温度不随时间下降，过了该液体的冰点，温度又随时间下降。据此，测定液体温度与时间的关系曲线，其中温度不随时间下降的一段所对应的温度，即为该液体的冰点。测定时有过冷现象，即液体温度降至冰点时仍不结冰。可用搅拌待测样品的方法防止过冷妨碍冰点的测定。

通过本实践项目掌握果蔬汁冰点的测定方法。

（二）材料设备

1. 实验材料

苹果、梨、黄瓜等新鲜果蔬。

2. 仪器设备

标准温度计（测定范围－10～10℃，准确±0.1℃）、冰盐水（－6℃以下，适量）、手持榨汁器、烧杯、玻棒、纱布、钟表。

（三）操作步骤

1. 测定

取适量待测样品在捣碎器中捣碎，榨取汁液，两层纱布过滤，滤液盛于小烧杯中，滤液要足够浸没温度计的水银球部，将烧杯置于冰盐水中，插入温度计，温度计的水银球必须浸入汁液中。不断搅拌汁液，当汁液温度降至2℃时，开始记录温度随时间变化的数值，每15s记一次。

温度随时间不断下降，降至冰点以下时，由于液体结冰发生相变释放潜热的物理效应，汁液仍不结冰，出现过冷现象。随后温度突然上升至某一点，并出现相对稳定，持续时间几分钟。此后汁液温度再次缓慢下降，直到汁液大部分结冰。

2. 绘制降温曲线

（四）结果与分析

冰点的确定：画出温度-时间曲线，曲线平缓处相对应的温度即为汁液的冰点温度。冰点之前曲线最低点为过冷点，过冷点因冰盐水的温度不同而有差异。

三、果蔬中维生素C含量的测定

（一）实验目的

维生素C的分布很广，尤其在水果（如猕猴桃、橘、柠檬、山楂、草莓等）和蔬菜（如苋菜、芹菜、青椒、菠菜、黄瓜、番茄等）中含量更为丰富。不同种类及品种的果蔬、不同栽培条件、不同成熟度、不同贮藏条件等都可以影响果蔬中维生素C的含量。测定维生素C含量是了解果蔬品质高低及其加工工艺成效的重要指标。

钼酸铵在一定条件下（硫酸和偏磷酸根离子存在）与维生素C反应生成蓝色结合物，在一定浓度范围内其吸光度与浓度成直线关系。在偏磷酸存在下，样品中所存在的还原糖与其他常见的还原性物质均无干扰，专一性好，且反应迅速。

通过本实践项目，掌握分光光度法测定果蔬中还原型维生素C的原理、操作步骤、注意事项；学会测定果蔬中维生素C含量的方法；了解各种水果、蔬菜中维生素C的含量。

（二）材料设备

1. 实验材料

苹果、番茄、黄瓜等新鲜果蔬。

2. 试剂

5%钼酸铵（w/V）、乙二酸-EDTA溶液、1mg/mL维生素C标准溶液、3%偏磷酸-乙酸溶液、5% H_2SO_4溶液（体积分数）。

3. 仪器设备

组织捣碎机、分光光度计、电子天平、试管、烧杯、容量瓶、漏斗、滤纸、移液管等。

（三）操作步骤

1. 标准曲线绘制

分别吸取0.4、0.6、0.8、1.0、1.2、1.4mL的维生素C标准溶液于50mL容量瓶中，然后加入9.6、9.4、9.2、9.0、8.8、8.6mL的乙二酸-EDTA溶液，使总体积达到10.0mL。再加入1.00mL的偏磷酸-乙酸溶液和5%的 H_2SO_4 2.0mL，摇匀加入4.00mL的钼酸铵，以蒸馏水定容到50mL，30℃水浴显色20min，取出，自然冷却后在705nm下测定吸收值，绘制标准曲线（表1-11）。以吸收值为横坐标（X），以维生素C标准溶液浓度为纵坐标（Y），绘制标准曲线，获得标准曲线方程 $Y=kX+b$ 以及相关系数 R^2。

表1-11 维生素C标准曲线

吸收值	维生素C标准溶液浓度					
	0.4mg/mL	0.6mg/mL	0.8mg/mL	1.0mg/mL	1.2mg/mL	1.4mg/mL
第一次						
第二次						
第三次						
平均值						

2. 样品测定

准确称取一定量样品，加入乙二酸-EDTA溶液，捣碎或研磨后定容到100mL容量瓶中，过滤。吸取10mL的过滤液于50mL的容量瓶中，加入1mL的偏磷酸-乙酸溶液、5%的H_2SO_4 2.00mL，摇匀后加入4.00mL的钼酸铵溶液，以蒸馏水定容至50mL，30℃水浴显色20min，取出，自然冷却后在705nm下测定吸收值。

（四）结果与分析

根据样液的吸收值，利用标准曲线$Y=kX+b$计算得到样液中维生素C的浓度。

$$维生素C浓度（mg/g）=cV/m \quad (1-3)$$

式中 c——由标准曲线计算的测定用样液中维生素C的浓度，mg/mL；

V——样品提取液的总体积，mL；

m——样品质量，g。

[推荐书目]

1. 王鸿飞．果蔬贮运加工学．北京：科学出版社，2014.
2. 刘兴华，陈维信．果品蔬菜贮藏运销学．北京：中国农业出版社，2010.
3. 张秀玲．果蔬采后生理与贮运学．北京：化学工业出版社，2011.

思考题

1. 影响果蔬呼吸作用的因素主要有哪些？
2. 蒸腾作用对果蔬的影响有哪些？如何控制蒸腾失水？
3. 乙烯生物合成的调节因素有哪些？
4. 休眠期间的生理生化变化有哪些？
5. 减轻果蔬贮藏冷害的主要处理方式有哪些？

CHAPTER 2

第二章 采收与商品化处理

[知识目标]

1. 了解适时采收、商品化处理、感观及理化品质鉴定的目的和意义。
2. 掌握果蔬成熟度的判断方法和采收技术。
3. 掌握果蔬运输的方法、途径及运输过程中的管理技术。

[能力目标]

1. 能应用所学的理论知识对各果蔬进行采后的商品化处理。
2. 能应用各仪器对果蔬进行常规的感观、理化品质鉴定。

第一节　成熟与采收

采收是果蔬生产上的最后一个环节，也是贮藏加工开始的第一个环节。果蔬的采收成熟度与其产量、品质有着密切关系。采收过早，不仅产品的大小和质量达不到标准，而且风味、品质和色泽也不好；采收过晚，产品已经成熟衰老，不耐贮藏和运输。采收工作有很强的时间性和技术性，必须及时，并且由经过培训的工人操作，才能取得良好的效果，否则会造成不应有的损失。

一、确定采收期的依据

确定果蔬的采收期，应该考虑果蔬的采后用途、产品类型、贮藏时间长短、运输距离远近和销售期长短等。一般就地销售的产品，可以适当晚采收，而作为长期贮藏和远距离运输的产品，应该适当早采收，一些有呼吸高峰的产品应在呼吸高峰前采收。果蔬采收期取决于它们的成熟度，果蔬成熟度的判断要根据种类和品种特性及其生长发育规律，从果蔬的形态和生理指标上加以区分。生理成熟度与商业成熟度之间有着明显的区别，前者是植物体生命中的一个特定阶段，后者涉及能够转化为市场需要的特定销售期有关的采收时期。判断成熟度主要有以下几种方法。

1. 果梗脱离的难易度

有些种类的果实，在成熟时果柄与果枝间常产生离层，稍一振动就可脱落，此类果实离层形成时为品质最好的成熟度，也是采收的适宜时期，如不及时采收就会造成大量落果。

2. 果实形态

果实成熟后，产品本身会表现出固有的形态，根据经验可以作为判别成熟度的指标。如香蕉未成熟时果实的横切面呈多角形，充分成熟后，果实饱满、浑圆，横切面呈圆形。

3. 生长期和成熟特征

不同品种的果蔬从开花到成熟都具有一定的生长期和成熟特征。不同地区可根据当地的气候条件结合多年的经验得出适合当地采收的平均生长期。如山东元帅系列的苹果其生长期为145d 左右，红星苹果约 147d 左右，国光苹果的生长期为 160d 左右，四川青苹果的生长期为110d 左右，青香蕉苹果为 156d 左右。此外，不同的果蔬产品在成熟过程中会表现出许多不同的特性，一些瓜果可以根据其种子的变色程度来判别其成熟度，种子从尖端开始由白色逐渐变褐、变黑是瓜果充分成熟的标志之一；豆类蔬菜应该在种子膨大硬化以前采收，其食用和加工品质才好，但作为种用的则应该在充分成熟时采收较好；苹果、葡萄等果实成熟时表面产生的一层白色粉状蜡质，也是成熟的标志之一；还有一些产品生长在地下，可以从地上部分植株的生长情况来判断其成熟度，如洋葱、马铃薯、芋头、姜的地上部分变黄、枯萎和倒伏时，为最适采收期，此时收获的产品最耐贮藏。

4. 表面色泽的变化

许多果实在成熟时都显示出它们特有的颜色，一般而言，当果实尚未成熟时，表皮中含有大量的叶绿素，故呈现青绿色；而随着成熟，叶绿素逐渐降解，类胡萝卜素、花青素等色素逐渐形成，故表皮绿色减退，产品的固有色泽逐渐显现。因此，果蔬的表面色泽可以作为判断果蔬成熟度的重要标志。根据不同的需求，可以通过表皮色泽来判断正确的采收时间。大规模商品生产往往要求有数量化的采收指标，故光凭借感官鉴定，误差太大，应当尽量降低感官评定的主观性，如采用果实底色比色板，果实的色泽变化可以通过同标有数字级别的比色板对照而定量化，从而得到较客观的指标。但果实表皮颜色的变化，除受本身成熟度影响外，光照、温度、湿度等环境条件对色素的形成也有影响。因此，为了正确判断果实的成熟度，还必须结合其他因素综合考虑。

5. 质地和硬度

果实的硬度是指果肉抵抗外界压力的强弱，抗压力越强，果实的硬度就越大，反之果实的硬度越小。一般未成熟的果实硬度较大，达到一定成熟度时变得柔软多汁，硬度下降。只有掌握适当的硬度，在最佳质地时采收，产品才能耐贮藏和运销，如苹果、梨等都要求在果实有一定的硬度时采收。桃、李、杏的成熟度与硬度的关系也十分密切。一般情况下，蔬菜不测其硬度，而是用坚实度来表示其发育状况。有一些蔬菜的坚实度大，表示发育良好、充分成熟和达到采收的质量标准，如甘蓝的叶球和花椰菜的花球都应在坚硬、致密紧实时采收，此时产品品质好，耐贮性强。但是也有一些蔬菜坚实度高表示品质下降，如莴笋、芥菜应该在叶变得坚硬以前采收，黄瓜、茄子、凉薯、豌豆、菜豆、甜玉米等都应该在幼嫩时采收。

6. 主要化学物质含量的变化

果蔬中的主要化学物质有淀粉、糖、酸和维生素类等。果蔬产品在生长、成熟过程中，其主要化学物质如糖、淀粉、可溶性固形物、有机酸和抗坏血酸等物质的含量都在不断发生变化。随着成熟度的不断提高，果实体内固形物含量、糖、酸及其他化学物质的含量和组成比例也会不断发生变化。故可根据果实的化学成分变化来判断果蔬的采收成熟度，常用的指标有固形物、酸分、固酸比及糖酸比。这些物质含量的动态变化和比例情况可以作为衡量产品品质和成熟度的标志。可溶性固形物中主要是糖分，其含量高标志着含糖量高，成熟度也高。总含糖量与总酸含量的比值称“糖酸比”，可溶性固形物与总酸的比值称为“固酸比”，它们可以用于衡量果实的风味及判断其成熟度。猕猴桃果实在果肉可溶性固形物含量6.5% ~8%时采收较好。苹果糖酸比为30~35时采收，果实酸甜适宜，风味浓郁，鲜食品质好。四川甜橙以固酸比不低于10∶1作为采收成熟度的标准，美国将甜橙糖酸比8∶1作为采收成熟度的低限标准。糖和淀粉含量的变化也可作为蔬菜成熟采收的指标，甜玉米、青豌豆和菜豆以实用幼嫩组织为主，应以糖多、淀粉少时采收品质较好；马铃薯、甘薯在淀粉含量较高时采收，不仅产量高、营养丰富、更耐贮藏，而且加工淀粉则出粉率也高。

果蔬体内的化学成分变化也受到环境条件及栽培管理等因素的影响，故在使用化学方法检测成熟度时也须综合考虑各种因素。

果蔬产品由于种类繁多，特性各异，不同产品收获的器官也不同，故其成熟采收标准难以统一。在生产实践中，应根据产区的环境条件、产品的自身特点及采后用途进行全面评价，从而判断出最适的采收期，以期达到适时采收、长期贮运的目的。国外制定了许多果蔬的成熟标准，见表2-1。

表2-1 部分果蔬成熟标准

指标	实例
盛花期至收获的天数	苹果，梨
生长期的平均热量单位	豌豆，苹果，玉米
薄层是否形成	某些瓜类，苹果，费约果
表层形态及结构	葡萄类和番茄角质层的形成，甜瓜类网层、蜡质形成
产品大小	所有水果和多数蔬菜类作物
相对密度	樱桃，西瓜，马铃薯
形状	香蕉棱角，杧果饱满度，青花菜和花菜紧密度
坚实度	莴苣，包心菜，甘蓝
硬度	苹果，梨，核果
软度	豌豆
颜色（外部）	所有水果及大部分蔬菜
内部颜色和结构	番茄中果浆类物质的形成，某些水果的肉质颜色

续表

指标	实例
淀粉含量	苹果，梨
糖含量	苹果，梨，核果，葡萄
酸含量，糖酸比	石榴，柑橘，木瓜，瓜类，猕猴桃
果汁含量	柑橘类水果
油质含量	鳄梨
收敛性单宁含量	柿子，海枣
内部乙烯浓度	苹果，梨

二、采收方法

果蔬采收时除了掌握适当的成熟度外，还要注意采收方法。果蔬的采收主要有人工采收和机械采收两大方式。

（一）人工采收

鲜销和长期贮藏的果蔬最好人工采收。人工采收灵活性很强，可以针对不同的产品、不同的形状、不同的成熟度，及时进行分批分次采收和分级处理；且同一棵植株上的果实，因成熟度不一致，分批采收可提高产品的品质和产量；可以减少机械损伤，保证产品质量；另外，有的供鲜销和贮藏的果品要求带有果柄，失掉了果柄，产品就得降低等级，造成经济损失，人工采收可做到最大限度地保留果柄。因此，目前世界各国鲜食和贮藏的果品蔬菜，人工采收仍然是最主要的方式。具体的采收方法一般视果蔬特性而异。

具体的采收方法应根据水果和蔬菜的种类决定。如柑橘、葡萄等果实的果柄与枝条不易脱离，需要用采果剪采收，为了使柑橘的果蒂不被拉伤，柑橘多用复剪法采收，即一果两剪法。而在美国和日本，柑橘类果实都要求带有果柄，通常用圆头剪齐萼片处剪断果柄。苹果和梨成熟时，其果柄和短果枝间产生离层，采收时以手掌将果实向上一托，果实即可自然脱落。采收香蕉时，用刀先切断假茎，紧扶母株让其徐徐倒下，接住蕉穗并切断果轴，要特别注意减少擦伤、跌伤和碰伤。果实采后装入随身携带的特制帆布袋中，装满后打开袋子的底扣，将果实漏入大木箱内。

蔬菜由于植物器官类型的多样性，其采收与水果有所不同。例如，果菜类、瓜类的采收方法与水果相似，逐个从植株上用手摘取；根茎类蔬菜从土中挖出，但要掌握好适宜的深度，否则会伤及产品；叶菜类常用手摘或刀割，以避免叶的大量破损；叶球、花球类蔬菜采收时须留 2～3 片外叶作为保护产品器官之用；蒜薹用手逐根从叶鞘中抽拔出来，抽拔时要用力均匀，以免拔断。

果蔬的采收时间应选择晴天的早晚，要避免雨天和正午采收。同一棵树上的果实，由于花期的参差不齐或者生长部位不同，不可能同时成熟，分期进行人工采收既可提高产品品质，又可提高产量。在一棵树上采收时，应按由外向里、由下向上的顺序进行。采收还要做到有计划性，根据市场销售及出口贸易的需要决定采收期和采收数量。

目前国内劳动力价格相对便宜，绝大部分果蔬产品可采用人工采收。就现阶段来讲，国内的人工采收仍存在许多问题，主要表现为工具原始、采收粗放、缺乏可操作的果蔬产品采收标准。需要对采收人员进行非常认真的管理，对新上岗的工人需进行培训，使他们了解产品的质量要求，尽快达到应有的操作水平和采收速度。

（二）机械采收

对于果品而言，机械采收只适用于那些成熟时果梗与果枝间形成离层的果品种类，一般使用强风压或强力振动机械，迫使离层果实脱落，在树下布满柔软的帆布篷和传送带，承接果实并自动将果实送到分级包装机内。对于蔬菜而言，由于其成熟期较一致，适于一次性采收，且田间采收面基本为一平面，故机械采收是比较适用的采收方法。地下根茎类蔬菜是机械采收特性最好的蔬菜，采收机械由挖掘器、收集器及分级装置、运输带等组成，采收效率极高。甘蓝和芹菜、叶用莴苣也用机械收割。果菜类则可用机械收割，然后清除枝叶获得果实；也可用振动落果或梳果的方法进行机械采收。目前，用于加工的果蔬产品或能一次性采收且对机械损伤不敏感的产品多选用机械采收。目前美国使用机械采收葡萄、苹果、柑橘、番茄、樱桃、坚果类等。根茎类蔬菜（如马铃薯、萝卜、胡萝卜等）使用机械采收；豌豆、甜玉米均可采用机械采收，但要求成熟度一致。

为了便于机械采收，采收前常喷洒果实脱落剂如乙烯利、萘乙酸等以提高采收效果，催熟剂和脱落剂的应用在机械采收中也越来越被重视。如桃、杏、李、枣、番茄等可采前在植株上喷布一定浓度的乙烯利，以促进果柄与果枝间形成离层。但是，机械采收的水果和蔬菜容易遭受机械损伤，贮藏时腐烂严重，因此目前国内外机械采收主要用于采后即行加工的果蔬。

目前各国的科技人员正在努力培育适于机械采收的新品种，并已有少数品种开始用于生产。机械采收较人工采收效率高，节省劳动力，减少采收成本，在改善采收工人工作条件的同时可减少因大量雇佣和管理工人所带来的一系列问题。首先，机械采收需要可靠的、经过严格训练的技术人员进行操作，因为不恰当的操作不仅会对果蔬产品造成损失，也会带来严重的设备损坏和大量的机械损伤。其次，机械设备必须进行定期的保养维修。再次，机械采收不能进行选择采收，造成产品的损伤严重，影响产品的质量、商品价值和耐贮性，因此大多数新鲜果蔬产品，目前还不能完全采用机械采收。

第二节　原料预处理

一、预　　冷

（一）预冷的作用

预冷是将新鲜采收的产品在运输、贮藏或加工以前迅速除去田间热的过程。大多数果蔬产品都需要预冷。恰当的预冷可以降低产品的腐烂程度，最大限度地保持采前的新鲜度及品质。

为了保持果蔬的新鲜度和延长货架寿命，预冷最好在产地进行。特别是那些组织娇嫩、营养价值高、采后寿命短的产品，以及那些呼吸高峰型的水果和蔬菜，如果不快速预冷，很容易腐烂变质。在低温运输、低温贮藏系统中，预冷不仅可以保持果蔬的新鲜度和品质，还可以降低冷藏库的冷冻负荷，并保证冷藏设备的温度波动不至于过大。当水果和蔬菜的品温为20℃时装车或入库，所需排除的热量为0℃时的40～50倍。采后的及时预冷，会减少产品的采后损失，同时抑制腐败微生物的生长，抑制酶活力和呼吸强度，有效保持产品的品质和商品性。因此，预冷是果蔬产品低温冷链保藏运输中必不可少的环节。

（二）预冷的方法

1. 自然降温冷却

自然降温冷却是一种最简便易行的预冷方式，它是将采后的果蔬放在阴凉通风的地方，使其自然散热。这种方法受环境条件影响大，冷却时间较长，而且难于达到产品所需要的预冷温度，但是在没有更好的预冷条件时，自然降温冷却仍然是一种应用较普遍的好方法。

2. 水冷却

水冷却是用冷水冲淋产品，或者将产品浸在冷水中，使产品降温的一种冷却方式。由于产品的温度会使水温上升，因此，冷却水的温度在不使产品受害的情况下要尽量地低一些，一般在0～1℃。水预冷装置一般有喷水式（喷淋、喷雾两种）、浸渍式和混合式（喷浸结合）等数种，以喷水式应用较多。装置一般包括流水系统和传送带系统。水冷却器中的水通常是循环使用的，这样会导致水中腐败微生物的累积，成为病害传播的媒介，使果蔬受到污染，进而引起腐烂。另外预冷后产品沥水不充分，使产品在贮运中包装内湿度过高，也易产生微生物的危害。因此应该在冷却水中加入一些化学药剂，减少病原微生物的交叉感染，如加入一些次氯酸盐或用氯气消毒，但杀菌剂的使用必须符合食品卫生标准的要求。此外，水冷却器也要经常用水清洗。采用水冷却时，产品的包装箱要具有防水性和坚固性。流动式的水冷却常与洗果和消毒等采后处理结合进行；固定式则是产品装箱后再进行冷却。适合于水冷却的果蔬通常为组织紧实、采收后在高温下易变质的产品，或者表面积小、采用真空预冷效果差的品种。商业上适合于用水冷却的果蔬有胡萝卜、芹菜、柑橘、甜玉米、甜瓜、菜豆、桃等，而对草莓、菠菜等质地柔软、不耐水湿的果蔬不能采用。研究表明，直径7.6cm的桃在1.6℃水中放置30min，可以将其温度从32℃降到4℃，直径为5.1cm的桃在15min内可以冷却到4℃。

水冷却的速度涉及许多因素，如冷却介质的温度和运动速度、果蔬体积和热导率的大小、产品堆积的形式和包装方式等，生产中应根据这些制约因素，设法加快冷却速度。

3. 真空冷却

真空冷却是将产品放在坚固、气密的容器中，迅速抽出空气和水蒸气，使产品表面的水在真空负压下蒸发而达到冷却降温目的的一种冷却方式。压力减小时水分的蒸发加快，当压力减小到613.28Pa时，产品就有可能连续蒸发冷却到0℃，因为在101325Pa下，水在100℃沸腾，而在533.29Pa下，水在0℃就可以沸腾。在真空冷却中产品的失水范围为1.5%～5%，由于被冷却产品的各部分失水较均衡，因此产品不会出现萎蔫现象，果蔬在真空冷却中大约温度每降低5.6℃，失水量为1%。

真空冷却的速度和温度在很大程度上受果蔬产品的比表面积（表面积/体积）、产品组织失水的难易程度以及真空罐抽真空的速度等因素影响，因此不同种类的水果和蔬菜真空冷却的效果差异很大。生菜、菠菜、苦苣等叶菜最适合于用真空冷却，纸箱包装的生菜用真空预冷，在25～30min内可以从21℃下降到2℃。还有一些蔬菜如石刁柏、花椰菜、蘑菇、甘蓝、芹菜、葱、甜玉米也可以使用真空冷却，但一些比表面积小的产品如水果、根菜类等最好使用其他的冷却方法。真空冷却对产品的包装有特殊要求，特别适用于那些包装在能够通风、便于水蒸气散发的纤维板箱或塑料薄膜中出售的蔬菜。

4. 冷库空气冷却

冷库空气冷却是一种较为简单的预冷方法，它是将果蔬产品放在冷库中降温的一种冷却方式，苹果、柑橘和梨都可以在短期或长期贮藏的冷库内进行预冷。冷库的制冷量确定后，冷空气的循环就显得很重要。当制冷量足够大及空气以1~2m/s的流速在库内和容器间循环时，冷却的效果最好。因此，产品堆码时要规范，包装容器间应留有适当的间隙，保证气流通过，如有需要可以使用有强力风扇的预冷间。目前，国外的冷库均有单独的预冷间，产品的冷却时间一般为18~24h。冷库空气冷却时产品容易失水，95%或95%以上的相对湿度可以有效减少失水量。大多的果蔬产品（需包装）均可在冷库中进行短期预冷。苹果、梨、柑橘等都可以在短期或长期贮藏的冷库内进行预冷。

5. 强制通风冷却

强制通风冷却是一种使用高速气流强制冷却的方法，此法需要采用专门的装置，主要通过天棚喷射式、鼓风式、隧道式、流床式及压差通风式等装置使包装箱堆或垛的两个侧面造成空气压差而进行冷却，当压差不同的空气经过货堆和包装箱时，将产品散发的热量带走。通过配合适当的机械制冷和加大气流量，可以加快冷却的速度。强制通风冷却所需的时间比一般冷库预冷要快4~10倍，但比水冷和真空冷却所用的时间至少长2倍。大部分果蔬适合用强制通风冷却，在草莓、葡萄、甜瓜和红熟的番茄上使用效果显著，0.5℃的冷空气在75min内可以将品温24℃的草莓降到4℃。

6. 包装加冰冷却

包装加冰冷却是一个古老的方法，但在我国由于冷藏设备的限制仍在果蔬的贮运实践中发挥一定的作用。该法是在装有果蔬产品的包装容器中加入细碎的冰块，一般采用顶端加冰法。它适用于那些与冰接触不会产生伤害的产品，如菠菜、花椰菜、萝卜、抱子甘蓝、葱、胡萝卜和网纹甜瓜等。如果要将产品的温度从35℃降到2℃，所需加冰量应占产品质量的38%。虽然冰融化时可将热量带走，但是用加冰冷却降低产品温度和保持产品品质的作用是很有限的，因此，包装内加冰冷却只能作为其他预冷方式的辅助措施。

以上这些预冷方法各有优缺点见表2-2，在选择预冷方法时，必须要根据产品的种类和特性，结合现有的设备、包装类型、成本、距销售市场的远近等因素综合考虑。在预冷前后都要测量产品的温度，判断冷却的程度。预冷时要注意产品的最终温度，防止温度过低产生冷害或冻害，以致产品在运输、贮藏或销售过程中腐烂。

表2-2 不同预冷方法的优缺点比较

项目	预冷方法	优点	缺点
空气冷却	自然对流冷却、强制通风冷却	操作简单、成本低，适用于大多数果蔬产品	冷却速度较慢
水冷却	浸泡或喷淋	操作简单、成本低，适用于表面积小的产品	产品易受冷却水中微生物影响
碎冰冷却	碎冰与产品直接解除	冷却速度快	果蔬产品易受冻害
真空冷却	降温、降压	冷却速度快、效率高、产品品质好、不受包装限制	成本高、适宜冷却的果蔬品种少

(三) 预冷的注意事项

果蔬的预冷是一个重要环节，但受很多因素的影响，为达到预期效果，在预冷过程中需注意以下几个方面。

(1) 果蔬预冷要及时，即采收后要尽快进行预冷，则需在产地或邻近产地建设降温冷却设施。一般在冷藏库中应设有预冷间，在果蔬产品适宜的贮运温度下进行预冷。

(2) 根据果蔬产品的形态结构和生物学特性，选用适当的预冷方式，一般体积越小，冷却速度越快，并利于连续作业，冷却效果好。

(3) 预冷温度以接近最适贮藏温度为宜，冷却后的终温应在产品的冷害温度以上，否则易造成冷害和冻害，影响产品品质和贮藏性。预冷速度受多方面因素的影响，如制冷介质与产品接触的面积与冷却速度成正比；产品与介质之间的温差越大，冷却速度越快，而温差越小冷却速度越慢。此外，介质的种类及周转率的不同也会影响冷却速度。

(4) 预冷后的果蔬产品要在适宜的贮藏温度下及时进行贮运。若贮运条件有限，仍在常温下进行贮运，不仅达不到预冷的目的，甚至会加速腐烂变质。

二、愈　　伤

果蔬在采收过程中很难避免机械损伤，特别是那些块茎、鳞茎、块根类蔬菜，如马铃薯、洋葱、大蒜、芋头和山药等。果蔬采收时的微小伤口也会招致微生物侵入而引起腐烂。为此，需在贮藏前对果蔬进行愈伤处理。

在大部分果蔬愈伤过程中，周皮细胞的形成要求高温多湿的环境条件，马铃薯采后在18.5℃下保持2～3d，然后在7.5～10℃和90%～95%相对湿度下10～12d可完成愈伤。愈伤的马铃薯比未愈伤的贮藏期可延长50%，而且腐烂减少。山药在38℃和95%～100%的相对湿度下愈伤24h，可以完全抑制表面真菌的活动和减少内部组织的坏死。成熟的南瓜，采后在24～27℃下放置2周，可使伤口愈合、果皮硬化，延长贮藏时间。

有些果蔬愈伤时要求较低的湿度，如洋葱和大蒜收获后要进行晾晒，使外部鳞片干燥，以减少微生物侵染，促使鳞茎的颈部和盘部的伤口愈合，有利于贮藏和运输。

三、其他预处理方式

(一) 催熟与脱涩

1. 催熟

催熟是指销售前用人工方法促使果实成熟的技术。果蔬集中采收时成熟度往往不一致，还有一些产品为了方便运输，在绿熟期就进行了采收。为了保证其在上市前能够拥有良好的色泽及品质，故需要对果实进行脱绿、催熟处理。但不是所有的果蔬产品都能够催熟，只有达到生理成熟阶段且能够完成后熟的产品才能进行此环节。不同的果蔬催熟时有不同的最适温度要求，一般以21～25℃为好，相对湿度为98%为宜。常用的催熟剂有乙烯、乙烯利和乙炔，乙烯利应用最普遍，它们适用于各种果蔬的催熟处理。

不同种类的产品其最佳催熟温度不同，一般以21～25℃为好。为了充分发挥催熟剂的作用，催熟环境应该有良好的气密性，催熟剂应有一定的浓度。此外，催熟室内的气体成分对催熟效果也有影响，CO_2的累积会抑制催熟效果，因此催熟室要注意通风，最好使用气流法通入乙烯，以保证室内有足够的 O_2。催熟室的相对湿度以 85% ~90% 为宜，湿度过低，果蔬会失水萎蔫，催熟效果不佳，湿度过高产品又易感病腐烂。由于催熟环境的温度和湿度都比较高，致病微生物容易生长，因此还应该注意催熟室的消毒。

乙烯利是一种较之乙烯使用更为方便的催熟剂。因它是液体，产品处理时不用密闭，只要将其配成一定的浓度，在果面上喷洒或浸渍即可催熟果实，所以生产上广泛使用。乙烯利的使用浓度与果蔬种类、温度等有关，一般使用浓度 0.1% ~0.3%，低温时大一些。香蕉处理 3 ~5d 即黄熟；柿子处理 4 ~5d 即可成熟食用；番茄用 0.1% 乙烯利处理 3 ~5d 后即可变红，比自然变红时间缩短 1 周左右。

以下列举几类果蔬的催熟方法。

（1）香蕉的催熟　为了便于运输和贮藏，香蕉一般在绿熟坚硬期采收，绿熟阶段的香蕉质硬、味涩，不能食用，运抵目的地后应进行催熟处理，使香蕉皮色转黄，果肉变软，脱涩变甜，产生特有的风味。如在 20℃ 和相对湿度 80% ~85% 的条件下，向装有香蕉的催熟室（密闭）中加入 100mg/L 的乙烯利，处理 1 ~2d，当果皮稍黄时即可取出；也可用一定温度下的乙烯利稀释液喷洒或浸泡，然后将香蕉放入密闭室内，3 ~4d 后果皮也可变黄。若上述条件不具备，也可将香蕉直接放入温度 22 ~25℃、相对湿度 90% 左右的密闭环境，通过自身释放乙烯利达到催熟的目的。此外，还可以用熏香法，将一梳梳的香蕉装在竹篓中，置于密闭的蕉房内，点香 30 余支，保持室温为 21℃ 左右，密闭 20 ~24h，将密闭室打开，2 ~3h 后将香蕉取出，放在温暖通风处 2 ~3d，香蕉的果皮由绿变黄，涩味消失，变甜。

（2）柑橘类果实的催熟　柑橘类果实，特别是柠檬，如果在树上变黄了再采收，果实的含酸量将会下降，果汁减少，风味变劣。所以，柠檬果实多在充分成熟以前、含酸量最高时采收，但此时果皮呈绿色，商品品质欠佳。美国和日本等国家多采用 20 ~300mg/m^3 乙烯处理使果皮变黄。蜜柑上市前也多采用密闭室或塑料薄膜大帐，通入 500 ~1000mg/m^3 乙烯催熟，经过 15h 即可催熟转黄。柑橘用 200 ~600mg/L 乙烯利浸果，在室温 20℃ 下，2 周即可褪绿。

（3）番茄的催熟　番茄在 20 ~25℃ 和 85% ~90% 的相对湿度下，用 100 ~150mg/m^3 乙烯处理 24 ~98h，番茄可由绿变红。也可用加温法，即将番茄放在温床或温室等温度较高的地方，但是催熟的时间较长，果实容易失水萎蔫。

（4）杧果的催熟　杧果在成熟后柔软多汁，容易产生机械损伤和腐烂，因此，为了延长杧果的采后寿命及便于运输，一般在绿熟阶段采收，在常温下 5 ~8d 自然黄熟。为了尽快达到其最佳外观品质，可以进行催熟处理。目前国内外多用电石加水释放乙炔的方法催熟，每千克果实需电石 2g，用报纸包好放在杧果箱内，箱子码垛，外面加上塑料罩，密闭 24h 后，将杧果取出，在自然温度下很快转黄。

因此，催熟可使产品提前上市或使未充分成熟的果实达到销售标准、最佳食用成熟度及最佳商品外观。一般采后需进行后熟和人工催熟或脱涩的产品有香蕉、苹果、梨、番茄等果实，还有菠萝、柑橘等产品中的部分品种和柿子等，应在果实接近成熟时应用。

2. 脱涩

涩味产生的主要原因是单宁物质与口舌上的蛋白质结合，使蛋白质凝固，味觉下降。脱涩的原理为将可溶性单宁物质通过与乙醛缩合变为不溶性的单宁，涩味即可脱除。根据上述原理，可以采取各种方法，使果实产生无氧呼吸，使单宁物质变性脱涩。常见的脱涩方法有温水脱涩、石灰水脱涩、混果脱涩、乙醇脱涩、高 CO_2 脱涩、脱氧剂脱涩、冰冻脱涩、乙烯及乙烯利脱涩。

这几种方法脱涩效果良好，经营者可根据自身资金状况选择适当的脱涩方式。

（1）温水脱涩 利用较高的温度和缺氧条件，使果实产生无氧呼吸而脱涩的方法。一般将涩柿子浸泡在40℃左右的温水中20h左右，柿子即可脱涩。此法脱涩后的柿子肉质较硬，颜色美观，风味可口，但存放时间不长，容易败坏。

（2）石灰水脱涩 此法脱涩的原理与温水法相似，是利用石灰水放出的热量来达到升温的效果。一般将涩柿子浸入7%的石灰水中，3~5d可脱涩。此法脱涩后，柿子质地脆硬，不易腐烂，但果面往往有石灰痕迹，影响商品外观，最好用清水冲洗后再上市。

（3）混果脱涩 利用其他品种果蔬在贮藏期间所产生的乙烯，来达到催熟涩柿子的目的。一般是将涩柿子与苹果、梨、木瓜等果实或新鲜树叶如柏树叶、榕树叶等混装在密闭容器中，在20℃室温中，经4~6d后不仅可以脱涩，而且其他果蔬中的芳香物质还能改善柿子的风味。此法脱涩后，果实质地较软，色泽鲜艳，风味浓郁。

（4）酒精脱涩 将35%~75%酒精或白酒喷洒于涩柿子的果面上，每千克柿子的酒精用量为5~7mL，将果实密闭于容器中，在室温下贮藏4~6d，即可脱涩。此法可用于运输途中，将处理过的柿子用塑料袋密封装箱运输，到达目的地后即可上市销售。

（5）高CO_2脱涩 当前大规模的柿子脱涩方法是用高CO_2处理，降低O_2浓度，以造成涩柿子的无氧呼吸，促进脱涩。将柿子堆码在密闭的塑料薄膜帐内，从压缩钢瓶中通入CO_2，使帐内CO_2的浓度达到并保持在60%以上，降低O_2的浓度，造成无氧呼吸，当温度为40℃左右时，10h即可脱涩，当温度为25~30℃时，1~3d就可脱涩。此法脱涩成本较低，柿子质地脆硬，贮藏时间也较长。

（6）脱氧剂密封法 与高CO_2法类似，用脱氧剂除去密闭环境中的氧气，造成果实无氧呼吸进行脱涩的方法。脱氧剂种类很多，可以用连二亚硫酸盐、亚硫酸盐、硫代硫酸盐、草酸盐、铁粉、锌末等还原性物质为主剂的混合物。脱氧剂一般放在透气性包装材料中，待可溶性单宁除去5%以上时，可将密闭容器打开，将柿子贮藏在0~20℃条件下，果实会脱涩变甜。

（7）冻结脱涩法 研究表明，在-30~-20℃左右快速冻结脱涩的效果较好。冻柿子吃起来别具特色，但需注意其冻结后不宜移动或振动，食用时要缓慢解冻，防止果肉解体变质。

（8）乙烯及乙烯利脱涩 利用乙烯的催熟作用达到脱涩的目的。1000mg/L乙烯利处理的柿子在18~21℃和80%~85%相对湿度下2~3d可成熟脱涩。用250~500mg/L的乙烯利喷果或蘸果，2~6d柿子也可成熟脱涩。此法脱涩后，质地软，风味佳，色泽鲜艳，但不宜长期贮藏和长距离运输，必须及时就地销售。

（二）涂膜处理

涂膜处理也称打蜡，即用蜡液或胶体物质涂在某些果蔬产品表面使其保鲜的技术。果蔬涂膜后，在表面形成一层蜡质薄膜，可改善果蔬外观，提高商品价值；阻碍气体交换，降低果蔬的呼吸作用，减少养分消耗，延缓衰老；减少水分散失，防止果皮皱缩，提高了保鲜效果；抑制病原微生物的侵入，减轻腐烂。若在涂膜液中加入防腐剂，防腐效果更佳。我国市场上出售的进口苹果、柑橘等高档水果，几乎都经过打蜡处理。商业上使用的大多数涂膜剂是以石蜡和巴西棕榈蜡作为基础原料，因为石蜡可以很好地控制失水，而巴西棕榈蜡能使果实产生诱人的光泽。含有聚乙烯、合成树脂物质、防腐剂、保鲜剂、乳化剂和湿润剂的涂膜剂的应用，取得了良好的效果。近年来，可食性涂膜材料的开发也取得了一定的成果，它是采用天然高分子材料，经过一定的处理后在果皮表面形成的一层透明光洁的膜，具有较好的选择透气性、阻水性，与果腊相比，具有无色、无味、无毒的优点。国内外得到广泛研究和应用的膜有多糖膜、蛋白质膜、脂质膜和复合膜四种。

涂膜方法主要包括浸涂法、喷涂法和刷涂法三种。浸涂法最简单，即将涂料配成适当浓度的溶液，将果实浸入，蘸上一层薄薄的涂料，取出晾干即可。喷涂法是将果实洗净干燥后，喷上一层很薄的涂料。刷涂法是用细软毛刷或用柔软的泡沫塑料蘸上涂料液在果实表面涂刷直至形成均匀的涂料薄膜，毛刷还可以安装在涂蜡机上使用。

涂膜处理可用人工或人工与机器配合进行。国外由于劳动力缺乏及需要商品化处理的水果和蔬菜数量大，一般使用机械涂膜。喷蜡机大多与洗果、干燥、喷涂、低温干燥、分级、包装、贮运等工序联合配套进行。我国的许多地方还在使用手工涂膜。

（三）辐射处理

1. 辐射处理的研究

电离辐射可抑制水果的成熟、衰老和蔬菜的发芽，抑制微生物导致的腐烂及减少害虫滋生，从而延长产品的贮藏寿命。目前各国主要是应用^{60}Co 或^{137}Cs 作为 γ 射线源，所用剂量低，照射时间也较短。γ 射线是一种穿透能力很强的射线，当其透过生活机体时，会使机体中的水和其他物质发生电离作用，产生游离基或离子，从而影响机体的新陈代谢，但照射剂量过大时会杀死细胞。一般用于果蔬的是低辐射剂量处理，对产品感官特性和风味的影响不大。辐射剂量不同时所起的作用也不相同。

低剂量：1kGy 以下，影响植物代谢，抑制块茎、鳞茎类蔬菜发芽，杀死寄生虫。

中剂量：1～10kGy，抑制植物代谢，延长水果和蔬菜的贮藏期，控制真菌活动，杀死沙门菌。

高剂量：10kGy 以上，彻底灭菌。常用的水果照射剂量见表 2－3。

表 2－3 部分水果辐射剂量

产品	剂量/Gy	贮藏时间/d	产品	剂量/Gy	贮藏时间/d
杨梅	2000～3000	5～10	葡萄	2000	22
樱桃	2000	5～25	杏	1750～2500	7～30
桃	2000～2500	13	无花果	2000～14000	5～60

2. 辐射对果蔬保鲜的影响

辐射对果蔬保鲜的影响主要表现在：干扰基础代谢过程，延缓成熟和衰老；对水果和蔬菜品质产生影响；可减少害虫危害；可抑制微生物引起的产品腐烂，应用范围广，能处理不同类型的产品和包装材料；可以减少能源消耗，工作效率高，整个工序可连续进行，易于自动化。

3. 辐射处理存在的问题

辐射处理可能引起新鲜果蔬组织褐变，使鲜红的果实变为暗红；使组织变软，失去脆性，果汁增多，使果实中的维生素 E、维生素 A、维生素 C 被破坏；现已发现当一种维生素单独被照射时很容易被破坏，但两种或两种以上的维生素同时存在时，被破坏量减少，果蔬中含有多种维生素。因此，辐射对维生素的破坏在一定程度上得到缓解。

辐射处理也可能加重腐烂，可能是辐射引起生理损伤，削弱了产品原有的抗性。因此辐射能否起到保鲜作用要考虑：产品及主要腐烂致病菌对辐射的敏感性及主要腐烂致病菌能否重复侵染及其致病规律和时间。为了避免辐射伤害，新鲜果蔬只能应用低照射剂量，而且要注意产品种类、品种的选择和处理后的贮藏管理。辐射对某些产品带来的不良影响，可以与其他处理综合使用来减轻。如适当冷却产品、轻度加热或在真空下处理。有报道说在真空或低温下辐射可以防止色、香、味的变化，这两种方法可用于对辐射敏感的产品，联合处理可以表现出协同效果。

关于辐射保藏产品的安全卫生问题，国内外都极其重视，根据大量的研究结果和理论分析，辐射食品是安全无害的。但是为了确保大众健康，对于每一种辐射食品都应该进行各种分析及动物试验，证实安全无害后，由政府以法律的形式批准用于生产。

第三节 分级与包装

一、分 级

（一）分级的目的和意义

分级的主要目的，是使产品达到商品标准化，是根据果蔬的大小、质量、色泽、形状、成熟度、新鲜度和病虫害、机械伤等性状，按照一定的标准进行严格挑选、分级，除去不满意的部分，并便于产品包装和运输的一种商品化处理技术。

由于果蔬在生长发育过程中受到外界多种因素的影响，同一株树上的果实，同一块地里的蔬菜也不可能完全一样，从若干果园、菜园中收购上来的果蔬更是大小混杂，良莠不齐。只有通过分级才能按级定价，便于收购、贮藏、销售和包装。分级不仅可以贯彻优质优价的政策，还能推动果树和蔬菜栽培管理技术的发展和提高产品的质量。通过挑选分级，剔出有病虫害和机械伤的产品，可以减少贮藏中的损失，减轻病虫害的传播。此外，可将剔出的残次品及时加工处理，以降低成本和减少浪费。产品经过分级后，等级分明，规格一致，商品品质大大提高，优质优价。

（二）分级标准

国外将等级标准划分为国际标准、国家标准、协会标准和企业标准 4 种。美国果蔬产品的等级标准由美国农业部（USDA）和食品安全卫生署（FSQS）制定。分级标准为批发商交易提供了一个共同基准，也提供了定价方法。美国对新鲜水果和蔬菜的正式分级标准为：特级——品质最上乘的产品；一级——主要贸易级，大部分产品属于此范围；二级——产品介于一级和三级之间，品质显著优于三级；三级——产品在正常条件下包装，是可销售的品质最次的产品。

我国把果蔬标准分为四级：国家标准、行业标准、地方标准和企业标准。国家标准是由国家标准化主管机构批准发布，在全国范围内统一使用的标准。行业标准即专业标准、部标准，是在没有国家标准的情况下由主管机构或专业标准化组织批准发布，并在某个行业范围内统一使用的标准。地方标准是在没有国家标准和行业标准的情况下，由地方制定、批准发布，并在本行政区域范围内统一使用的标准。企业标准是由企业制定发布，并在本企业内统一使用的标准。国际标准和各国的国家标准是世界各国均可采用的分级标准。

水果分级标准，因种类品种而异。我国目前是在果形、新鲜度、颜色、品质、病虫害和机械伤等方面已符合要求的基础上，再按大小进行手工分级，即根据果实横径的最大部分直径，分为若干等级。果品大小分级多用分级板进行，分级板上有一系列不同直径的孔。如我国出口的红星苹果，直径从65～90mm，每相差5mm为一个等级，共分为5等。四川省对出口西方一些国家的柑橘分为大、中、小3个等级。葡萄分级主要以果穗为单位，同时也考虑果粒的大小，根据果穗紧实度、成熟度、有无病虫害和机械伤、能否表现出本品种固有颜色和风味等进行分级，一般可分为三级：一级果穗较典型，大小适中，穗形美观完整，果粒大小均匀，充分成熟，能呈现出该品种的固有色泽，全穗没有破损粒和小青粒，无病虫害；二级果穗大小形状要求不严格，但要充分成熟，无破损伤粒和病虫害；三级果穗即为一、二级淘汰下来的果穗，一般用作加工或就地销售，不宜贮藏。如玫瑰香、龙眼葡萄的外销标准，果穗要求充分成熟，穗形完整，穗重0.4～0.5kg，果粒大小均匀，没有病虫害和机械伤，没有小青粒。我国主要苹果品种和等级的色泽要求见表2－4。

表2－4　苹果各主要品种和等级的色泽要求

品种	等级		
	优等品	一等品	二等品
元帅系	红95%以上	红85%以上	红60%以上
乔纳金	红80%以上	红70%以上	红50%以上
富士系	红或条红90%以上	红或条红80%以上	红或条红55%以上
国光系	红或条红80%以上	红或条红60%以上	红或条红50%以上
金冠系	金黄色	黄、绿黄色	黄、绿黄、黄绿色

资料来源：GB/T 10651—2008。

蔬菜由于食用部分不同，成熟标准不一致，所以很难有一个固定统一的分级标准，只能按照对各种蔬菜品质的要求制定个别的标准。蔬菜分级通常根据坚实度、清洁度、大小、质量、颜色、形状、鲜嫩度以及病虫感染和机械伤等分级，一般分为三个等级，即特级、一级和二级。特级品质最好，具有本品种的典型形状和色泽，不存在影响组织和风味的内部缺点，大小一致，产品在包装内排列整齐，在数量或质量上允许有5%的误差；一级产品与特级产品有同样的品质，允许在色泽上、形状上稍有缺点，外表稍有斑点，但不影响外观和品质，产品不需要整齐地排列在包装箱内，可允许10%的误差；二级产品可以呈现某些内部和外部缺点，价格低廉，采后适合于就地销售或短距离运输。蒜薹是我国可以长期贮藏的蔬菜之一，按其质地鲜嫩、粗细长短、成熟度分为特级、一级和二级，见表2－5。

表2－5　蒜薹等级

等级	要求
特级	质地脆嫩；成熟适度；花茎粗细均匀，长短一致，薹苞以下部分长度差异不超过1cm；薹苞绿色，不膨大；花茎末端断面整齐；无损伤、无病斑点

续表

等级	要　求
一级	质地脆嫩；成熟适度；花茎粗细均匀，长短基本一致，薹苞以下部分长度差异不超过2cm；薹苞不膨大，允许顶尖有黄绿色；花茎末端断面基本整齐；无损伤、无明显病斑点
二级	质地较脆嫩，成熟适度；花茎粗细较均匀，长短基本一致，薹苞以下部分长度差异不超过3cm；薹苞绿色，不膨大；花茎末端断面整齐；无机械损伤，无病斑点

我国目前水果和蔬菜的采后及商品化处理与发达国家相比还存在一定差距。虽然许多蔬菜水果生产基地和销售场所都有了商品化处理设施，但有些地区还在使用简单的工具，按大小或质量人工分级，逐个挑选、包纸、装箱，工作效率很低。而有些内销的产品不进行分级。

（三）分级方法及设施

分级通常在采后进行，或结合预冷进行。将腐烂、有机械伤和有病虫害的剔除，清洗和干燥后，按规格标准分级和包装成件。分级方法有人工分级和机械分级两种。

1. 人工分级

这是目前国内普遍采用的分级方法。这种分级方法有两种。一是单凭人的视觉判断，需要工作人员有丰富的经验，了解果蔬品种的特性及分级标准，按果蔬的颜色、大小将产品分为若干级。用这种方法分级的产品，级别标准容易受人心理因素的影响，往往偏差较大。二是用选果板分级，选果板上有一系列直径大小不同的孔，根据果实横径和着色面积的不同进行分级。人工分级能最大程度地减轻果蔬的机械伤害，用这种方法分级的产品，同一级别果实的大小基本一致，偏差较小，适用于各种果蔬，但工作效率低，级别标准有时不严格。

2. 机械分级

机械分级在果蔬表面色泽、伤害、表面完整性等外观性状的检测方面比人工操作更有效，且工作效率高，适用于那些不易受伤的果蔬产品。有时为了使分级标准更加一致，机械分级常常与人工分级结合进行。目前我国已研制出了水果分级机，大大提高了分级效率。美国的机械分级起步较早，大多数采用电脑控制。目前生产中使用的果蔬机械分级设备有重量分选装置、形状分选装置和颜色分选装置。

（1）形状分选装置　按照果蔬的形状（大小、直径、长度等）分级，有机械式和电光式等类型。机械式分级装置是当产品通过由小逐级变大的缝隙或筛孔时，小的先分选出来，大的后出来。光电式分选装置有多种，有的利用产品通过光电系统时的遮光，测量其外径和大小；有的是利用摄像机拍摄，经计算机进行图像处理，求出产品的面积、直径、弯曲度和高度等。光电式分选装置克服了机械式分级装置容易损伤产品的缺陷。

（2）质量分级装置　根据产品的质量进行分选。按被选产品的质量与预先设定的质量进行比较分级。质量分级装置有机械秤式和电子秤式。机械秤式是将果实单个放进固定在传送带上可回转的托盘内，当其移动接触到固定秤，秤上果实的质量达到固定秤的设定质量时，托盘翻转，果实即落下，这种方式适用于球形的果蔬产品，容易造成产品损伤，而且噪声大。电子秤质量分选的精度较高，一台电子秤可分选各质量等级的产品，装置简化。质量分选适用苹果、李、梨、桃、番茄、甜瓜、西瓜和马铃薯等。

（3）颜色分选装置　根据果实的颜色进行分选，果实的颜色与成熟度和品质密切相关。如利用彩色摄像机和电子计算机处理红、绿两色型装置可用于番茄、柑橘和柿子的分选，果实的成熟度可根据其表面反射的绿色光的相对强度进行判断，可同时判别出果实的颜色、大小以及表皮有无损伤等。表面损伤的判断是将图像分割成若干小单位，根据分割单位反射光强弱算出损伤面积，最精确可判别出直径0.2～0.3mm大小的损伤面，果实的大小以最大直径代表。红、绿、蓝三色型机则可用于色彩更为复杂的苹果的分选。

（4）颜色形状综合分选装置　颜色形状综合分选装置是目前较先进的果实采后处理技术，既按果实颜色又按果实大小进行分级。该机的工作原理是将颜色分选与大小分级相结合。首先是带有可变孔径的传送带进行大小分级，在传送带的底部装有光源，传送带上漏下的果实经光源照射，反射光又传送给电脑，由电脑根据光的反射情况不同，将每一级漏下的果实又分为全绿果、半绿半红果、全红果等级别，又通过不同的传送带输送出去。

（5）果蔬分级新技术　随着无损伤检测技术的发展，果蔬分级检测技术正由外部品质检测向内部品质检测方向转化。内部品质包括果蔬的糖度、酸度等指标。果蔬品种多样，不同果蔬有时需要不同的检测方法。按检测项目可分为近红外糖酸度分析法、力学成熟度分析法、可见光成熟度分析法、激光分析法、X射线分析法等。按安装方式可分为随身携带式和在线固定式。

二、包　装

（一）包装的作用

包装是用适当的材料或容器保护商品在贮运及流通中的价值及品质状态，是使果蔬产品标准化、商品化、保证安全运输和贮藏、便于销售的重要措施。果蔬含水量高，保护组织差，容易受到机械损伤和微生物侵染，采后的呼吸作用又会产生大量呼吸热，因此，果蔬采后容易腐烂，商品价值和食用品质降低。良好的包装可以减少果蔬产品在运输和贮藏中产品间的摩擦、碰撞和挤压造成的机械伤，还可以减少病害蔓延和水分消耗，防止产品受到尘土和微生物等不利因素的污染。此外包装还能起到美化商品和便利贮运、销售的作用。但是，包装只能保护而不能改进品质。所以，只有对好的产品，包装才有意义。此外，包装不能代替冷藏等贮藏措施，好的包装只有与适宜的贮藏条件相配合才能发挥其优势。目前随着果蔬商品化的发展，对于改进包装的要求越来越迫切，良好的包装对生产者、经营者和消费者都是有利的。

（二）包装容器

1. 包装容器的要求

包装容器应该具有保护性，在装卸、运输和堆码过程中要有足够的机械强度；具有一定的通透性，利于产品散热及气体交换；具有一定的防潮性，防止吸水变形，从而避免包装的机械强度降低引起的产品腐烂；由于是食品级包装，包装容器还应该内外清洁卫生、无污染，材质非有害物质；另外，容器内壁要保持光滑，防止果蔬产品在包装后受到机械损伤；最好选用质轻、成本低、便于取材、易于回收的材料；同时包装外部应美观。应在包装外面注明商标、品名、等级、质量、产地、特定标志及包装日期。

2. 包装容器的种类

包装容器的种类很多，由于我国尚未颁发果蔬产品包装的国家标准，多数仍采用传统的包装容器。

（1）筐类　这是我国目前内销果蔬使用的主要包装容器，包括荆条筐、竹筐等。筐类一般可就地取材，价格低廉，但规格不一致，质地粗糙，不牢固，极易使果蔬在贮运中造成伤害。因此，该包装有待改进。

（2）纸箱　这是目前果蔬包装的主要容器，国内贮运销售的果蔬也越来越多地采用纸箱包装。特别是瓦楞纸箱具有经济、牢固、美观、实用等特点，在果蔬内销及外贸上可广泛使用。

（3）塑料箱　塑料箱是果蔬贮运和周转中使用较广泛的一种容器，可以用多种合成材料制成，最常用的是用较硬的高密度聚乙烯制成的多种规格的包装箱。

（4）网袋　用天然或者合成纤维编织而成的网状袋子，规格因包装产品的种类而异，多用于马铃薯、红薯、洋葱、大蒜、胡萝卜等根茎类蔬菜的包装。网袋包装保护产品免受损伤的功能很低，主要用于抗损伤能力较强且经济价值较低产品的包装。我国目前外包装容器的种类、材料及适用范围见表2－6。

表2－6　果蔬包装容器的种类、材料及适用范围

种　类	材　料	适用范围
塑料箱	高密度聚乙烯	任何果蔬
	聚苯乙烯	高档果蔬
纸箱	纸板	果蔬
钙塑箱	聚乙烯、碳酸钙	果蔬
板条箱	木板条	果蔬
筐	竹子、荆条	任何果蔬
加固竹筐	筐体竹皮、筐盖木板	任何果蔬
网袋	天然纤维或合成纤维	不易擦伤、含水量少的果蔬

3. 包装容器的规格标准

随着果蔬商品经济的发展及流通渠道和范围的扩大，包装容器的标准化问题越来越显得重要。标准化容器便于机械化作业，有利于运输贮藏，降低商品成本，是果蔬包装发展的方向。

世界各国都制定有本国果蔬包装容器规格标准。东欧国家采用的包装箱标准一般是600mm×400mm和500mm×300mm，箱高以给定的容器标准而定。易伤果实的容量不超过14kg，仁果类不超过20kg。美国红星苹果的纸箱规格为500mm×302mm×322mm。日本福岛装桃纸箱，装10kg的规格为460mm×310mm×180mm，装5kg的规格为350mm×460mm×95mm。我国出口的鸭梨，逐个包纸后装入纸箱，每箱定量80、96、112、140和160个果实，净重18kg。我国出口柑橘纸箱的内容积为470mm×277mm×270mm，每箱果重17kg，按个数分七级，分别为60、76、96、124、150、180、192个果实。但在包装容器的大小设计上，必须考虑劳动者身体的承受能力。

4. 包装材料

在果蔬包装中，为了增强包装容器的保护功能，减少损伤，往往需要在容器内加用衬垫

物、填充物或包裹物之类的包装材料。

(1) 包裹纸　果蔬包裹纸有利于保护其质量，提高耐贮性。若在包裹纸中加入适当的化学药剂，还有预防某些病害的作用。

(2) 衬垫物　使用筐类容器包装果蔬时，应在容器内铺设柔软清洁的衬垫物，以防果蔬直接与容器接触造成损伤。另外，衬垫物还有防寒、保湿的作用。常用的衬垫物有蒲包、塑料薄膜、碎纸、牛皮纸等。

(3) 抗压托盘　抗压托盘作为包装材料的一种，常用于苹果、梨、杧果、葡萄柚、猕猴桃等果实的包装上。抗压托盘上具有一定数量的凹坑，凹坑与凹坑之间有时还有美丽的图案。凹坑的大小和形状以及图案的类型根据包装的具体果实来设计，每个凹坑放置一个果实，果实的层与层之间由抗压托盘隔开，这样可有效地减少果实的损伤，同时也起到了美化商品的作用。

5. 包装方式

包装方式可根据果蔬的特点来决定，一般有定位包装、散装和捆扎后包装。无论采用哪种包装方法，都要求果蔬在包装容器内要有一定的排列形式，既可防止它们在容器内滚动和相互碰撞，又能使产品通风换气，并充分利用容器的空间。

第四节　果蔬产品运输

一、果蔬的商品特性

(一) 易腐性

新鲜果蔬含水量高，一般达到65%～95%，有的甚至高达98%。新鲜果蔬，尤其是叶菜类和幼嫩瓜果，一般表面组织发育不健全，气体交换和水分蒸散快，促使呼吸加强。在呼吸代谢过程中，有机物质逐步分解，并释放能量，随着有机物质的消耗、鲜度的下降，果蔬的贮运性和抗病性逐渐减弱。新鲜果蔬在采收、采后处理、运输贮藏、销售过程中又常易造成机械损伤，使微生物易于利用果蔬中的水分、营养物质而生长繁殖，侵染果蔬而致其腐败。而且，伤口使产品内部组织暴露于空气中，使某些成分易氧化变色。受伤组织会产生大量乙烯，导致呼吸增强，加速衰老。因此，新鲜果蔬如按一般条件贮藏和运输时，极易受到外界气温和湿度的影响而损害其品质。

(二) 种类的多样性

果蔬的种类极多，即使同一种类，也有许多品种。种类、品种和采收季节不同，其组织的结构和生理生化特性也有所差异，果蔬的贮运性和抗病性也不同，采收时期、采收方法、采后的商品化处理和贮运管理都应与之相配套适应。

(三) 不均一性

果蔬的个体差异较大。同一块土地上的蔬菜，同一棵植株上的果实，不仅其成熟度、品质、大小、形状等各有不同，而且在贮运过程中为保持品质所需的环境条件也各不一样，如以相同条件贮运就会造成一定损失。因此，果蔬采后通过分级提高其均一性，就成为保证运输质量的重要前提条件。

（四）其他

果蔬以新鲜品供应，有就地销售和易地销售，易地销售时产地与销地的距离远近给销售带来新的问题。目前果蔬加工业发展也较快，生产不同种类的加工品对原料的要求不同，其商品标准也不一样。

二、果蔬的流通体系

（一）果蔬的流通特性

1. 快速性

果蔬的新鲜度是保证果蔬质量的关键因素。新鲜果蔬从采收到消费者手中整个过程环节较多，每个环节要突出一个“快”字，以尽量保持其新鲜度和优良品质。

2. 集散性

果蔬的生产和销售规模大多是零散的，一般需经过一次或多次的集聚和分配。对需多次集散的果蔬，应尽可能地减少中间环节，并注意轻装轻卸，选择适当的包装材料和容器，以保护商品，减少损失。

3. 安全性

果蔬作为重要的副食品，不同于一般商品，在流通过程中的每一个环节都要考虑到对人体的安全，注意卫生，防止污染。

（二）果蔬流通的技术体系

确定采收成熟度时，要考虑生产地与消费地距离的远近、采收期与上市时间间隔的长短等。长途运输、延期消费的果蔬，应适当早采，以其采收成熟度使果蔬在货架期能达到较好的食用品质为限。对于短途运输、即时上市的果蔬，可在临近最佳食用品质时采收。

采收后，立即进行预贮和愈伤处理，可减少流通过程中的损失；通过选别、分级、包装，使商品包装规格一致，便于贮运和按质论价；堆码合理，利于通风；装卸速度快，动作轻，利于加速周转，减少损耗；对进入低温冷链保藏运输的果蔬要尽早进行预冷，预冷后在流通的各个环节都要保持适宜的低温。

三、影响果蔬运输的因素

（一）振动

振动是水果蔬菜运输时应考虑的基本环境条件。果蔬产品在运输过程中，由于受运输路线、运输工具、货品的装载情况的影响，会出现振动现象。由于振动造成果蔬的机械损伤和生理伤害，会影响果蔬的贮藏性能。因此，运输中必须尽量避免或减轻振动。

1. 振动强度

振动强度是以普通振动所产生的加速度大小来表示的。由于振幅与频率不同，对水果蔬菜会产生不同的影响。振动强度大小与运输方式、运输工具、行驶速度、货物所处的位置等因素相关。

2. 振动对果蔬的影响

在运输过程中，由于振动和摇动，箱内果蔬逐渐下沉，使箱内的上部产生了空间，使果蔬与箱子发生二次运动及旋转运动，所以越是上部的果蔬，越易变软和受伤。

新鲜果蔬的耐运性，既与果蔬的内在因素如遗传性、栽培条件、成熟度，果实大小有关，又受运输条件的各种因素的综合影响。

此外，新鲜水果蔬菜由于振动、滚动、跌落产生外伤，会使呼吸急剧上升，内含物消耗增加，风味下降。即使运输中未造成外伤的振动，也会使果蔬呼吸上升。

（二）温度

在果蔬运输过程中温度对其品质有重要的影响。采用低温流通措施对保持果蔬的新鲜度和品质以及降低运输损耗十分重要。为了实现合理有效的运输，首先要将温度控制在适宜果蔬贮藏的范围内，其次要保持贮运温度的稳定。

我国目前低温流通事业的发展还远不能满足新鲜果蔬运输的需要，大部分果蔬尚需在常温中运输。在常温运输中，不论何种运输工具，其货箱的温度和产品温度都受着外界气温的影响，特别是在盛夏或严冬时，这种影响更为突出。

（三）湿度

果蔬的新鲜度和品质保持需要较高的湿度条件，由于不同果蔬的水分蒸腾作用以及其包装材料、容器不同，故运输过程中容器内的湿度不同，使果蔬所处环境的湿度高低不同。纸箱吸潮后抗压强度下降，有可能使果蔬受伤。如采用隔水纸箱或在纸箱中用聚乙烯薄膜铺垫，则可有效防止纸箱吸潮。对于高湿运输，为防发生霉烂及某些生理病害，应事先采取相应的预防措施。

（四）气体成分

果蔬因呼吸、容器材料及运输工具的不同，容器内的气体成分也会有相应的变化。使用普通纸箱时，因气体分子可从箱面上自由扩散，箱内气体成分变化不大。当使用具有耐水性的塑料薄膜贴附的纸箱时，气体分子的扩散受到抑制，箱内会有 CO_2 气体积聚，积聚的程度因塑料薄膜的种类和厚度而异，此时需要适当地通风换气。处于静止和振动的不同状态下，果箱内的气体成分组成会有差异。用温州蜜柑做试验，因为振动使箱内 CO_2 高达0.5%；苹果的乙烯浓度在静止箱内大约有 $5mg/m^3$，而振动箱内大约有 $8mg/m^3$。

（五）包装

包装所用的材料要根据果蔬种类和运输条件等选定。为保护果蔬免受损伤，包装箱内应有衬垫、填充物或对果蔬进行包裹。包纸可减少摩擦与机械损伤，减少水分蒸发，隔离病虫果等。包果材料要求质地柔软、坚韧，有一定的透气防水性，多用纸和塑料薄膜。衬垫及填充包装材料要求柔软、质轻、清洁卫生。

（六）堆码与装卸

1. 堆码

在冷藏运输时，必须使车内温度保持均匀，并使每件货物都可以接触到冷空气，以利于热交换的进行。在保温运输时，应使货堆中部与四周的温度比较适中，防止货堆中心积热不散而四周又可能产生冻害的现象。

2. 装卸

新鲜果蔬鲜嫩，含水量高，装卸搬运中应避免操作粗放而导致商品机械损伤、腐烂，造成巨大的经济损失。

四、运输方式及工具

果蔬产品对运输的要求是载运量大、成本低、投资省、速度快，受季节和环境变化的影响小。大部分果蔬需通过几种运输方式综合完成，在果蔬的现代化运输过程中，应发挥各种运输方式的优势。

（一）公路运输

公路运输是目前最重要的运输方式。果蔬短途公路运输所用的运输工具可采用普通车辆，而长途运输则需要采用专用车辆，此种运输车辆可以改善其小环境内的温度、湿度、气体成分条件，种类有通风车、隔热车和冷藏车、集装箱等数种。在发达国家中，公路运输是主要的运输方式，其运载的果蔬量占果蔬总运量的80%以上，主要是由于其拥有发达的高速公路网以及规范的组织服务。而在我国由于道路条件、运输车辆的性能差，容易造成果蔬产品损伤，品质降低，故一般只有省内、市内运输及跨省的短途运输用公路运输。

（二）铁路运输

铁路运输以其运费低、机械强度小、运量大、受环境影响小等优点，占了我国果蔬产品运输的30%，而且主要适于大宗货物的长途运输。平均运输成本为汽车运输成本的1/20～1/15。此外，整个运输链的衔接需要其他运输工具来完成。目前，铁路运输中一般采用普通棚车、机械保温车、加冰冷藏车厢进行运输。我国机械保温车数量仍相当有限，远不能满足果蔬产品运输的要求，从而限制了果蔬产品铁路运输的发展。

（三）水路运输

水路运输以其运量大、成本低、耗能少、振动强度小等优点成为海滨新鲜果蔬盛产地的主要运输途径，主要以外置式冷藏集装箱及冷藏船为运输工具。但是水路运输只能限制在沿海地区，而且，在我国水路运输连续性差，运输速度慢，会影响果蔬产品的质量。国外大型船舶的动力、能源供应充足，这为果蔬运输中的迅速预冷及精确控制运输温度提供了便利。果蔬的国际贸易，主要是靠水路冷藏运输。

（四）航空运输

航空运输由于具有速度快、运载量小等特点，故只适于运输亟需特供的高档果蔬产品。由于空运时间短，故在运输过程中一般不需要使用制冷装置，只要果蔬在装机前预冷至一定温度，并采取一定的保温措施就可以取得较好的效果。在较长时间的飞行中，一般用干冰作冷却剂，且用于冷却果蔬的干冰制冷装置常采用间接冷却，因此，干冰升华后产生的CO_2不会在产品环境中积存而导致CO_2中毒，能够更好地保持果蔬的品质。

我国交通工具和设备与先进国家相比还有很大差距，要避免因运程远、自然条件复杂、气候变化所带来的不良影响，就必须满足运输所要求的条件。不仅需要在装运过程中保证快装快运、轻装轻卸，在运输设备上也应当结合先进的科学技术来保证果蔬在运输过程中既能不受外界环境影响，又能保持其良好的品质。

第五节 综合实验

一、果蔬中可溶性固形物含量的测定

（一）实验目的

果蔬汁液中可溶性固形物含量与折射率在一定条件下（同一温度、压力）成正比例，故测定果蔬汁液的折射率，可求出果蔬汁液的浓度（含糖量的多少）。由于果蔬汁液中除糖以外，有机酸含量也很可观，并且含有果胶、单宁、无机盐等可溶性物质，故用手持糖度计测定的实是可溶性固形物的含量。通过测定果蔬可溶性固形物含量（含糖量），可了解果蔬的品质，大约估计果实的成熟度。

通过本实验项目，掌握手持式折光仪的使用方法和果蔬中可溶性固形物含量的测定方法。

（二）材料设备

1. 实验材料

苹果、梨、番茄、黄瓜。

2. 仪器设备

手持式折光仪、烧杯、滴管。

（三）操作步骤

1. 折光仪校正

打开手持式折光仪盖板，用干净的纱布或卷纸小心擦干棱镜玻璃面。在棱镜玻璃面上滴2滴蒸馏水，盖上盖板。于水平状态，从接眼部处观察，检查视野中明暗交界线是否处在刻度的零线上。若与零线不重合，则旋动刻度调节螺旋，使分界线刚好落在零线上。

2. 取样测定

打开盖板，用纱布或卷纸将水擦干，然后如上法在棱镜玻璃面上滴2滴果蔬汁，进行观测，要求液体均匀无气泡并充满视野，读取视野中明暗交界线上的刻度，即为果蔬汁中可溶性固形物含量（%），重复3次。

3. 注意事项

测定时温度最好控制在20℃或接近20℃左右范围内观测，以保证其准确性。

（四）结果与分析

将测定的数据填入表2-7。

表2－7　　不同果蔬可溶性固形物含量比较

果蔬种类	总可溶性固形物含量			平均值/%
	第一次	第二次	第三次	

二、果蔬催熟及脱涩

（一）实验目的

大多数果实可以在采后立即食用。也有些果实采收后须经过后熟或人工催熟，其色泽、芳香等风味才能符合人们的食用要求。有的为了提早上市或运输到销售地后需及时上市，需进行催熟处理。果实催熟是利用适宜的温度或其他条件，以及某些化学物质及气体如酒精、乙烯、乙炔等来刺激果实的成熟作用，以加速其成熟过程。

通过本实验项目，掌握几种果蔬催熟及脱涩的方法，并观察催熟及脱涩效果。

（二）材料设备

1. 实验材料

未经脱涩的柿子、淡绿色的番茄、未经催熟的香蕉。

2. 试剂

温水、酒精、石灰、乙烯利。

3. 仪器设备

玻璃真空干燥器、定温箱、温度计、聚乙烯薄膜袋。

（三）操作步骤

1. 柿子脱涩

（1）温水脱涩　取涩柿子5～10个置于容器中，灌入40℃的温水将柿子淹没。置于40℃保温箱中保温，经12h后取出检查柿子品质的变化，品尝有无涩味。如未脱涩，再继续处理6～12h并继续观察。

（2）酒精脱涩　用95%酒精喷在未脱涩柿子的表面，放在玻璃干燥器中，密闭并维持温度20℃，经3～4d后，取出检查脱涩效果及品质变化。

（3）混果脱涩　将涩柿子10个和鸭梨或猕猴桃2个混合置于玻璃干燥器中，密闭后维持温度20℃，经3～4d后，取出检查脱涩效果及品质变化。

（4）CO_2脱涩　将涩柿子5～10个置于玻璃干燥器中，充入CO_2气体使浓度达60%即可密封，维持温度20～25℃，经1～2d取出检查柿子的脱涩效果及品质变化。

（5）乙烯脱涩　取涩柿子5～10个置干燥器中，通入乙烯气体，维持100～150mg/m^{3}的浓度，密封并维持温度20℃，经2～3d取出检查柿子的脱涩效果及品质变化。

（6）乙烯利脱涩　用250～500mg/kg的乙烯利溶液浸柿子约1min，取出沥干放在20℃温箱内，经3～5d取出观察柿子的脱涩效果及品质变化。

（7）对照　将柿子放在20℃左右的普通条件下，观察柿子的脱涩效果及品质的变化。

2. 番茄催熟

采摘已显乳白色的绿番茄，每10～20个为1组，分别装在催熟箱或玻璃干燥器中。用下列方法进行催熟处理。

（1）酒精催熟　用95%酒精喷在番茄表面，放在玻璃干燥器中，密闭并维持温度20℃，经3～4d后取出，观察番茄色泽的变化。

（2）乙烯利催熟　用250～500mg/kg的乙烯利溶液浸柿子约5min，取出沥干，放在20℃温箱内，经3～5d取出，观察番茄色泽的变化。

（3）对照　将相同成熟度的绿番茄，放在20℃室温下，观察番茄品质的变化。

3. 香蕉催熟

取已长成5～6成熟的香蕉若干斤，分成数组，分别置于玻璃干燥器或催熟箱内，用以下方法进行催熟处理。

（1）乙烯催熟　在容器中通入乙烯气体，维持100～150mg/m^3的浓度，密封并维持温度20℃，每隔24h通风一次，并再次冲入所需浓度的乙烯气体。经2～3d取出，观察其色泽和品质变化。

（2）乙烯利催熟　取乙烯利配成1000～2000mg/kg的水溶液，把香蕉浸在其中约5min，取出自行晾干，放在20℃温箱内，置2～4d后观察其品质的变化。

（3）对照　取同样成熟度的香蕉，不加处理，放在20℃室温下观察其变化。

（四）结果与分析

将测定的数据填入表2－8。

表2－8　催熟（脱涩）前后的品质比较

品种	处理方法	处理时间		处理前品质	处理后品质（色泽、风味、质地）
		开始	结束		

三、果蔬采后商品化处理

（一）实验目的

果蔬采后的商品化处理，是改善果蔬的品质、提高其耐藏性和商品价值的重要途径。通过本实践项目，学会果蔬采收后商品化处理的主要方法。

（二）材料设备

1. 实验材料

当地主要果蔬品种如苹果、柑橘、葡萄等。

2. 试剂

1%稀盐酸、洗洁剂、果蜡、亚硫酸钠。

3. 仪器设备

天平、分级板、包装纸、包装盒、恒温干燥箱、小型喷雾器、刷子。

（三）操作步骤

1. 操作流程

适期采收→初选→清洗（两遍）→分级→过磅→涂膜处理→保鲜→纸箱包装→预冷→冷库贮存

2. 操作要点

（1）采后成熟度的判断　根据采收后的用途确定采收期，具体见本章内容。

（2）分级　商品果应根据不同品种的分级要求进行分级，可参照相关标准。

（3）涂膜　为防止出现果皮光泽不够、果实损耗增加，并为了增强产品外观效果，可以对产品进行涂蜡。将果蜡按比例兑水稀释成果蜡溶液，把果实浸入果蜡溶液中约1～2min后，捞起晾干即可。另外也可以使用蔗糖酯。

（4）包装　在纸箱内垫好薄膜袋，然后把合格产品小心、整齐、紧密地排列在箱内，产品不能高出纸箱。内包装纸种类很多，有包纸、纸托盘、瓦楞纸板等，可适当放入乙烯吸收剂。

（5）贮藏　根据产品的生理特性，选择合适的冷藏温度。

（四）结果与分析

根据具体果蔬，设计合适的采后商品化处理程序，并按相关要求提出具体操作要点。

[推荐书目]

1. 王鸿飞．果蔬贮运加工学．北京：科学出版社，2014.
2. 刘兴华，陈维信．果品蔬菜贮藏运销学．北京：中国农业出版社，2010.
3. 张秀玲．果蔬采后生理与贮运学．北京：化学工业出版社，2011.

思考题

1. 确定采收期的依据有哪些？
2. 简述果蔬产品预冷的主要方法有哪些？
3. 简述运输环境条件对果蔬质量有哪些影响？
4. 简述果蔬分级方法和设施有哪些？
5. 简述包装的作用。

CHAPTER 3

第三章 果蔬贮藏

[知识目标]

1. 了解果蔬贮藏的分类和特点。
2. 理解果蔬的贮藏原理。
3. 掌握不同果蔬贮藏的操作流程以及各流程的操作要点。
4. 掌握不同果蔬贮藏过程中常见问题的分析与控制。

[能力目标]

1. 能够根据果蔬原料的性质进行贮藏。
2. 能够对不同果蔬贮藏过程中的常见问题进行分析和控制。

第一节 自然降温贮藏

一、自然降温贮藏的定义

自然降温贮藏是利用自然界的低温来调节并维持贮藏场所内的贮藏适温进行果蔬贮藏的方法。自然降温贮藏是一种简易的、传统的贮藏方式，包括各种简易贮藏（堆藏、沟藏、窖藏、土窑洞贮藏、假植贮藏和冻藏等）和通风贮藏等，该方法受自然气温限制，贮藏效果受影响，也因成本低廉、简单易行而普遍应用。将现代保鲜手段与我国传统的自然降温贮藏相结合，如将气调贮藏和土窑洞贮藏结合，可以达到目前最先进保鲜手段的贮藏效果，因而在我国北方一些农村自然降温贮藏普遍应用。

二、 自然降温贮藏的原理

自然降温贮藏是利用自然低温来降低库内温度，当外界温度过高或过低时，通过保温的绝缘材料来抑制库内外的热量交换，从而维持适宜于贮藏的温度和湿度。

三、 自然降温贮藏的方式与管理

（一） 堆藏

1. 堆藏的特点

堆藏是将果蔬直接堆放在地面上或浅沟里，或在荫棚下堆成圆形或长条形的堆（垛），然后在堆（垛）上进行覆盖的一种简易、短期的贮藏方式。利用地面相对稳定的地温，加上覆盖材料，白天防止辐射升温，夜间可防冻；前期气温高时，夜间可揭开覆盖层。此法受到地区限制，在深秋后可行，在山东、河北和西北地区效果好。

堆藏适用于较温暖地区的越冬贮藏，在寒冷地区做秋冬之际的短贮。如济南、南京冬季大白菜堆藏；天津一带夏季常温下洋葱和大蒜的垛藏；秋季苹果、梨产区也常用堆垛的方法做短期贮藏。

2. 堆藏的选址与走向

堆藏应选择在地势平坦高燥、地下水位低、交通便利的地方进行。堆藏的贮藏堆高度和宽度可以根据气候特点、产品种类及用途而定，堆藏马铃薯和洋葱等蔬菜的堆宽约为 1.52m，高约为 2m。一般情况下，蔬菜的堆不能太宽太高，否则不易通风散热，堆中心温度过高将导致产品腐烂，较宽的堆，必须设置底部通风道。堆的长度则不限，可视产品的多少而定，但也不宜太长，否则不利于操作管理。菜堆一般堆成脊型顶，以防止倒塌，洋葱和大蒜等不易倒塌的可堆成长方形，平顶。

堆的方向在东北地区一般为南北延长，以便减少冬天的迎风面，使堆两侧受到的直射阳光较一致，堆内部各处的温度比较均匀。但是在冬季不太冷的华北地区，堆的方向则多采用东西方向延长，以便增大北风的迎风面，加强产品入贮初期的降温效果。

由于堆藏的产品全部或大部分在地面上，主要受气温的影响，所以秋季易于降温而冬季保温却较困难。

3. 堆藏的管理技术

（1）严格挑选产品，适期入贮　严格挑选产品，凡是有病、伤、烂的都应当挑出，不能进行堆藏。品种不同或成熟度不一致的产品也最好分别堆藏。

适期入贮是堆藏需要注意的重要环节，入贮过早，气温和土温尚高，产品堆在一起，难以降温，容易腐败变质；入贮过晚，产品容易在田间受冻。具体入贮期应该根据气候情况和产品对温度的要求来决定。果菜类和其他喜温性蔬菜应在霜前收获入贮，叶球类和根菜类可在田间经受几次轻霜延迟到上冻前收获。如果产品已经收获，但气温尚高，可将采收的产品放在阴凉处稍加覆盖，预贮一段时间，待气温下降后再入贮。

（2）堆藏的管理　堆藏主要是通过覆盖和通风来调节气温和土温，以维持贮藏产品所要求的温度和其他环境条件。覆盖的作用在于保温，蓄积产品的呼吸热，使其不迅速逸散；通风的目的则正好相反，主要在于降温，即加强气温的影响，减小土温的影响，驱散呼吸热，阻止温度上升。应该将两者结合起来，适应气温和士温的变化。入贮初期，产品体温高，呼吸作用旺盛，堆内温度一般都高于贮藏适温，管理上应以通风为主，但产品仍要求有适当的覆盖，以防贮温剧烈波动，也可以防止风吹雨淋，避免造成产品脱水萎蔫。此时的覆盖不能太厚以防影响降温。随着气温的不断变冷，再分次增加覆盖，以保温为主。

在生产实践上，较宽的堆，常需设置底部通风道，因为宽度增大，产品的贮藏量增多，聚集的呼吸热也增多，如不借助通风设施加强通风散热，堆内温度必然增高，导致产品腐烂。贮藏初期可将进出气口全部敞开以增大通风量，随着气温下降逐渐缩小通风口，最后完全堵塞。

（3）风障和荫障　堆藏的北侧有时可设置风障，阻挡冷风吹袭，以利保温。有的堆藏在堆的南侧设置荫障，遮蔽阳光直射，以利降温和保持低温。荫障主要是在入贮初期设置，在严冬时可拆除或移到北面改为风障。风障和荫障应有一定的高度，以便堆藏在其遮挡范围之内，同时也应有一定的紧密度和厚度，才能起到遮挡作用。

（二）沟藏

果蔬的沟藏是将产品堆积或按一定顺序摆放在沟内，达一定的厚度，为0.5~0.6m，上面用土覆盖；也可分2~3层堆码，各层之间填充挖出的底土；还有的做法是将产品装筐后码放在沟内，上面用秸秆或塑料薄膜覆盖。沟藏的保温保湿性能比堆藏要好，甚至还有一定的气调作用。沟藏广泛应用于我国北方各地，多用来贮藏根菜，如萝卜、胡萝卜等。

1. 沟藏的特点

沟藏可在晚秋和早春充分利用地温，在不同地区通过调整沟深沟宽和合理覆盖管理来创造适应不同产品需要的贮藏温湿度环境。

沟藏应选择在地势平坦、地下水位低、交通便利的地方进行。一般做法是沿东西走向挖沟，沟的宽度和深度需要根据各地区气候条件确定，大体上是纬度与徐州、开封一带相近的地区深为0.6m，与北京纬度相近的地区深为1~1.2m，沈阳附近深为1.5m。沟的宽度以1~1.5m为宜，沟越深，保温越好，降温则越难。沟的长度不限，一般为3m或更长，可随所贮藏产品的数量而定。如烟台的苹果沟藏，沟深0.6~1m，宽约1m左右；又如北京的萝卜沟藏，沟宽1~1.2m，深1~1.2m，将萝卜散堆在沟内，厚度约0.5m，入沟时在萝卜上覆盖一层薄土，以后根据气温变化逐渐添加。贮藏白菜的沟较浅，在北京地区沟深几乎与白菜的高度相同，将白菜直立堆码在沟内，上面再加保温覆盖。挖沟时，应将取出的表土堆放在沟的南面构成屏障，防止阳光直射到沟中，以便维持沟内稳定的低温环境，到冬季严寒时，用底土或秫秸覆盖防寒。最好在产品有代表性的部位，留一空隙放置温度计经常观察，使产品温度控制在0~3℃范围内。产品如发生腐烂，温度将明显上升。当春季气温回升时，沟内温度开始升高，即需结束贮藏。

2. 沟藏的管理技术

（1）严格挑选产品，适期入贮　入贮前必须严格挑选产品，凡是有病、伤、烂的都应当挑出，不能进行沟藏。

适期入贮是沟藏需要注意的重要环节，入贮过早，气温和土温尚高，产品在沟内堆在一起，难以降温，容易腐败变质；入贮过晚，产品容易在田间受冻。具体入贮期应该根据气候情况和产品对温度的要求来决定。

入沟前，先将沟底铺上一层5~6cm厚的洁净细沙，可保湿。将果实从沟的一端开始，一层一层地摆好，沟内分段堆放，留有一定空间，每隔3~5m竖立一个用高粱秸秆或玉米秸秆扎成的通风把。在果堆顶部覆盖一层苇席，沟上方要将席搭成屋脊状，遮荫防雪，防寒保暖，还要注意防止鼠害。沟的北侧距沟1m处，架设用玉米秸秆编制的风障，抵御寒风侵袭。

（2）沟藏的管理　沟藏主要是通过覆盖和通风调节气温和土温的影响，以维持贮藏产品所需要的温度和其他环境条件。覆盖的作用在于保温，蓄积产品的呼吸热，使其不迅速逸散，通风的目的则正好相反，主要在于降温，即加强气温的影响，减小土温的影响，驱散呼吸热，阻止温度上升，应该将两者结合起来，适应气温和土温的变化。贮藏初期，利用晚间下沉的冷空气来降低沟温和果温，覆盖物白天盖好，夜间除掉。随着气温的下降，逐渐加厚沟上覆盖物。一般分 2～3 次进行，每次覆盖软草 10～15cm 厚，上部有土压实，其上再用玉米秸秆封盖严密。贮藏后期，即次年早春天气开始转暖，一是沟内温度高于气温时，要适当揭开覆盖物，适当通风，防止沟内温度回升过快；二是要避免因天气骤寒冻伤果实。

（3）温度测定　为了了解沟内的温度，可在产品入贮时，在沟内倾斜埋入一至数支空心的测温管（用竹竿打通竹节或做成空心秫秸把子），内径要能插入普通玻璃温度计，温度计的感应球部套上一小段乳胶管或包几层纱布，避免抽出读取温度时读数剧烈变化。测温管的上端应露出覆盖层，下端埋入产品的中部偏下处。

（三）窖藏

窖藏是利用地下温度、湿度受外界环境影响较小的原理，创造一个温湿度都比较稳定的贮藏环境，同时气体交换较差，有积累 CO_2、降低 O_2的自然气调作用。窖藏比沟藏具有更好的贮藏效果，它可以配备一定的通风设施，人员可以进出，贮、取方便。

1. 棚窖

棚窖是一种临时性的贮藏场所，根据入土的深浅可有地下式和半地下式两种。棚窖应选址在地势高燥、地下水位低、空气流畅的地方，窖的方向通常以东西为宜。

较温暖的地区或地下水位较高处，多采用半地下式，一般入土 1～1.5m，地上堆土墙 1～1.5m，为加强窖内通风换气，可在墙两侧靠近地面处，每隔 2～3m 设一通风孔，天冷时将气孔堵住。在寒冷地区多采用地下式棚窖，一般入土 2.5～3m，窖顶露出地面。棚窖的宽度在 2.5～6m 不等，长度视贮藏量而定，一般为 20m 左右，太长不便于管理。

棚窖顶部的棚盖用木料、竹竿等作横梁，有的在横梁下立支柱，上面铺 15～30cm 厚的成捆秸秆，再覆以 15～30cm 厚的土踩实。顶上开设几个窖口，供出入和通风用，窖口的数量和大小依气候而定。大型的棚窖在两端或一侧开设窖门，便于将果蔬装入和运出，还可以加强贮藏初期的通风降温。为了降温，在窖的南侧可设 1.7～1.8m 高的篱障，立侧影遮荫。

2. 井窖

井窖是一种封闭式深入地下的土窖。建造时，先由地面垂直向下挖直径约 1m 的井筒，深达 3～4m 后，再向周围扩展窖身，也可以向周围挖若干个高约 1.5m、长 4～8m、宽 1～2m 的窖洞，窖顶呈拱形，底面水平。井口用土、石板或水泥板封盖，四周设排水沟，以防积水。井窖适合于我国西北地区地下水位低，土质黏重、坚实的地方，可修建在山坡上。

井窖是一个地下封闭的环境，窖温受气温影响小，可维持一个相对较低而稳定的温度；同时空气流通很慢，几乎处于静止状态，因而窖内环境中空气湿度大而稳定，果蔬水分蒸发很小；呼吸过程可形成低 O_2高 CO_2的自发气调环境，所以井窖的贮藏效果较好。同时井窖贮藏时要注意防止因密闭时间过长，导致窖内乙醇、CO_2、乙烯等物质过多，给贮藏带来不利，需适时通风换气，减少有害物质积累。人员入窖操作之前，应充分通风，换入新鲜空气，防止高浓度 CO_2引起人员伤害。

3. 窖藏管理

果蔬入窖前，要彻底进行消毒杀菌，杀菌的方法可用硫磺熏蒸（$10g/m^3$），也可用1%的甲醛溶液喷洒，消毒后封窖，两天后打开，通风换气后使用。贮藏时所用的篓、筐、箱、篮和垫木等工具，使用前要用0.05% ～0.5%的漂白粉溶液浸泡0.5h，然后用毛刷刷洗干净，晾干后使用。

果蔬入窖时要仔细操作，防止因窖内空间太小而造成碰撞、挤压，贮量较大时应先在底部垫衬垫木，然后堆码，同时注意果与窖壁、果与果、果与窖顶之间留一定空隙，以便翻果和空气流动。筐装果蔬可采用骑缝堆码，箱装果蔬可纵横交错堆码。

窖藏期间主要以温度的调节控制，入窖初期，由于土温较高，同时果蔬呼吸旺盛，产生的呼吸热较高，窖内温度很快升高，要充分利用昼夜温差，夜间全部打开通气孔，加大通风量，引入冷空气，达到迅速降温的目的。贮藏中期，外界气温很低，主要是防冻防热，一方面适当通风，保证窖内合适的温湿度和气体成分；另一方面要选择中午短时间进行通风，防止过冷空气进入导致冻害。贮藏后期，外界气温回升，应选择在温度较低的早晚进行通风换气。

果蔬出窖后，应立即将窖内打扫干净，同时封闭窖门和通风孔，保持窖内较低的温度。

（四）土窑洞贮藏

土窑洞贮藏是我国北方某些地区果蔬的重要贮藏方式，其贮藏效果可相当或接近于先进的冷藏和气调贮藏法，且结构简单、造价低、不占或少占耕地，是一种特色的贮藏手段。

土窑洞多建在丘陵山坡处，要求土质坚实，理想的土质是黏性土。土窑洞一般选址于迎风背光的崖面，秋冬季的风向与窑门相对时最有利于通风降温。窑洞顶土层厚度要在5m以上，能有效地减少地面温度变化对窑洞温度的影响，而顶土厚少于5m就会降低窑洞的保温效果。相邻窑洞的间距一般保持5～7m，有利于维持窑洞的坚固性。

1. 土窑洞的结构

土窑洞有大平窑、子母窑和砖砌窑洞等类型。最常见的是大平窑，后两种类型是由大平窑发展而来的。大平窑主要由三部分构成。

（1）窑门　窑门是窑洞前段较窄的部分。窑门高约3m，与窑身高度一致。门宽1.2～2m，为了进出库方便，门道可适当加宽。门道长4～6m，其前后设两道门。第一道门要做成实门，能阻止窑洞内外空气的对流。在该门内侧可设一栅栏门，供通风用，可做成铁纱门，在保证通风的情况下还可以起到防鼠作用。第二道门前要设棉门帘，以加强隔热保温效果，必要时第一道门也可加设门帘。在两道门的最高处分别留一个大小约为50cm×40cm的小气窗，以便闭窑时热空气排出；门道最好用砖璇，以提高窑门的坚固性。

（2）窑身　窑身是贮存果蔬的部分。窑身长为30～60m，过短则窑温波动较大，贮果量少，窑洞造价相对提高；窑身过长则窑洞前后温差增大，管理不便。一般窑洞宽为2.6～3.2m，过宽则影响窑洞的坚固性，依据土质情况确定适宜的窑宽。窑身的高度要与窑门一致，一般为3～3.2m。窑身的横断面呈尖拱形，两侧直立墙高为1.5m，该结构使得窑洞较坚固，窑洞内热空气便于上升集中于顶部排放。

（3）通风筒　窑洞通风筒设于窑洞的最后部，从窑底向上垂直通向地面。筒下部直径为1～1.2m，上部直径为0.8～1m，高度不低于10m。通风筒地面出口处应筑起高约2m的砖筒。在通风筒下部与窑身连通的部位设一活动通风窗，用以控制通风量。为了加速通风换气，可在活动窗处安装排气扇。通风筒的主要作用是促使窑洞内外冷热气流的对流，达到通风降温的目的。

2. 土窑洞贮藏的管理

（1）温度管理　秋季管理在秋季贮藏产品入窑至窑温降至0℃这段时间进行。此期间外界气温白天高于窑温，夜间低于窑温，且逐渐降低。这段时间要利用一切可利用的外界低温进行通风降温。当外温开始降到低于窑温时（夜晚和凌晨），随即开启窑门和通风窗口进行通风；当外温等于或高于窑温时（白天），要及时封闭所有的孔道，避免高温气流进入窑内。这一时期会偶尔出现寒流和早霜，要抓住这些时机进行通风降温。这一时期的窑温是一年中的高温期，入贮产品又带入很大的田间热，由于呼吸强度高，还产生大量的呼吸热。因此，这一时期要集中排除大量的热量，能否充分利用低温气流尽早地将窑温降下来，是整个贮藏能否成功的关键。

冬季管理在窑温降至0℃到翌年回升到4℃的这段时间，是一年中外界气温最低的时期。在这一时期，主要任务是贮冷，即增加窑壁冻土层的厚度，同时注意保温，防止过冷空气进入造成果实受冻。要在不冻坏贮藏产品的前提下，尽可能地通风。一般在外界气温不低于-6℃的情况下放风比较安全。通风量不要过大，外界冷空气经过门道，再进入窑内，为防止冷空气骤袭造成冻害，窑门下部要垫土或堵草30cm以上，并在靠近窑门的贮果处下部（窑内温度最低处）放置温度表监测温度变化，控制该处温度不低于-2℃。窑门顶部不应堵严，有利于热空气和有害气体的排出。

春、夏季管理在窑温上升至4℃到贮藏产品全部出库的时期。在这一时期，主要任务是保冷，尽可能减少库内冷源散失，封严窑门和通气孔，保持窑内的低温条件，适时出库。当有寒流或低温出现时，一定要抓住时机通风，一则降温；二则排除窑内的有害气体。在可能的情况下，在窑内积雪积冰也能达到很好的蓄冷保湿作用。果实出库后，将窑内彻底清扫，然后灌透水，将窑门封严，以保持窑内的低温，减少夏季高温对窑内的影响，以便下次的贮藏。

（2）湿度管理　果蔬贮藏环境要有一定的湿度，以抑制产品本身水分的蒸发。土窑洞本身四周的土层要求保持一定的含水量，才能防止窑壁土层干燥引起裂缝继而塌方。因此，土窑洞贮藏必须有可行的加湿措施。冬季贮雪、贮冰，冰雪融化在吸热降温的同时可以增加窑洞的湿度；窑洞地面洒水，在增湿的同时，水分蒸发吸热而降低窑温；窑洞十分干燥时，可先用喷雾器向窑顶及窑壁喷水，然后在地面灌水，可抵消通风造成的土层水分亏损，避免塌方，还可恢复湿土较大的热容量。

（3）其他管理　在贮藏窑洞内存在大量的有害微生物，尤其是可致使果蔬腐烂的真菌孢子，是贮藏中发生侵染性病害的主要原因，所以窑洞消毒对减少产品腐烂至关重要。首先要清除有害微生物生存的条件，做好窑洞内的卫生，另外在产品全部出库后或入库前，对窑洞和贮藏所用的工具和设施进行彻底的消毒处理。具体做法是：窑内燃烧硫磺，每100m^3容积用硫磺粉1~1.5kg，燃烧后密封窑洞2~3d，开门通风后即可入贮；也可用2%的福尔马林（甲醛）或4%的漂白粉溶液进行喷雾消毒，喷雾密封1~2d，再稍加通风后再入贮。

贮藏产品全部出库后，当外温低于窑温时，要打开通风的孔道，尽可能地通风降温；当无低温气流可用时，要密闭所有孔道和窑门，尽可能与外界隔离，减少蓄冷在高温季节流失。

（五）通风库贮藏

通风库贮藏是利用自然低温通过通风换气控制贮藏温度的贮藏形式。通风库是棚窖的发展形式，整个建筑结构设置了完善的通风系统和绝缘设施，因此比棚窖有更好的降温保温效果。由于通风库贮藏仍然是依靠自然温度来调节库温，不附加其他辅助设施，所以很难维持理想的贮藏温度。但由于通风库投资小、能耗小、操作简便、贮量大、可长期使用，所以在一些自然冷源比较丰富的北方地区，该贮藏形式依然存在。

1. 通风库的建筑设计

（1）类型及库址选择　通风库分为地上式、地下式和半地下式三种类型。各地区可根据当地的气候条件和地下水位高低选择采用。地上式通风库的库体全部建筑在地面上，受气温影响最大。其进气口设置在库的基部，在库顶设置排气口，两者有最大高差，有利于空气的自然对流，通风降温效果较好。地下式通风库的库体全部建筑在地面以下，仅库顶露出地面，受气温影响最小，而受土温的影响较大。由于其进出气口的高差较小，空气对流速度最慢，通风降温效果较差。半地下式通风库的库体一部分在地面以上，一部分在地面以下，库温既受气温影响，又受土温影响。在冬季严寒地区，多采用地下式，以利于防寒保温；在冬季温暖地区，多采用地上式，以利于通风降温；介于两者之间的地区，可采用半地下式。

通风贮藏库要求建筑在地势高燥、最高地下水位要低于库底1m以上、四周旷畅、通风良好、空气清新、交通便利、靠近产销地、便于安全保卫、水电畅通的地方。通风库方位对能否很好利用自然气流极其重要。在我国北方通风库方向以南北向为宜，可以减少冬季寒风的直接袭击面，避免库温过低；在南方则以东西向为宜，这样可以减少阳光直射对库温的影响，也有利于冬季的北风进入库内而降温。在实际操作中，一定要结合地形地势灵活掌握。

（2）库房结构设计　通风贮藏库的平面多为长方形，库房宽为9～12m，长为30～40m，库内高度在4m以上。农产品贮量大的地方可按一定的排列方式，建成一个通风库群。在寒冷地区，大都将全部库房分成两排，中间设中央走廊，库房的方向与走廊相垂直，库门开向走廊。中央走廊有顶及气窗，宽度为6～8m，两端设门。中央走廊起缓冲作用，防冬季寒风直接吹入库房，同时可兼做分级、包装及临时存放贮藏产品的场所。库群各库房也可单独向外开门而不设共同走廊，这样每个库门处需设缓冲间。在温暖地区，库群各库房以单设库门为好，可更好地利用库门通风，以增大通风量，提高通风效果。

库群中库房间的排列有两种形式。一种是分列式，各库房是自发独立的贮藏单位，库房间有一定的距离；另一种为连接式，库群相邻库房间共用一道侧墙，一排库房侧墙的总数是分列式的1/2再多一道，该形式库房可节约建筑费用，缩小占地面积，但各库房不能在侧墙上开通风口，需采用其他通风形式来保证适宜的通风量。小型库群可安排成单列连接式，各库房的一头设共用走廊，或把中间的一个库房兼做进出通道，在其侧墙上开门通入各库房。

2. 通风系统

通风库是以导入冷空气，使之吸收库内的热量再排到库外，同时带走果蔬所释放的CO_2、乙烯、醇类等气体，来达到贮藏效果，该过程要靠通风设施来进行。单位时间内进出库的通风量决定着库房通风换气和降温的效果，通风量首先决定于通风口的截面积，还决定于空气的流动速度和通风时间。空气的流速又决定于进出气口的构造和配置。

（1）通风量和通风面积　根据单位时间应从贮藏库排除的总热量以及单位体积空气所能携带的热量，就可以算出要求的总通风量，然后按空气流速计算出通风面积。

通风量和通风面积的确定，涉及很多变化因素，除进行理论计算外，还应该参考实际经验做出最后决定。我国北方地区的蔬菜用通风库，贮藏容量在500000kg以下的贮藏库，通常是每50000kg产品应配有通风面积0.5m^2以上，大白菜专用库需达到1～2m^2，因地区和通风系统的性能而异。风速大的地方比风速小的地方所需的通风面积小；出气筒高的库比出气筒低的库所需的通风面积小；装有排风扇的比未装排风扇的库通风面积小。

据测定，当外界风速为0.53m/s时，面积为0.1m^2的进气口风速为0.18m/s；当风速为1.52m/s时，进气口风速为0.35m/s；当风速为3.4m/s时，进气口风速为0.57m/s。当进气口风速为0.46m/s时，则每平方米进风量为0.45m^3/s。据此可以算出日通风量以及通风面积。

在通风贮藏库的基础上增加风机等强制通风设施，可将贮藏空间纳入通风系统，并通过强制通风，极大地提高通风效果，更有效地利用外界温度变化，提高贮藏效果，操作简单、省工、省时，只需依据外界温度和农产品温度的变化，选择适宜的外界温度打开风机通风，调节库内适宜的温湿度及气体条件。较普通通风库贮藏的质量好，贮藏时间长，但仍受自然温度的限制。强制通风时排风方式优于送风方式；风机每小时的排风量应该是库容积的15～20倍，风机安装的位置在进风口对面的2/3高度处。

（2）进排气口的设置　通风库的通风降温效果与进气口、排气口的结构和配置密切相关。空气流经贮藏库借助自然对流的作用，带走热量，实现换气。库内空气对流速度除受外界风速影响外，还受是否分别设置进出气口、进出气口的高差及大小等因素影响。分别设置进出气口，气流畅通，互不干扰，利于通风换气。要使空气自然形成一定的对流方向和路线，不致发生倒流混扰，就要增加进出气口之间的高度差以建立进出气口二者间的压力差。通风库的进气口最好设在库墙的底部，排气口设于库顶，同时可在排气烟囱的顶端安装风罩，当外风吹过风罩时，会对排气烟囱造成抽吸力，进一步增大气流速度。地下式和半地下式的分列式库群，可在各库房两侧墙外建造地面进气塔，由地下进气道引入库内，库顶设排气口，该通风系统进出气口间高差较小。连接式库群无法在墙外建进气塔，只能将全部通风口都设在库顶，可在秋季用库门和气窗通气，同时库顶的通风口要有高差，可将大约一半数量的通风口建成烟囱式，高1m以上，另一半通风口与库顶齐平，还可在通风口上设风罩，根据风向在风罩的不同方向开门，就可分别形成进出气口。

当通风总面积确定后，气口小而数量多的通风系统具有较好的通风效果，可使全库气流均匀，温度也较均匀。一般通气口大小约为（25cm×25cm）～（40cm×40cm），气口的间隔距离为5～6m。通风口应衬绝缘层（保温材料），以防结霜阻碍空气流动。通气口要设活门，以调节通风面积。

3. 绝缘材料

绝缘材料是通风库的重要组成部分，绝缘层可维持库内稳定的贮藏温度，不受或减少外界温度变动对贮藏温度的影响。通风库的库顶、四壁以及库底都要敷衬性能良好的绝缘隔热材料。常用绝缘材料的绝热性能不同，在建设贮藏库时，要根据所用的材料确定相应的厚度。软木板、聚氨酯泡沫塑料等材料的隔热性能很好，但价格较高；锯木屑、稻壳以及炉渣等材料作绝缘层，其造价较低，但其流动性强，不易固定，其易吸湿生霉。绝缘材料一经吸湿，其隔热能力会大大降低，因此，须有良好的防潮措施。

通风库的使用和管理请参照土窑洞。

第二节　人工降温贮藏

一、人工降温贮藏的定义

人工降温贮藏是在有良好隔热性能的库房中装置机械制冷设备，通过机械的作用，控制库内的温度和湿度，达到适宜果蔬贮藏条件的贮藏方式。人工降温贮藏不受时节和地域限制，可准确控制贮藏条件，适用于各种果蔬，可达到理想的贮藏效果。该贮藏方式的出现标志着现代化果蔬贮藏的开始，由此大大减少了果蔬采后损失。我国果蔬的机械冷藏发展迅速，目前我国果蔬贮藏量约 1/3 实现了机械冷藏。

二、人工降温的原理

人工降温是人为创造一个冷面或能够吸收热的物体，利用传导、对流或辐射的方式，将热传给这个冷面或物体，从而达到制冷目的。在制冷系统中，能接受热的冷面或物体是制冷剂。液态致冷剂在一定的压力和温度下气化（蒸发）而吸收周围环境中的热量，使之降温，即创造了前述所谓的冷面或吸热体。通过压缩机的作用，将气化的致冷剂加压，并降温，使之液化后进入下一个气化过程。

三、人工降温贮藏库的选址与设计

（一）库址选择

冷库应建设在没有阳光照射和热风频繁的阴凉处，有冷凉空气流通的位置最为有利。冷库所在地要地下水位低，有良好的排水条件，全年保持干燥。同时冷库选址应要交通便利，最好贴近产区和市场，减少果蔬常温下的时间拖延。

（二）库房容量

冷库的大小要根据贮存产品的数量和产品在库内的堆码形式而定。冷库容量根据需要贮藏的产品在库内堆码所占据体积，加上过道，堆码与墙壁之间的空间，堆与天花板之间的空间以及包装之间的空隙等计算出来。确定容量之后，再根据冷库选址平面、建筑和配套设备的经济性，确定冷库的长宽和高度。

（三）绝缘材料及其敷设

绝缘材料可阻止冷库内外热量交流，冷库的四周、顶部和底部都要敷设性能优良的绝缘材料来维持冷库低温。绝缘材料的绝缘性能与其材料内部截留的细微空隙密切相关，中间充满密闭气孔的泡沫状材料比坚实致密的固体绝缘性能好。某一绝缘材料的隔热能力可借增加绝缘材料的厚度而提高，而增加绝缘材料的厚度，直至其费用超过冷库的维持费用时，就达到了增加厚度的限度。一般以软木板为标准，通常墙壁上适宜的厚度为 10cm 左右，地板上为 5cm 左右。

绝缘材料分几种类型，一种是加工成固定形状的板块，如软木、聚苯乙烯等；另一种是颗粒状松散的材料，如木屑、糠壳等。现今的一些发泡剂也可在已建成的砖或混凝土仓库喷涂，定形后既防潮又隔热。固定形状的绝缘材料能维持原来状态，持久性好；松散的颗粒状材料，一般填充于两层墙壁之间，填充密度难控制，颗粒间无固定联系，颗粒会逐渐下沉，使绝缘层的上部空虚，所以要随时补充颗粒材料下沉所形成的空隙，以减少漏热。

绝热材料内部的水汽凝结会降低其隔热效能。水蒸气能通过毛细管作用，由表层渗入到墙壁中，而内层墙温度较低，蒸汽逐渐达到饱和，并凝聚成水，积留于绝缘层，可降低其隔热性能，使其腐败。在绝缘材料的两面与墙壁间要加一层阻碍，阻止水分进入。敷用防潮材料时（塑料薄膜、金属箔片、沥青等）要完全封闭绝缘材料，尤其是温度较高的一面。

（四）库内冷却系统

机械冷藏库的库内冷却系统，一般可分为直接冷却（蒸发）、盐水冷却和鼓风冷却三种。

1. 直接冷却系统

直接冷却系统也称直接膨胀系统或直接蒸发系统，该系统将致冷剂通过的蒸发器直接装置于冷库中，通过致冷剂的蒸发吸热将库内空气冷却。蒸发器一般用蛇形管组装成壁管组或天棚管组均可。直接冷却系统降温较低，如以氨直接冷却，可将库温降低到 -23℃。直接冷却系统的主要优点是降温迅速；缺点是蒸发器结霜严重，需经常冲霜，且库温不均，接近蒸发器处温度较低，如制冷剂在蒸发器或阀门处泄漏，会直接伤害贮藏产品。

2. 盐水冷却系统

该系统蒸发器不直接安装在冷库内，而是盘旋安置于盐水池内，将盐水冷却后再输至安装在冷库内的冷却管组，盐水通过冷却管组循环往复吸收库内的热量使冷库逐步降温。如使用20%的食盐水，可使库温降至 -16.5℃；若用20%的氯化钙水溶液，则库温可降至 -23℃。此冷却系统的优点是库内湿度较高；冷却管组排布合理的情况下会使温度均匀；避免有毒及有味致冷剂向库内泄露。其缺点是由于有中间介质——盐水的存在，有一定的冷源消耗；要求致冷剂在低温下蒸发，加重了压缩机负荷；需盐水泵提供动力，增加电力消耗；需盐水冷却管组，增加成本；食盐和氯化钙对金属都有腐蚀作用。

3. 鼓风冷却系统

冷冻机的蒸发器直接安装在空气冷却器（室）内，借助鼓风机的作用将库内的空气吸入空气冷却器并使之降温，将已经冷却的空气通过送风管送入冷库内，如此循环，达到降低库温的目的。鼓风冷却系统的优点是库内造成空气对流循环，冷却迅速，库内温度和湿度较为均匀。其缺点是湿热气流经盘管做成的蒸发器时，空气中的水分会在蒸发器上结霜，所以需要有除霜设备，同时会加快果蔬水分散失，也需要在空气冷却器内调节空气湿度。

贮藏适宜温度为10℃左右的果蔬（如香蕉、甜椒、黄瓜等）时，为防止冬季温度过低，可在鼓风冷却系统的空气冷却室内安装电热设备实现加温。

四、人工降温贮藏的管理

（一）消毒

有害微生物污染是引起冷库中果蔬腐烂的重要原因，所以冷库在使用前后需进行全面消毒，以防止果蔬腐烂变质。常用的消毒方法有以下几种。

乳酸消毒：将浓度为80%～90%的乳酸和水等量混合，按每立方米库容用1mL乳酸的比例，将混合液放于瓷盆内于电炉上加热，待溶液蒸发完后，关闭电炉，闭门熏蒸6～24h，然后开库使用。

过氧乙酸消毒：将20%的过氧乙酸按每立方米库容用5～10mL的比例，放于容器内于电炉上加热促使其挥发熏蒸；或按以上比例配成1%的水溶液全面喷雾。因过氧乙酸有腐蚀性，使用时应注意对器械、冷风机和人体的防护。

漂白粉消毒：将含有效氯25%～30%的漂白粉配成10%的溶液，用上清液按库容每立方米40mL的用量喷雾。使用时注意防护，使用后库房必须通风换气除味。

福尔马林消毒：按每立方米库容用15mL福尔马林的比例，将福尔马林放入适量高锰酸钾或生石灰，稍加些水，待发生气体时，将库门密闭熏蒸6～12h。开库通风换气后方可使用库房。

硫磺熏蒸消毒：用量为每立方米库容用硫磺5～10g，加入适量锯末，置于陶瓷器皿中点燃，密闭熏蒸24～48h后，彻底通风换气。

库内所有用具用0.5%的漂白粉溶液或2%～5%硫酸铜溶液浸泡、刷洗、晾干后备用。

冷藏产品前后均需对冷库进行消毒处理，同时冷库贮藏新鲜果蔬的过程中，各操作一定要规范，保持环境卫生，避免微生物的侵染和滋生。

（二）温度

入库产品的品温与库温的差别越小越有利于快速将贮藏产品冷却到最适贮藏温度。延迟入库、库温下降缓慢，会缩短贮藏产品的贮藏寿命。要做到温差小，就要从采摘时间、运输以及散热预冷等方面采取措施。

冷冻机在安装时，可增加冷库单位容积的蒸发面积，也可用压力泵将数倍于蒸发器蒸发量的致冷剂强制循环，这样可显著提高蒸发器的制冷效率，加速降温。在库内安装鼓风机械，或采用鼓风冷却系统会加强库内空气的流通，利于入贮产品的降温。

冷库每天的入库量要有限制，通常不超过库容量的10%，否则会明显影响降温速度。入库时，最好将果蔬尽可能分散堆放，以使迅速降温，当降到某一要求低温时再将产品堆垛到要求的高度。

（三）湿度

相对湿度是某一温度下空气中水蒸气的饱和程度。空气温度越高则其容纳水蒸气的能力越强，贮藏产品失重会加快。冷库的相对湿度一般维持在80%～90%时，才能使贮藏产品不致失水萎蔫。

要维持冷库的高湿环境，最简单的方法是使制冷系统的蒸发器温度尽可能接近于库内空气的温度。这就要求蒸发器有足够大的蒸发面积；结构严密、隔热良好的冷藏库；外界湿热空气很少渗漏到库内。另外冷库中增湿也有多种方法，最简单的是在冷库中将水以雾状微粒喷到空气中去，或直接喷于库房地面或产品上，但该方法会增加蒸发器结霜。产品贮前用一些药品溶液处理，如用氯化钙、防腐剂及防褐烫病药物等处理采后的苹果，入库时会带入一定水汽，也会增加仓库的湿度。贮藏产品的包装不能容易吸湿，否则易使库内的湿度降低。

（四）通风

果蔬产品在贮藏期间会释放出许多有害物质，如乙烯、CO_2等，当这些物质积累到一定浓度后，就会使贮藏产品受到伤害，所以冷库需要通风换气。冷库一般选择在气温较低的早晨进行通风换气，雨天、雾天等外界湿度过大时不宜通风，以免库内温湿度的剧烈变化。

第三节 气调贮藏

一、气调贮藏的定义

气调贮藏（controlled atmosphere storage，CA）即调节气体贮藏，是根据不同果蔬的生理特点，通过人为调节控制贮藏环境中的 O_2浓度、CO_2浓度、温度、湿度和乙烯浓度等条件，降低果蔬的呼吸强度，延缓养分的分解过程，使其保持原有的形态、色泽、风味、质地和营养，延长贮藏寿命。气调贮藏是在冷藏的基础上进一步提高贮藏效果的措施，包含着冷藏和气调的双重作用，其贮藏效果很好，是当前国际上果蔬保鲜广为应用的现代化贮藏手段。自发气调贮藏（modified atmosphere storage，MA）是指利用包装、覆盖、薄膜衬里等方法，使产品在改变了气体成分的条件下贮藏，环境中的气体成分比例取决于薄膜的厚度和性质、产品呼吸和贮温等因素，故而也有人称之为自动改变气体成分贮藏（self - controlled atmosphere storage）。因自发气调操作简便，设备简单，且易与其他贮藏手段结合，贮藏效果优于低温冷藏，所以其应用广泛。

二、气调贮藏的条件

（一）严格挑选产品，适时入贮

气调贮藏法多用于果蔬的长期贮藏，所以要挑选健康、成熟度一致、无病虫害和机械损伤、适时采收的高质量果蔬产品进行气调贮藏，才能获得良好的贮藏效果。

（二）O_2、CO_2和温度合理配合

气调贮藏是在一定的温度条件下进行的，温度可影响空气中的 O_2和 CO_2对果蔬的影响，只有将三者合理配合才能得到理想的贮藏效果。

1. 温度

气调贮藏可显著抑制果蔬的新陈代谢，尤其是抑制了呼吸代谢过程。新陈代谢的抑制手段主要是降低温度、提高 CO_2浓度和降低 O_2浓度等，这些条件均属于果蔬正常生命活动的逆境。任一种逆境都有抑制作用，在较高温度下采用气调贮藏法贮藏果蔬，也能获得较好的贮藏效果。任一种果蔬的抗逆性都有各自的限度。如一些品种的苹果在常规冷藏的适宜温度是0℃，如果进行气调贮藏，在0℃下再加以高 CO_2和低 O_2的环境条件，则苹果会承受不住这三方面的抑制而出现 CO_2伤害等病症。这些苹果在气调贮藏时，其贮藏温度可提高到3℃左右，这样就可以避免 CO_2伤害。气调贮藏对热带亚热带果蔬来说有着非常重要的意义，因它可采用较高的贮藏温度从而避免产品发生冷害。而较高温度也是有限的，气调贮藏必须有适宜的低温配合，才能获得良好的效果。

2. O_2、CO_2和温度的互作效应

气调贮藏中的气体成分和温度等诸条件，对贮藏产品起着综合的影响，即互作效应，而贮藏效果的好坏正是这种互作效应是否被正确运用的反映。O_2、CO_2和温度必须最佳配合，才能

取得良好的贮藏效果。不同贮藏产品都有各自最佳的贮藏条件组合，且最佳组合不是一成不变的，当某一条件因素发生改变时，可以通过调整别的因素来弥补由这一因素的改变所造成的不良影响。如气调贮藏中，低 O_2 有延缓叶绿素分解的作用，配合适量的高 CO_2 则保绿效果更好，这就是 O_2 与 CO_2 二因素的正互作效应。当贮藏温度升高时，就会加速产品叶绿素的分解，也就是高温的不良影响抵消了低 O_2 及适量 CO_2 对保绿的作用。

3. 贮前高 CO_2 处理效应

刚采摘的苹果大多对高 CO_2 和低 O_2 的忍耐性较强，而于气调贮藏前给以高浓度 CO_2 处理，有助于加强气调贮藏的效果。美国华盛顿州贮藏的金冠苹果在 1977 年已经有 16% 经过高 CO_2 处理，其中 90% 用气调贮藏。另外，将采后的果实放在 12 ~ 20℃下，CO_2 浓度维持 90%，经 1 ~ 2d 可杀死所有的介壳虫，而对苹果没有损伤。经高 CO_2 处理的金冠苹果贮藏到 2 月份，比不处理的硬度高 9.81N 左右，风味也更好些。

4. 贮前低 O_2 处理

斯密斯品种（Granny Smith）苹果在贮藏之前放在 O_2 浓度为 0.2% ~0.5% 的条件下处理 9d 后，贮藏在 CO_2∶O_2 为 1∶1.5 的条件下，结果表明，贮前低 O_2 处理可保持斯密斯苹果的硬度和绿色以及防止褐烫病和红心病，与 Fidler（1971）在橘苹苹果上的试验结果相同。由此可见，低 O_2 处理或贮藏，可能加强气调贮藏中果实的耐藏力。

5. 动态气调贮藏

果实从健壮向衰老不断的变化，其对气体成分的适应性也在不断变化，所以在不同的贮藏时期控制不同的气调指标，得到有效延缓代谢过程、保持更好食用品质的效果，此法称为动态气调贮藏。西班牙 Alique（1982）在气调贮藏金冠苹果的过程中，第一个月维持 O_2∶CO_2 = 3∶0；第二个月为 3∶2，以后为 3∶5，温度为 2℃，湿度为 98%，贮藏 6 个月比一直贮于 3∶5 条件下的果实保持较高的硬度，含酸量也较高，呼吸强度较低，各种消耗也较少。

（三）气体组成及指标

1. 双指标，总和约为 21%

植物器官在正常生活中主要以糖为底物进行有氧呼吸，呼吸商约为 1，所以贮藏产品在密封容器内，呼吸消耗掉的 O_2 与释放出的 CO_2 体积相等。空气中含 O_2 约 21%，CO_2 仅为 0.03%，二者之和近于 21%。气调贮藏时如果把气体组成定为两种气体之和为 21%，那么只要把果蔬封闭后经一定时间，当 O_2 浓度降至要求指标时 CO_2 也就上升达到了要求的指标，然后定期或连续从封闭贮藏环境中排出一定体积的气体，同时充入等量新鲜空气，这就可较稳定地维持这个气体配比。它的优点是，管理方便，对设备要求简单。它的缺点是，如果 O_2 较高（>10%），CO_2 就会偏低，不能充分发挥气调贮藏的优越性；如果 O_2 较低（<10%），又可能因 CO_2 过高而发生生理伤害。将 O_2 和 CO_2 控制于相接近的指标（二者各约 10%），简称高 O_2 高 CO_2 指标，可用于一些果蔬的贮藏，但其效果多数情况下不如低 O_2 低 CO_2 好。

2. 双指标，总和低于 21%

这种指标的 O_2 和 CO_2 的含量都比较低，二者之和小于 21%。这是国内外广泛应用的气调指标。在我国，习惯上把气体含量在 2% ~5% 称为低指标，5% ~8% 称为中指标。低 O_2 低 CO_2 指标的贮藏效果较好，但这种指标所要求的设备比较复杂，管理技术要求较高。

3. O_2 单指标

为了简化管理，或者贮藏产品对 CO_2 很敏感，则可只控制 O_2 含量，CO_2 用吸收剂全部吸收。

O_2单指标必然是一个低指标，O_2单指标必须低于7%，才能有效地抑制呼吸强度。对于多数果蔬来说，单指标的效果不如前述第二种指标，但比第一种方式可能要优越些，操作也比较简单，容易推广。

（四）O_2和CO_2的调节管理

气调贮藏容器内的气体成分，从刚封闭时的正常气体成分转变到要求的气体指标，是一个降O_2和升CO_2的过渡期，可称为降O_2期。降O_2以后，则是使O_2和CO_2稳定在规定指标的稳定期。降O_2期的长短以及稳定期的管理，关系到果蔬贮藏效果的好与坏。

1. 自然降O_2法（缓慢降O_2法）

封闭后依靠产品自身的呼吸作用使O_2的浓度逐步减少，同时积累CO_2。

（1）放风法　当O_2降至指标的低限或CO_2升高至指标的高限时，开启贮藏容器，部分或全部换入新鲜空气，而后再进行封闭。放风法是简便的气调贮藏法。此法在整个贮藏期间O_2和CO_2含量总在不断变动，实际不存在稳定期。每次临放风前，O_2降到最低点，CO_2升至最高点，放风后，O_2升至最高点，CO_2降至最低点。这首尾两个时期对贮藏产品可能会带来很不利的影响。然而，整个周期内两种气体的平均含量还是比较接近，对于一些抗性较强的果蔬如蒜薹等，采用这种气调法，其效果远优于常规冷藏法。

（2）调气法　双指标综合小于21%和单指标的气体调节，是在降O_2期用吸收剂吸除超过指标的CO_2，当O_2降至指标后，定期或连续输入适量的新鲜空气，同时继续吸除多余的CO_2，使两种气体稳定在要求的指标。

（3）充CO_2自然降O_2法　密闭后立即人工充入适量CO_2（10%～20%），O_2则自然下降。在降O_2期不断用吸收剂吸除部分CO_2，使其含量大致与O_2接近。这样O_2和CO_2同时平行下降，直到两者都达到要求的指标。稳定期管理同前述调气法。这种方法是借O_2和CO_2的拮抗作用，用高CO_2来克服高O_2的不良影响，又不使CO_2过高造成毒害。据试验，此法的贮藏效果接近人工降O_2法。

2. 人工降O_2法（快速降O_2法）

利用人为的方法使密封后容器内的O_2迅速下降，CO_2迅速上升。

（1）充氮法　封闭后抽出容器内大部分空气，然后充入氮气，由氮气稀释剩余空气中的O_2，使其浓度达到要求的指标，也可充入适量的CO_2，使之立即达到要求的浓度。尔后的管理同前述调气法。

（2）气流法　把预先配制好的气体输入封闭容器内，代替其中的全部空气。在以后的整个贮藏期间，连续不断地排出部分气体并充入人工配制的气体，控制气流的流速使内部气体稳定在要求的指标。

人工降O_2法由于避免了降O_2过程的高O_2期，所以，能比自然降O_2法进一步提高贮藏效果。然而，此法要求的技术和设备较复杂，同时消耗较多的氮气和电力。

三、气调贮藏的方法与管理

气调贮藏的操作管理主要是封闭和调气两部分。调气是创造并维持产品所要求的气体组成；封闭时杜绝外界空气对所要求环境的干扰破坏。目前国内外气调贮藏，按其封闭的设施来看可分为两类，一类是气调冷藏库法，另一类是塑料薄膜封闭气调法。

（一）气调冷藏库法

气调冷藏库要有机械冷库的保温、隔热、防潮性能，还需有气密性和耐压能力，因为气调库内要达到所需的特定气体成分，并长时间维持，避免气调库内外气体交换；库内气体压力会随着温度变化而变化，形成内外气压差。

用预制隔热嵌板建库。嵌板两面是表面呈凹凸状的金属薄板（镀锌钢板或铝合金板等），中间是隔热材料聚苯乙烯泡沫塑料，采用合成的热固性黏合剂将金属薄板牢固地黏结在聚苯乙烯泡沫塑料板上。嵌板用铝制呈工字形的构件从内外两面连接，在构件内表面涂满可塑性的丁基玛碲脂，使接口完全、永久的密封。这种预制隔热嵌板，既可隔热防潮，又可作为隔气层。地板是在加固的钢筋水泥底板上，用一层塑料薄膜（多聚苯乙烯等）作为隔气层（0.25mm），一层预制隔热嵌板（地坪专用），再加一层加固的10cm厚的钢筋混凝土为地面。为了防止地板由于承受荷载而使密封破裂，在地板和墙的交接处的地板上留一平缓的槽，在槽内也灌满不会硬化的可塑酯（黏合剂）。

建成库房后在内部进行现场喷涂泡沫聚氨酯（聚氨基甲酸酯），可获得性能非常优异的气密结构并兼有良好的保温性能，5.0～7.6cm厚的泡沫聚氨酯可相当于10cm厚的聚苯乙烯的保温效果。喷涂泡沫聚氨酯之前，应先在墙面上涂一层沥青，然后分层喷涂，每层厚度约为1.2cm，直到喷涂达到所要求的总厚度。

气调贮藏库的库门要做到完全密封，通常有两种做法。第一，只设一道门，门在门框顶上的铁轨上滑动，由滑轮连挂。门的每一边有两个插锁，共8个插锁把门拴在门框上，把门栓紧后，在四周门缝处涂上不会硬化的黏合剂密封。第二，设两道门，第一道是保温门，第二道是密封门。通常第二道门的结构很轻巧，用螺钉铆接在门框上，门缝处再涂上玛碲脂加强密封。另外，各种管道穿过墙壁进入库内的部位都需加用密封材料，不能漏气。通常要在门上设观察窗和手洞，方便观察和检验取样。

气调库运行过程中，由于库内温度波动或者气体调节会引起压力的波动。当库内外压力差达到58.8Pa时，必须采取措施释放压力，否则会损坏库体结构。具体办法是安装水封装置，当库内正压超过58.8Pa时，库内空气通过水封溢出；当库内负压超过58.8Pa时，库外的空气通过水封进入库内，自动调节库内外压力差不超过58.8Pa。

气调库的主要设备介绍如下。

①气体发生器：其基本装置是一个催化反应器。在反应器内，将O_2和燃料气体如丙烷和天然气进行化学反应形成CO_2和水蒸气。由于库内空气不断地循环通过反应器用于反应，因而库内O_2不断地降低而达到所要求的浓度。

②CO_2吸附器：其作用是除去贮藏过程中贮藏产品呼吸释放的以及气体发生器在工作时所放出的CO_2。当CO_2继续积累超过一定限度时，将库内空气引入CO_2吸附器中的喷淋水、碱液或石灰水中，或者引入堆放消石灰包的吸收室中，吸收部分CO_2，使库内CO_2维持适宜的浓度。

气体发生器和CO_2吸附器配套使用，可随意调节和快速达到所要求的气体成分。

气调库内的制冷负荷要比一般的冷库要大，因为装货集中，要求在很短时间内将库温降到适宜贮藏的温度。气调贮藏库还有湿度调节系统、气体循环系统以及气体、温度和湿度的分析测试记录系统等。这些都是气调贮藏库的常规设施。

（二）塑料薄膜封闭气调法

20世纪60年代以来，国内外对塑料薄膜封闭气调法开展了广泛的研究，并在生产中广泛应用。薄膜封闭容器可安装在普通冷库内或通风贮藏库内，以及窑洞、棚窑等简易的贮藏场所内，还可在运输中使用。

塑料薄膜除使用方便、成本低廉外，还具有一定的透气性，所以能够被广泛应用。通过果蔬的呼吸作用，会使塑料袋（帐）内维持一定的 O_2 和 CO_2 比例，加上人为的调节措施，会形成有利于延长果蔬贮藏寿命的气体成分。

1963 年以来，人们开展了对硅橡胶在果蔬贮藏上应用的研究。硅橡胶是一种有机硅高分子聚合物，它由有取代基的硅氧烷单体聚合而成，以硅氧键相连形成柔软易曲的长链，长链之间以弱电性松散地交联在一起。这种结构使硅橡胶具有特殊的透气性。第一，硅橡胶薄膜对 CO_2 的透过率是同厚度聚乙烯膜的 200～300 倍，是聚氯乙烯膜的 20000 倍；第二，硅橡胶膜对气体具有选择性透性，其对 N_2、O_2 和 CO_2 的透性比为 1∶2∶12，同时对乙烯和一些芳香物质也有较大的透性。

在用较厚的塑料薄膜（如 0.23mm 聚乙烯）做成的袋（帐）上嵌上一定面积的硅橡胶，就做成一个有气窗的包装袋（或硅窗气调帐），袋内的果蔬进行呼吸作用释放出的 CO_2 通过气窗透出袋外，而所消耗掉的 O_2 则由大气透过气窗进入袋内而得到补充。贮藏一定时间后，袋内的 CO_2 和 O_2 进出达到动态平衡，其含量就会自然调节到一定的范围。

有硅橡胶气窗的包装袋（帐）与普通塑料薄膜袋（帐）一样，是利用薄膜本身的透性自然调节袋中的气体成分。因此，袋内的气体成分必然是与气窗的特性、厚薄、大小，袋子容量、装载量，果实的种类、品种、成熟度，以及贮藏温度等因素有关。要通过试验研究，最后确定袋（帐）子的大小、装置和硅橡胶窗的大小。

1. 封闭方法和管理

（1）垛封法　贮藏产品用通气的容器盛装，码成垛。垛底先铺垫底薄膜，在其上摆放垫木，将盛装产品的容器垫空。码好的垛子用塑料帐罩住，帐子和垫底薄膜的四边互相重叠卷起并埋入垛四周的小沟中，或用其他重物压紧，使帐子密闭。也可用活动贮藏架在装架后整架封闭。帐子选用的塑料薄膜一般厚度为 0.07～0.20mm 的聚乙烯或聚氯乙烯。在塑料帐的两端设置袖口（用塑料薄膜制成），供充气及垛内气体循环时插入管道之用，也可从袖口取样检查。活动硅橡胶窗也是通过袖口与帐子相连接。帐子还要设取气口，以便测定气体成分的变化，也可从此充入气体消毒剂，平时不用时把气口塞闭。为避免器壁的凝结水侵蚀贮藏产品，应设法使封闭帐悬空，不使之紧贴产品。帐顶部分凝结水的排除，可加衬吸水层，还可将帐顶做成屋脊形，以免凝结水滴到产品上。

塑料薄膜帐的气体调节可使用气调库调气的各种方法。帐子上设硅胶窗可以实现自动调气。

（2）袋封法　将产品装在塑料薄膜袋内，扎口封闭后放置于库房内。调节气体的方法有：①定期调气或放风。用 0.06～0.08mm 厚的聚乙烯薄膜做成袋子，将产品装满后入库，当袋内的 O_2 减少到低限或 CO_2 增加到高限时，将全部袋子打开放风，换入新鲜空气后再进行封口贮藏。②自动气调，采用 0.03～0.05mm 的塑料薄膜做成小包装。因为塑料膜很薄，透气性很好，在较短的时间内，可以形成并维持适当的低 O_2 高 CO_2 的气体成分而不致造成高 CO_2 伤害。该方法适用于短期贮藏、远途运输或零售的包装。在袋子上，依据产品的种类、品种和成熟度及用途等而确定粘贴一定面积的硅橡胶膜后，也可以实现自动调气。③气调包装，运用现代的气调包装设备将塑料薄膜小包装中的气体部分或全部抽出，再将预先混好的气体充入其中，然后密封，通过果蔬呼吸和薄膜的透气性，最后使小包装内部的气体成分稳定。该方法省去了小包装内部的自动降氧期，对多数产品具有更好的贮藏效果，但是需要设备和气体消耗。

2. 温湿度管理

塑料薄膜封闭贮藏时，袋（帐）内部因有产品释放呼吸热，所以内部的温度总会比库温高一些，一般有0.1～1℃的温差。另外，塑料袋（帐）内部的湿度较高，接近饱和。塑料膜正处于冷热交界处，在其内侧常有一些凝结水珠。如果库温波动，则帐（袋）内外的温差会变得更大、更频繁，薄膜上的凝结水珠也就更多。封闭帐（袋）内的水珠还溶有 CO_2，pH 约为5，这种酸性溶液滴到果蔬上，既有利于病菌的活动，对果蔬也会造成不同程度的伤害。封闭容器内四周的温度因受库温的影响而较低，中部的温度则较高，这就会发生内部气流的对流，较暖的气体流至冷处，降温至露点以下部分水汽形成凝结水；这种气体再流至暖处，温度升高，饱和差增大，因而又会加强产品的蒸腾作用，不断地把产品中的水抽出来变成凝结水。也可能并不发生空气对流，而由于温度较高处的水汽分压较大，该处的水汽会向低温处扩散，同样导致高温处的产品脱水而低温处的产品凝水。所以薄膜封闭贮藏时，一方面是帐（袋）内部湿度很高；另一方面产品仍然有较明显的脱水现象。解决这一问题的关键在于力求库温保持稳定，尽量减小封闭帐（袋）内外的温差。

第四节　其他贮藏技术

一、真空预冷和减压贮藏

减压贮藏技术是将果实放在能承受压力的箱中贮藏，抽出容器的内部分空气，使内部气压降到一定程度，同时经压力调节器输送新鲜湿空气，整个系统不断地进行气体交换，以维持贮藏容器内压力的动态恒定并保持一定的湿度环境。由于降低了空气的压力，使果蔬长期处于休眠状态，因此能够降低果蔬的呼吸强度，并抑制乙烯、CO_2、乙醛、乙醇的生物合成，从而可以达到延长果蔬货架期的效果。真空预冷技术的工作原理是将被果蔬原料放在真空室内，通过抽真空造成一个低压环境，使物料内部的水分迅速蒸发，由于水分的蒸发吸热导致物料本身温度迅速下降。陶菲研究了白蘑菇的真空预冷工艺并对白蘑菇进行保鲜研究，结果表明真空预冷可以有效抑制白蘑菇相关生理指标的变化，改善了白蘑菇的感官品质，并延长了它的货架期。

将真空预冷和减压保鲜联用，保鲜效果进一步提升。真空预冷及减压贮藏对果蔬原料无污染及残留，是一种理想的安全保鲜手段。国内已研制成功真空冷却气调保鲜设备，其保鲜技术装备在杨梅、黄桃、龙眼、荔枝、河北鸭梨、山东大樱桃、辽西冬枣等特色果品保鲜中取得了理想效果。应用该技术后，最难保存的江浙杨梅第一次批量进入美国、法国、意大利和新加坡市场。使用真空保鲜装置保鲜，一般可以比冷藏延长保鲜时间至少2～4倍。

二、辐射处理

从20世纪40年代开始，许多国家对原子能在食品保藏上的应用进行了广泛的研究，取得了重大成果。马铃薯、洋葱、大蒜、蘑菇、石刁柏、板栗等果蔬，经辐射处理后，作为商品已大量上市。

辐射对贮藏产品的影响如下：

1. 干扰基础代谢过程，延缓成熟与衰老

各国在辐射保藏食品上主要是应用^{60}Co或^{137}Cs为放射源的γ射线来照射。γ射线是一种穿透力极强的电离射线，当其穿过生活机体时，会使其中的水和其他物质发生电离作用，产生游离基或离子，从而影响到机体的新陈代谢过程，严重时则杀死细胞。由于照射剂量不同，所起的作用有差异。

低剂量：1000Gy以下。影响植物代谢，抑制块茎、鳞茎类发芽，杀死寄生虫。

中剂量：1000～10000Gy。抑制代谢，延长果蔬贮藏期，阻止真菌活动，杀死沙门菌。

高剂量：10000～50000Gy。彻底灭菌。

2. 辐射对产品品质的影响

用600Gy γ射线处理Carabao杧果，在26.6℃下贮藏13d后，其β－胡萝卜素的含量没有明显变化，其维生素C也无大的损失。同剂量处理的Okrong杧果在17.7℃下贮藏，其维生素C变化同Carabao。与对照相比，这些处理过的杧果可溶性固形物，特别是蔗糖都增加得较慢。同时，不溶于酒精的固形物、可滴定酸和转化糖也减少缓慢。

对杧果辐射的剂量，从1000Gy提高到2000Gy时，会大大增加其多酚氧化酶的活力，这是较高剂量使杧果组织变黑的原因。

用400Gy以下的剂量处理香蕉，其感官特性优于对照。番石榴和人心果用γ射线处理后其维生素C没有损失。500Gy γ射线处理菠萝后，不改变其理化特性和感官品质。

3. 抑制和杀死病菌及害虫

许多病原微生物可被γ射线杀死，从而减少产品在贮藏期间的腐败变质。炭疽病对杧果的侵染是致使果实腐烂的一个严重问题。在用热水浸洗处理之后，接着用1050Gy γ射线处理杧果果实，会大大减少炭疽病的侵害。用热水处理番木瓜后，再用750～1000Gy γ射线处理，收到了良好的贮藏效果。如果单用此剂量辐射，则没有控制腐败的效果。较高的剂量对番木瓜本身有害，会引起表皮褪色，成熟不正常。用2000Gy或更高一些的剂量处理草莓，可以减少腐烂。1500～2000Gy γ射线处理法国的各种梨，能消灭果实上的大部分病原微生物。

用1200Gy的γ射线照射杧果，在8.8℃下贮藏3周后，其种子的象鼻虫会全部死亡。河南和陕西等地用504～672Gy的γ射线照射板栗，达到了杀死害虫的目的。

三、电磁处理

（一）磁场处理

产品在一个电磁线圈内通过，控制磁场强度和产品移动速度，使产品受到一定剂量的磁力线切割作用。或者流程相反，产品静止不动，而磁场不断改变方向（S极、N极交替变换）。据日本公开特许（1975）介绍，水分较多的水果（如蜜柑、苹果之类）经磁场处理，可以提高其生理活力，增强抵抗病变的能力。

（二）高压电场处理

一个电极悬空，一个电极接地（或制成金属板极放在地面），两者间便形成了不均匀电场，产品置于电场内，接受间歇的或连续的或一次的电场处理。可以把悬空的电极做成针状负极，由许多长针用导线并联而成。针极的曲率半径极小，在升高的电压下针尖附近的电场特别强，达到足以引起周围空气剧烈游离的程度而进行自激放电，这种放电局限在电极附近的小范围内。因为针极为负极，所以空气中的正离子被负电极所吸引，集中在针尖附近；负离子集中在外围，并有一定数量的负离子向对面的正极板移动。这个负离子气流正好流经产品而与之发生作用。改变电极的正负方向则可产生正离子空气。

可见，高压电场处理，不只是电场单独起作用，同时还有离子空气的作用。还不止此，在电极放电中还同时产生 O_3，O_3是极强的氧化剂，有灭菌消毒、破坏乙烯的作用。这几方面的作用是同时产生不可分割的。所以，高压电场处理起的是综合作用，在实际操作中，有可能通过设备调节电场强度、负离子和 O_3的浓度。

（三）负离子和 O_3处理

据试验，对植物的生理活动，正离子起促进作用，负离子起抑制作用。因此，在贮藏方面多用负离子空气处理。当只需要负离子的作用而不要电场作用时，可改变上述的处理方法，产品不在电场内，而是按电极放电使空气电离的原理制成负离子空气发生器，借风扇将离子空气吹向产品，使产品在发生器的外面接受离子淋沐。

四、抑制剂处理

1-甲基环丙烯（1-methylcyclopropene，1-MCP）是一种新型乙烯受体抑制剂，它能不可逆地作用于乙烯受体，从而阻断其与乙烯的正常结合，抑制其所诱导的与果实后熟相关的一系列生理生化反应。1-MCP 处理能显著保持呼吸跃变果实梨、桃和猕猴桃等，非呼吸跃变果实葡萄、杨梅、草莓等的贮藏品质，同时能延缓菜豆、西兰花等蔬菜和鲜切花、盆花等观赏植物衰老。目前 1-甲基环丙烯被广泛应用于果蔬和花卉的贮藏保鲜，且效果显著。

1-MCP 处理与其他的保鲜技术相互补充、结合使用能达到更好的贮藏保鲜效果，如将 1-MCP 处理和气调技术相结合的处理和贮藏方式，是目前已知的对大多数适于气调贮藏的产品效果最佳的贮藏方式。

五、高氧气调

近年来，高氧气调贮藏保鲜技术（21% ~100%）对果蔬采后品质变化影响的研究越来越多，一定的高氧环境可抑制某些细菌和真菌的生长，减少腐烂现象，降低果蔬的呼吸作用和乙烯合成，减缓组织褐变程度，减低乙醛、乙醇等异味物质的产生，从而改善果蔬的贮藏品质。陈雪红等研究发现高氧气调包装可抑制鲜切莴苣维生素 C 降解并保持其抗氧化能力。

六、临界低温高湿保鲜

果蔬在贮藏期间发生的生理生化变化与环境条件密切相关。温度、湿度作为最主要的环境因子，应受到普遍关注。20 世纪 80 年代日本北海道大学率先开展了临界低温高湿保鲜研究，此后国内外研究和开发的趋势是采用临界点低温高湿贮藏（CTHH），即控制在果蔬冷害点温度以上 0.5 ~1℃左右和相对湿度为 90% ~98% 左右的环境中贮藏保鲜果蔬。采用临界点低温高湿贮藏保鲜巨峰葡萄取得了良好的效果。临界点低温高湿贮藏的保鲜作用体现在两个方面：①果蔬在不发生冷害的前提下，采用尽量低的温度可以有效地控制果蔬在保鲜期内的呼吸强度，使某些易腐烂的果蔬品种达到休眠状态；②采用湿度相对高的环境可以有效降低果蔬水分蒸发，减少失重。

七、结构化水保鲜

结构化水技术是指利用一些非极性分子（如某些惰性气体）在一定的温度和压力条件下，与游离水结合的技术。通过结构化水技术可使果蔬组织细胞间的水分参与形成结构化水，使整个体系中的溶液黏度升高，从而产生两个效应：①酶促反应速率减慢，实现对有机体生理活动的控制；②果蔬水分蒸发过程受到抑制，这为植物的短期保鲜贮藏提供了一种全新的原理和方法。20 世纪 90 年代，日本东京大学学者用氙气制备甘蓝、花卉的结构化水，并对其保鲜工艺进行了探索，获得了较为满意的保鲜效果。

八、可食性涂膜保鲜

可食膜是指以天然可食性物质为原料，如多糖、蛋白质等，添加可食性增塑剂、交联剂等物质，通过不同分子间相互作用而形成的无毒可食的薄膜。果蔬的涂膜技术是在果蔬的表面通过喷涂或浸渍等手段以形成一层极薄的膜，以此来抑制果蔬的呼吸作用，阻止果蔬水分散失，防止外界氧气与果蔬内部成分发生氧化作用，提高果蔬抗机械损伤的能力及抵御病菌侵蚀的能力，从而提高果蔬的贮藏性能，进而保护果蔬品质，延长货架期。

九、超声波处理保鲜

超声波多用于鲜切果蔬的清洗，是利用低频高能的超声波的空化效应在液体中产生瞬间高温高压造成温度和压力变化，使液体中的某些细菌致死、病毒失活，甚至使体积较小的一些微生物的细胞壁破坏，从而延长果蔬的保鲜期。该方法主要应用于鲜切产品保鲜。

十、纳米保鲜

纳米材料具有抗菌杀毒、低透氧率、低透湿率、阻隔 CO_2、吸收紫外线、自洁功效与良好的阻隔性及力学性能等优良特性。应用于果蔬保鲜方面的纳米材料主要有纳米 SiO_2、纳米 TiO_2、银系纳米材料等。纳米材料主要通过两种技术手段作用于果蔬保鲜，一种是作为抑菌剂涂被于果蔬表面；另一种是作为果蔬的包装材料。“纳米保鲜果蜡”应用于水果的保鲜，具有保护果面、增加果品色泽和亮度、抑制呼吸、延缓衰老、保持硬度等特点，能够延长水果贮藏期限。将纳米材料制备成保鲜袋，具有良好的透氧性能，能在贮藏期内通过缓慢的自发气调形成低 O_2、高 CO_2 的微环境，抑制呼吸强度，减少自由基生成，延缓衰老；同时其良好的透湿性能显著降低鲜切果蔬的水分蒸腾，减少失水率，保持果蔬的鲜活状态。

第五节　果蔬贮藏案例

一、苹果贮藏

苹果是我国栽培的主要果树之一，主要分布在北方各省区。苹果品种多，耐藏性好，是周年供应的主要果品。

苹果的贮藏方式很多，我国各苹果产区因地制宜利用当地的自然条件，创造了各种贮藏方式。如简易贮藏、冷藏、气调贮藏等。

（一）预贮

9～10月份是苹果的采收期，这个时期的气温、果温和通风降温场所温度都较高。如果采收后的苹果直接入库，会使贮藏场所长时间保持高温，对贮藏不利。因此，贮前必须对果实实施预贮，同时加强通风换气，尽可能降低贮藏场所的温度。预贮时，要防止日晒雨淋，多利用夜间的低温进行。

各地在生产实践中创造了许多有效的预贮方法。如山东烟台地区沟藏苹果的预贮，是在果园内选择阴凉高燥处，将地面加以平整，把经过初选的苹果分层堆放起来，一般堆放4～6层，宽1.3～1.7m，四周培起土埂，以防果滚动。白日盖席遮荫，夜间揭开降温，遇雨时覆盖。至霜降前后气温、果温和贮藏场所温度下降至贮藏适温时，将果实转至正式贮藏场所。也可将果实放在荫棚下或空房子里进行预贮，达到降温散热的目的。

（二）沟藏

沟藏是北方苹果产区的贮藏方式之一。因其条件所限，适于贮藏耐藏的晚熟品种，贮期可达5个月左右，损耗较少，保鲜效果良好。

山东烟台地区的做法是：在适当场地上沿东西方向挖沟，宽1～1.5m，深1m左右，长度随贮量和地形而定，一般长20～25m，可贮苹果10000kg左右。沟底要整平，在沟底铺3～7cm厚的湿沙。果实在10月下旬～11月上旬入沟贮藏，经过预贮的果实温度应为10～15℃，果堆厚度为33～67cm，苹果入沟后的一段时间果温和气温都较高，应该白天遮盖，夜晚揭开降温。至11月下旬气温明显下降时用草盖等覆盖物进行保温，随着气温的下降，逐渐加厚保温层至33cm。为防止雨雪落入沟里，应在覆盖物上加盖塑料薄膜，或者用席搭成屋脊形棚盖。入冬后要维持果温在－2～2℃，一般贮至翌年3月份左右。春季气温回升时，苹果需迅速出沟，否则很快腐烂变质。

甘肃武威的沟藏苹果，与上述做法类似。只是沟深为1.3～1.7m，宽为2.0m，苹果装筐入沟，在沟底及周围填以麦草，筐上盖草。到12月中旬，沟内温度达到－2℃时，再在草上覆土。

传统沟藏法冬季主要以御寒为主，降温作用很差。近年来有些产区采用改良地沟，提高了降温效果。主要做法是：结合运用聚氯乙烯薄膜（0.05～0.07mm厚果品专用保鲜膜）小包装，容量为15～25kg一袋。还需10cm厚经过压实的草质盖帘。在入贮前7～10d将挖好的沟预冷，即夜间打开草帘，白天盖严，使之充分降温。入贮后至封冻前继续利用夜间自然低温，通过草帘的开启，使沟和入贮果实降温，当沟内温度低于－3℃时，果温在冰点以上，即将沟完全封严，次年白天气温高于0℃，夜间气温低于沟内温度时，再恢复入贮初期的管理方法，直到沟内的最高温度高于10℃时，结束贮藏。入贮后一个月内需注意气体指标和果实质量变化，及时进行调整。要选用型号、规格相宜的塑料薄膜，使其自发气调，起到自发气调保藏的作用。

（三）窑窖贮藏

窑窖贮藏苹果，是我国黄土高原地区古老的贮藏方式，结构合理的窑窖，可为苹果提供较理想的温度、湿度条件。如山西祁县，窑内平均温度不超10℃，最高月均温不超过15℃。如在结构上进一步改善，在管理水平上进一步提高，可达到窑内平均温度不超过8℃，最高月均温度不超过12℃。窑窖内采用简易气调贮藏，能取得更好的贮藏效果，国光、秦冠、富士等晚熟品种能贮藏到次年3~4月，果实损耗率比通风库少3%左右。

土窑洞加机械制冷贮藏技术，是近几年普及、有效的贮藏方法。土窑洞贮藏法与其他简单贮藏方法一样，存在着贮藏初期温度偏高，贮藏晚期（翌年3~4月）升温较快的缺点，限制了苹果的长期贮藏。机械制冷技术用在窑洞温度的调节上，克服了窑洞贮藏前、后期的高温对苹果的不利影响，使窑洞贮藏苹果的质量赶上了现代冷库的贮藏效果。窑洞内装备的制冷设备只是在入贮后运行两个月左右，当外界气温降到可以通风而维持窑内适宜贮温时，制冷设备即停止运行，翌年气温回升时再开动制冷设备，直至果实完全出库。

窑窖贮藏管理技术，是苹果贮藏保鲜的关键。从果实入库到封冻前的贮藏初期，要充分利用夜间低温降低窖温，至0℃为止。中期重点要防冻。为了加大窑内低温土层的厚度，要在不冻果、不升温的前提下，在窑外气温不低于-6℃的白天，继续打开门和通气孔通风，通风程度掌握在窑温不低于-2℃即可。次年春天窑外气温回升时，要严密封闭门和通气孔，尽量避免窑外热空气进入窑内。

（四）通风库和机械冷库贮藏

通风库在我国许多地方大量地应用于苹果贮藏。由于它是靠自然气温调节库内温度，所以，其主要的缺点也是秋季果实入库时库温偏高，初春以后因无法控制气温回升引起的库温回升，严重地制约了苹果的贮藏寿命。山东果蔬研究所研究设计的10℃冷凉库，就是在通风库的基础上，增设机械制冷设备，使苹果在入库初期就处于10℃以下的冷凉环境，有利于果实迅速散除田间热。入冬以后就可以停止冷冻机组运行，只靠自然通风就可以降低并维持适宜的贮藏低温。当翌年初春气温回升又可以开动制冷设备，维持0~4℃的库温。

10℃冷凉库的建库成本和设备投资大大低于正规冷库，是一种投资少、见效快、效果好的节能贮藏方法。库内可采用硅窗气调大帐和小包装气调贮藏技术，进一步提高果实贮藏质量，延长苹果的贮藏寿命。

苹果冷藏的适宜温度因品种而异，大多数晚熟品种以-1~0℃为宜，空气相对湿度为90%~95%。苹果采收后，最好尽快冷却到0℃左右，在采收后1~2d内入冷库，入库后3~5d内冷却到-1~0℃。

（五）气调贮藏

目前，国内外气调贮藏主要用于苹果。对于不宜采用普通冷藏温度，要求较高贮温的品种，如旭、红玉等，气调贮藏可避免贮温高促使果实成熟和微生物活动。我国各地不同形式的气调法贮藏元帅、金冠、国光、秦冠及近年栽培的许多新品种，都有延长贮藏期的效果。气调贮藏的苹果移到空气中时，呼吸作用仍较低，可保持气调贮藏的后效，因而变质缓慢。

常用的气调贮藏方式有塑料薄膜袋贮藏、塑料薄膜帐贮藏和气调库贮藏。

1. 塑料薄膜袋贮藏

苹果采后就地预冷、分级后，在果箱或筐中衬以塑料薄膜袋，装入苹果，扎紧袋口，每袋构成一个密封的贮藏单位。目前应用的是聚乙烯或无毒聚氯乙烯薄膜，厚度多为0.04~0.06mm。

苹果采后正处在较高温度下，后熟变化很快。利用薄膜袋包装造成的气调贮藏环境，可有效地延缓后熟过程。如用薄膜包装运输红星苹果，经8d由产地烟台运至上海时的硬度为7.2kg/cm^2，冷藏6个月后硬度为5.6kg/cm^2，对照分别为4.6kg/cm^{2}和3.1kg/cm^2。

2. 塑料薄膜帐贮藏

在冷藏库、土窑洞和通风库内，用塑料薄膜帐将果垛封闭起来进行贮藏。薄膜大帐一般选用0.1～0.2mm厚的高压聚氯乙烯薄膜，黏合成长方形的罩子，可以贮藏数百到数千千克。帐封好后，按苹果要求的O_2和CO_2水平，采用快速降氧、自然降氧方法进行调节。近年来国内外都在广泛应用硅橡胶薄膜扩散窗，按一定面积黏合在聚乙烯或聚氯乙烯塑料薄膜帐或袋上，自发调整苹果气调帐（或袋）内的气体。由于膜型号和苹果贮量不同，使用时需经过试验和计算确定硅橡胶膜的具体面积。

3. 气调库贮藏

库内的气体成分、贮藏温度和湿度能够根据设计水平自动精确控制，是理想的贮藏手段。采收后的苹果最好在24h之内入库冷却并开始贮藏。

苹果气调贮藏的温度，可以比一般冷藏温度提高0.5～1℃。对CO_2敏感的品种，贮温还可高些，因为在一般贮藏温度（0～4℃）下，提高温度可减轻CO_2伤害。容易感受低温伤害的品种贮温稍高，对减轻伤害有利。

苹果气调贮藏只降低O_2浓度即可获得较好的效果。但对多数品种来说，同时再增加一定浓度的CO_2，则贮藏效果更好，不同苹果品种对CO_2的忍耐程度不同，有的对CO_2很敏感，一般不超过2%～3%，大多数品种能忍耐5%，还有一些品种如金冠在8%～10%也无伤害。

苹果气调贮藏开始时用较高浓度的CO_2做短期预处理，例如，金冠用15%～18%的CO_2经10d预处理，再转入一般气调贮藏条件，可有效地保持果实的硬度。苹果贮藏初期用高浓度CO_2处理的技术，我国也在研究应用，同时把变动温度和气体成分几种措施组合起来。由中国农业科学院果树研究所、中国科学院上海植物生理研究所、山东省农业科学院果树研究所、山西省农业科学院果树研究所等四个单位（1989）共同研究的苹果双向变动气调贮藏，取得了良好的效果。具体做法是：苹果贮藏150～180d，入贮时温度在10～15℃维持30d，然后在30～60d内降低到0℃，以后一直维持（0±1）℃；气体成分在最初30d高温期CO_2在12%～15%，以后60d内随温度降低相应降至6%～8%，并一直维持到结束，O_2控制在3%±1%。这种处理获得很好的效果，优于低温贮藏，与标准气调（0℃，O_2 3%、CO_2 2%～3%）结果相近似。这种做法简称双变气调（TDCA）。该方法由于在贮藏初期利用自然气温，温度较高，可克服CO_2的伤害作用，保留了对乙烯生成和作用的抑制，大大延缓了果实成熟衰老，有效地保持了果实硬度，从而达到了较好的贮藏效果。

苹果气调贮藏中，有乙烯积累，可以用活性炭或溴饱和的活性炭吸收除去。如小塑料袋包装贮藏红星苹果，放入果重0.05%的活性炭，即可保持果实较高的硬度。乙烯还可用$KMnO_4$除去，如用洗气器将$KMnO_4$液喷淋，或用吸收饱和$KMnO_4$溶液的多孔性载体物质吸收。

二、香蕉贮藏

香蕉属热带水果，世界可栽培地区仅限于南北纬30°以内。在产区香蕉整年都可以开花结果，供应市场。因此，香蕉保鲜问题是运销而非长期贮藏。

香蕉的贮藏以低温为主。但是香蕉对低温十分敏感，12℃是冷害的临界温度，同时高CO_2和低O_2组合气体条件可以延迟香蕉的后熟。

（一）适时无伤采收

香蕉的成熟度习惯上多用饱满度来判断。在发育初期，果实棱角明显，果面低陷，随着成熟，棱角逐渐变钝，果身渐圆而饱满。贮运的香蕉要在七八成饱满度时采收，销地远时饱满度低，销地近饱满度高。饱满度低的果实后熟慢，贮藏寿命长。

机械损伤是致病菌侵染的主要途径，伤口还可刺激果实产生伤呼吸、伤乙烯，促进果实黄熟，更易腐败。另外，香蕉果实对摩擦十分敏感，即使是轻微的擦伤，也会因为受伤组织中鞣质的氧化或其他酚类物质暴露于空气中而产生褐变，从而使果实表面伤痕累累，严重影响商品外观。这正是目前我国香蕉难以成为高档商品的重要原因之一。因此，香蕉在采收、落梳、去轴、包装等环节上应十分注意，避免损伤。在国际进出口市场，用纸盒包装香蕉，大大减少了贮运期间的机械损伤。

（二）适宜的贮藏方式

根据香蕉本身的生理特性，商业贮藏不宜采用常温贮藏方式。对未熟香蕉果实采用冷藏方式，可降低其呼吸强度，推迟呼吸高峰的出现，从而可延迟后熟过程而达到延长贮藏寿命的目的。多数情况下，选择的温度范围是11～16℃。贮藏库中即使只有微量的乙烯，也会使贮藏香蕉在短时间内黄熟，以致败坏。因此，适当的通风换气是香蕉冷藏作业中另一个关键措施。

利用聚乙烯薄膜贮藏亦可延长香蕉的贮藏期，但塑料袋中贮藏时间过长，可能会引起高浓度的CO_2伤害，同时乙烯的积累也会产生催熟作用，故一般塑料袋包装都要用乙烯吸收剂和CO_2吸收剂，贮藏效果更好。据报道，广东顺德香蕉采用聚乙烯袋包装（0.05mm，10kg/袋），并装入吸收饱和$KMnO_4$溶液的碎砖块200g，消石灰100g，于11～13℃下贮藏，贮藏30d后，袋内O_2为3.8%，CO_2为10.5%，果实贮藏寿命显著延长。

三、芹菜贮藏

芹菜喜冷凉湿润，较耐寒，可进行低温贮藏。蒸腾萎蔫是引起芹菜变质的主要原因之一，所以芹菜贮藏要求高湿环境。同时气调贮藏可以降低腐烂和褪绿。

（一）微冻贮藏

芹菜的微冻贮藏各地做法不同。山东潍坊地区的做法是在风障北侧修建地上冻藏窖，窖的四壁是用夹板填土打实而成的土墙，厚50～70cm，高1m。打墙时在南墙的中心每隔0.7～1m立一根直径约10cm粗的木杆，墙打成后拔出木杆，使南墙中央成一排垂直的通风筒，然后在每个通风筒的底部挖深和宽各约30cm的通风沟，穿过北墙在地面开进风口，这样每一个通风筒、通风沟和进风口联成一个通风系统。

在通风沟上铺两层秫秸，一层细土，把芹菜捆成5～10kg的捆，根向下斜放窖内，装满后在芹菜上盖一层细土，以菜叶似露非露为度。白天盖上草苫，夜晚取下，次晨再盖上。以后视气温变化，加盖覆土，总厚度不超过20cm。最低气温在－10℃以上时，可开放全部通风系统，－10℃以下时要堵死北墙外的进风口，使窖温处于－2～－1℃。

一般在芹菜上市前3～5d进行解冻。将芹菜从冻藏沟取出放在0～2℃的条件下缓慢解冻，使之恢复新鲜状态。也可以在出窖前5～6d拔去南侧的荫障改设为北风障，再在窖面上扣上塑料薄膜，将覆土化冻铲去，留最后一层薄土，使窖内芹菜缓慢解冻。

（二）假植贮藏

在我国北方各地，民间贮藏芹菜多用假植贮藏。一般假植沟宽约1.5m，长度不限，沟深1～1.2m，2/3在地下，1/3在地上，地上部用土打成围墙。芹菜带土连根铲下，以单株或成簇假植于沟内，然后灌水淹没根部，以后视土壤干湿情况可再灌水一二次。为便于沟内通风散热，每隔1m左右，在芹菜间横架一束秫秸把，或在沟帮两侧按一定距离挖直立通风道。芹菜入沟后用草帘覆盖，或在沟顶做成棚盖然后覆土，酌留通风口，以后随气温下降增厚覆盖物，堵塞通风道。这个贮藏期维持沟温在0℃或稍高，勿使受热或受冻。

（三）冷库贮藏

冷库贮藏芹菜，库温应控制在0℃左右，相对湿度控制为98%～100%。芹菜可装入有孔的聚乙烯膜衬垫的板条箱或纸箱内，也可以装入开口的塑料袋内。这些包装既可保持高湿，减少失水，又没有CO_2积累或缺氧的危险。

近年来我国哈尔滨、沈阳等地采用在冷库内将芹菜装入塑料袋中简易气调的方法贮藏芹菜，其方法是用0.8mm厚的聚乙烯薄膜制成100cm×75cm的袋子，每袋装10～15kg经挑选带短根的芹菜，扎紧口，分层摆在冷库的菜架上，库温控制在0～2℃。当自然降O_2使袋内O_2含量降到5%左右时，打开袋口通风换气，再扎紧。也可以松扎袋口，即扎口时先插直径15～20mm的圆棒，扎后拔除使扎口处留有孔隙，贮藏中则不需人工调气。这种方法可以将芹菜从10月贮藏到春节，商品率达85%以上。

四、蒜薹贮藏

蒜薹是大蒜的幼嫩花茎。采收后因新陈代谢旺盛，又值高温季节，故易脱水老化和腐烂。蒜薹的冰点是-1～-0.8℃，因此贮温控制在-1～0℃为宜。蒜薹贮藏的相对湿度要求95%左右，湿度低了易失水减重，过高则又易霉烂。蒜薹的贮藏温度在-0.5℃左右，温度稍有波动，湿度就会有很大的变化且易出现凝聚水容易造成腐烂。蒜薹贮藏适宜的气体组成为O_2 2%～5%、CO_2 5%左右，有时因产地的不同而有差异。

（一）气调贮藏

蒜薹虽可在0℃条件下贮3～4月，但成品的质量与商品率不理想。实践证明，在-1～0℃条件下蒜薹气调贮藏能达到8～10个月，商品率达85%～90%。目前，气调贮藏蒜薹是商业化贮藏的主要方法。通常有以下几种方法。

1. 薄膜小包装气调贮藏

本法是用自然降氧并结合人工调节袋内气体比例进行贮存。将蒜薹装入长100cm、宽75cm、厚0.08～0.1mm的聚乙烯袋内，每袋重15～25kg，扎住袋口，放在库的菜架上。按存放位置的不同，选定代表袋安上采气的气门芯以进行气体成分分析。每隔1～2d测定一次，如O_2含量已降到2%以下，应打开所有的袋换气，换气结束时袋内O_2恢复到18%～20%，残余的CO_2为1%～2%。换气的周期为10～15d，相隔时间太长，易引起CO_2伤害。温度高时换气的时间间隔短些。

2. 硅窗气调贮藏

此法最重要的是要计算好硅窗面积与袋内蒜薹质量之间的比例。由于品种、产地等因素的不同，蒜薹的呼吸强度有所差异，从而决定了气窗的规格不同。故用此法贮存时，预先用活动气窗进行试验，确定出气窗面积与袋内蒜薹数量之间的最佳比例。

3. 大帐气调贮藏

大帐采用0.1～0.2mm厚的聚乙烯塑料帐密封，采用快速降氧法或自然降氧法使帐内O_2控制在 2% ～5%，CO_2在 5% 以下。CO_2吸收通常用消石灰，蒜薹与消石灰之比为 40∶1。

（二）冷藏

将选好的蒜薹经过充分预冷后装入筐、板条箱等容器内，或直接在贮藏货架上堆码，然后将库温控制在 0℃左右。此法只能对蒜薹进行较短时期贮藏，贮期一般为 2～3 个月。

第六节　综合实验

一、水蜜桃冷藏

（一）实验目的

通过本实验项目了解水蜜桃的冷藏方法。

（二）材料设备

冷库，新鲜水蜜桃原料。选择 80% 左右成熟度、发育良好、无机械损伤的水蜜桃果实，以晚熟品种（8～9 月成熟）较为合适。

（三）操作步骤

1. 预冷

采摘后将新鲜果实放于塑料筐（其底部和内壁垫以牛皮纸防止机械损伤）中，并尽快将其放置于 20～25℃和 85% ～90% 相对湿度条件下预冷 6～8h。

2. 梯度降温

将预冷后的水蜜桃果实放置于冷库中，(10±1)℃和 85% ～90% 相对湿度条件下 6～8h，然后再调至（5±1)℃和 85% ～90% 湿度条件下 6～8h。

3. 冷藏

将冷库条件调至（0±1)℃和 85% ～90% 湿度条件冷藏水蜜桃果实。

4. 梯度升温

出库前一天，将冷库条件调至（5±1)℃和 85% ～90% 湿度条件 6～8h，再将冷库条件调至(10±1)℃和 85% ～90% 湿度条件 6～8h，最后出库。

二、果实硬度测定

（一）实验目的

硬度是许多果品和蔬菜品质的一个重要指标，也往往是成熟度的指标。大部分果蔬随着成熟，食用组织逐渐软化，硬度下降。通过本实践项目学习并掌握 GY－2 水果硬度计测定果蔬硬度的方法。

（二）材料设备

水果，GY－2 水果硬度计。

（三）操作步骤

1. 测量前

移动表盘，使驱动指针与表盘的第一条刻度线对齐（0.5）；将待测水果削去1cm^2左右的皮。

2. 测量时

用手握硬度计，使硬度计垂直于被测水果表面，压头均匀压入水果内，此时驱动指针开始旋转，当压头压到刻度线时（10mm）停止，指针指示的读数即为水果的硬度。取3次平均值。

3. 测量后

旋转回零旋钮，使指针复位到初始刻度线。

（四）数据记录

果实硬度是指水果单位面积（S）承受测力弹簧的压力（N），它们的比值定义为果实硬度（P）。

$$P = N/S \tag{3-1}$$

式中 P——被测水果硬度值，10^5Pa 或 kg/cm^2；

N——测力弹簧压在果实表面上的力，N 或 kg；

S——果实的受力面积，m^2或 cm^2。

三、可溶性固形物测定

（一）实验目的

通过本实验项目学习并掌握测定可溶性固形物的方法、理解测定原理。

可溶性固形物是指液体或流体食品中所有溶解于水的化合物的总称。包括糖、酸、维生素、矿物质等。在20℃用折光计测量待测样液的折射率，并用折射率与可溶性固形物含量的换算表查得或从折光计上直接读出可溶性固形物含量。现在测定仪器一般自动得出可溶性固形物含量，用百分比表示。

（二）材料设备

仪器：Pocket Refractometer PAL－1。

材料处理：将试样充分混匀，用四层纱布挤出滤液，弃去最初几滴，收集滤液供测试用。

（三）操作步骤

（1）将仪器平放于实验台上。

（2）用蒸馏水清洗样品孔，最后加入0.3mL 蒸馏水（满至金属孔的边缘），按“START”键。读数如果不是零，按“ZERO”键，此时读数为零，完成调零，可以测定样品；如果读数为零，可以免去调零直接测定。

（3）用移液枪加0.3mL 样品滤液于样品孔中，按“START”键测定并记录数据。

（4）用蒸馏水冲洗样品孔3次，再重复（3）操作步骤测定下一样品。

（5）测定结束，将仪器擦干，放入盒中。

四、电导率测定

（一）实验目的

细胞膜具有选择透性，调节和控制着多种物质进出细胞，这种透性与细胞膜本身的结构和组成具有极为密切的联系。各种逆境条件（如低温、损伤和盐碱等）都会影响细胞膜的结构和成分，从而引起细胞膜透性的改变。多数果蔬在成熟和软化过程中，细胞膜透性都表现出明显的提高。因此，检测细胞膜透性可以判断细胞膜结构和功能的完整性，也是判断细胞和组织生理状态的重要指标。

由于细胞质中含有大量的电解质，当细胞内部电解质通过细胞膜向外渗漏时，可引起浸提液电导率提高，这种电导率可以用下式来表示：

$$L = KC \tag{3-2}$$

式中，K 称为电极常数，是测定电导时两极片间的距离与极片的截面积之比（cm/cm^2）。因此电导率 L 的单位一般为 Ω/cm，mΩ/cm，μΩ/cm。植物材料的电导率一般用 μΩ/cm 表示。K 值因电极不同而各不相同，每个电极常数均需个别测定。测定某一电极的电极常数值的方法是用该电极测定已知电导率的标准 KCl 溶液，再根据式（3－1）计算电极常数 K 值。电极出厂前一般已测定了电极常数值。

式中的 C 为电导度，表示浸提液的导电能力，可由电导仪直接测得。

细胞膜的透性一般用相对电导率来表示：

$$EL(\%) = \frac{L_1}{L_0} \times 100 \tag{3-3}$$

式中 EL（electrolyte leakage）——在一定时间内，细胞内电解质渗出量占细胞内电解质总量的百分比；

L_1——测试材料的电导率；

L_0——测试材料经高温灭活以后的电导率。

因为，$L_1 = KC_1, L_0 = KC_0$，

所以，

$$EL(\%) = \frac{KC_1}{KC_0} \times 100 = \frac{C_1}{C_0} \times 100 \tag{3-4}$$

由式（3－4）可见，测定细胞膜透性或相对电导率时，并不需要计算电导率，而是直接测定电导度 C，就可得出结果。

通过本实验项目学习并掌握测定电导率的方法、理解测定原理。

（二）材料设备

DDS－Ⅱ型电导仪，抽气泵，打孔器，切片机，振荡器，蒸馏水或无离子水，烧杯，吸水纸，移液管，天平。

（三）操作步骤

1. 材料处理

用打孔器和切片机将样品切成大小和形状一致的圆片或圆柱，取一定数量或称取一定的质量，放入盛有 20mL 去离子水的烧杯中，振荡 1h 后，立即用电导仪测定浸提液的电导度 C_1，再将烧杯在电炉上加热煮沸 10min，杀死组织，待冷却后再测定提取液的电导度 C_0。

由于煮沸过程中会蒸发大量的水分，从而浓缩了浸提液，导致电导度提高，因此，沸煮结束以后应添加去离子水至原有体积。为了避免这个问题，也可以用可密封的耐蒸煮塑料管代替烧杯，测定电导度 C_1 以后，将浸提液连同塑料管放入冰箱冻结 24h 以上，然后用沸水浴融解，冷却后再测定浸提液的 C_0。

2. 电导率测定

（1）电极选择　与本仪器配套的电极有 DJS－1 光亮电极（或铂黑电极）、DJS－10 铂黑电极两种，一般情况下基本量程选用前一种，扩展量程选用后一种。本实验室选用 DJS－1 铂黑电极。

（2）常数调节　“校正，测量”旋钮置“校正”位置，调节常数旋钮使仪器示值与电极常数一致。对 DJS－1 型，若已知常数为 0.950 则调至示值为 0.950；对于 DJS－10 型若已知常数为 9.50 则调到 0.950，又若已知常数为 11 则调节至 1.100，依次类推。若电极常数为不知，则按照“电解常数测定”进行测定。

（3）设定量程　电极常数调整完毕后，将“校正，测量”旋钮置“测量”位置，将电极插入到电极插座，根据被测溶液的电导度选择量程。若被测溶液电导度为不知，则可先从 10mS 挡开始，当被测溶液电导度大于 10mS 时，应选用常数为 10 的电极，量程可选用 10mS 挡，读数 ×10 即可。

（4）测定　将电极用重蒸馏水冲洗干净，并用滤纸吸去附着的水分。放在需测组织提取液中，等指针稳定后，读出指针所指数值，此数值即为该浸提液的电导度。

（5）总电导率测定　按照上述方法测定组织圆片高温灭活之后的电导率。组织灭活方法一般是加热煮沸 5min，冷却后测定煮沸液的电导率。

（四）结果与分析

按式（3－4）计算组织浸提液的相对电导率，以此作为组织中细胞膜的透性。整个电导测定过程中，应注意在恒温下进行，因为温度不仅影响细胞内离子的内外渗透速度，而且影响提取液的电导率，一般每增加 1℃，电导率约增加 2%。

[推荐书目]

1. 赵丽芹，张子德. 园艺产品贮藏加工学. 第 2 版. 北京：中国轻工业出版社，2011.

2. 罗云波，生吉萍. 园艺产品贮藏加工学（贮藏篇）. 第 2 版. 北京：中国农业大学出版社，2010.

3. 秦文. 园艺产品贮藏加工学. 北京：科学出版社，2012.

4. 潘静娴. 园艺产品贮藏加工学. 北京：中国农业大学出版社，2007.

思考题

1. 自然降温贮藏的原理是什么？有哪些常用的贮藏方式？

2. 人工降温贮藏的原理是什么？

3. 气调贮藏的原理是什么？

4. 苹果双变气调贮藏的原理和操作是什么？

5. 1－甲基环丙烯（1－MCP）处理的原理是什么？

CHAPTER 4

第四章 果蔬干制加工

[知识目标]

1. 掌握果蔬干制加工的基本原理。
2. 掌握果蔬干制加工中干燥速度和温度的变化，影响干燥速度的因素。
3. 理解干制加工中原料的变化对干制品质量的影响。
4. 掌握果蔬干制工艺及干制品处理。
5. 掌握各种干燥方法及设备的优缺点及选用原则。

[能力目标]

能够根据果蔬原料的性质加工果蔬干制品，并对加工过程中出现的问题进行分析和控制。

第一节 果蔬干制原理与技术

干制是指在自然或人工控制条件下促使产品中水分蒸发的工艺过程。一般来说，干制是干燥和脱水的统称。干燥是指利用自然界的能量（如采用晒干、风干等方式）除去果蔬的水分，也称之为自然干燥。脱水是在人工控制条件下（如采用烘房烘干、热空气干燥、真空干燥等方式）除去果蔬中的水分，也称之为人工干燥。干制品不仅应达到耐藏的要求，而且要求复水后基本能恢复原状。

干制在我国历史悠久，古代人们利用日晒进行自然干制，大大延长了制品的保藏期限。随着社会的进步、科技的发展，人工干制技术也有了较大的发展，从技术、设备、工艺上都日趋完善。但自然干制在某些产品上仍有用武之地，特别是我国地域广，经济发展不平衡，因而自然干制在近期仍占重要地位。如在新疆，由于气候干燥，葡萄干的生产采用自然干制法，不仅质量好，而且成本低。

果蔬干制是一种既经济又大众化的加工方法，其优点是：干制设备可简可繁，简易的生产技术容易掌握，可就地取材，当地加工，生产成本比较低廉；干制成品体积小，质量轻，携带方便，较易运输贮藏；可以调节果蔬生产的淡旺季，有利于解决果蔬周年供应问题。红枣、柿饼、葡萄干、荔枝干、龙眼干、金针菜等都是我国传统的干制品。随着干制技术的提高，干制品的营养更接近鲜果和蔬菜，因此这一加工方法具有很大的发展潜力。

一、干制机理

果蔬产品的腐败多数是由微生物繁殖的结果。微生物在生长和繁殖过程中离不开水和营养物质。果蔬既含有大量的水分，又富有营养，是微生物良好的培养基，特别是果蔬受伤、衰老时，微生物大量繁殖，造成果蔬腐烂。另外果蔬本身就是一个生命体，不断地进行新陈代谢作用，营养物质被逐渐消耗，最终失去食用价值。

果蔬干制是借助于热力作用，将果蔬中的水分减少到一定限度，使制品中的可溶性物质提高到不适于微生物生长的程度。与此同时，由于水分下降，酶活力也受到抑制，这样制品就可得到较长时间的保存。

（一）果蔬中水分存在的状态

新鲜果蔬中含有大量的水分，一般果品含水量为70%～90%，蔬菜为75%～95%。果蔬中的水分按存在状态可分为三种。

1. 游离水

以游离状态存在于果蔬组织中，又称为自由水或机械结合水。果蔬中的水分，绝大多数都是以游离水的形态存在。游离水能作为溶剂溶解很多物质如糖、酸等，而且容易结冰，因此，游离水容易被微生物活动所利用，并且果蔬组织内的许多生理过程及酶促生化反应都是在以这种水为介质的环境中进行的，故也被称为有效水分。游离水流动性大，能借助毛细管和渗透作用，依据组织内外的水气压差，向外或向内移动，所以干制时容易蒸发排除。

2. 胶体结合水

也称束缚水或物理化学结合水。胶体结合水被吸附于果蔬组织内亲水胶体的表面，可与组织中的糖类、蛋白质等亲水官能团形成氢键，或与某些离子官能团产生静电引力而发生水合作用。因此胶体结合水与游离水不同，它不具备溶剂性质，在低温下不易结冰，甚至在－75℃也不结冰。其相对密度为1.028～1.450，热容量为0.7，比游离水小。胶体结合水不易被微生物和酶活动利用，干燥时，当游离水蒸发完之后，在高温下才能排除一部分。

3. 化合水

也称化学结合水。它是与原料组织中的某些化学物质呈化学状态结合的水，性质极稳定，一般不能因干燥作用而排除。

（二）水分活度

水分活度并不是食品的绝对水分，常用于衡量微生物忍受干燥程度的能力。水分活度可用以估量被微生物、酶和化学反应触及的有效水分。因此，了解水分活度值，可以为确定加工工艺参数提供一定的理论依据。

水分活度是指溶液中水的逸度与纯水逸度之比，可近似地表示为溶液中水分的蒸汽压与同温度下纯水的蒸汽压之比，其计算公式如下：

$$A_w = \frac{P}{P_0} = \frac{ERH}{100} \quad (4-1)$$

式中　A_w——水分活度；

P——溶液或食品中的水蒸气分压；

P_0——纯水的蒸汽压；

ERH——平衡相对湿度，即物料达到平衡水分时的大气相对湿度。

各种产品有一定的 A_w 值，各种微生物的活动和各种化学反应与生物化学反应也都有一定的 A_w 阈值（表4－1）。减小水分活度时，首先是抑制腐败性细菌，其次是酵母菌，然后才是霉菌。对于微生物、化学反应与生物化学反应的需 A_w 条件的了解使人们有可能预测食品的耐藏性。新鲜产品水分活度很高，降低水分活度，可以提高产品的稳定性，减少腐败变质。

表4－1　一般微生物生长繁殖的最低 A_w 值

微生物种类	生长繁殖最低 A_w 值
革兰阴性杆菌、一部分细菌的孢子和某些酵母菌	0.95～1.00
大多数球菌、乳杆菌、杆菌科的营养细胞、某些真菌	0.91～0.95
大多数酵母菌	0.87～0.91
大多数真菌、金黄色葡萄球菌	0.80～0.87
大多数耐盐细菌	0.75～0.80
耐干燥真菌	0.65～0.75
耐高渗透压酵母菌	0.60～0.65
任何微生物都不能生长	<0.60

需要着重指出，即使同样含水量的产品，在贮藏期间的稳定性也是因种类而异的。这是因为食品的成分和质构状态不同，水分的束缚度不同，因而 A_w 值也不同之故。表4－2所示为一组 A_w 相同产品的含水量，由此可见，A_w 值对估价食品耐藏性的重要性。

表4－2　A_w＝0.7时若干食物的含水量　单位：g水/g干物质

食物名称	含水量	食物名称	含水量	食物名称	含水量
凤梨	0.28	干淀粉	0.13	聚甘氨酸	0.13
苹果	0.34	干马铃薯	0.15	卵白	0.15
香蕉	0.25	大豆	0.10	鳕鱼肉	0.21
糊精	0.14	燕麦片	0.13	鸡肉	0.18

果蔬干制过程并不是单一杀菌过程，而是随着水分活度的下降，微生物慢慢进入休眠状态的过程。换句话说，干制并非无菌，在一定环境中吸湿后，微生物仍能恢复，引起制品变质。因此，干制品要长期保存，还要进行必要的包装。

引起干制品变质的原因除微生物外，还有酶。酶的活力也与水分活度有关，水分活度降低，酶的活力也降低。果蔬干制时，酶和底物两者的浓度同时增加，使得酶的生化反应速率变得较为复杂。只有当干制品的水分降到1%以下时，酶的活力才算消失。但实际干制品的水分不可能降到1%以下。因此，在干制前，需进行热烫处理以钝化果蔬中的酶类。

（三）水分的扩散作用

果蔬干制加工就是要脱除其所含的水分，水分的蒸发脱除需要能量，并且需要一种吸收水分的物质，因此，将在果蔬脱水时能够带走水分、传递能量的物质称为干燥介质。果蔬干制时的干燥介质有空气、过热蒸汽、惰性气体等，在生产中最常用的是空气。

在干燥过程中，果蔬中的水分按能否被除去分为平衡水分和自由水分。在一定温度和湿度的干燥介质中，物料经过一段时间的干燥后，其水分含量将稳定在一定数值，并不会因干燥时间延长而发生变化。这时，果蔬组织所含的水分为该干燥介质条件下的平衡水分或平衡湿度。这一平衡水分就是物料在这一干燥介质条件下可以干燥的极限。在干燥过程中被除去的水分，是果蔬产品所含的大于平衡水分的部分，这部分水分称为自由水分。自由水分主要是原料中的游离水，也有很少一部分胶体结合水。

果蔬在干制过程中，水分的蒸发主要依赖两种作用，即水分外扩散作用和内扩散作用。在干制初期，首先是原料表面的水分吸热变为蒸汽而大量蒸发，在干燥过程中称为水分的外扩散（表面汽化）。它取决于干制原料的表面积、介质流速、介质的温度和相对湿度。表面积越大，介质流速越快，介质温度越高以及相对湿度越小，则水分的外扩散速度越快。水分蒸发至50%～60%后，表面水分低于内部水分，造成原料表面水分与内部水分之间出现水蒸气分压差，水分由内部向表面转移，称为水分的内扩散。水分的内扩散作用是借助于内外层的湿度梯度，使水分由含水分高的部位向含水分低的部位转移。湿度梯度越大，水分内扩散的速度就越快。

影响水分内扩散速度的因素还有温度梯度。在干制过程中，有时采取升温、降温、再升温的方式，使原料内部的温度高于表面的温度，形成温度梯度，这时水分会借助温度梯度沿热流方向移动，也称为水分的热扩散。

干燥过程中水分的表面汽化和内部扩散是同时进行的，二者的速度随果蔬种类、品种、原料的状态及干燥介质的不同而有差别。一些含糖量高、块形大的果蔬如枣、柿等，其内部水分扩散速度较表面汽化速度慢，这时内部水分扩散速度对整个干制过程起控制作用，称为内部扩散控制。这类果蔬干燥时，为了加快干燥速度，必须设法加快内部水分扩散速度，而决不能单纯提高干燥温度、降低相对湿度，特别是干燥初期，否则表面汽化速度过快，内外水分扩散的毛细管断裂，使表面过干而结壳（称为硬壳现象），阻碍了水分的继续蒸发，反而延长了干燥时间。此时，由于内部含水量高，蒸汽压力高，当这种压力超过果蔬所能忍受的压力时，就会使组织被压破，出现开裂现象，使制品品质降低。对一些含糖量低、切成薄片的果蔬产品如萝卜片、黄花菜等，其内部水分扩散速度较表面水分汽化速度快，水分在表面的汽化速度对整个干制过程起控制作用，称为表面汽化控制。这种果蔬内部水分扩散一般较快，只要提高环境温度，降低湿度，就能加快干制速度。因此，干制时必须使水分的表面汽化和内部扩散相互衔接，配合适当，才是缩短干燥时间、提高干制品质量的关键。

二、果蔬干燥速度和温度的变化

图4－1所示为干燥速度和干燥时间的关系，果蔬进入干燥初期所蒸发出来的必然是游离水，此时，果蔬表面的蒸汽压几乎和纯水的蒸汽压相等，而且在这部分水分未完全蒸发掉以前，此蒸汽压也必然保持不变，并在一定的情况下会出现干燥速度不变的现象，即恒速干燥阶段。只要外界干燥条件恒定，此时的干燥速度就保持不变。

当恒速干燥过程进行到全部游离水汽化完毕后，余下的水分为结合水时，水分的蒸汽压随水分结合力的增加而不断降低，这样，在一定的干燥条件下，干燥速度就会下降，即降速干燥阶段。实际上，结合水和游离水并没有绝对明显的界限，因此，干燥两个阶段的划分也没有明显的界限。

图4－2所示为果蔬干燥时的温度、绝对水分含量与干燥时间的关系。开始干燥时，果蔬吸收干燥介质的热量而使品温升高。当果蔬品温超过水分蒸发需要的温度时，水分开始蒸发，此时蒸发的水主要是游离水，由于干燥速度是恒定的，所以单位时间供给汽化所需的热量也应一定，使果蔬表面温度亦保持恒定，为湿球温度。而果蔬的湿度则有规律地下降，到达*C*点，干制的第一阶段结束，开始汽化胶体结合水。这时，果蔬表面水分的蒸汽压在不断下降，其湿度降低，干燥速度也相应降低，汽化所需的热量愈来愈高，导致果蔬表面温度提高，出现了*CD*段温度和湿度的变化。当原料表面和内部水分达到平衡状态时，原料的温度与干球温度相等，水分的蒸发作用停止，干燥过程结束。

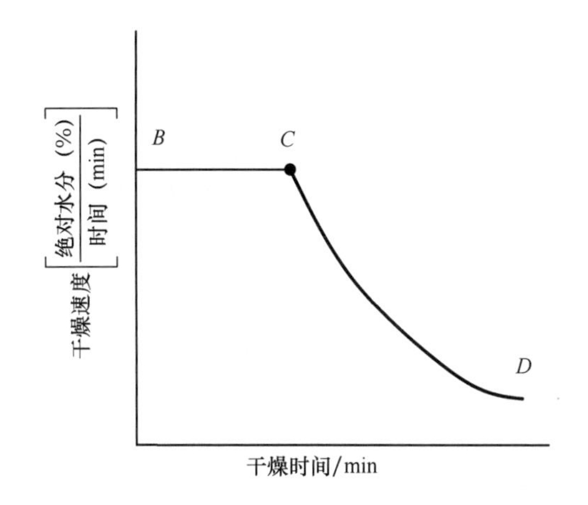

图4－1　干燥速度曲线

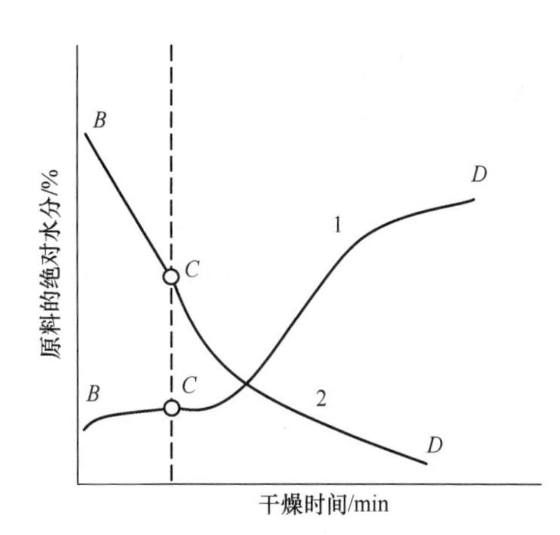

图4－2　果蔬干燥时温度和湿度变化曲线
1—原料温度　2—原料湿度

三、影响干燥速度的因素

干燥速度的快慢对于成品品质起决定性的作用。一般来说，干燥越快，制品的质量愈好。干燥的速度常受许多因素的影响，其主要因素如下。

（一）干燥介质的温度

果蔬干制时常用空气作为干燥介质。在一定水蒸气含量的空气中，温度越高，达到饱和所需要的水蒸气越多，水分蒸发越容易，干燥速度就越快。相反，温度越低，干燥速度也越慢。

干制过程中，初期温度较高，易使果蔬组织内汁液迅速膨胀，细胞壁破裂，内容物流失。初期如果采用高温低湿条件，容易造成硬壳现象。此外，温度过高会加快果蔬中糖分和其他营养成分的损失或致焦化，影响制品外观和风味。相反，干燥温度过低，使干燥时间延长，产品容易氧化变色甚至霉变。因此，干燥时应选择适合的干燥温度。

（二）干燥介质的湿度

空气的相对湿度越高，制品的干燥速度越慢，反之，相对湿度越低，干燥速度越快。因为相对湿度与空气饱和差有关。在温度不变的情况下，相对湿度越低，空气的饱和差越大，如表4－3所示。所以降低空气的相对湿度能加快干燥过程。

表4－3　温度为10℃时不同相对湿度的饱和差

空气相对湿度/%	饱和差/Pa	与相对湿度90%时饱和差相比/%
100	0	0
90	122.788	100
80	245.575	200
70	368.363	300
60	491.151	400
50	613.938	500

在干制过程中，可采取升高温度和降低相对湿度的措施，这样使原料与外界水蒸气分压差增大，水分蒸发容易，干燥速度加快，成品含水量相应降低。这种现象在干制后期表现更为明显。如红枣在干燥后期，分别在60℃的两个烘房中进行干制，一个烘房的相对湿度为65%，干制后红枣的含水量为47.2%；另一个烘房的相对湿度为56%，干制后其含水量为34.1%。

（三）空气流动速度

空气流动速度越大，干制速度越快。原因在于原料附近的饱和水汽不断地被带走，而补充未饱和的新空气，从而加速蒸发过程。同时还促使干燥介质所携带的热量迅速传递给原料，以维持水分蒸发所需的温度。因此，有风晾晒比无风干燥得快；鼓风干制机比一般干燥设备干燥速度快得多。在选用干燥设备及建造烤房时，应注意通风设施的配备。但空气流速不能过快，过快会造成热能与动力的浪费，前期风速过快还易出现表面结壳现象。

（四）物料的种类和状态

原料种类不同，由于所含各种化学成分的保水力不同，组织和细胞结构性的差异，在同样的干燥条件下，干燥速度各不相同。一般来说，可溶性固形物含量高、组织紧密的产品，干燥速度慢。反之，干燥速度快。叶菜类由于具有很大的表面积（蒸发面），因此比根菜类或块茎类易干燥。果蔬表皮有保护作用，能阻止水分蒸发，特别是果皮致密而厚，且表面包被有蜡质，会影响干燥速度。

果蔬干制前预处理如去皮、切分、热烫、浸碱、熏硫等，对干制过程均有促进作用。去皮使果蔬原料失去表皮的保护，有利于水分蒸发。原料切分后，比表面积（表面积与体积之比）

增大，水分蒸发速度也增大，切分越小，干燥速度越快。热烫和熏硫，均能改变细胞壁的透性，降低细胞的持水力，使水分容易移动和蒸发。如热烫处理的桃、杏、梨等干燥所需要的时间比不进行热烫处理的缩短30% ~40% 。果面包有蜡质的果品，干制前需碱液处理除去蜡质，就可使干燥速度显著提高。如经浸碱处理的葡萄，完成全部干燥过程只需12 ~15d，而未经浸碱处理的则需22 ~23d。

（五）原料装载量

烤盘单位面积上装载原料的数量，对干燥速度影响很大。装载量越多，厚度越大，不利于空气流动，使水分蒸发困难，干燥速度减慢。干制过程可以灵活掌握原料的装载量。如干制初期产品要放薄一些，后期可稍厚些；自然气流干燥的宜薄，用鼓风干燥的可厚些。

（六）大气压力或真空度

大气压力为101. 3kPa时，水的沸点为100℃。若大气压下降，则水的沸点也下降。若温度不变，气压降低，则水的沸腾加剧。因而，在真空室内加热干制时，就可以在较低的温度下进行。如采取与正常大气压下相同的加热温度，则将加速食品的水分蒸发，还能使干制品具有疏松的结构。对热敏性食品采用低温真空干燥，可保证其产品具有良好的品质。

四、 原料在干制过程中的变化

（一）体积减小、质量减轻

体积减小、质量减轻是果蔬干制后最明显的变化。一般干制后的体积为鲜原料的20% ~35% ，质量为鲜重的6% ~20% 。产品质量的减轻主要是由于原料中水分蒸发而引起的，其次是少量易挥发的有机物散失。体积和质量的变化，使得运输方便、携带容易。

（二）干缩现象

有充分弹性的细胞组织均匀而缓慢地失水时，就会产生均匀收缩，使产品保持较好的外观。这种匀速收缩在脱水处理的食物中是难以见到的，因为果蔬物料常常并不呈极好的弹性，而且在干燥时整个食物体系的水分散失也不是均匀的。不同的果蔬物料在脱水过程中表现出不同的收缩方式。并且当用高温干燥或用热烫方法使细胞失去活力之后，细胞壁失去部分弹性，干燥时会产生永久变形，且易出现干裂和破碎等现象。另外，在干制品块片不同部位上所产生的不相等收缩，又往往造成奇形怪状的翘曲，进而影响产品的外观。

（三）表面硬化现象

干燥时，如果物料表面温度很高，而且干燥不均衡，就会在物料内部的绝大部分水分还来不及迁移到表面时，表面已快速形成了一层硬壳，即发生了表面硬化。产品表面硬壳产生以后，水分移动的毛细管断裂，水分移动受阻，大部分水分封闭在产品内部，形成外干内湿的现象，致使干制速度急剧下降，进一步干制发生困难。

有两种原因造成表面硬化（也称为硬壳）。其一是由于产品表面水分的汽化速度过快，而内部水分扩散速度慢，不能及时移动到产品表面，从而使表面迅速形成一层干硬壳的现象。其二是产品干制时，产品内部的溶质分子随水分不断向表面迁移，积累在表面上形成结晶，从而造成硬壳。第一种表面硬壳现象与干燥条件有关，是人为可控制的。第二种表面硬壳现象常见于可溶性固形物含量较高的水果和某些腌制品。实际上，许多产品干制时出现的表面硬化现象是上述两种原因同时发生作用的结果。

如要获得好的干燥结果，必须控制好干燥条件，干制初期温度可高一些，以促进内部水分较快扩散和再分配；同时，提高空气的相对湿度，使产品表面的水分汽化速度不致太快。这样可在一定程度上控制溶质分子迁移造成的硬壳现象。

（四）多孔性的形成

产品内部不同部位水分含量的显著差异造成了干燥过程中收缩应力的不同。一块容易收缩的产品，如果干燥很慢，它的中央部位决不会比表面潮湿很多，产品内部应力小，产品就整块地向致密的核心收缩。相反，如果干燥得很快，那么表面要比中心干得多，且受到相当大的张力，产生几乎就是原来块片尺寸的永久变形。这样，当内部最后干燥收缩时，内部的应力将使组织脱开，干燥产品内就出现大量的裂缝和孔隙，常称为蜂窝状结构。例如，快速干制的马铃薯丁有轻度内凹的干硬表面，而内部有较多的裂缝和孔隙；缓慢干制的马铃薯丁则没有这种现象。

（五）色泽的变化

1. 色素物质的变化

果蔬中所含的色素，主要是叶绿素、胡萝卜素、叶黄素、花青素等。普通绿叶中含有叶绿素0.28%，绿色果蔬在加工处理时，由于与叶绿素共存的蛋白质受热凝固，使叶绿素游离于植物体中，并处于酸性条件下，这样就加速了叶绿素变为脱镁叶绿素，从而使其失去鲜绿色而形成褐色。将绿色原料在干制前用60～75℃热水烫漂，可保持其鲜绿色。烫漂用水最好选用微碱性，以减少脱镁叶绿素的形成，保持原料的鲜绿色。叶绿素在低温和干燥条件下也比较稳定。因此，低温贮藏和脱水干燥的产品都能较好地保持其鲜绿色。花青素在长时间高温处理下也会发生变化，如茄子的果皮紫色是一种花青苷，经氧化后则变成褐色；与铁、铝等离子结合后，可形成稳定的青紫色络合物；硫处理会促使花青素褪色而漂白；花青素在不同的pH中会表现不同颜色；花青素为水溶性色素，在洗涤、预煮过程中会大量流失。

2. 褐变

根据褐变发生的原因可将其分为酶促褐变和非酶褐变。

（1）酶促褐变　在氧化酶和过氧化物酶的作用下，原料中的酚类物质（单宁、儿茶酚、绿原酸等）、酪氨酸等成分氧化而产生褐色物质的变化。如苹果、香蕉、马铃薯等在去皮、切分、破碎时所发生的褐变。酚类物质在氧化酶的催化下与空气中的氧气反应生成醌，再聚合生成黑色物质。因此要防止褐变，就应从底物（如单宁）、酶（氧化酶和过氧化物酶）活力以及O_2等方面考虑。如果控制其中之一，即可抑制酶促褐变。单宁是果蔬褐变的基质之一，其含量因原料的种类、品种及成熟度不同而异。就果实而言，一般未成熟的果实，单宁含量远多于同品种的成熟果实。因此，在干制时，应选择含单宁少而成熟度高的原料。在干制物料处理时，可用热烫方法或SO_2处理来钝化氧化酶的活力；还可采用抗氧化剂消耗物料中的氧气，抑制酶促褐变的发生。

此外，原料中还含有蛋白质，组成蛋白质的氨基酸，尤其是酪氨酸在酪氨酸酶的催化下会产生黑色素，使产品变黑，如马铃薯变黑。

（2）非酶褐变　凡没有酶参与所发生的褐变均可称为非酶褐变。在果蔬干制和干制品贮存时都可能发生这种褐变。非酶褐变的原因之一，是原料中的氨基酸游离基和糖的羰基作用生成复杂的配合物。氨基酸可与含有羰基的化合物，如各种醛类和还原糖起反应，使氨基酸和还原糖分解，分别形成相应的醛、氨、CO_2和羟基呋喃甲醛，其中，羟基呋喃甲醛很容易与氨基酸及蛋白质化合生成黑蛋白素。这种变色的快慢程度取决于氨基酸的含量与种类、糖的种类以及温度条件。

黑蛋白素的形成与氨基酸含量的多少成正相关，即氨基酸含量越高，则黑蛋白素形成越多，颜色也越深；反之颜色越浅。例如，富含氨基酸的葡萄汁（0.14%）比氨基酸含量少的苹果汁（0.034%）变色迅速而且强烈。氨基酸中以半胱氨酸、赖氨酸及苏氨酸等与糖的反应较强。

参与黑蛋白素形成的糖类只有还原糖，即具有醛基的糖。据研究，不同的还原糖对褐变影响不同，其大小顺序：五碳糖约为六碳糖的10倍；五碳糖的顺序为核糖、木糖、阿拉伯糖；六碳糖中半乳糖影响最大，鼠李糖最小。双糖和多糖一般不发生褐变或是褐变极为缓慢，需在相当高的温度下才起反应。

黑蛋白素形成与温度关系极大，提高温度能使氨基酸和糖形成黑蛋白素的反应加强。据实验，非酶褐变的温度系数很高，温度上升10℃，褐变率增加5~7倍。因此，低温贮藏干制品是控制非酶褐变的有效方法。

另外金属也能引起果蔬制品的变色。如单宁与Fe变成黑色，单宁与Sn长时间加热变成玫瑰色；单宁与碱作用容易变黑；黄酮类色素和花青素与金属作用发生变色；加工过程中蛋白质的分解产生H_2S，与Fe和Cu作用，生成黑色的Fe_2S_3或CuS。

3. 透明度的改变

优质的干制品，宜保持半透明状态（所谓“发亮”）。透明度决定于果蔬组织细胞间隙存在的空气，空气存在越多，制品愈不透明；相反，空气越少则愈透明。因此，排除组织内及细胞间的空气，既可改善外观，又能减少氧化，增强制品的保藏性。如原料干制前进行热处理（热烫），一方面可钝化酶的活力，另一方面可排除组织中的空气，改善外观。

（六）营养成分的变化

果蔬中的主要营养成分如糖类、维生素、矿物质、蛋白质等，在果蔬干制时，会发生不同程度的变化。一般情况下，糖分和维生素损失较多，矿物质和蛋白质则较稳定。

1. 糖分的变化

糖普遍存在于果蔬中，是其甜味的来源。它的变化直接影响到果蔬干制品的质量。果蔬中含果糖和葡萄糖均不稳定，易氧化分解。因此，自然干制的果蔬，因干燥缓慢，酶活性不能很快被抑制，呼吸作用仍要进行一段时间，从而要稍耗一部分糖分和其他有机物质。干制时间越长，糖分损失越多，干制品的品质越差，质量也相应降低。人工干制果蔬，能很快地抑制酶的活力和呼吸作用，干制时间又短，可减少糖分的损失，但较高的干燥温度对糖分也有很大影响。一般来说，糖分损失随温度的升高和时间的延长而增加，温度过高时糖分焦化，颜色加深，味道变差。

2. 维生素的变化

果蔬中含有多种维生素，其中以维生素C氧化破坏最快。维生素C的破坏程度除与干制环境中的O_2含量和温度有关外，还与抗坏血酸酶的活力和含量密切相关。氧化与高温共同影响，常可能使维生素C全部被破坏，但在缺O_2加热的条件下，则可以使维生素免遭破坏。此外，阳光照射和碱性环境中也易使维生素C遭到破坏，但在酸性溶液或者在浓度较高的糖溶液中则较稳定。因此，干制时对原料的处理方法不同，维生素C的保存率也不相同。

另外，其他维生素在干制时也有不同程度的破坏。如维生素 B_1（硫胺素）对热敏感，维生素 B_7（核黄素）对光敏感；胡萝卜素也会因氧化而遭受损失，未经酶钝化处理的蔬菜在干制时胡萝卜素损耗量高达80%，如果脱水方法选择适当，可下降到5%。

（七）风味物质的变化

果蔬干制时，常常由于高温加热使其挥发性芳香物质损失较多，从而使得干制品食用时芳香气味不足。

五、干制原料的选择

选择适合于干制的原料，能保证干制品质量、提高出品率，降低生产成本。干制时对果品原料的要求是：干物质含量高，风味色泽好，肉质致密，果心小，果皮薄，肉质厚，粗纤维少，成熟度适宜。对蔬菜原料的要求是：干物质含量高，风味好，菜心及粗叶等废弃部分少，皮薄肉厚，组织致密，粗纤维少。

对蔬菜来说，大部分蔬菜均可干制，但黄瓜、莴笋干制后失去其柔嫩松脆的质地，也失去食用价值；石刁柏干制后，质地粗糙，组织坚硬，不堪食用。

六、干制工艺

（一）工艺流程

不同产品的干制工艺不完全相同，但其基本工艺可归纳如下：

原料→挑选、整理→清洗→切分→烫漂（硫处理）→甩干→装盘→干燥→干制品

（二）操作要点

人工干制要求在较短的时间内，采取适当的温度，通过通风排湿等操作管理，获得较高质量的产品。要达到这一目的，就要依物料自身的特性，采用恰当的干燥工艺技术。干制时尤其要注意采取适当的升温方式、排湿方法和物料的翻动，以保证物料干燥快速、高效和优质。

1. 升温

升温有以下三种方式。

（1）在干制期间，干燥初期为低温（55～60℃）；中期为高温（70～75℃）；后期为低温，温度逐步降至50℃左右，直到干燥结束。这种升温方式适宜于可溶性固形物含量高的物料，或不切分的整果干制的红枣、柿饼。操作较易掌握，能量耗费少，生产成本较低，干制质量较好。例如，红枣采用这种升温方式干燥时，要求在6～8h内温度平稳上升至55～60℃，持续8～10h，然后温度升至68～70℃，持续6h左右，之后温度再逐步降至50℃，干燥大约需要24h。

（2）在干制初期快速升高温度，最高可达95～100℃。物料进入干燥室后，吸收大量的热能，温度可降低30℃左右。继续加热，使干燥室内温度升到70℃左右，维持一段时间后，视产品干燥状态，逐步降温至干燥结束。此法适宜于可溶性固形物含量较低的物料，或切成薄片、细丝的果蔬，如苹果、杏、黄花菜、辣椒、萝卜丝等。用这种方法干燥食品，干燥时间短，产品质量好，但技术较难掌握，能量耗费多，生产成本较大。据实验，采用这种升温方式干制黄花菜，先将干燥室升温至90～95℃，送入黄花菜，温度会降至50～60℃，然后加热使温度升至70～75℃，维持14～15h，然后逐步降温至干燥结束，干制时间需16～20h。

（3）升温方式介于以上两者之间。即在整个干制期间，温度在55～60℃的恒定状态，直至

干燥临近结束时再逐步降温。此法操作技术容易掌握，成品质量好。只是因为在干燥过程中较长一段时间要维持比较均衡的温度，耗能比第一种高，生产成本也相应高一些。这种升温适宜于大多数果蔬的干制加工。

2. 通风排湿

由于物料干制过程中水分的大量蒸发，使得干燥室内的相对湿度急剧升高，甚至会达到饱和程度。因此，在果蔬干制过程中应十分注意通风排湿工作，否则会延长干制时间，降低干制品质量。

一般而言，当干燥室内的相对湿度达 70% 以上时，就应进行通风排湿操作。通风排湿的方法和时间要根据加工设备的性能、室内相对湿度的大小以及室外空气流动的强弱来定。例如，用烤房干制时，烤房内相对湿度高、外界风力较小时，可将进气口、排气口同时打开，排湿时间长；反之，如果烤房内相对湿度稍高，外界风力较大时，则将进气口、排气口交替开放，通风排湿时间短。一般每次通风排湿时间以 10 ~ 15min 为宜。时间过短，排湿不够，影响干燥速度和产品质量；时间过长，会使室内温度下降过多，加大能耗。

在进行通风排湿时，一般还应掌握在干制前期相对湿度应适当高些，这样一方面有利于传热，另一方面可以避免物料因水分蒸发过快出现表面“结壳”现象；但在干制的后期，相对湿度应低一些，这样可促使水分蒸发，使干制品的含水量符合质量要求。

3. 倒盘及物料翻动

在干制时，由于烤盘位于干燥室中的位置不同，往往会使其受热程度不同，使物料干燥不均匀。因此，为了使成品的干燥程度一致，尽可能避免干湿不均，需进行倒盘的工作。在倒盘的同时应抖动烤盘，使物料在盘内翻动，或手工翻动物料，这样可促使物料受热均匀，干燥程度一致。

七、 干制方法与设备

果蔬干制的方法有多种形式。应该根据干制原料的种类、对干制品品质的要求及加工企业自身的经济条件情况来合理选择干制方法和设备。干制的方法，因干燥时所使用的热量来源不同，分为自然干制和人工干制。

（一）自然干制

自然干制方法可分为两种：一种是原料直接接受阳光暴晒的，称为晒干或日光干制；另一种是原料在通风良好的室内、棚下以热风吹干的，称为阴干或晾干。

晒制的方法是选择空旷、通风、向阳、干燥之处，将果蔬直接铺于地上或苇席或晒盘上直接暴晒。夜间或下雨时，堆集一处，并盖上苇席，次日再晒，直到晒干为止。

阴干或晾干是主要采用干燥空气使果蔬产品脱水的方法。我国西北，特别是新疆吐鲁番一带干制葡萄常采用此法。在葡萄收获季节，这一带气候炎热干燥，将葡萄整串挂在用土坯筑成的多孔干燥室内，借助于热风作用将葡萄吹干。

自然干制方法简便，设备简单。但自然干制受气候条件影响大，如在干制季节，阴雨连绵，会延长干制时间，降低制品质量，甚至会霉烂变质。

自然干燥要注意防鸟兽，保证卫生条件，经常翻动产品以加速干燥，当果蔬大部分水分已除去，应做短期堆积使之回软后再晒，这样才会使产品干燥得比较彻底。

（二）人工干制

人工干制是人为控制干燥环境和干燥过程而进行干燥的方法。和自然干制相比，人工干制可大大缩短干燥时间，并获得高质量的干制产品。但人工干制设备和安装费用高，操作技术比较复杂，成本较高。但是，人工干制具有自然干制无可比拟的优越性。随着人们生活水平的不断提高，对于制品的质量要求也越来越高，现代化的干燥设备和干燥技术在干制加工中被广泛应用。

人工干制设备应具有良好的加热装置及保温设备，以保证干制时所需的较高和均匀的温度，使水分吸收热能而汽化，成为水蒸气；具有良好的通风设备，及时地排除原料蒸发的水分；具有良好的卫生和劳动条件，避免产品污染，便于操作管理。选择人工干制设备时应根据具体情况，采用易于推广的形式，土洋结合，以提高生产效率，降低生产成本，保证生产安全。

1. 烘灶

烘灶是人工干制最简单的设备，其形式多种多样，有的地面彻灶，有的地下掘坑。干制时，在灶或灶底生火，上方架木檩、铺席箔，原料摊在席箔上干燥。由于烘灶设备简单，投资少，成本低，各地采用比较普遍。但这种干制设备一般生产能力比较低，干燥速度慢，产品质量差，往往带有烟熏味，劳动强度大。

2. 烘房

烘房与烘灶相比，生产能力大力提高，适宜于大量生产，其干燥速度快，制品质量好，设备简单，造价不高，可就地取材。烘房属烟道气加热或蒸汽加热的热空气对流式干燥设备。一般为长方形土木结构，主要组成部分包括主体建筑、加热设备、通风排湿设备和装载设备。

3. 干燥机

干燥机是目前生产上效率较高的一种干燥设备，它能控制干制环境的温度、湿度和空气的流速。因此，干燥时间短，制品质量好。干燥机的类型很多，概括起来有以下几种。

（1）隧道式干燥机　其干燥室为狭长的隧道形，原料放置在运输设备上，间隔或连续地通过隧道而实现干燥。隧道式干燥机可分为单隧道式、双隧道式及多层隧道式等几种。干燥室一般长 12～18cm、宽 1.8m、高 1.8～2.0m。在单隧道式干燥室的侧面或双隧道室的中间是加热器和吹风机，以推动热空气进入干燥室，使原料干燥。余热气一部分从排气筒排出，另一部分回流到加热室继续使用。

根据被干燥的产品和干燥介质的运动方向，隧道式干燥机可分为逆流式、顺流式和混合式（又称复式或对流式）三种形式。

逆流式干燥机：载车前进的方向与干热空气流动的方向相反。原料由低温高湿的一端进入，由高温低湿的一端完成干燥过程出来。干燥开始温度为 40～50℃，终点温度为 65～85℃。这种设备适用于含糖量高、汁液黏厚的果实（如桃、杏、李、葡萄等）的干制。

顺流式干燥机：载车的前进方向和空气流动的方向相同。原料从高温低湿端进入，从低温高湿端出来。干燥开始温度为 80～85℃，终点温度为 55～60℃，适用于干制含水量高的蔬菜。但由于干制后期空气温度低且湿度高，有时不能将干制品的水分减到标准含量，应注意避免。

混合式干燥机：又称中央排气式干燥机（图 4－3）。综合了上述两种干燥机的优点，克服了它们的缺点。混合式干燥机有两个鼓风机和两个加热器，分别设在隧道的两端，热风由两端吹向中间，通过原料后，一部分热气从中部集中排出，一部分回流加热再利用。原料载车首先进入顺流式隧道，以较高的温度和较强的热风吹向原料，加快原料水分的蒸发。随着载车向前推进，温度逐渐下降，湿度也逐渐增大，水分蒸发趋于缓慢，有利于水分的内扩散，不致发生硬壳现象。待原料大部分水分蒸发以后，载车又进入逆流隧道，从而使原料干燥得比较彻底。混合式干燥机具有能连续生产、温湿度易控制、生产效率高、产品质量好等优点。

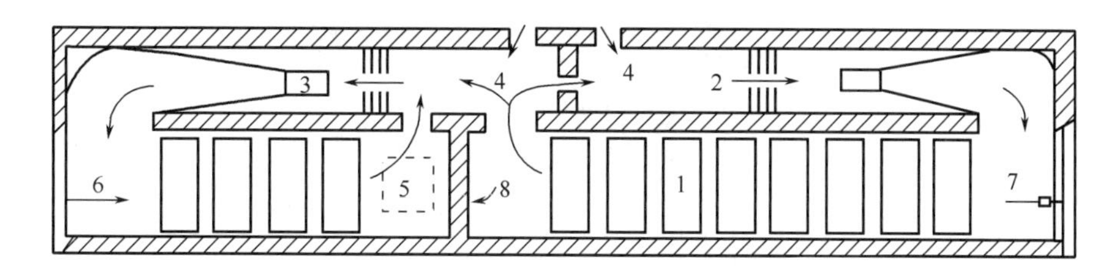

图4－3　混合式干燥机

1—运输车　2—加热器　3—电扇　4—空气入口　5—空气出口
6—新鲜品入口　7—干燥品出口　8—活动隔门

（2）带式干燥机　原料铺在用帆布、涂胶布或钢丝网制成的传送带上，借机械力而向前转动，与干燥室的干燥介质接触，而使原料干燥。图4－4所示为4层传送带式干燥机，能够连续转动。当上层部位温度达到70℃，将原料从顶部入口定时装入，随传送带转动，原料依次由最上层逐渐向下移动，至干燥完毕后，从最下层的一端出来。这种干制机可用蒸汽加热，暖管装在每层传送带中间，新鲜空气由下层进入，通过暖管变成热空气，使原料水分蒸发，湿空气由顶部出气口排出。

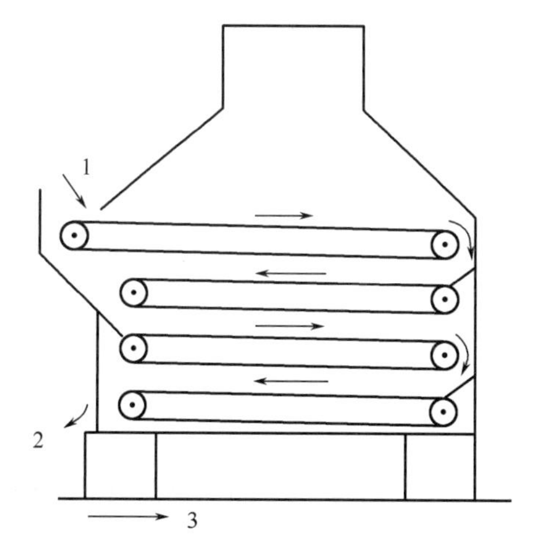

图4－4　带式干燥机

1—原料进口　2—原料出口　3—原料运动方向

（3）滚筒干燥机　其主要由一只或两只中空的金属滚筒组成。滚筒直径为20～200cm，内部通有蒸汽、热水或其他加热剂。当滚筒的一部分浸没在稠厚的浆料中或者将稠厚的浆料洒到滚筒的表面上时，因滚筒的缓慢旋转使物料呈薄层状附着在滚筒外表面进行干燥。前者称为浸没式加料法；后者称为洒溅式加料法。当滚筒旋转3/4～7/8周时，物料已干到预期的程度，用刮刀将其刮下，并收集于滚筒下方的盛器中。国外滚筒干燥机主要用于苹果沙司、甘薯泥、南瓜酱、香蕉和糊化淀粉等的干燥。

（4）流化床式干燥机　流化床式干燥机如图4－5所示。多用于颗粒状物料的干制。流化床呈长方形或长槽状，它的底部多为不锈钢丝网板、多孔不锈钢板或多孔性陶瓷板。颗粒状的原料由位于设备一端的进料口散布在多孔板上，热空气由多孔板下面送入，流经原料，对其进行加热、干燥。当空气的流速调节适宜时，干燥床上的颗粒状物料则呈流化状态，即保持缓慢沸腾状，显示出与液体相似的物理特性。流化作用将被干燥的物料向出口方向推移。调节出口处挡板的高度，即可保持物料在干燥床停留的时间和干制品的水分含量。

流化床式干燥设备可以连续化生产，其设备设计简单，物料颗粒和干燥介质密切接触，并且不经搅拌就能达到干燥均匀的要求。

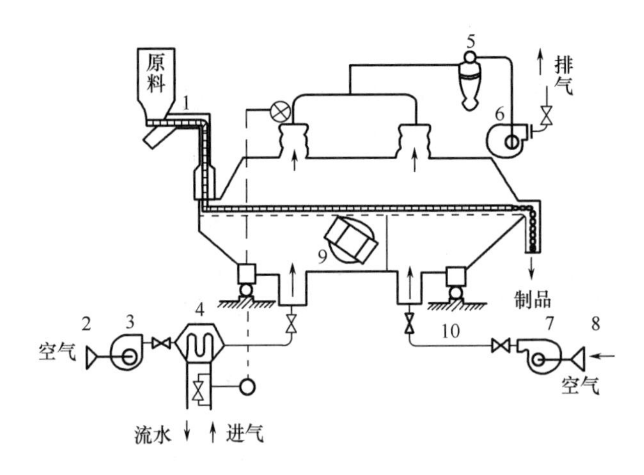

图4－5　流化床式干燥机

1—加料器　2—过滤器　3—给风机　4—换热器　5—旋风除尘器
6—排风机　7—给风机　8—过滤器　9—振动电机　10—隔振簧

（5）喷雾干燥机　喷雾干燥机是将液态或浆质态的原料喷成雾状液滴，使之悬浮在热空气中进行脱水干燥，产品为粉状制品。喷雾干燥机的类型很多，各有特点，但是喷雾干燥系统都是由空气加热系统、喷雾系统、干燥室、收集系统以及供压或吸取空气用的鼓风系统组合而成的，如图4－6所示。

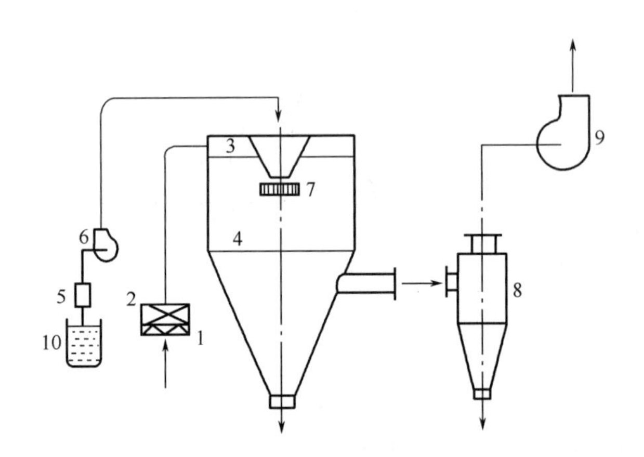

图4－6　喷雾干燥机

1—空气过滤器　2—加热器　3—热风分配器　4—干燥室　5—过滤器
6—泵　7—喷头　8—旋风分离器　9—风机　10—料液槽

喷雾系统是喷雾干燥机的关键部件。生产中常用的喷雾系统有三种类型。

①压力喷雾：利用压力高达10.13～20.26MPa的高压泵将料液泵入喷雾头内，并以旋转方式强制料液通过直径为0.5～1.5mm孔径的喷孔，使之雾化成为微细的液滴。

②气流喷雾：其原理是利用高速气流对液膜的摩擦和分裂作用而使液体雾化。料液由料泵送入喷雾器内的中央喷管，形成喷射速度不太大的射流，而压缩空气则从中央喷管周围的环隙中流过，喷出的速度很高，可达200～300m/s，有时甚至超音速。因为压缩空气流与料液射流之间存在很大的相对速度，由此产生混合和摩擦，将液体拉成细丝，细丝又很快地在较细处断

裂，形成球状微小液滴。

③离心式喷雾：其原理是将料液送到高速旋转的转盘上，由离心力的作用，使它扩展开来成为液体薄膜并从盘缘的孔眼中甩出，同时受到周围空气的摩擦而碎裂成为液滴。离心盘的直径一般为160～500mm，转速为3000～20000r/min。

用喷雾法生产粉状产品时，应选择优质、新鲜的原料，经热烫后在压力为10.133MPa以上的均质机中进行均质处理，然后加入淀粉等填充剂进行喷雾干燥。在喷雾干燥中，热空气在干燥塔进口的温度一般为180～220℃，出口的适宜温度为70～80℃。

（三）干制新技术

1. 远红外线干燥

远红外线干燥是利用远红外线辐射元件发出的远红外线，被物料吸收变为热能进行的干燥。红外线是介于可见光与微波之间，波长为0.72～1000μm范围内的电磁波。一般将5.6～1000μm区域的红外线称为远红外线。红外线如同可见光，也可被物体吸收、折射或反射。物质吸收红外线后，便产生自发的热效应。由于这种热效应直接产生于物体的内部，所以能快速有效地对物质加热。物质获得远红外线的方法，主要是靠发射远红外线的物质，如金属氧化物（TiO_2、ZrO_2、Fe_2O_3）、非金属化合物（BO_2、SiO_2、SiC）等。因此，常将这些物质作为远红外线辐射元件，涂在热源上，以发射远红外线。远红外线发射的有效距离为1m以内。

远红外线干燥具有干燥速度快、生产效率高、节约能源、干燥产品质量好等优点，已被广泛用于果蔬干制中。

2. 微波干燥

微波干燥就是利用微波为热辐射源，加热果蔬原料使之脱水干燥的一种方法。微波是指波长为1mm～1m、频率为300～300000MHz的高频电磁波。常用于食品加热与干燥的微波频率为915MHz和2450MHz。微波的特点是：它似光线一样能传播并且易集中；具有较强的穿透性，照射于被干燥物质时，能够很快地深入到物质的内部；微波加热的热量不是由外部传入，而是在被加热物体内部产生的，所以，尽管被加热物料形状复杂，但其加热也是均匀的，产品不会出现外焦内湿现象；微波量子的能量，是一种非电离性电磁波，不会改变和破坏物质分子内部的结构及分子中的键；微波具有选择性加热的特性，物料中的水分所吸收的微波要远远多于其他固形物，因而水分易因加热被蒸发，而固形物吸收的热量少，则不易过热，营养物质及色、香、味不易遭到破坏。因此，微波干燥是一种干燥速度快、干制品质好、热效率高的果蔬干燥方法，并在食品的焙烤、烹调、杀菌等工艺中得到了广泛应用。

3. 真空冷冻干燥

真空冷冻干燥也被称为冷冻升华干燥或者冷冻干燥，常被简称为“冻干”（FD）。真空冷冻干燥不同于一般加热干燥方法，它是将物料中的水分冻结成固体的冰，然后在真空的条件下，使冰直接升华变成水蒸气逸出，从而达到物料干燥的目的。水在自然界中有三种存在状态，即气态、液态和固态。水的存在状态受温度和压力的影响。如果温度或压力条件改变，水的存在状态也会发生转变，这种现象称为相变。水的相变要吸热或者放热，如图4－7

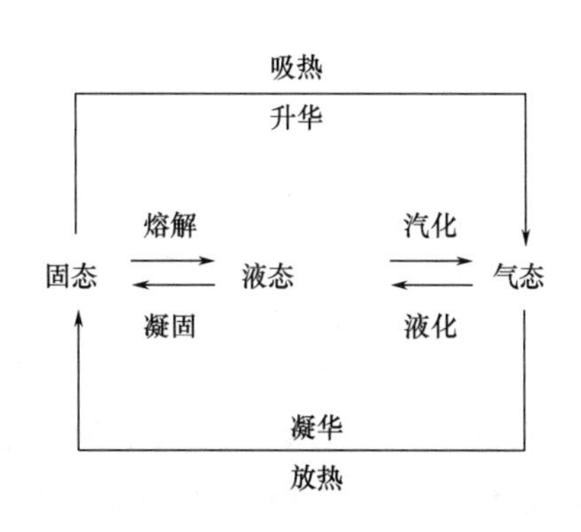

图4－7　水的三种状态的转化及能量变化图

所示。

当空气压力为101.33kPa（1atm）时，水的沸点温度为100℃。若压力下降，水的沸点也随之下降。当空气压力下降到0.61kPa时，水的沸点温度为0℃，而这个温度同时也是水的冰点。所以，在这种条件下，水就以固态、液态、气态同时存在。这一条件被称为水的三相点。如果再将压力继续下降到0.61kPa以下，或将温度升高时，纯水形成的冰晶则会由固态冰直接升华成为水蒸气。真空冷冻干燥就是利用物料中的水冻结成冰后，在一定的真空条件下使之直接升华为水蒸气而干燥的方法。

真空冷冻干燥之前，首先要将原料进行冻结。生产中常用的冻结方法有两种。

①自冻法：将原料放于真空室内，利用迅速抽真空的方法，使物料中的水分瞬间大量蒸发，吸收大量的汽化潜热，促使物料温度迅速降低，实现物料自行冻结。自冻法相对成本低，对于一些外观形状要求不高的产品，如葱、韭菜以及果汁、蔬菜汁等可用这种方法冻结。自冻法的缺点是产品收缩变形严重，表面易起泡。

②预冻法：利用速冻机或冷库的急冻车间，预先将原料冻结，然后再运往冻干设备中进行真空干燥。预冻温度要比物料溶液的共晶点温度低3～5℃。例如，有人测得草莓的共晶点温度为-15℃，则预冻温度要求达-20～-18℃。利用预冻法生产出的冻干制品，能够保持物料原有的形状，产品质量好，但成本相对较高。

真空冻结干燥过程可分为两个阶段。

①真空升华干燥阶段：在此阶段，要将物料中的冰晶状水分全部升华掉，大约可以除去物料全部水分的90%，即将游离水全部除去。在这一阶段，干燥速度基本不变，类似于一般干燥过程中的“恒速干燥阶段”。在干燥时，将冻结的物料置于真空冷冻干燥系统中，在真空度足够高（一般为13.3～26.6Pa）的条件下，需适当提供热能，所提供的热应该是冻结物料中冰晶升华为水蒸气需要的热量，以加速升华干燥的速度。升华干燥时，物料表层的冰晶首先开始升华，而后逐渐向内层移动，冰晶升华后留下的空隙，则成为以后升华水蒸气的通道。升华过程中已干燥层与冻结部分的分界面称为升华界面。在果蔬冻干过程中，升华界面一般以1～3mm/h的速度向内移动，直到物料中的冰晶全部升华。

②解吸干燥阶段：这一阶段的干燥为水分的蒸发，并不是冰晶的升华。它是要将吸附在毛细管壁上的，或者与化学物质极性基团结合的水分（胶体结合水）蒸发掉。这些结合水的能量高，必须从外界获得足够的能量，才能使其从吸附状态中解吸出来。因此，这一阶段在产品允许的前提下，可适当提高温度。同时，为了使解吸出来的水蒸气有足够的推动力逸出，还需使物料内外形成最大的压力差，也就是要将真空干燥的真空度进一步提高。解吸干燥阶段所需的时间，一般占总干燥时间的1/3。完成冷冻干燥后，干制品的含水量可达0.4%～4%。

真空冷冻干燥设备一般由以下几个系统组成。①真空系统：真空干燥容器、真空机组、除水器及真空控制与真空测量仪；②制冷系统：压缩机、冷凝器、节流阀和蒸发器等；③加热系统：热交换器、热水泵、加热搁板；④冷却系统等。因此，真空冷冻干燥设备初期投资大、生产费用也高，干燥成本为普通干燥的2～5倍以上。但是，真空冷冻干燥的产品可以最大限度地保持新鲜原料所具有的色、香、味及营养物质，复水性良好。因此，真空冷冻干燥多用于一些中高档食品的干制加工。

第二节　水果干制加工案例

一、枣的干制

枣最常用的干制方式是烘房干制。

(一) 原料选择

宜选用果形大、皮薄肉厚、含糖量高、肉质致密、核小的品种。此外，优良的小枣品种也可用于干制。山东乐陵金丝小枣，山西稷山板枣，河南新郑灰枣，甘肃临泽枣，鸣山大枣，浙江义乌大枣都适合干制。

(二) 挑选、分级

根据烘房的生产能力，拣出风落枣、病虫枣、破头枣，按品种、大小、成熟度进行分级，以确保干燥程度一致。

(三) 装盘

分级后的红枣装在烘盘上，每 $1m^2$ 烘盘面积上的装枣量，因枣的品种不同而异，一般为 12.5 ~ 15kg。装枣厚度以不超过两层枣为宜，小果枣如鸡心小枣、金丝小枣等也可适当装厚些。

(四) 烘制

红枣烘制分为三个阶段。

1. 预热阶段

目的是使枣由皮部至果肉逐渐受热，提高枣体温度，为大量蒸发水分做好准备。因品种的差异，需 6 ~ 10h 才能达到以上目的（大果型品种、组织较致密的品种、皮厚的品种需要的时间长）。在这段时间内，温度逐渐上升至 55 ~ 60℃。当烘盘送至烘房内装好后，关闭烘室门窗，迅速提高烘房内的温度。此阶段要求室内温度平稳上升。随着室内温度的增高，红枣温度在 35 ~ 40℃，以手握之，微感烫手。至后期，以拇指压枣果，可见枣果皮部出现微皱纹，此时枣体温度在 45 ~ 48℃；有些含水量高的品种，此时尚可见枣果表面有微薄的一层水雾。

2. 蒸发阶段

目的是使枣中的游离水大量蒸发。为加速干燥作用，火力宜加大，在 8 ~ 12h 之内，使烘房的温度升至 68 ~ 70℃，不能超过 70℃。要达到这个要求，管理炉火的工作要做到三勤：勤添火、勤扒火、勤出灰，使炉火旺盛，很快提高室内温度，加速水分蒸发。随着烘房内温度的升高、枣体温度超过 50℃，水分大量蒸发，烘房内的相对湿度大大增高，最高可达 91%。当温度不变时，降低空气的相对湿度，能加快干燥速度。因此，必须注意烘房内的通风排湿工作。当温度达到 60℃ 以上，相对湿度达到 70% 以上时，人入室内，感到空气潮湿闷热，脸部和手骤然潮湿，呼吸也很困难；观察枣果，表面潮湿，就应立即进行烘房内的通风排湿工作。一般每烘干一次产品，应进行 8 ~ 10 次通风排湿工作。此阶段室内温度较高，红枣干燥很快，为防止产品烘焦和干燥不匀，需注意抖动烘盘和倒换烘盘。抖动烘盘在第 2 阶段前进行，主要是将第一层和第二层烘架上的烘盘在原位置上抖动，使枣在盘内翻滚，受热均匀，干燥一致；倒换烘盘需在第2阶段甚至第3阶段后期进行。

3. 干燥完成阶段

目的是使枣体内的各部分水分含量比较均匀一致，一般需要6h左右即可达到目的。经过蒸发阶段后，枣果内部可被蒸发的水分逐渐减少，蒸发速度变慢，此时火力不宜大，烘房内温度不低于50℃即可。相对湿度若高于60%以上，仍应进行通风排湿，但这一阶段继续蒸发出来的水分较少，通风排湿的次数应减少，而且每次通风排湿的时间也应缩短，主要使干燥的热空气用于水分的继续蒸发，使枣果内水分趋于平衡。随着红枣的逐渐干燥，应不断地将干燥好的产品及时卸出。

烘好的干枣，必须进行通风散温，方可堆放贮存。有的地方不注意散温，将刚从烘房烘干卸出的红枣，立即堆放1m多厚于库房，由于红枣含糖量高，加上热力的作用，糖溶解于细胞液及部分未蒸发的水分中，致使红枣果肉可以拉成长而具有酸味的丝。这种红枣，果肉松软，并开始发酵变酸，严重影响品质，甚至不能食用。

（五）包装

干枣的相对湿度一般为25%～30%，极易吸潮，因此，干制完毕后的红枣应及时包装。

二、葡萄的干制

葡萄的干制分自然干制和人工干制两种方式。

（一）自然干制

1. 原料的选择和处理

选择皮薄、果肉柔软、糖分含量高（20%以上）的品种，以无核种无核白、无核黑等为好，有核品种如牛奶、新疆红葡萄等也可；果实要充分成熟，但又要适时采收，不可过迟，否则，采收时气温低，不易干燥。采收后，剪去过小、损坏的果粒，果穗过大的，要分成几个小串，在晒盘上铺放一层。为缩短干燥时间，加速水分蒸发，可采用碱液处理。用浓度为1.5%～4.0%的氢氧化钠处理1～5s，薄皮品种也可用0.5%的碳酸钠与氢氧化钠的混合液处理3～6s。原料浸碱后立即用清水冲洗干净。经过浸碱处理的可缩短干制时间8～10d。干制白色葡萄干时，还需要用硫磺熏3～5h。

2. 干制

葡萄装入晒盘暴晒10d左右，当有一部分干燥时，可全部反扣在另一晒盘上（翻转时勿用力过猛，以免果粒脱落），继续晒至2/3的果实呈干燥状，用手捻果粒无汁液渗出时，即可叠置阴干，约1星期。这样，在晴朗的天气条件下，全部干燥时间共需20～25d，然后，收集果串堆放15～20d，使之干燥均匀，同时除去果梗。干燥适度的葡萄干，肉质柔软，用手紧压无汁液渗出，含水量为15%～17%。

气候炎热的新疆吐鲁番地区，将葡萄挂在用土坯筑成的通风干燥室里风干。干燥季节时，室内温度一般在40℃左右，热风季节时可达50℃。室内装设若干根挂木，每根约可悬挂葡萄100kg。干燥所需时间一般为20～30d，多的需30～40d。

（二）人工干制

葡萄人工干制的前处理与自然烘干的前处理基本相同，都要经过原料的选择、剪串、浸碱冲洗等处理。

1. 硫处理

有熏硫和浸硫两种。

①熏硫：将沥干的葡萄放在密闭的熏蒸室内熏硫。每 1000kg 葡萄用 1.5 ~ 2kg 硫磺，用少量木屑拌匀后点燃产生浓烟，紧闭门窗，熏蒸 3 ~ 4h 后，打开门窗排出剩余的 SO_2 气体。经过熏硫，可以使果粒中的多酚氧化酶钝化，防止成品褐变。

②浸硫：用含有效 SO_2 0.5% ~1% 的亚硫酸氢钠或偏重亚硫酸氢钠的溶液浸泡葡萄约 1.5 ~ 2h。

2. 烘制

熏硫或浸硫后的葡萄装盘放入烘房，加温烘干，初温保持 45 ~ 50℃，持续 1 ~ 2h，再将温度上升到 60 ~ 70℃，终温 70 ~ 75℃，终点相对湿度 25% 左右，经 15 ~ 20h 即可烘干。

3. 包装

烘干后的葡萄干用阻湿塑料薄膜及时包装。

三、 柿饼的干制

柿饼的干制包括自然干制和人工干制两种方式。

（一） 自然干制

1. 原料选择

应选果形大，形状整齐、平坦，无缢痕，含糖量高，水分适中和少核的品种，果实应色泽橙红，萼头发黄，充分成熟。适合干制的品种有河南荥阳水柿、山东菏泽镜面柿、陕西牛心柿、尖柿等。采收后剔除烂果和软果，再按大小分级。

2. 刮皮

先摘除萼片，剪去果柄，需挂晒柿果的应留“丁”字形拐把，然后用刮刀刮去一层果皮。柿皮要刮干净，不得留顶皮和花皮，仅在柿蒂周围留取 1cm 宽的果皮。

3. 日晒

先铺好晒席，再把去皮的果实果顶朝上排列，进行晾晒，并时常翻动。晾晒的地方应干净、卫生，防止蝇、蚊及鼠等的危害。

4. 熏硫

若遇连续阴雨天气，可以进行熏硫处理，待天晴后立即晾晒。

5. 揉捏

揉捏时间最好选择在晴天或有风的清晨，若果面返潮则不易捏破。经 3 ~ 4d 晾晒，果面发白、结皮、果肉稍软时，用手揉捏果实中部，促进柿果软化和脱涩，加快水分向外扩散，缩短晾晒时间。隔 2 ~ 3d，当果面干燥并呈现皱纹时可捏第 2 次。这次揉捏应比第 1 次重，将果内硬块全部捏碎，捏散软核。再过 2 ~ 3d，当果面干燥至出现粗皱纹时，再捏第 3 次。此次将果心自茎部捏断，使果顶不再收缩。

6. 整形

一般将柿果捏成圆饼形。

7. 堆捂、出霜

柿霜是果肉内可溶性固形物渗出而形成的白色结晶，主要成分是甘露醇和葡萄糖。当柿蒂周围剩下的柿皮干燥、果肉内外软硬一致、稍有弹性时，便可收集堆捂、出霜。将柿饼装进缸或者堆在木板上，厚约45cm，上面用草席、麻袋或塑料布覆盖，经过4～5d，柿饼慢慢回软，表面结一层白霜，即柿霜。

柿饼能否出霜主要取决于本身含水量，一般在最后一次整形时，柿饼外硬内软，回软后无发汗和过软现象，都能出霜。

8. 晾摊

在有风的早晨取出柿饼，放在通风阴凉处摊开，吹干果面。晾摊的次数一般为2～3次。

（二）人工干制

1. 选果

选横径大于5cm的大果，成熟但肉质硬，无病虫害，无损伤，含糖量高，无核或少核品种。

2. 去皮

柿果清洗干净，去掉果柄，摘去萼片，然后去皮。去皮要薄，不要过多伤及果肉。除了允许蒂周围保留宽度小于0.5cm的皮外，其他部位不能留有残皮。

3. 摆盘、入烘房

果顶朝上逐个摆放在烤盘上，果距0.5～1cm，摆满后送入烘房，放在烤架上。

4. 熏硫

按每$1m^3$烘房容积5g硫磺的用量，燃烧熏蒸2～3h，不仅能正常脱涩，而且能有效地防止长霉，成品也符合食品卫生标准。

5. 第一次烘烤（脱涩、软化）

在熏硫时就点火升温，尽快使烘房温度上升至（40±3）℃，不超过45℃，并保持48～72h，至柿果基本脱涩、变软、表面结皮为止，烘烤期间要定期通风排湿，使烘房内的相对湿度保持在55%左右。

6. 回软、揉捏、晾晒

柿果从烘房中取出，放在干净、阴凉的地方冷却回软一夜；揉捏后将烤盘放在干净、向阳、空气流通的场地上，用0.02mm厚的聚乙烯塑料薄膜覆盖，正常天气下晾晒48～72h。晾晒时视薄膜上凝结水滴的多少，每隔1～2h将薄膜面翻转一次，并抖掉面上的水滴。不下雨时，柿果可昼夜放在室外。揉捏柿果均匀，使果肉柔软，并初具扁平形状，切勿捏破果实。

7. 第二次烘烤（脱水、干燥）

温度控制在50～55℃。烘烤过程中必须适时通风排湿，倒换烤盘。烘到果肉显著收缩而质地柔软，用手容易捏扁变形时为止，或柿果含水量降到30%左右时停止烘烤。

8. 散热回软、捏饼成形

烤盘从烘房取出，放在干净、阴凉、通风处散热回软一夜，再逐个捏饼成形。

9. 出霜、整形

在容器中堆捂和室外晾晒，反复交替进行几次才能出霜。堆捂时，以一层柿饼一层柿皮单层放置为好。在容器内，柿饼的表面相对比较干燥，不利霉菌滋生繁殖。

10. 包装

柿饼以单个或双个为一包的包装为宜，在贮藏运输过程中防止柿饼表面长真菌。

四、香蕉的干制

（一）原料选择

选用果实饱满、无病虫害、无霉烂的香蕉作原料。为了减少损耗、增加效益，也可利用保鲜时淘汰的过大或过小的香蕉为原料。

（二）催熟

按香蕉保鲜贮藏中催熟的方法（乙烯催熟或乙烯利催熟）进行催熟，等到果皮由青转黄、果肉变软、有浓郁香味时使用。

（三）剥皮切分

用人工剥皮，在剥皮的同时用不锈钢小刀或小竹片剔除果肉周围的筋络，去除香蕉的涩味，否则影响成品的风味。为方便香蕉干燥，通常把较大的香蕉果肉纵切成两半，小的香蕉不切，保留整条形状。

（四）护色

香蕉富含单宁物质，在剥皮和切分后蕉肉暴露在空气中，遇氧气很容易褐变，同时还易受微生物的侵染，致使香蕉腐烂变质。因此，剥皮后的香蕉要尽快进行护色处理。

香蕉护色主要采用熏硫磺的方法，不但起护色作用，还具杀菌作用。将剥皮、切分后的香蕉排放在竹筛上或不锈钢筛网上，放入熏硫室中进行熏硫处理。具体方法是：将硫磺粉均匀撒在木屑或木炭上，点燃助燃物，使硫磺粉慢慢燃烧。每吨原料使用 1.5kg 硫磺粉，熏蒸 30min。然后打开室门排尽 SO_2。

（五）干制

干制的方法分为自然干燥法和人工干燥法。自然干燥法是利用太阳能来晒制香蕉干；人工干燥法目前生产上多采用烘房干燥。将护色处理的原料均匀放于竹筛，注意切口向上，送进烘房干燥。干燥初期温度控制在 50～60℃，后期控制在 60～65℃。干燥时注意换筛、翻转等操作，使香蕉含水量达 15%～20%。

（六）回软

将干燥的香蕉放在密闭库或密闭的容器里，回软 2～3d，使香蕉制品的水分相互转移达到平衡，同时还可使其质地柔软，改善口感，方便包装。如发现含水量超出要求时可进行回炉，再做包装，这样有助于保存。

五、龙眼的干制

（一）原料选择与处理

要求原料果形大而圆整，干物质和糖分含量高，肉厚核小，果皮厚薄中等。如果皮过薄的，在干制时易凹陷或破碎，不宜选用。大元、乌头岭、油潭木、普明庵等可用于干制。把果粒从果穗上剪下，留梗长度为 1.5mm，剔除破果、烂果。将龙眼果浸入清水 5～10min，洗净果面的灰尘和杂质。

（二）过摇

将浸湿的果倒入特制摇笼，每笼约装 35kg，在摇笼内撒入 250g 干净的细沙，将摇笼挂在特制的木架上，由两人相对握紧笼端手柄，急速摇荡 6～8min，使龙眼在笼中不断翻滚摩擦，待果壳转棕色干燥时即可。过摇的目的是使果壳变薄变光滑，便于烘干，但不能把果壳磨得太薄，否则，在焙干时，果壳易凹陷。

（三）初焙

将龙眼均匀地铺在焙灶上。一般灶前沿多放些，灶后沿少放些。每个焙灶每次可焙龙眼300～500kg，燃料可使用木炭或干木柴，温度控制在65～70℃，焙烤8h后翻动一次。将焙灶里的龙眼果分上、中、下起焙，即将上、中、下层龙眼分别装入竹箩筐中，然后先把原上层龙眼倒入焙灶，耙平，再倒入中层的，最后倒入下层的。8h后，进行第二次翻动，方法同第一次，再经3～5h烘焙后可起焙，散热后装箩存放。

（四）均湿

初焙的龙眼经2～3d堆放，果核与果肉水分逐渐向外扩散，果肉表面含水量比刚出灶时增多，故需复焙。

（五）复焙

此次烘焙需用文火（温度控制在60℃左右），时间约为1h，中间翻动2～3次。当用手指压果时，无果汁流出，剥开果肉后果核呈栗褐色时即可出焙，出焙后需进行24h的散热。

（六）剪蒂分级

用剪刀剪去龙眼干的果梗，并将焙干的龙眼果粒过筛，按大小分级。再进行包装处理。

六、猕猴桃的干制

（一）原料选择

挑选完整、无病虫破损的猕猴桃为原料。

（二）清洗、去皮

用清水将其冲洗干净。可用碱液去皮，方法是用20% NaOH溶液，在约105℃左右（微沸）浸泡1～2min。再用1%盐酸中和，常温下30s。然后放在流动清水中漂洗10min后沥干。

（三）切片

首先切去两端片，修去残余果皮，然后将其横切成4～6mm厚的薄片。

（四）熏硫

每1000kg原料用硫磺4kg，熏硫4～5h。

（五）烘干

烘干温度控制在65～75℃，约经20～24h，产品含水量在20%以下即可完成干燥。

七、荔枝的干制

（一）原料选择

要求原料果大圆整，肉厚，果核中或小，干物质含量高，香味浓，涩味淡，果壳不宜太薄，以免干燥时裂壳或容易破碎凹陷，干制后壳与果粒不相脱离的荔枝品种如糯米糍、香荔、黑叶、禾荔为宜。

（二）剪果

先摘除枝叶、果柄，并剔除烂果、裂果和病虫果。此操作有时放在初焙后进行，因为在焙床上挂枝烘焙有利于果实水蒸气散发。

（三）分级

用分级机或分级筛按果实大小进行分级，同一烤炉的果实尽可能要求大小均匀一致。

（四）初焙

初焙也称杀青。即将果实倒入焙灶上进行第一次烘焙。焙灶用砖砌成，宽 2m、高 0.8 ~ 1m，长度可按室内场地的长短决定，每隔 2m 开一个 50cm × 50cm 的炉口，炉床每隔 50cm 放一条粗约 10cm 的木条，然后再铺上竹编网。也可用烘制龙眼干的烤炉来焙烤荔枝干。烤炉有平炉、斜炉之分。平炉一般用木炭作燃料，热能低，烤干时间较长，成本比用煤高 50% 左右，但其干燥较均匀一致，果肉色泽较金黄色，品质较好；斜炉一般用无烟煤、煤球作燃料，热能高，烤干时间略短些，成本低。煤中有硫成分，相当于在焙烤过程中，同时进行熏硫，干果外观颜色较灰白且色泽一致，但其果肉品质略差些。

初焙前，先将果实倒入烘床中，每个炉灶一次焙鲜果 500 ~ 600kg。并用麻袋片盖果保温，初焙温度可高些，控制在 65 ~ 70℃（以果壳烫手为度），每 2 ~ 3h 翻果一次。经 24h 停火。冷却后装袋堆压 2 ~ 3d，使果肉、果核内部水分逐渐向外扩散，至果肉表面湿润时再行焙烤。

（五）二次焙烤

温度控制在 55 ~ 65℃，每 2h 翻动 1 次，一般经过 12 ~ 14h 再焙烤即可完成。二次焙烤出炉后要立即倒入日晒场地进行日晒。如遇果大、肉厚的果实，视情况放置 3 ~ 5d 后，待果实内部水分继续扩散后再进行第三次焙烤。第三次焙烤时间较短，一般为 8 ~ 10h，温度控制在 45 ~ 50℃，完成干燥。

八、杏的干制

（一）原料选择和处理

选择果形大、肉厚、离核、味甜、纤维少、果肉呈橙黄色的品种，充分成熟但不过熟，河南荥阳大梅、河马老爷脸、铁叭哒，新疆克孜尔苦蔓提等都是干制的好品种。剔除残破及成熟度不适宜的果实，按大小分级、洗净，用利刀沿果实缝合线对切为两半，切面应平滑整齐，除去果核（也有的不切开去核，为全果带核杏干）。切分后（有的不再切分，为半果去核杏干），将果片切面向上排列筛盘上，不可重叠。

（二）熏硫

将盛装杏果片的筛盘送入熏硫室，熏杏 3 ~ 4h。硫磺的用量为鲜果重的 0.4%。熏硫前用盐水（食盐 1kg，水 33kg）喷洒果面，有防止变色和节约硫磺的作用。熏硫良好的杏果片，果肉已变色变软，核窝内有水滴，并带有浓厚的 SO_2 气味，果肉内含 SO_2 的浓度不低于 0.08% ~ 0.1%。

（三）烘制

熏硫的果实装入烘盘上，单位面积的装载量为 7 ~ 9kg/m^2，然后放到烘架上进行烘制。烘房初温 50 ~ 55℃，最终温度 70 ~ 80℃，总干制时间 10 ~ 12h，最终相对湿度 10% 左右。干燥的杏干肉质柔软，不易折断，用手紧握后松开，彼此不易黏着。

（四）包装

干燥后的成品放在木箱中回软 3 ~ 4d，将色泽差、干制不够以及破碎的拣出（进行再加工或另外分级），即可包装。

九、 苹果的干制

（一）原料的选择和处理

选择肉质致密、皮薄、单宁含量较少、可溶性固形物含量高的苹果，如小国光、倭锦、红玉、富士等中晚熟品种。挑选好的果实必须在0.5% ~1%的稀盐酸溶液内浸泡3~5min（以除去果实表面上的农药），然后用清水冲洗干净。去皮去心（也有不去皮心的），切成厚5~7mm的环状果片（也可切成4~6瓣或块）。

（二）护色处理

采用熏硫或浸硫的方法。熏硫每1000kg果实用硫磺2~3kg，熏15~30min（切片的熏硫时间可短些）；浸硫，用3%的$NaHSO_3$溶液加0.3%的盐，配成含有1.5% SO_2的酸性溶液。按原料切分的形状不同，分别浸泡15~20min，此溶液可以连续使用3次，第2次、第3次浸泡时，时间可酌情增加1~2min。

（三）烘制

熏硫后，将果品送入烘房或烘干机内，烘盘装载量为4~5kg/m²，烘干初期温度为80~85℃，以后逐渐降到50~55℃，干燥时间7~8h，最终相对湿度10%。干制后的苹果干薄厚均匀，富有弹性，互不黏结，不焦化、不结壳，具有鲜明的淡黄色和苹果的清香味。

（四）包装

将苹果干放置在密封容器中回软，然后剔除废果和湿品，将成品用塑料或纸容器包装。在贮藏过程中注意防潮。

十、 李 的 干 制

（一）原料的选择

选择大小中等、果皮薄、肉质细密、纤维少、含糖量在10%以上、核小、果肉呈黄绿色、充分成熟的果实。

（二）浸碱处理

对原料先进行浸碱处理，以除去果皮的蜡质，促进干燥。碱液浓度及浸碱时间依原料品种、成熟度的不同而异。使用NaOH时，浓度为0.25% ~1.5%，时间为5~30min。浸泡时间不宜过长，以免造成果皮破裂或脱落。浸碱良好的，果面应有极细的裂纹。原料浸碱后洗涤干净，按大小分级，在烘盘上铺满一层。

（三）烘制

李的干制有自然干制和人工干制两种方式，以人工干制的李干质量好。将经过处理后的李装入烘盘，烘盘的装载量以12~14kg/m²为宜。干制初温45~55℃，在烘烤过程中逐渐升温，并倒换烘盘，干制的最终温度要求在70~75℃，含水量为12% ~18%。要求干燥完毕的李干果肉柔韧而紧密，两手指捻压果核不脱落，色泽纯正，无异味。

（四）包装

干燥后的成品挑拣后装入衬有防潮纸的果箱内，移到贮藏室回软，回软期一般为14~18d。

第三节　蔬菜干制加工案例

一、香菇的干制

香菇干制多采用烘房烘制。烘干的香菇香气浓郁，质量最好。

（一）采收与处理

香菇采收过早或过迟都会影响制品质量，通常在菇伞约八成开展、菌盖边缘稍内卷时采收为宜。采收应在晴天进行，可摘采或用小刀割采，要轻拿轻放，切勿使菇伞破碎；采后小心清除菌柄下端粘连的土壤，保留根状菌束，剔除病虫、霉烂和畸形菇，立即送往烘房干燥。

（二）烘制

先将香菇按大小分别摆放于烘盘里，摆放时菌盖向上，菌褶向下，不可重叠。放入烘房后升温至40～45℃，维持1～2h，并注意通风排湿，当烘至五成干时，再将温度升至60～70℃，继续干燥，适当翻动，直到香菇含水量降至13%左右，即可结束干燥，取出散热，分级包装贮存。

香菇在烘制期间要特别注意温度的控制。温度过高易将香菇烤焦，过低则干燥时间长，影响制品色泽和风味。

二、黄花菜的干制

（一）原料的选择与采收

要选择花蕾大、黄色或橙黄色的品种为原料。在花蕾充分发育而未开放时采收。花蕾长度在10cm左右。河南荆州花、茶子花，陕西大荔黄花，江苏大乌嘴和小乌嘴等较适合干制。采摘在午后2～4时进行，采摘时要求花柄断面整齐，不可碰伤小蕾或折断茎秆。

（二）热烫

采摘后的花蕾要及时进行热烫，否则会自动开花，影响产品质量。热烫的方法是：把花蕾放入蒸笼中，水烧开后用大火蒸5min，然后改用小火焖3～4min。当花蕾向里凹陷、不软不硬、颜色变得淡黄时即可出锅。如果花蕾比较硬，颜色黄绿，说明火候不够，没有蒸透；若花蕾变软并成扁平状，颜色变成深黄，说明火候已过。进行热烫时，一定要掌握好火候，并勤检查、勤翻动，防止热烫不均或蒸不透。

（三）干制

蒸好的黄花朵不能马上烘晒，要等到第二天才行，这样，花中的糖分可以充分转化，产品风味好，质量高。如蒸后遇阴雨天不能及时晾晒，而且没有干制设备，可对黄花菜用0.5%的硫磺进行熏蒸，以防霉烂。

1. 自然干制

将黄花菜摊在晒席上进行晾晒，厚度要适当，晒时要经常翻动，使之干燥均匀。晚上要将摊晒的黄花菜收回，以免因受潮而影响色泽。一般摊晒2～3d，当用手抓紧再松开，花随着手松开而松开时，说明已经晒干，即可收回进行包装。

2. 人工干制

利用烘房干燥时，以每平方米烘盘面积装载5kg热烫过的黄花菜为宜。干燥时先将烘房温度升至85～90℃，然后把黄花菜送入烘房。黄花菜放入后大量吸热，使烘房温度下降至60～65℃，在此温度下保持10～12h，最后让温度自然降至50℃，并保持这一温度至烘干为止。烘烤期间一定要注意通风排湿，相对湿度保持在65%以下。整个烘烤过程倒盘3～4次，并进行翻动。烘干后的成品含水量很低，极易折断，应进行均湿处理。当黄花菜用手握紧不易折断、手松开能恢复弹性时，即可进行包装。

三、 辣椒的干制

（一）自然干燥

自然干燥的辣椒，特别是阴干的辣椒，产品干湿一致，商品外观鲜红光亮，果实营养含量高，品味和口感均比人工干燥的好。自然干燥辣椒的方法大体可分为两类，即阴干和晒干。

阴干是将辣椒摊放或绑成串挂在避雨、遮阳、通风的荫棚下逐渐干燥的方法。阴干的辣椒在较低的温度下脱水，可避免人工干燥过程中高温引起的变化和维生素C的大量破坏，也可减少晒干过程中辣椒红素的光解反应，因而成品的品质较好。

晒干以日照充足、气候干燥、降雨较少的地区应用较多。晒干的效率比阴干高，但由于辣椒红素在阳光照射下容易发生光解反应，产品的外观及商品性状较差。

（二）人工干燥

1. 挑选与分级

采用人工干燥的辣椒没有自然干燥条件下的转色过程，其原料必须用成熟全红的果实。因此，在辣椒采收后装盘前应进行挑选分级，把完好椒与不完全红辣椒、断裂椒、病虫椒分开。

2. 装盘

装盘量一般为每平方米烤盘上装10～15kg鲜红椒。考虑辣椒品种和采收时的天气状况，果肉较厚的品种和阴雨时节采收的辣椒应少装，反之，可适当多些。另外，红熟椒采收后，经过风吹日晒处理的果实已部分失水，装量可适当增加。

3. 烘干

为保证产品的质量，易选较低的温度，具体方法为前半期46～50℃，后半期（即辣椒含水量降至50%以下）50～55℃。在烘干过程中应注意及时排湿，为使干燥速度均匀，在干燥过程中还应将烤房高温部位与低温部位的烤盘及时对换位置。

四、 脱 水 蒜 片

（一）原料选择

采用新鲜饱满、蒜肉细白、直径为4～5cm、无霉烂变质、无老化脱水、无发芽、无病虫害及机械伤等的大蒜头。

（二）浸泡、去皮

将经挑选后合格的大蒜头，放入清水池中浸泡1～2h，以容易进行剥皮为准。一定要把附在蒜瓣上的薄蒜衣剥净，然后用清水冲洗，使蒜瓣清洁。

（三）切片

将清洗干净的蒜放入切片机中，边切片边加入清水冲洗，切片的厚度为1.5～2.2mm。要求刀刃锋利，切片厚薄均匀完整，无碎屑，成片率要求达到90%以上。

（四）漂白

将蒜片放入0.1%～0.2%的$NaHCO_3$水溶液中，漂白处理15～20min。

（五）沥干水分

将洗净的蒜片置于离心机中沥水，时间为3min左右。注意时间不能过长，否则蒜片容易发糠（空、软），表面产生小泡，影响产品产量和质量。

（六）烘干

脱水蒜片必须采用烘干。温度控制在65～70℃。强制通风时，若气流速度大于1m/s，可形成紊流。紊流中粒子上下波动，具有吹散和破坏表面水蒸气饱和层的作用，可以强化传风和传热，有利于水分蒸发，使蒜片干燥速率上升。蒜片的烘干采用对流式干燥设备。烘至含水量在4.5%左右。

五、藕粉加工

（一）原料选择

藕的淀粉含量因种类而异，一般在6%～11%。白藕含水量高，出粉率低，一般多做菜用；莲藕主要是产莲子，藕很小；红藕肥大、肉厚、富含淀粉，出粉率可达11%左右，是藕粉生产的主要原料。

（二）清洗

将藕用清水浸泡，并反复冲洗，以洗净藕身上的污泥和锈斑等。

（三）去节

将洗净的藕用利刀切去节部，只留下藕段，并洗净藕孔里的泥沙，以免影响藕粉品质。

（四）打浆

用粉碎机将藕段磨成浆状，磨得越细出粉率越高。

（五）过滤

将磨碎的粉浆盛在布袋中，下接大缸等容器，用清水向布袋内冲洗，边冲洗、边搅拌，直到将藕渣内的藕浆洗净为止。

（六）沉淀

滤下的粉水在清洁的容器中沉淀后，倒出上部清水，并去除杂质，然后将湿藕粉转入另一容器中再加水搅拌成浆，继续进行漂洗沉淀。如此多次，便会得到质细、色白、洁净的湿藕粉。

（七）沥水

将得到的洁净的湿藕粉装入布袋中，用绳吊起，沥去水分，使成为粉团。

（八）削片

将吊干水的粉砣取下，用长刀砌成方砣，再用刮刀切成片，片子切得越薄越好。

（九）晒干

将切成的小薄粉片放在阳光下晒干或放入烘房中烘干。应保证当天晒干或烘干，以保证色白、味正、质优。

（十）杀菌、包装

将晒干的藕粉片，用紫外线灯光照射2~4h进行消毒杀菌，然后用聚乙烯薄膜袋分量包装封口，即为成品。

六、蕨菜的干制

（一）采摘

采摘时间以每年4~6月为宜，注意选择嫩尖部位，一般是采叶上部顶尖5~6片复叶，在小叶苞未展开时采摘为宜。

（二）烫漂

将采摘的蕨菜尽快运至加工地点，先用清水洗净，除去泥土及其他异物，沥干水分，然后在开水中烫漂8~10min，立即用冷水冷却。

（三）复绿

烫漂后色泽易发生褐变，用0.05% $CuSO_4$或0.02% $CuCO_3$溶液在pH4左右，65~70℃下复绿5~8min，可使蕨菜的颜色与新鲜时接近，且较为稳定，之后用清水漂洗2~3遍，使最终铜的残留量在10mg/kg以下。

（四）干燥

将复绿处理后的蕨菜理直后放在竹席或烤盘上在阳光下暴晒一段时间，当外皮开始变干时，用手搓成圆条状再晾晒，翻动一次，直至菜叶显干脆状即可。在烘房中烘干温度为60℃，5~6h可完成干燥。

七、玉　兰　片

玉兰片是选用鲜嫩的毛竹笋（冬笋或春笋均可）为原料，经过蒸煮、整理、烘干、熏硫等工序制成的一种高级笋干。

（一）原料选择

宜选用肉质柔软、肥厚、味道鲜美、色泽洁白、无明显苦味和涩味的竹笋。笋长出地表面达17cm左右时采收。

（二）煮笋

原料采掘后，先用刀削去基部粗老部分，然后连笋壳一起装到蒸笼里进行蒸煮，火力要大且要均匀，经2~2.5h即可蒸熟。此时，笋呈半透明状，而且发出香味，笋的表皮没有水汁。将熟笋取出晾凉，沥干水分。

（三）整理

整理包括剥笋、削老节、削笋衣、劈片四个步骤。即先剥去笋壳（笋壳接近笋内的地方，有一层很嫩的壳可以食用，不必剥掉）；再用刀切掉笋基部粗老的节，切时要使切面圆滑；然后用利刀将笋尖上的笋衣剥掉，再剥光笋的全身；最后把其中较大的笋纵劈成两片，以便烘干和包装。

（四）烘干

采用自然干制时，由于笋片较厚，不易晒干。利用烘房进行干制时，温度一般在75~

80℃，保持10~12h，然后逐渐降低温度，每2~3h翻动一次，一般烘烤48h即可烘成。烘干的笋干要求呈金黄色，不能有杂色斑点，质地坚硬。

（五）熏硫

为了保持制品的色泽，防止虫蛀，还要进行熏硫。其方法是：在笋片烘到七成干时，在笋片上喷一些清水，然后将其放入密封的熏硫箱中，封闭严密后在熏硫箱下部放一盛器燃烧硫磺，熏48h后，使硫磺熄灭，让笋片在箱中再密闭12h，以充分吸收SO_2气体，然后开箱取出笋片。

八、甘薯的干制

甘薯的干燥在减少新鲜甘薯的贮藏损失上，具有重要的意义。干燥后的甘薯可以供食用或用做制造酒精的原料。

适合于干燥的品种，其要求依用途而不同，食用的宜大小中等，味甜而少纤维；工业用的宜淀粉含量较高，其他条件关系不大。可以晒干或人工干燥。因甘薯含有单宁，切开后与空气接触，易于氧化而成黑色，所以晒干的薯干一般色泽不好。晒干食用的薯干时，宜在切片后进行烫漂或熏硫。

用于晒干的甘薯，采掘不宜过迟，迟采不但淀粉含量低，且含水量大。干燥时宜取用经过愈伤处理和贮藏的原料，则干燥后的品质较好，但去皮较困难。另外，不适宜的贮藏能发生不良的影响，例如，在10℃以下贮藏的甘薯，制成薯干后具有不良风味。

甘薯干的制造方法为：供食用的薯干，把原料洗净后应去皮，去皮可用刀削、蒸汽处理或碱液处理。去皮损失5%~30%。切分为厚3~4mm的薄片、细丝或6mm×6mm×6mm的小方块。用蒸汽烫漂4~5min，并进行H_2SO_3处理。将烫漂后的原料放入0.2%的H_2SO_3溶液中浸1~2min；或将H_2SO_3溶液喷在薯片或薯块上。此外还可以用熏蒸法，移入熏硫室熏15~20min。然后取出摊散在日光下暴晒或人工干燥，烘干温度宜在75~85℃，并加强通风，以求速干。完成干燥所需要的时间，晒干的薯片为3~7d，薯丝为2~3d；烘干的为3~10h。

工业用的薯干，在原料准备时不需去皮，只要切分为薄片或细丝，即可暴晒。每天翻动一、二次，勿使淋雨。

为使薯干易于保藏，干燥后的含水量应在14%以下，但一般晒制的成品，水分含量往往出入很大，所以保藏性也有很大的差异。

九、南 瓜 粉

（一）原料选择

采用肉质金黄，无变质、霉烂的老熟南瓜为原料。

（二）清洗

用清水将南瓜外表洗净；若南瓜外表污染较严重，可用0.1%的$KMnO_4$液浸泡3~5min，然后再用清水漂洗。

（三）去皮、籽

用刀将瓜剖开，取出瓤中瓜籽，削去外层老皮，分切成3~5cm见方的小块。

（四）破碎

用锤式破碎机将分切成小块的南瓜原料破碎成浆状，并过60目筛网，滤去粗渣。

（五）细磨

将上述南瓜浆放入胶体磨中磨成颗粒更加细小均匀的浆液。若用胶体磨研磨一次的浆液仍不够细小均匀，可反复多磨几次直至达到要求。

（六）浓缩

南瓜浆液中固形物含量约为10%，若直接用此浆液喷雾干燥不但能量消耗大，而且影响设备的效率，所以，南瓜浆液需先浓缩而后再进行干燥。南瓜浆液可用带搅拌的夹层式真空浓缩锅或双效降膜蒸发器来浓缩，使其固形物含量提高到30%左右。浓缩时，浓缩设备的真空度应保持在0.065MPa左右，浓缩温度不要超过60℃。

（七）喷雾干燥

采用顺流压力式喷雾干燥塔。南瓜浆液浓缩完毕后要趁热将料液送入喷雾干燥塔中喷粉，进料温度要控制在50℃以上（温度过低，则料液黏度升高，流动性差，不利于干燥）。喷雾干燥塔进风温度165℃，排风温度90℃，喷雾压力控制在10.2MPa左右。

（八）包装

喷雾干燥制得的粉状产品容易吸潮、结块，因此，应迅速用不透气的铝箔袋进行充气包装。

十、百 合 干

（一）原料选择

百合应在植株地上部分完全枯萎、地下部分充分成熟时采收，此时采收的鳞茎产量高、质量好、耐贮藏。选择无腐烂的鳞茎摊放于通风阴凉处。切忌在阳光下暴晒，以免鳞片干枯变色，影响质量。

（二）剥片

鳞片可用手剥，也可在其鳞茎基部横切一刀，使其分离。不同品种的百合，由于质地不一样，不能混在一起剥片。同一品种，剥片时还应按鳞片着生的位置，将剥下的外鳞片、中鳞片和芯片分别盛装，然后洗净沥干，分别泡片。如混在一起，则泡片时因品种质地不同或生鳞片位置不同，老嫩不一，难以掌握泡片时间，影响加工质量。

（三）泡片

将鳞片放入沸水中浸泡5~10min，当鳞片边缘柔软、背面有微裂时迅速捞起，置于清水中浸泡，去除黏液后再捞出。每锅沸水可连续泡片2~3次，如见锅内水浑浊，需换水、煮沸后再泡，否则会影响泡片的色泽。

（四）干制

泡片后可采取自然干燥或人工干燥。采用自然干燥时要求摊晒的工具和晒场要洁净，鳞片薄摊于晒床上，尽量避免重叠。经3d后鳞片可达六成干，此时才可翻晒，直至全干，如过早翻晒，鳞片易碎，影响产品等级。人工烘干时一般采用不超过60℃的恒温烘干，干制到含水量低于8%时即可出烘房。

（五）包装

剔出有污点的鳞片后进行分级，按不同等级进行包装，装入PE塑料袋，再装入纸箱或其他包装箱。干燥后，鳞片以洁白而完整、大而肥厚者为佳。

第四节　果蔬干制品的包装贮藏与复水

一、包装前的处理

干制品在包装前通常要进行一系列的处理，以提高干制品的质量，延长贮存期，降低包装和运输费用。

（一）回软

回软又称均湿或水分平衡。其目的在于干制品内部与外部水分的转移，使各部分含水量均衡，呈适宜的柔软状态，便于产品处理和包装运输。

回软处理的方法是，将干燥后的产品，选剔过湿、过大、过小、结块以及细屑等，待冷却后立即堆集起来或放在密闭容器中，使水分平衡。在此期间，过干的产品吸收尚未干透的制品多余的水分，使所有干制品的含水量均匀一致，同时产品的质地也稍显皮软。

回软所需的时间，视干制品的种类而定。一般菜干1～3d，果干2～5d。

（二）分级

分级的目的是使成品的质量合乎规格标准。分级时，根据品质和大小，分为不同等级，软烂的、破损的、霉变的均需剔除。分级工作必须及时，绝不可把成品堆放在分级台上的时间过长或长时间放在均湿箱里，以免引起产品变质。各种产品的分级标准不同，应视具体情况而定。

（三）压块

大多果蔬干制后，质量减轻，体积缩小。但有些制品如蔬菜干燥后，呈蓬松状，体积大，包装和运输均不方便，同时间隙内空气多，产品易氧化变质。因此在包装前需要压块处理。

压块效果与温度、湿度和压力有关。在不损坏产品质量的前提下，温度越高、湿度越大、压力越高则菜干压得越紧。蔬菜干制品常在脱水的最后阶段，干制品温度为60～65℃时，趁热压块。如果蔬菜已经冷却，则组织坚脆，极易压碎，需稍喷蒸汽，然后再压块。但喷过蒸汽的干菜，含水量可能超过规定的标准，所以压块后还需干燥处理。生产中常用的干燥方法是和干燥剂一起放在常温下，使干燥剂吸收脱水蔬菜里的水分。一般用生石灰作为干燥剂，约经过2～7d，水分即可降低。

二、干制品的包装

包装对干制品的贮存效果影响很大，因此，要求包装材料应满足以下几点要求：①能防潮防湿，以免干制品吸湿回潮引起发霉、结块。包装材料在相对湿度90%的环境中，每年袋内干制品水分增加量不能超过2%。②不透光。③能密封，防止外界虫、鼠、微生物及灰尘等侵入。④符合食品卫生管理要求，不给食品带来污染。⑤费用合理。生产中常用的包装材料有：金属罐、木箱、纸箱及软包装复合材料。包装方式有两种，即普通密封包装和真空充 N_2（或充 CO_2）包装。

三、 干制品的贮藏

合理包装的干制品受环境因素影响小；未经密封包装的干制品在不良环境条件下易发生变质现象，因此，保证良好的贮藏环境并加强贮藏期管理，才能保证干制品贮藏的安全性。

（一）影响干制品贮藏的因素

1. 干制原料的选择和处理

干制原料的选择及干制前的处理与干制品的耐藏性有很大关系。原料新鲜完整、成熟充分、无机械损伤和虫害，洗涤干净，就能保证干制品的质量，提高干制品的耐藏性。反之，耐藏性则差。另外，原料经过热烫和硫处理，能较好保持制品颜色，并能避免微生物及害虫的侵害。

2. 干制品的含水量

含水量对干制品的耐藏性影响很大。在不损害成品质量的情况下，含水量愈低，保藏效果愈好。不同的干制品，含水量要求不同。果品类，可溶性固形物含量较高，干制后含水量亦高，通常为15% ~20%，有的如红枣干制后含水量可达25%；蔬菜类，可溶性固形物含量低，组织柔软易败坏，干燥后的含水量应控制在4%以下，才能减少贮藏期间的变色和维生素的损失。

3. 贮藏条件

影响干制品贮藏的环境条件主要有温度、湿度、光线和空气。

温度对干制品贮藏影响很大。低温有利于干制品的贮藏，因为干制品的氧化作用随温度的升高而加强。氧化作用不但促使制品品质变化和维生素破坏，而且使 H_2SO_3 氧化而降低制品的保藏效果。所以干制贮藏时应尽量保持较低的温度，一般为0 ~2℃最好，以不超过10℃为宜。

空气湿度对未经防潮包装的干制品影响很大。若空气湿度高，就会使干制品的平衡水分增加，提高制品的含水量，降低制品的耐藏性。此外，较高的含水量，降低了制品 SO_2 浓度，使酶活性恢复，使制品保藏性变差。一般情况下，贮藏果干的相对湿度不超过70%；马铃薯干55% ~60%；块根、甘蓝、洋葱为60% ~63%；绿叶菜73% ~75%。

光线和空气的存在，也会降低制品的耐藏性。光线能促进色素分解；空气中的 O_2 能引起制品变色和维生素的破坏。因此，干制品最好贮藏在遮光、缺 O_2 的环境中。

（二）干制品的贮藏方法

贮藏干制品的库房要求干燥，通风良好又能密闭，具有防鼠设备，清洁卫生并能遮阳。注意在贮藏干制品时，不要同时存放潮湿物品。

库内干制品箱的堆码，应留有行间距和走道，箱与墙之间也要保持0.3m的距离，箱与天花板间应为0.8m的距离，以利空气流动。

库内要维持一定的温湿度。一般采用通风换气来维持。必要时，可采用设备制冷或铺生石灰来降温降湿。此外，还要经常检查产品质量，并做好防虫防鼠工作。干制品的贮藏时间不宜过分延长，到一定期限内，应组织出库、销售。

四、 干制品的防虫

干制品中常混有虫卵，条件适宜（温度、湿度适宜时），干制品中的虫卵就会发育，危害干制品。

（一）清洁卫生防治

清洁卫生防治是各项防治工作的基础，它不仅可以起到防虫、治虫的作用，又可提高产品的卫生质量，并能抑制微生物的发展。因此，要做好仓库、加工厂、贮藏机具、包装物及运输工具的清洁消毒工作。对贮藏干制品的仓库及加工厂房，要经常彻底清扫。害虫严重的仓库、厂房要用药剂消毒或熏蒸，贮藏机具、包装场所和运输工具，使用前后都应认真搞好卫生工作，凡是感染害虫的，必须严格清扫和消毒。

（二）物理防治

物理防治就是利用自然的或者人为的物理因子变化，扰乱害虫正常的生理代谢机能，从而达到抑制害虫发生、发展，直至引起死亡的杀虫方法。常用的物理防治有：低温杀虫、高温杀虫、气调杀虫几种。

1. 低温杀虫

低温杀虫是利用冷空气对害虫的生理代谢、体内组织产生干扰破坏作用，促进害虫迅速死亡。

一般食品害虫在8～15℃时是生命活动的最低限。当外界温度接近于害虫的发育起点时，害虫将开始处于不取食、不活动的状态。当温度低于－4～8℃时，害虫的生理代谢将变得极其缓慢，各虫期开始停止发育，处于冷麻痹状态，但仍然保持生命力，在一定的时间内，如果环境回升到适宜温度，即可复苏，恢复活动。如果－4～8℃的低温时间延长，也能使害虫死亡。

干制品最有效的杀虫温度为－15℃，但费用昂贵；生产中一般用－8℃冷冻7～8h，可杀死60%的害虫。

2. 高温杀虫

高温杀虫就是利用自然的或人为的高温，作用于害虫个体，使其躯体结构、生理机能受到严重干扰破坏而引起死亡的杀虫方法。这种方法一直被广泛地采用，具有良好的防虫、杀虫效果。

一般干制品害虫在40～50℃的亚致死高温区，个体的新陈代谢活动就会发生紊乱，生长发育及繁殖就会不同程度地受到影响，但仍然保持生命力。如果长时间地保持这种温度，会趋于死亡。

目前，干制品高温杀虫的方法有：高温处理、蒸汽杀虫、日光暴晒杀虫等。

在不损失干制品质量的适宜高温下，加热数分钟，可杀死其中隐藏的害虫。对于一些耐热性弱的叶菜类干制品用65℃加热1h；根菜类及其他稍耐热的果蔬类干制品采用75～80℃，加热10～15min；对于干燥过度的果干（如桃干、杏干、李干等）可用蒸汽处理2～4min，不但杀灭害虫，而且使产品柔软，外观改进。此外，日光暴晒也可杀虫。这是由于太阳的辐射能作用于害虫个体，破坏其躯体的组织结构和生理机能，导致害虫死亡。这种处理方法简单、费用低，因此，在广大农村常采用这种方法杀虫。

3. 气调防虫

气调防虫是人为地改变干制品贮藏环境的气体成分含量，造成不良的生态环境条件防治害虫的方法。降低环境的O_2含量，提高CO_2含量可直接影响害虫的生理代谢和生命。一般O_2含量为5% ~7%，1~2周内可杀死害虫。2%以下的O_2浓度，杀虫效果最为理想。CO_2杀虫所需的浓度一般比较高，多为60% ~80%。

O_2浓度越低，杀虫时间就越短；CO_2浓度越高，杀虫效果也越好。因此延长低O_2和高CO_2的处理时间，将能提高杀虫效果。

干制品包装中，常采用密封容器进行抽真空或充O_2或其他惰性气体，使害虫不能存活或处于假死状态。

（三）化学药剂防治

化学药剂防治是利用有毒的化学物质直接杀灭害虫的方法。这种方法杀虫效力高、迅速彻底，能在短期内消灭大量的害虫，又可用来预防感染，是多年来应用较广、较多的一种防治方法。但所用的化学物质对人体的毒性也大，应用时要谨慎小心。

化学药剂的类型很多，应用于干制品防虫的主要是一些熏蒸剂。常有以下几种。

1. 二硫化碳（CS_2）

CS_2置于空气中立即挥发，气态的CS_2比空气重，因此熏蒸时应将盛药的器皿置于室的高处，使其自然挥发，向下扩散。用量为100g/m^3，熏蒸时间为24h。

2. 氯化苦（CCl_3NO_3）

CCl_3NO_3是一种无色液体，难溶于水，在空气中挥发较CS_2慢。该药有剧毒，具有强烈的刺激臭味，温度高于20℃时杀虫效果最佳。宜在夏、秋季使用。使用量为17g/m^3，熏蒸时间24h。CCl_3NO_3忌与金属接触，所用容器应为搪瓷器或陶器。干制品未经完全干燥时，使用这种药剂易发生药害，故制品应在充分干燥后再熏蒸，使用时应谨慎从事，以免发生危险。

3. 二氧化硫（SO_2）

SO_2只能用于已熏过硫的果干，用法与前述原料处理时用法相同，处理时间为4~12h。

4. 甲基溴

甲基溴是最为有效的熏蒸剂，其爆炸性比较小，对昆虫极毒，因而对人也有一定的毒害。使用时应严格控制使用量和使用方法。甲基溴相对密度较空气重，因此，使用时应从熏蒸室的顶部送入，一般用量为16~24g/m^3（夏季浓度低些、冬季高些），处理时间24h以上。

五、复　水

许多干制品是在复水后才能食用。干制品的复水性是指新鲜干制品干制后能够重新吸收水分的程度，一般用干制品吸水增重的程度来衡量。干制品的复原性是指干制品重新吸收水分后在质量、大小、形状、质地、颜色、风味、成分、结构以及其他各方面恢复原来新鲜状态的程度。干制品的复水性和复原性是衡量干制品质量的重要指标，两者之间有着密切的关系。

脱水蔬菜的复水方法是把脱水菜浸泡在12~16倍质量的冷水中30min，再迅速煮沸并保持5~7min。复水率与干制品的种类、品种、成熟度、干燥方法有关，还与复水方法有关。各种蔬菜的复水率或复水倍数如表4-4所示。

表 4－4　几种脱水蔬菜的复水率（或倍数）

蔬菜种类	复水率	蔬菜种类	复水率
甜菜	1:(6.5～7.0)	青豌豆	1:(3.5～4.0)
胡萝卜	1:(5.0～6.0)	菜豆	1:(5.5～6.0)
萝卜	1:7.0	刀豆	1:12.5
马铃薯	1:(4.0～5.0)	菠菜	1:(6.5～7.5)
洋葱	1:(6.0～7.0)	甘蓝	1:(8.5～10.5)
番茄	1:7.0	茭白	1:(8.0～8.5)

复水时，水的用量和质量关系很大。如用水过多，可使水溶性色素（如青花素和花黄素）和水溶性维生素溶解损失。水的 pH 不同，也能使干制品的颜色发生变化，浅色干制品在碱性溶液中会变为黄色。水中若含有金属离子，会促进色素和维生素的氧化破坏；若含有 Na_2SO_3 或 $NaHCO_3$，会使干制品复水后组织软烂；用硬水复水，会使干制品质地变粗硬、影响品质。因此，复水时用水一定经过严格处理，才能提高复水干制品的质量。

第五节　综合实验

一、脱水洋葱制作

（一）实验目的

通过本实验项目掌握脱水洋葱的干制工艺和操作要点。

（二）材料设备

洋葱、$NaHCO_3$、异抗坏血酸、NaCl、切片机、离心机、烘盘、鼓风干燥箱等。

（三）操作步骤

1. 工艺流程

原料选择→预处理→切片→漂洗→护色→除去表面水分→干燥→包装→成品

2. 操作要点

（1）原料选择　选用充分成熟，葱头大小横径在 6.0mm 以上，葱肉呈白色或淡黄白色，辛辣味强，无青皮或少青皮，干物质不低于 14% 的洋葱品种。

（2）原料预处理　切除葱梢、根蒂，剥去葱衣、老皮至露出鲜嫩葱肉。

（3）切片　用切片机按洋葱大小横切呈宽度 4.0～4.5mm，切面要平滑整齐。切片过程中边切边加入水冲洗，同时把重叠的圆片抖开。

（4）漂洗　切片后需进行漂洗，以除去葱片表面的胶质和糖液。

（5）护色　清洗干净的洋葱片用 0.2% 的 $NaHCO_3$ 溶液浸渍 2～3min，或用 0.05% 异抗坏血酸和0.1% NaCl溶液浸泡1~2min，捞出沥干水分。

（6）除去表面水分　沥干的洋葱片用离心机除去表面水分。

（7）干燥　将洋葱片均匀摊入烘盘中，放入鼓风干燥箱中进行干燥，温度控制在55~60℃，持续时间6~7h，烘至含水量降为8.0%以下时，完成干燥。

（8）包装　挑选除去焦褐片、老皮、杂质和变色的次品，分选后，装入塑料薄膜袋中。

（9）产品质量标准（表4-5）

表4-5　脱水洋葱的产品质量标准

项目	优级品		一级品		二级品	
	黄洋葱	白洋葱	黄洋葱	白洋葱	黄洋葱	白洋葱
色泽	乳白	白	淡黄	乳白	黄	乳黄
形态	呈月牙形平伏，大小均匀		稍有皱褶，大小较均匀		大小基本均匀	
气味	具有洋葱特有香味，无异味				允许有轻微焦味	
杂质	不得检出				≤0.1g/kg	
最高水分含量/%	8.0					

（四）实验要求

学生在教师的指导下，按照上述工艺流程加工出符合产品质量标准的脱水洋葱，并完成实验报告：列表记载新鲜原料与切片后原料质量，成品的质量、色泽、外形，护色方法，干制温度、干制时间等；计算干燥率和加工成本（不含人工费）。

二、脱水胡萝卜粒制作

（一）实验目的

通过本实验项目掌握脱水胡萝卜粒的干制工艺和操作要点。

（二）材料与设备

胡萝卜、$NaHCO_3$、去皮刀、切菜机、离心机、烘盘、鼓风干燥箱等。

（三）操作步骤

1. 工艺流程

原料选择→清洗、去皮→切分→烫漂→除去表面水分→干燥→包装→成品

2. 操作要点

（1）原料选择　应选择表皮光滑、芯细、表皮和肉质均为橙红色的胡萝卜，长度为18~25cm，直径2.5~4cm。味甜、肉质粗糙及黄色或橙黄色的胡萝卜不宜作为加工原料。

（2）清洗、整理与去皮　用清水洗去泥沙，然后去除表皮，切去青头和胡萝卜芯。可采用手工去皮、机械去皮、蒸汽去皮和化学去皮。蒸汽去皮是在0.5MPa压力的蒸汽中40~60s，或在0.7MPa的蒸汽中30s，或在1.5MPa的蒸汽中10s，之后迅速排放蒸汽至大气压下，冲刷去

皮。化学去皮是采用3% ~6% 碱液，温度为80 ~90℃，浸渍2 ~4min，使其表皮软化，但勿使碱液透入内层组织。

（3）切分　将整理好的原料切成0.6 ~0.8cm 见方的胡萝卜颗粒，然后用清水清洗干净。

（4）烫漂　将胡萝卜颗粒置于0.1% $NaHCO_3$沸水溶液中烫漂至软而不糊，稍带弹性。烫漂时间为1.5 ~2min，具体时间按原料颗粒大小、鲜嫩度而定。烫漂后应迅速用干净的冷水冷却，以冷透为原则，目的是防止原料受热过度而引起组织软化和褐变。然后，沥去原料表面水滴或用离心机甩干。

（5）干燥　将处理好的原料均匀摊入烘盘上，放入鼓风干燥箱中进行干燥，温度控制在60 ~65℃，不得超过65℃。烘至产品含水量为6% 以下时完成干燥。

（6）包装　筛去碎屑，挑出杂质和变色的产品。分选后，装入塑料薄膜袋中。

（7）产品质量标准　颗粒大小基本均匀，无杂质、碎屑及黑粒。色泽为橙红色，允许有少量粒子略带黄芯，但不能超过5% 。干粒表面不得有灰白色。水分含量低于8% 。

（四）实验要求

学生在教师的指导下，按照上述工艺流程加工出符合产品质量标准的脱水胡萝卜粒，并完成实践报告：列表记载新鲜原料与切分后原料质量，成品的质量、色泽、外形，去皮方法，烫漂时间，干制温度、干制时间等；计算干燥率和加工成本（不含人工费）。

三、 脱水马铃薯片制作

（一）实验目的

通过本实验项目掌握脱水马铃薯片的干制工艺和操作要点。

（二）材料与设备

马铃薯、NaOH、食盐、焦亚硫酸钠（$Na_2S_2O_5$）、异抗坏血酸、切片机、离心机、烘盘、鼓风干燥箱等。

（三）操作步骤

1. 工艺流程

原料选择→清洗→去皮、切分→护色→除去表面水分→干燥→包装→成品

2. 操作要点

（1）原料选择　马铃薯应选择块茎大，表面光滑，表皮薄，芽眼浅而小，肉质白色或淡黄色，干物质不低于21% ，其中淀粉含量不超过18% ，无发芽的健康马铃薯为原料。

（2）清洗去皮　将马铃薯倒入清水中洗净泥沙等杂质，然后进行人工去皮、机械去皮或碱液去皮。碱液处理一般用含NaOH 10% 的沸水溶液浸泡1 ~2min，摩擦去皮后用清水冲洗，沥干。去皮后的马铃薯应立即浸入0.1% 的食盐水中，以防变色。

（3）切分　将去皮的马铃薯切成2mm 厚度一致的薄片，然后把薯片倒入清水中浸泡，不断翻搅，以除去部分淀粉和龙葵素等。

（4）护色　去皮切分后的马铃薯极易发生褐变现象，因此，切分后应立即将马铃薯放入0.3% 的$Na_2S_2O_5$溶液中浸泡30min，或者是在0.1% 的异抗坏血酸中烫漂2min，用清水冷却后捞出。

（5）干制　将处理好的原料均匀摊入烘盘上，放入鼓风干燥箱中进行干燥，干燥时其温度一般不超过60℃，待含水量降低至7% 以下时完成干燥。

（6）挑选、包装　剔除变色及形成硬壳的马铃薯产品，并按大小片分级包装，先用 PE 塑料袋包装，扎紧袋口，再用纸箱或其他包装箱包装。

（7）产品质量标准　产品呈白色或淡黄色，半透明，片形齐正，厚薄均匀，水分含量低于7%。

（四）实验要求

学生在教师的指导下，按照上述工艺流程加工出符合产品质量标准的脱水马铃薯片，并完成实验报告：列表记载新鲜原料与切分后原料质量，成品的质量、色泽、外形，去皮方法，护色方法，干制温度、干制时间等；计算干燥率和加工成本（不含人工费）。

[推荐书目]

1. 叶兴乾．果品蔬菜加工工艺学．第三版．北京：中国农业出版社，2009.
2. 罗云波，蒲彪．园艺产品贮藏加工学·加工篇．第二版．北京：中国农业大学出版社，2011.
3. 赵丽芹，张子德．园艺产品贮藏加工学．第二版．北京：中国轻工业出版社，2009.

思考题

1. 试述果蔬中水分存在的状态和特性。
2. 果蔬干制过程中划分了几个阶段？各个阶段的特点是什么？
3. 简述影响干燥速度的因素。
4. 果蔬干制过程中发生了哪些变化？
5. 果蔬干制品后处理包括哪些内容？其目的是什么？

CHAPTER 5

第五章 果蔬糖制加工

[知识目标]

1. 了解果蔬糖制加工中糖的有关性质及果蔬糖制品的分类方法。
2. 理解果蔬糖制的基本原理。
3. 掌握果蔬糖制品的加工工艺流程以及各工艺流程的操作要点。
4. 掌握果蔬糖制品加工过程中常见问题的分析与控制。

[能力目标]

1. 能够根据果蔬原料的性质制作果蔬糖制品。
2. 能够对不同果蔬糖制加工过程中常见问题进行分析和控制。

第一节　果蔬糖制原理与技术

一、果脯、蜜饯的由来

果脯和蜜饯作为我国特有的传统食品，早在反映西周至先秦这段历史时期生产和生活的《诗经》中，已见记载。此后，西汉时成书的《礼记·典礼》中，记有“妇人之挚，椇，榛，脯，脩，枣，栗”，就是说，妇人携带的礼物，常有枳椇、榛子、果脯、肉干、枣、栗子等。晋代《广志》更具体记述了果脯的制作和用途：“柰有白、青、赤三种。……西方例多柰，家家收切，曝以为脯，数十百斛，以为蓄积，谓之苹婆粮。”

这些经干制收藏的“脯”，当时被称作“苹婆粮”，可见果脯在古代劳动人民生活中，占有很重要的地位。

湖南长沙马王堆1972年出土的竹简上，有“枣一笥，枣脯一笥”的字样。笥者，竹编的方篓也。这里的“枣脯”，显然是不同于“枣”的加工产品。这是我国长江流域的劳动人民，早在两千年以前对果脯加工和食用的重要证据。

蜜饯，是由“蜜渍”转化而来。最初的蜜饯，大抵是用蜂蜜浸渍鲜果而成，所以都冠以“蜜”字。后来发展为将新鲜果品放在蜂蜜中熬煎、浓缩，去除大量水分后，再长期保存，故又称作“蜜煎”。

到了宋代，果脯蜜饯的加工方法更加发展和完善。《武林旧事》曾有“雕花蜜饯”的详细记载。蜜饯雕花，不但使人得到可口的食品，同时还得到美的享受，说明那时蜜饯的工艺水平已达到相当高度。如今苏式蜜饯中的“雕梅”“糖佛手”，湖南蜜饯中的“花卉”“鱼鸟”等，就是雕花蜜饯工艺的继承和发展。

从广义来说，果脯属于蜜饯的一种。现在市售的蜜饯产品，从原料看，除果品外，还有蔬菜、花卉等；从产品分类看，有果脯、蜜饯、凉果类等。

凉果与蜜饯，严格地讲不是两类不同的品种，但在主要配料和加工方法、成品感官和理化指标诸方面，均有不同之处。

凉果是不经蒸煮等加热过程，直接以干鲜果品或经过漂洗的果坯浸、拌以辅料后，晾晒而成。因多以甘草为主要辅料，所以又称为“甘草凉果”。

凉果加工的历史，可以追溯到春秋时代。《书经》所说的“若作和羹，尔唯盐梅”。虽是作为调味之用，这“盐梅”亦堪称凉果加工的滥觞。《周礼》中的“馈食之笾，其实干蓛”，说的是“馈赠的果篮里，装的果实是加香草干制的梅果”。北宋陶谷《清异录》中载一种“爽团”制法：“美色金杏浸水中，以生姜、甘草、丁香、豆蔻等研末，搅拌后晒干透味，名曰爽团，含一枚可以醒酒。”这种“爽团”，就是现在的“杏话梅”。

山楂制品的加工，大约始于宋代，那时的主要产品是冰糖葫芦，那时称作“蜜弹儿”；明代则称为“糖堆儿”。山楂糕的加工，明代已有详细记载。明代李时珍《本草纲目》记道：山楂果“去皮、核、捣和糖、蜜，作为楂糕，以充果物。”山楂糕在北京又称为金糕，清代为皇宫小食品。嘉庆年间曾有诗赞曰：“南楂不与北楂同，妙制金糕数汇丰。色如胭脂甜若蜜，解醒消食有兼功。”

果丹皮、山楂饼的加工，大致与楂糕同时。明代《群芳谱》记载：“关西人以赤柰取汁，涂器中曝干，名果单，味甘酸，可以馈远。”朱权《臞仙神隐》中说：“防俭饼，以果子、红枣、胡桃、柿饼四果，去核皮，于碓内一处捣烂，捻作厚饼，晒干收之，以防慌俭之用。”果丹皮、山楂饼等加工方法，不能不说是脱胎于此。

花卉蜜饯，以木樨（桂花）、玫瑰为主，主要是糖腌。后来进一步发展为加入梅泥。这类产品，多作为食品的添加香味辅料，但也是蜜饯的一个部分。

综上所述，我国果脯、蜜饯的生产，可以说是始于周，成于宋，盛于今。

二、果蔬糖制定义

果蔬糖制是利用高浓度糖液的渗透脱水作用，将果品蔬菜加工成糖制品的加工技术。加工过程中使食糖渗入组织内部，从而降低水分活度，提高渗透压，可有效地抑制微生物的生长繁殖，防止腐败变质，达到长期保藏的目的。

白砂糖和饴糖等食糖的开发应用以及现代加工技术的发展，促进了果蔬糖制加工业的迅速发展，在产品种类、产量和品质上都有很大提高，并形成了各具特色的系列产品。其中北京、苏州、广州、潮州、福州、四川等地的制品尤为著名，如苹果脯、蜜枣、冬瓜条、糖姜片、山楂脯以及各种凉果和果酱，这些产品在国内外市场上享有很高的声誉。

糖制品对原料的要求一般不高，通过综合加工，可充分利用果蔬的皮、肉、汁、渣或残、次、落果，甚至不宜生食的橄榄和梅子也可制成美味的果脯、蜜饯、凉果和果酱。尤其值得重视的野生果实，如猕猴桃、野山楂、刺梨和毛桃等，可制成当今最受欢迎的无污染、无农药的糖制品。所以，糖制品加工也是果蔬原料综合利用的重要途径之一。

至今，糖制品的制作多沿用传统加工方法，生产工艺比较简单，投资少，见效快，极适于广大果产区和山区就地取材、就地加工，获取最大的经济效益和社会效益。随着全国技术市场的开放，很多新产品被研制推广，尤以瓜菜和保健蜜饯的开发最为突出。

在蜜饯加工中，常使用丁香、肉桂、厚朴、排草、檀香、八角、陈皮、山柰等天然香辛料，具有增进食欲、消除异味、赋予香气、着色、抗氧化、抗病菌、生理药理作用。另外，食用这些果脯是有益处的，如橄榄败火、金橘润喉，野山枣糕可安神，山楂能软化血管、降血脂，秋海棠可开胃。因此，开发功能性果脯蜜饯大有可为。

三、 果蔬糖制品的特点

果蔬糖制品具有高糖、高酸等特点，这不仅改善了原料的食用品质，赋予产品良好的色泽和风味，而且提高了产品在保藏和贮运期的品质和期限。糖制食品除可增长保藏期外，还可增加糖类营养素和起调味作用。

四、 果蔬糖制品的分类

我国果蔬糖制品加工历史悠久，原料众多，加工方法多样，形成的制品种类繁多、风味独特，是我国名特食品中的重要组成部分。我国自古就有把蜜饯分成“南蜜”和“北蜜”两种，在形态和习惯上，南方主要称蜜饯，北方则称为果脯。蜜饯偏湿，果脯偏干。南方以湿态制品为主，北方则以干态制品居多，因此俗称“北脯南蜜”。一般按加工方法和产品形态，可分为果脯蜜饯和果酱两大类。

（一）果脯蜜饯类

1. 按产品含糖量及含水量分类

（1）蜜饯　是以鲜果坯经糖渍煮制，含糖量较低（一般在 60% 以下），含水量较高（一般在 25% 以上），不经烘干或半干性制品称为蜜饯。

（2）果脯　果坯经糖渍煮制、烘干（或晒干）后，含糖量较高（一般在 65% 以上），含水量较少（一般在 20% 以下）的干制品则称为果脯。

2. 按产品形态及风味分类

（1）湿态蜜饯　果蔬原料糖制后，按罐藏原理保存于高浓度的糖液中，果形完整饱满，质地细软，味美，呈半透明。如蜜饯海棠、蜜饯樱桃、糖青梅、蜜金橘等。

（2）干态蜜饯　糖制后晾干或烘干，不粘手，外干内湿，半透明，有些产品表面裹一层半透明糖衣或结晶糖粉。如橘饼、蜜李子、蜜桃片、冬瓜条、糖藕片等。

（3）凉果　指用咸果坯为主原料的甘草制品。果品经盐腌、脱盐、晒干、加配调料蜜制晒干而成。制品含糖量不超过 35% ，属低糖制品，外观保持原果形，表面干燥，皱缩，有的品种表面有层盐霜，味甘美、酸甜、略咸，有原果风味，如陈皮梅、话梅、橄榄制品等。

3. 按产品传统加工方法分类

（1）京式蜜饯　京式蜜饯又称北京果脯，起源于北京地区的最为有名。河北、山东、山西等地所产的果脯蜜饯也具有其特点，因此也属于京式蜜饯。京式蜜饯生产历史悠久、品种繁多、质量上乘，是京都地区的一大特产。据《辽史·地理志》等书记载，北京自公元938年作为辽国的南京后，城内即有专制蜜饯果脯的作坊。当时宋辽之间往来频繁，每逢北京皇帝生辰寿日，契丹即派使节送去“蜜山果”“蜜渍山果”等礼品，这说明北京的蜜饯果脯已有上千年的历史了，许多年来一直昌盛不衰。时至今日，不少来京的客人都要选购一些果脯蜜饯带回去，作为馈赠亲朋好友的礼品。

京式蜜饯是以新鲜水果为原料，经糖液浸煮后，烘干（或晒干）而成。制品鲜亮透明，表面干燥，不粘手。入口柔软有韧性，甜中带酸，风味浓郁。代表产品主要有苹果脯、杏脯、梨脯、桃脯、山楂蜜饯、海棠脯、金丝蜜枣等。

（2）苏式蜜饯　苏式蜜饯起源于苏州、上海、无锡一带，生产历史悠久，历代都选为贡品。

苏式蜜饯制品选料讲究、工艺精细、形色别致，并有雕刻等特殊处理，有咸甜或酸甜口味。品种多样，有糖渍类和反砂类之分。

①糖渍蜜饯：制品表面微有糖液，色鲜肉脆，清甜爽口，原果风味浓郁。如糖青梅、苏梅、糖桂花、糖渍无花果、蜜渍金橘等。

②反砂蜜饯：制品表面干燥，微有糖霜，色泽清新，形态别致，酥松味甜。如白糖杨梅、糖藕片、苏式话梅、苏州橘饼等。

（3）广式蜜饯　广式蜜饯（包括潮州蜜饯）起源于广州、潮州、汕头一带，相传已有1000年以上历史，最初为当地民众节日欢聚、喜庆待客、馈赠亲友的乡土特产，继而发展成为传统的美味食品。除在我国华南地区销售外，还远销欧美和东南亚等地。

广式蜜饯是以我国华南地区特有的新鲜水果和蔬菜作为原料，经糖液浸煮而成。制品花色品种繁多，风味独特。根据原材料和制法不同，大致可分为两大类别。

①糖衣果脯：糖衣果脯是以新鲜果蔬为原料，经糖液浸煮制，再晾干而成。制品的表面干燥并附着一层白色粉末的糖衣。成品色泽莹洁、入口甜糯。主要产品有冬瓜条、糖莲子、糖姜片等。

②凉果：凉果制品以经过盐腌或晒干的果坯为原料，经漂洗和加糖腌渍后，再晾晒或烘干，制成干态的成品。食之酸中带咸，回味清香甘甜，生津解渴，风味独特。如话梅、陈皮梅等。

（4）闽式蜜饯　闽式蜜饯又称福式蜜饯，起源于福州、厦门、泉州和漳州一带，发展历史与广式蜜饯相近。发展初始于闽南群众用糖蜜腌藏家乡的特产果品，以备作淡季食用，或作为出海时的救生食品，继而成为节日馈赠亲友的礼品，有些品种也曾为历史上的贡品。

闽式蜜饯制品做工别致，风味独特，主要有糖渍类和甘草类制品。如大福果、加应子、丁香榄、良友橄榄、十香果、蜜桃片等。

（5）川式蜜饯　川式蜜饯主要出自享有“甜城蜜饯之乡”称誉的四川内江地区。内江是四川的重要产糖区，盛产甘蔗、红橘、寿星橘、金钱橘。早在明朝弘治十五年（公元1502年）内江就有甘蔗和红橘的栽培，土法生产蔗糖问世后，人们用生产冰糖的下脚水煮红橘，当时称作煮货，经过不断的实践摸索，形成了一套日臻完美的工艺技术，生产出具有独特风味、名扬中外的橘红蜜饯，在此基础上又相继用当地果蔬、药材制作出许多独具特色的产品。曾为历史的贡品，享誉甚高。闻名中外的有橘红蜜饯、川瓜糖、蜜辣椒、蜜苦瓜等。

（二）果酱类

1. 果酱

分为泥状及块状两种。原料经处理后，打碎或切成块状，糖制浓缩而成凝胶制品。呈黏糊状，带有细小果块，酸甜可口，口感细腻，如苹果酱、草莓酱、杏酱等。

2. 果泥

一般是将单种或多种水果混合，原料经软化、打浆、筛滤后得果肉浆液，加入适量砂糖（或不加糖），经加热浓缩而成。呈浆糊状，糖酸含量稍低于果酱，口感细腻，如枣泥、什锦果泥、胡萝卜泥等。

3. 果冻

用含果胶丰富的果品为原料，经软化、榨汁过滤后，加糖、酸、果胶共煮，冷后结成凝胶状的制品。含糖可高达75%，pH 可达2.7～3.4，如山楂果冻、苹果果冻、柑橘果冻等。

4. 果糕

将果实软化后，取其果肉浆液，加糖、酸、果胶浓缩而制成，如南瓜枣糕、猕猴桃糕、山楂糕、胡萝卜糕等。

5. 果丹皮

果肉浆汁打细后，加糖或不加糖，摊薄烘成干燥皮块，如苹果果丹皮、山楂果丹皮等。

6. 马茉兰

把富含果胶的果肉浆汁与糖共煮成胶冻状，有夹层制品及混制品各种结构，烘到半干，含糖不低于60%。我国多采用柑橘类为原料，加工方法与果冻基本相似，不同的是需在果冻配料中加入柑橘类外果皮切成的条状薄片，并使这些薄片均匀分布于制品中。食用时软滑，富有橘皮的特有风味，如柑橘马茉兰。

五、果蔬糖制的基本原理

糖制品是以食糖的保藏作用为基础的加工保藏法。食糖的种类、性质、浓度及原料中果胶含量和特性对制品的质量、保藏性都有较大的影响。因此，了解食糖的保藏作用和理化性质以及果胶的胶凝作用，是科学调控生产工艺、获得优质耐藏制品的关键所在。

（一）食糖的保藏作用

果蔬糖制是以食糖的防腐保藏作用为基础的加工方法，糖制品要做到较长时间的保藏，必须使制品的含糖量达到一定的浓度。

1. 高渗透压

糖溶液都具有一定的渗透压，糖液的渗透压与其浓度和相对分子质量大小有关，浓度越高，渗透压越大。据测定，1%的葡萄糖溶液可产生121.59kPa的渗透压，1%的蔗糖溶液具有70.93kPa的渗透压。高浓度糖液具有强大的渗透压，能使微生物细胞质脱水收缩，发生生理干燥而无法活动。

2. 降低糖制品的水分活度

食品的水分活度，表示食品中游离水的数量。大部分微生物要求适宜生长的水分活度在

0.9以上。当食品中的可溶性固形物增加，游离水含量减少，即A_w值降低，微生物就会因游离水的减少而受到抑制。但少数真菌和酵母菌在高渗透压和低水分活性时尚能生长，因此对于长期保存的糖制品，宜采用杀菌或加酸降低pH以及真空包装等有效措施来防止产品的变质。

3. 抗氧化作用

糖溶液的抗氧化作用是糖制品得以保存的另一个原因。由于O_2在糖液中的溶解度小于在H_2O中的溶解度，糖浓度越高，O_2的溶解度越低。如浓度为60%的蔗糖溶液，在20℃时，O_2的溶解度仅为纯H_2O含O_2量的1/6。由于糖液中O_2含量降低，有利于抑制好氧型微生物的活动，也有利于制品的色泽、风味和维生素的保存。

4. 加速糖制原料脱水吸糖

高浓度糖液的强大渗透压，亦加速原料的脱水和糖分的渗入，缩短糖渍和糖煮时间，有利于改善制品的质量。然而，糖制的初期若糖浓度过高，也会使原料因脱水过多而收缩，降低成品率。蜜制或糖煮初期的糖浓度以不超过30%～40%为宜。

（二）原料糖的种类及性质

1. 原料糖的种类

为保证制品品质，原料用糖以蔗糖为主，其次为麦芽糖、淀粉糖浆、果葡糖浆、蜂蜜及转化糖。不使用葡萄糖。转化糖则从蔗糖转化而得。

原料用糖以蔗糖为主，蔗糖的吸湿性最小，一般工业化生产的食品，必须具有较长的货架寿命。糖制品本身就是腐败微生物最好的养料，最易腐败、变质。制品所含游离水，是微生物发育的必要条件。当制品暴露在空气中时，它的强吸湿性正是造成制品中游离水分增加的主要原因，对制品变质起决定性作用。所以对制品要求低吸湿性，以保证有较长的保存期。蔗糖的低吸湿性，正符合制品要求。另一原因是蔗糖纯度高，色纯白，没有影响制品的特殊味。葡萄糖的纯度虽高，色也纯白，无异味，但甜度低，价也高，故不采用。其余的糖多为混合物，而且是非结晶性，吸湿性都高，均不及蔗糖优越。因此，在加工前，必须了解它们的特性，才能灵活掌握。

2. 糖的一般特性及其作用

糖的一般的特性，包括甜度、溶解度与结晶性、沸点与浓度、吸湿性与转化性、稳定性、黏稠性、渗透性、发酵性、抗氧化性及营养性。

（1）甜度　食糖是食品的主要甜味剂，食糖的甜度影响着制品的甜度和风味。糖的甜度是主观的味觉判别，因此，一般都以相同浓度的蔗糖为基准来比较。以蔗糖甜度为1.0作为相对甜度进行比较，各种糖的甜度如表5-1所示。

表5-1　糖的相对甜度

糖	麦芽糖	淀粉糖浆（葡萄糖值62）	葡萄糖	蔗糖	果葡糖浆（转化率42%）	蜂蜜（转化糖75%）	转化糖
相对甜度	0.5	0.7	0.74	1.0	1.0	1.2	1.2

由表5-1可以看出，果葡糖浆的甜度与蔗糖相同，蜂蜜与转化糖的甜度比蔗糖稍高。蔗糖甜味纯正，味感反应迅速，消失也迅速。单纯的甜味会使制品风味过于单调，且不能显

示制品品种的特点。因而制品的甘甜风味不能单靠糖的甜度来形成，仍需由辅助成分共同形成。例如，与酸味、咸味、香气以及果蔬本身的特殊风味相互协调，配合适当，才能制成优美的制品。

（2）溶解度与晶析　糖的溶解度与晶析对糖制品的保藏性影响很大。糖的溶解度指在一定的温度下，一定量的饱和糖液内溶有的糖量。当糖制品中液态部分的糖含量在某一温度下达到饱和时，糖会结晶析出，也称返砂，液态部分糖的浓度由此降低，也就削弱了产品的保藏性，制品的品质也因此受到破坏。但在蜜饯加工中有些产品也正是利用了晶析这一特点，来提高制品的保藏性，适当控制过饱和率，给干态蜜饯上糖衣，如冬瓜条、琥珀桃仁等。

任何食糖在溶液中都有一定的溶解度，并受温度的直接影响（表 5－2）。一般的规律是随着温度的升高溶解度加大，如蔗糖在 10℃时溶解度为 65.8%，约相当于糖制品所要求的含糖量；温度为 90℃时，其溶解度上升为 80.6%。糖制后贮温低于 10℃，就会出现过饱和而晶析（返砂），降低制品的含糖量，削弱了保藏性。

表 5－2　　不同温度下食糖的溶解度　　单位：%

种　类	温　度									
	0℃	10℃	20℃	30℃	40℃	50℃	60℃	70℃	80℃	90℃
蔗　糖	64.2	65.6	67.1	68.7	70.4	72.2	74.2	76.2	78.4	80.6
葡萄糖	35.0	41.6	47.7	54.6	61.8	70.9	74.7	78.0	81.3	84.7
果　糖	—	—	78.9	81.5	84.3	86.9	—	—	—	—
转化糖	—	56.6	62.6	69.7	74.8	81.9	—	—	—	—

食糖的溶解度大小受糖的种类和温度的双重影响，如在 60℃时，蔗糖与葡萄糖的溶解度相等；高于 60℃时，葡萄糖大于蔗糖；低于 60℃时，蔗糖大于葡萄糖。而果糖在任何温度下，溶解度均高于蔗糖、转化糖和葡萄糖。高浓度果糖一般以浆体形态存在。转化糖的溶解度受本身葡萄糖和果糖含量的制约，故大于葡萄糖而小于果糖，30℃以下低于蔗糖，30℃以上则高于蔗糖。

纯葡萄糖液因渗透压大于同浓度的蔗糖溶液，具有很好的保藏性，但常温下溶解度较小，易结晶析出，不适宜单独作为制品的糖源。同样，糖煮时蔗糖过度转化，也易发生葡萄糖的晶析。因此，一些含酸过高的原料需先脱酸、后糖煮，或者要控制适当的糖煮时间，不要过长，以防止蔗糖的过度转化而引起葡萄糖的结晶。

糖制加工中，为防止蔗糖的返砂，常加入部分饴糖、蜂蜜或淀粉糖浆。因为这些食糖和蜂蜜中含有多量的转化糖、麦芽糖和糊精，这些物质在蔗糖结晶过程中，有抑制晶核的生长、降低结晶速度和增加糖液饱和度的作用。此外，糖制时加入少量果胶、蛋清等非糖物质，也同样有效。因为这些物质能增大糖液的黏度，抑制蔗糖的结晶过程，增加糖液的饱和度。一般糖液中转化糖含量达 30%～40%时就可以防止蔗糖的结晶。

（3）吸湿性　食糖的吸湿性以果糖最大，葡萄糖和麦芽糖次之，蔗糖为最小。糖制品吸湿回潮后使制品的糖浓度降低，削弱了糖的保藏性，甚至导致制品的变质和败坏。

糖的吸湿性与糖的种类及相对湿度密切相关（表5－3），各种结晶糖的吸湿量（%）与环境中的相对湿度呈正相关，相对湿度越大，吸湿量就越多。当吸水达15%以上时，各种结晶糖便失去晶体状态而成为液态。

表5－3　几种糖在25℃中7d内的吸湿率　单位:%

种类	空气相对湿度		
	62.7%	81.8%	98.8%
果糖	2.61	18.85	30.74
葡萄糖	0.04	5.19	15.02
蔗糖	0.05	0.05	13.53
麦芽糖	9.77	9.80	11.11

纯蔗糖结晶的吸湿性很弱，在相对湿度为60%以下时，它是一种不潮解的物质；在相对湿度为81.8%以下时，吸湿量仅0.05%，吸湿后只表现潮解和结块。商品蔗糖因含有少量灰分，而且晶体表面存在少量非糖杂质，这会引起蔗糖在整个相对湿度范围内平衡湿度上升，增加蔗糖的潮解机会。蔗糖贮藏的相对湿度条件要求为40%～60%。果糖在同样条件下，吸湿量达18.85%，完全失去晶态而呈液态，必须用防潮纸或玻璃纸包裹。

在生产中常利用转化糖吸湿性强的特点，让糖制品含适量的转化糖，这样便于防止产品发生结晶（或返砂）。但也要防止因转化糖含量过高而引起制品流汤变质。

（4）蔗糖的转化　蔗糖、麦芽糖等双糖在稀酸与热或酶的作用下，可以水解为等量的葡萄糖和果糖，称为转化糖。见表5－4。

蔗糖转化的意义和作用：①适当的转化可以提高蔗糖溶液的饱和度，增加制品的含糖量。②抑制蔗糖溶液晶析，防止返砂。当溶液中转化糖含量达30%～40%时，糖液冷却后不会返砂。③增大渗透压，减小水分活度，提高制品的保藏性。④增加制品的甜度，改善风味。

糖转化不宜过度，否则，会增加制品的吸湿性，回潮变软，甚至使糖制品表面发黏，削弱保藏性，影响品质。对缺乏酸的果蔬，在糖制时可加入适量的酸（多用柠檬酸），以促进糖的转化。另外，制作浅色糖制品时，要控制条件，勿使蔗糖过度转化。

表5－4　各种酸对蔗糖的转化能力（25℃以盐酸转化能力为100计）

种类	硫酸	亚硫酸	磷酸	酒石酸	柠檬酸	苹果酸	乳酸	醋酸
转化能力	53.60	30.40	6.20	3.08	1.72	1.27	1.07	0.40

（5）糖液的浓度和沸点　糖液的沸点随糖液浓度的增大而升高。在101.325kPa的条件下不同浓度果汁－糖混合液的沸点如表5－5所示。

表 5 - 5　　不同浓度果汁 - 糖混合液的沸点

可溶性固形物/%	沸点/℃	可溶性固形物/%	沸点/℃
50	102.22	64	104.6
52	102.5	66	105.1
54	102.78	68	105.6
56	103.0	70	106.5
58	103.3	72	107.2
60	103.7	74	108.2
62	104.1	76	109.4

糖制品糖煮时常用沸点估测糖浓度或可溶性固形物含量，确定熬煮终点。如干态蜜饯出锅时的糖液沸点达 104 ~ 105℃，其可溶性固形物在 62% ~66%，含糖量约 60%。

蔗糖液的沸点受压力、浓度等因素的影响，其规律是糖液的沸点随海拔高度的提高而下降。

(6) 糖的黏稠性　糖的黏稠性对产品质量有较大的影响。糖的黏稠厚味，可体现出糖的可口性；糖的黏稠黏结，可使制品易于成形；糖的黏稠润滑，可使制品光泽柔软。当产品产生“反砂”现象时，则会使其黏稠性降低或丧失。为此，可在蔗糖中加入适量还原糖，或使之与酸作用产生转化糖。

糖的黏稠性随温度和浓度的变化而变化。在浓度相同时，温度越高，黏稠性越小；在温度相同时，浓度越高，黏稠性越大。在浓度和温度均相同时，蔗糖的黏稠性比葡萄糖大，比麦芽糖及淀粉糖浆小。

糖的黏稠性给生产也带来不便，凡是与糖液接触的物品和器具均会黏附糖液，既浪费原料，又不卫生。当糖液中混有还原糖时，吸湿性会增强，这样会降低产品的保藏性。对于果脯、蜜饯产品，为便于包装和食用，都不采用湿态产品而采用半干态型，以使产品的表面黏性降至最低程度。洗去果脯表面糖液可降低产品表面的黏性。

(7) 糖液的发酵性　发酵是微生物在糖液中生长繁殖的结果，细菌、酵母菌、霉菌等都可在糖液中生长繁殖，所以各种糖液都有发酵性。几乎所有酵母都能发酵葡萄糖和淀粉糖浆，大多数酵母可发酵麦芽糖，多数酵母能发酵蔗糖。就酵母的发酵性而言，蔗糖的发酵性低于葡萄糖；而细菌和霉菌能发酵的糖类较少。酵母及霉菌能产生蔗糖酶及转化酶，都能使蔗糖分解为果糖及葡萄糖。有些酵母能产生麦芽糖，它们能把麦芽糖分解为葡萄糖。

糖的发酵性对产品质量有一定影响。稀糖液由于浓度较低，它在常温下会很快发酵变质，浓度越低，发酵变质越快。糖类在发酵时，会产生各种极为复杂的变化，稀糖液的液面上会产生各种状态的被膜、黏液、气泡，同时产生各种气味，多数是难闻的气味，且伴随有许多复杂有机物的产生。霉菌类作用于糖液时，其表面会产生各种形态及各种颜色的菌丝体及孢子，菌落表面多呈粉状。潮湿的糖块，常首先发现霉菌类生长繁殖，而产品在保存期间，多数是霉菌先行污染。糖液在受到微生物污染时，会有程度不同的变质，虽经糖煮，也不能再结晶返砂，这种糖液应当弃之不用。

（8）糖的渗透性　果蔬糖制就是利用高浓度糖液的高渗透性渗入果蔬组织，同时使组织内部的水分渗出。糖液的渗透压可使微生物的细胞质与细胞膜发生分离现象，其活力将受到很大抑制，提高了制品的保藏性。微生物的种类不同，对糖液浓度大小所受到的抑制也不同。

（9）抗氧化性及营养性　由于糖液中能溶解的 O_2 量比 H_2O 能溶的量少得多，因而糖渍已透糖的果蔬组织其氧化作用降低。这可以看作是糖液的抗氧化性，它随着糖液浓度的增高而加强，有利于干态和干态糖渍品的保存性。

糖的营养性及营养价值尽人皆知。糖是人体能量的主要来源，人体中大约有 70% 的能量是靠糖来供应的。蔗糖在人体中要先经过消化作用转化为葡萄糖及果糖后，才能为人体组织所吸收。据说，成人大脑每日需要 110 ~ 130g 葡萄糖供应能量。葡萄糖能增强人体对传染病的抵抗力，能保护肝脏，加强肝脏的解毒机能。果糖在消化的代谢过程中，不需胰岛素参加，因此特别适于糖尿病者食用。

但日常多吃高脂肪饮食的人，再吃过多的糖，容易导致发胖，以致因发胖而导致有关的疾病。但果蔬糖渍制品比之以糖为主的糖果类，其糖分的含量远比这些糖果类低，其中部分为纤维及半纤维组织，它们可促进肠胃蠕动，有助于消化作用。

3. 果胶的凝胶特性

果胶是一种多糖类物质。果胶物质常以原果胶、果胶和果胶酸三种形式存在于果蔬组织中。原果胶在酸或酶的作用下能分解为果胶，果胶进一步水解为果胶酸。果胶具有凝胶特性，而果胶酸的部分羧基与钙、镁等金属离子结合时，形成不溶性果胶酸钙（或镁）的凝胶。

果胶形成的凝胶有两种：一种是高甲氧基果胶（甲氧基含量在 7% 以上）的果胶 – 糖 – 酸凝胶，另一种是低甲氧基果胶（甲氧基含量在 7% 以下）的离子结合型凝胶。果品所含的果胶是高甲氧基果胶，用果汁或果肉浆液加糖浓缩制成的果冻、果糕等属于前一种凝胶；蔬菜中主要是含低甲氧基果胶，与钙盐结合制成的凝胶制品，属于后一种凝胶。

（1）高甲氧基果胶的胶凝　其凝胶的性质和胶凝原理在于高度水合的果胶胶束因脱水及电性中和而形成凝聚体。果胶胶束在一般溶液中带负电荷，当溶液的 pH 低于 3.5，脱水剂含量达 50% 以上时，果胶即脱水，并因电性中和而凝聚。在果胶胶凝过程中，糖起脱水剂的作用，酸起消除果胶分子中负电荷的作用。果胶在胶凝过程中受多种因素制约。

①pH：pH 影响果胶所带的负电荷数，降低 pH，即增加 H^+ 浓度而减少负电荷，易使果胶分子中的氢键结合而胶凝。当电性中和时，胶凝的硬度最大。胶凝时 pH 的适宜范围是 2.0 ~ 3.5，高于或低于这个范围均不能胶凝。当 pH 为 3.1 左右时，胶凝强度最大；pH 在 3.4 时，胶凝比较柔软；pH 为 3.6 时，果胶电性不能中和而相互排斥，就不能形成胶凝，此值即为果胶的临界 pH。

②糖液浓度：果胶是亲水胶体，胶束带有水膜，食糖的作用是使果胶脱水后发生氢键结合而胶凝。只有糖液浓度达 50% 以上时，才具脱水效果。糖浓度越大脱水效果越强，凝胶速度越快。

当果胶含量一定时，糖的用量随酸量增加而减少。当酸的用量一定时，糖的用量随果胶用量提高而降低。

③果胶含量：果胶的胶凝性强弱，取决于果胶含量、果胶相对分子质量、甲氧基含量（果胶分子中）。果胶含量高易胶凝，果胶的相对分子质量越大多聚半乳糖醛酸的链越长，所含的甲氧基比例越高，胶凝力越强，制成的果冻弹性越好。甜橙、柠檬、苹果等的果胶，均有较好的胶凝力。原料中果胶不足时，可加用适量果胶粉或琼脂，或其他含果胶丰富的原料。

④温度：当果胶、糖和酸的配比适当时，混合液能在较高温度下胶凝，温度较低胶凝速度加快。50℃以下，对胶凝强度影响不大，高于50℃，胶凝强度下降，这是由于果胶分子中的氢键被破坏。

从图5－1中可看出：形成良好的果胶胶凝最合适的比例是果胶量1%左右，糖浓度65%～67%，pH2.8～3.3。

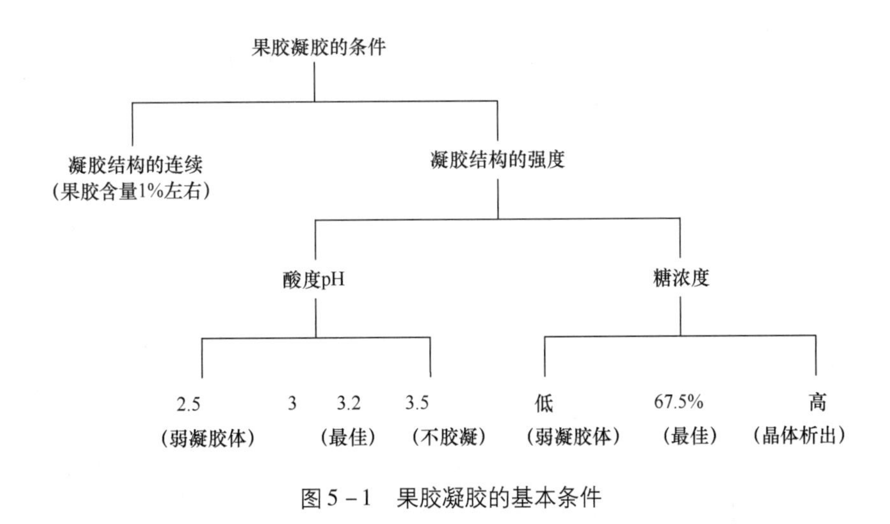

图5－1　果胶凝胶的基本条件

（2）低甲氧基果胶的胶凝　低甲氧基果胶是依赖果胶分子链上的羧基与多价金属离子相结合而串联起来，形成网状的凝胶结构。

低甲氧基果胶中有50%以上的羧基未被甲醇酯化，对金属离子比较敏感，少量Ca^{2+}与之结合也能胶凝。

①Ca^{2+}（或Mg^{2+}）：Ca^{2+}等金属离子是影响低甲氧基果胶胶凝的主要因素，用量随果胶的羧基数而定，每克果胶的Ca^{2+}最低用量为4～10mg，碱法制取的果胶为30～60mg。

②pH：pH对果胶的胶凝有一定影响，pH在2.5～6.5都能胶凝，以pH3.0或5.0时胶凝强度最大，pH4.0时强度最小。

③温度：温度对胶凝强度影响很大，在0～58℃范围内，温度越低强度越大，58℃强度为零，0℃时强度最大，30℃为胶凝的临界点。因此，果冻的最适保藏温度宜低于30℃。

④糖浓度：低甲氧基果胶的胶凝与糖用量无关。即使在1%以下或不加糖的情况下仍可胶凝，生产中加用30%左右的糖仅是为了改善风味。

第二节 果蔬糖制工艺

一、 蜜饯类加工工艺

（一）工艺流程

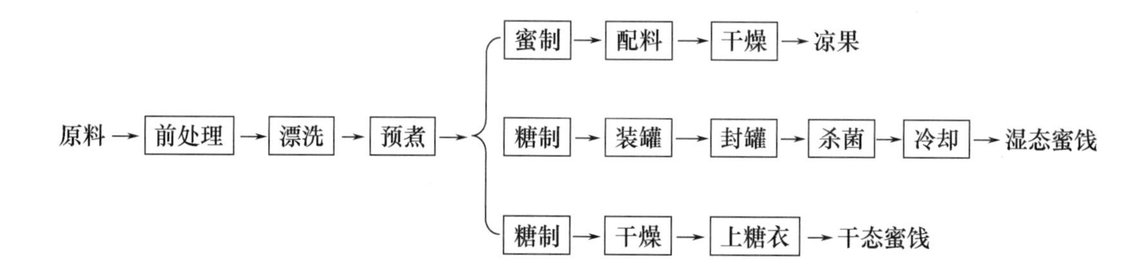

（二）操作要点

1. 原料选择

糖制品的质量主要取决于其外观、风味、质地及营养成分。选择优质原料是制成优质产品的关键之一。原料质量的优劣主要在于品种、成熟度和新鲜度等几个方面。蜜饯类因需保持果实或果块形态，则要求原料肉质紧密，耐煮性强。一般在绿熟至坚熟时采收为宜。

（1）青梅类制品　原料宜选鲜绿质脆、果形完整、果大核小的品种，于绿熟时采收。大果适合加工成雕花梅，中等以上果实适合加工成糖渍梅，而小果适合加工成青梅干、雨梅、话梅和陈皮梅等制品。

（2）蜜枣类制品　宜选果大核小、含糖量高、耐煮性强的品种。如安徽宜城的央枣、圆枣和郎枣，广德的牛奶枣和羊奶枣，歙县的马枣；浙江省义乌、东阳的大枣和团枣，兰溪的京枣、扑枣；北京的糠枣；山西的泡红枣；河南新郑的秋枣；河北阜平的大枣。果实由绿转白时采收，转红时不宜加工，全绿时表明褐变严重。

（3）橘饼类制品　金橘饼以质地柔韧、香味浓郁的罗纹和罗浮为好，其次是金弹和金橘。橘饼以宽皮橘类为主。带皮橘饼宜选用苦味淡的中小型品种，如浙江黄岩的朱红。

（4）杨梅类制品　选果大核小、色红、肉饱满的品种。如浙江萧山的早色、新昌的刺梅、余姚的草种。

（5）橄榄制品　选肉质脆硬的惠园和长营两个品种为好，药果、福果、笑口榄也可以。

（6）其他果脯蜜饯类

①苹果脯：选用河北怀来的小苹果、花红、海棠等为好，国光、红玉、青香蕉等罐用品种也可以。

②梨脯：选用石细胞少、含水分较少的鸭梨、莱阳梨、雪花梨、秋白梨等为好。

③桃蜜：选用陵白桃、快红桃、白凤、黄露、京白、大久保等为好。

④杏脯：选用色泽鲜艳、风味浓郁、离核的铁叭哒、山黄杏品种为好。

（7）瓜类制品　以冬瓜制品为主。原料宜选果大肉厚瓤小的品种，如广东青皮冬瓜。

（8）其他蔬菜制品

①胡萝卜：宜选用橙红色品种，直径3～3.5cm为宜，过粗过细均影响外观和品质。

②生姜：代表产品有糖姜片、冰姜片。应选用肉质肥厚、结实少筋、块茎较大的新鲜嫩姜。

2. 原料前处理

果蔬糖制的原料前处理包括分级、清洗、去皮、去核、切分、切缝、刺孔等工序，还应根据原料特性的差异、加工制品的不同进行腌制、硬化、硫处理、染色等处理。

（1）去皮、去核、切分、切缝、刺孔　对果皮较厚或含粗纤维较多的糖制原料应去皮，并剔除不能食用的种子、核，大型果宜适当切分成块、丝、条。枣、李、杏等小果不便去皮和切分，常在果面切缝或刺孔。

（2）盐腌　用食盐或加用少量明矾或石灰腌制的盐坯，常作为半成品保存方式来延长加工期限。盐坯腌渍包括盐腌、暴晒、回软、复晒四个过程。盐腌有干腌和盐水腌制两种。干腌法适用于果汁较多或成熟度较高的原料，用盐量依种类和贮存期长短而异，一般为原料重的14%～18%；盐水腌制法适用于果汁较少或未熟果或酸涩苦味浓的原料。盐腌结束，可作水坯保存，或经晒制成干坯长期保藏。

（3）保脆和硬化　为提高原料的耐煮性和酥脆性，在糖制前需对某些原料进硬化处理，即将原料浸泡于石灰（CaO）或氯化钙（$CaCl_2$）、明矾［$Al_2(SO_4)_3 \cdot K_2SO_4$］、亚硫酸氢钙［$Ca(HSO_3)_2$］等稀溶液中，使$Ca^{2+}$、$Mg^{2+}$与原料中的果胶物质生成不溶性盐类，细胞间相互黏结在一起，提高硬度和耐煮性。

硬化剂的选用、用量及处理时间必须适当，过量会生成过多钙盐或导致部分纤维素钙化，使产品质地粗糙，品质劣化。经硬化处理后的原料，糖制前需经漂洗除去残余的硬化剂。

（4）硫处理　为了使糖制品色泽明亮，常在糖煮之前进行硫处理，既可防止制品氧化变色，又能促进原料对糖液的渗透。使用的方法有两种：一种是用按原料质量0.1%～0.2%的硫磺，在密闭的容器或房间内点燃硫磺进行熏蒸处理；另一种是预先配好含有效SO_2为0.1%～0.15%浓度的亚硫酸盐溶液，将处理好的原料投入亚硫酸盐溶液中浸泡数分钟。

经硫化处理的原料，在糖煮前应充分漂洗，以除去剩余的H_2SO_3溶液。

（5）染色　某些作为配色用的蜜饯制品，要求具有鲜明的色泽，因此需要人工染色。常用的染色剂有人工色素和天然色素两类。天然色素如姜黄、胡萝卜素、叶绿素等，是无毒、安全的色素，但染色效果稳定性较差；人工色素有苋菜红、胭脂红、赤藓红、新红、柠檬黄、日落黄、亮蓝、靛蓝等8种。

（6）漂洗和预煮　凡经亚硫酸盐保藏、盐制、染色剂硬化处理的原料，在糖制前均需漂洗或预煮，除去残留的SO_2、食盐、染色剂、CaO或$Al_2(SO_4)_3 \cdot K_2SO_4$，避免对制品外观或风味产生不良影响。

3. 糖制

糖制是蜜饯类加工的主要工艺。糖制过程是果蔬原料排水吸糖的过程，糖液中的糖分依赖扩散作用先进入到组织细胞间隙，再通过渗透作用进入细胞内最终达到要求的含糖量。

（1）蜜制　蜜制是指用糖液进行糖渍，使制品达到要求的糖度。此方法适用于含水量高、不耐煮的原料，如糖青梅、糖杨梅、无花果蜜饯以及多数凉果。此法特点在于分次加糖，不用加热，能很好地保存产品的色泽、风味、营养价值、形态。

①分次加糖法：在蜜制过程中，首先将原料投入到40%的糖液中，剩余的糖分2～3次加入，直到糖制品浓度到60%以上时出锅。

②一次加糖多次浓缩法：在蜜制过程中，每次糖渍后，加糖液加热浓缩提高糖浓度，然后再将原料加入到热糖液中继续糖渍，冷果与热糖液接触，利用温差和糖浓度差的双重作用，加速糖分的扩散渗透。其效果优于分次加糖法。

③减压蜜制法：果蔬在真空锅内抽空，使果蔬内部蒸汽压降低，然后破坏锅内的真空，因外压大可以促进糖分快速渗入果内。

④蜜制干燥法：凉果的蜜制多用此法。在蜜制后期，取出半成品暴晒，使之失去20%～30%的水分后，再行蜜制至终点。此法可减少糖的用量、降低成本、缩短蜜制时间。

（2）煮制　煮制分为常压煮制和减压煮制两种。常压煮制又分为一次煮制、多次煮制和快速煮制三种。减压煮制分为减压煮制和扩散煮制两种。

①一次煮制法：经预处理好的原料，在加糖后一次性煮制而成，如苹果脯、蜜枣等。先配好40%的糖液入锅，倒入处理好的果实，加大火使糖液沸腾，果实内水分外渗，糖液浓度渐稀，然后分次加糖，使糖浓度缓慢增高至60%～65%停火。此法快速省工，但持续加热时间长，原料易煮烂，色香味差，维生素破坏严重，糖分难以达到内外平衡，易出现干缩现象。

②多次煮制法：预处理好的原料，经多次糖煮和浸渍，逐步提高糖浓度的糖制方法。适用于细胞壁较厚、难以渗糖（易发生干缩）和易煮制烂的柔软原料或含水量高的原料。此法所需时间长，煮制过程不能连续化、费时费工，采用快速煮制法可克服此不足。

③快速煮制法：将原料在糖液中交替进行加热糖煮和放冷糖渍，使果蔬内部水气压迅速消除，糖分快速渗入而达到平衡。此法可连续进行、时间短、产品质量高，但需备有足够的冷糖液。

④减压煮制法：又称真空煮制法。原料在真空和较低温度下煮沸，因煮制中不存在大量空气，糖分能迅速渗入达到平衡。温度低，时间短，制品色香味体都比常压煮制优。

⑤扩散煮制法：它是在真空糖制的基础上进行的一种连续化糖制方法，机械化程度高，糖制效果好。先将原料密闭在真空扩散器内，抽空排除原料组织中的空气，而后加入95℃热糖液，待糖分扩散渗透后，将糖液顺序转入另一扩散器内，再在原来的扩散器内加入较高浓度的热糖液，如此连续进行几次，制品即达到要求的糖浓度。

⑥加压煮制法：通过高温高压条件加速果蔬组织渗透，适合于耐煮且不易渗糖的坚密果蔬原料。由于加压条件下不利于糖液水分和果蔬组织水分的蒸发浓缩，在加压处理后，原料需在常压下完成糖煮过程。因此加压处理通常作为一种辅助措施，可与上述三种方法相结合。具体蒸煮时间及变换蒸煮压力次数，要依据果蔬组织的坚密性和透糖难易而定。一般时间为10～40min，次数3～4次。

⑦微波速煮法：通过箱式微波加热器对原料进行加热，利用微波加热速度快、热效率高的特点，提高原料的渗糖效果，缩短生产周期。由于高功率长时间的微波处理容易使果蔬组织变形、软烂，因此，原料可先采用高功率微波处理，煮沸后改用低功率微波加热；微波处理后再进行常温糖渍。具体微波功率及加热时间，可依据果蔬特性而定。该方法也可与快速煮制法相结合。

（3）糖制终点判断　糖制终点的判断是指确定制品含糖量是否达到成品的要求，可以通过对糖液浓度的判断来进行。

①相对密度法测糖度：一定浓度的溶液都有一定的密度或相对密度。通过相对密度法来测定糖液的浓度，常用的仪器是糖锤度计，它是以蔗糖溶液质量百分比浓度为刻度，单位用°Bé表示。由于糖液体积会随温度变化而发生改变，若测定温度不在标准温度（20℃），需查表进行温度校正。

②折光法测糖度：不同浓度的糖液在光线下的折射率是不同的。通过折光法来测定糖液浓度，常用的仪器是手持糖量计，所测数据也要查表进行温度校正。

③温度计测糖度：利用糖液的沸点随浓度上升而升高的特点，通过温度计来测量糖液浓度。一般糖液温度达103～105℃时可结束煮制。

④经验法：利用不同浓度糖液黏度大小不同的特点来进行经验判断。如挂片法，将木片蘸上糖液，不断翻转木片不让热糖液滴下，冷却后，根据其形成糖液薄片的速度和形状来判断糖液浓度；手捏法，手指蘸取少许糖液，通过手感的黏滑程度、糖液能否形成拉丝及拉丝长短来判断糖液浓度；滴凝法，将糖液滴在瓷盘上，冷却后用手指按压，通过手指对糖块韧性的感觉来判断糖液浓度；自流法，根据糖液自然下滴的速度来判断。

4. 干燥与上糖衣

除湿态蜜饯外，其他制品在糖制后需进行烘晒，除去部分水分，表面不粘手，以利于保藏。干燥的方法一般是烘烤或晾晒。干燥后的蜜饯，要求外观完整、形态饱满、不皱缩、不结晶、质地柔软，含水量在18%～22%，含糖达60%～65%。

糖制后产品表面残留糖液多，沥糖困难，干燥时间较长。可以将制品在20～30°Bé稀热糖液中轻轻晃动下，涮去表面黏稠的浓糖浆，或用0.1%羧甲基纤维素钠溶液（CMC）冲洗果坯，使果脯表面干爽，还能增加产品的透明度和光泽。烘烤温度为50～60℃，不宜过高，以免糖化焦化。

所谓上糖衣，是将制品在干燥后用过饱和糖液短时浸泡处理，使糖液在制品表面凝结成一层糖衣来增加产品的含糖量，延长保质期。以40kg蔗糖和10kg水的比例煮至118～120℃后将蜜饯浸入，取出晾干，可在蜜饯表面形成一层透明糖衣。另外，将干燥的蜜饯在1.5%的果胶溶液中浸渍并轻摇30s后取出，在50℃下干燥2h，也能形成一层透明胶膜。

所谓上糖粉，是在干燥蜜饯表面裹上一层糖粉，以增加制品的保藏性。先将白砂糖烘干磨碎成粉，干燥快结束时在蜜饯表面撒上糖粉，拌匀，筛去多余糖粉。上糖粉也可以在产品回软后、再行烘干前进行。

5. 整理、包装与贮存

干燥后的蜜饯应及时整理或整形，以获得良好的商品外观。干态蜜饯的包装以防潮、防霉为主，常用阻湿隔气性较好的包装材料。湿态蜜饯可参照罐头工艺进行装罐，糖液量为成品总净重的45%～55%，然后密封。

贮存蜜饯的库房要清洁、干燥、通风。库房地面要有隔湿材料铺垫。库房温度最好保持在12～15℃，避免温度低于10℃而引起蔗糖晶析。对不进行杀菌和不密封的蜜饯，宜将相对湿度控制在70%以下。贮存期间如发现制品轻度吸湿变质现象，则应将制品放入烘房复烤，冷却后重新包装。

二、果酱类加工工艺

果酱类制品有果酱、果泥、果冻、果膏、果糕、果丹皮等产品，是以果蔬的汁、肉加糖及其他配料，经加热浓缩制成。

（一）果酱的加工工艺

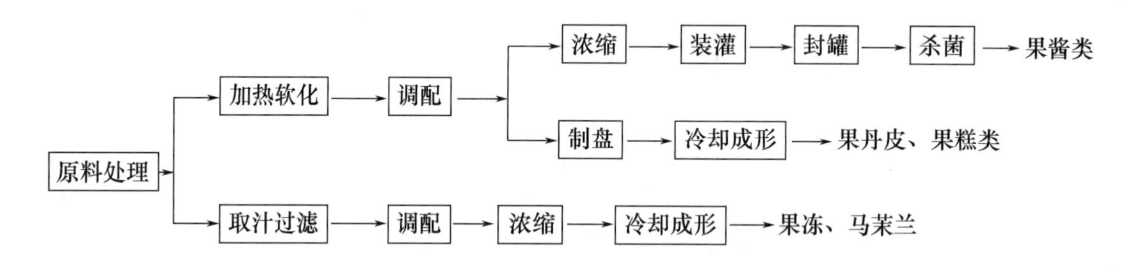

1. 原料选择及前处理

生产果酱类制品的原料要求含果胶及酸量较多，芳香味浓，成熟度适宜。对于含果胶及酸量较少的果蔬，制酱时需外加果胶及酸，或与富含该种成分的其他果蔬混制。

生产时，首先剔除霉烂变质、病虫害严重的不合格果，经过清洗、去皮（或不去皮）、切分、去核（心）等处理。

2. 加热软化

加热软化的目的主要是：破坏酶的活力，防止变色和果胶水解；软化果肉组织，便于打浆或糖液渗透；促使果肉组织中果胶的溶出，有利于凝胶的形成；蒸发一部分水分，缩短浓缩时间；排除原料组织中的气体，以得到无气泡的酱体。

软化过程正确与否，直接影响果酱的胶凝程度。如块状酱软化不足，果肉内溶出的果胶较少，制品胶凝不良，仍有不透明的硬块，影响风味和外观。制作泥状酱，果块软化后要及时打浆。

3. 取汁过滤

生产果冻等半透明或透明糖制品时，果蔬原料加热软化后，用压榨机压榨取汁。对于汁液丰富的浆果类果实压榨前不用加水，直接取汁，而对肉质较坚硬的致密的果实，如山楂、胡萝卜等软化时，应加适量的水，以便压榨取汁。

大多数果冻类产品取汁后不用澄清、过滤，而一些要求完全透明的产品则需用澄清的果汁。常用的澄清方法有自然澄清、酶法澄清、热凝聚澄清等。

4. 调配

按原料的种类和产品要求而异，一般要求果肉（果浆）占总配料量的40% ~55%，砂糖占45% ~60%。这样，果肉与加糖量的比例为1:(1 ~1.2)。为使果胶、糖、酸形成适当的比例，有利凝胶的形成，可根据原料所含果胶及酸的多少，必要时添加适量柠檬酸、果胶或琼脂。

果肉加热软化后，在浓缩时分次加入浓糖液，近终点时，依次加入果胶液或琼脂液、柠檬酸或糖浆，充分搅拌均匀。

5. 加热浓缩

加热浓缩是果蔬原料及糖液中水分的蒸发过程。常用的浓缩方法有常压浓缩和减压浓缩。浓缩过程要采用严格的投料顺序，否则成品易出现变色、液体分泌和酱体流散等现象。投料顺序为浓缩过程中分次加糖，这样有利于水分蒸发，缩短浓缩时间，接近终点时加入果胶或其他增稠剂，最后加酸，在搅拌下浓缩至终点出锅。加热浓缩的方法主要有常压浓缩和真空浓缩两种。

（1）常压浓缩　浓缩过程中，糖液应分次加入，糖液加入后应该不断搅拌。需添加柠檬酸、果胶或淀粉糖浆的制品，当浓缩到可溶性固形物为60%以上时再加入。浓缩时间要掌握恰当，过长直接影响果酱的色香味，造成转化糖含量高，以致发生焦糖化和美拉德反应；过短转化糖生成量不足，在贮藏期易产生蔗糖的结晶现象，且酱体凝胶不良。

（2）真空浓缩　又称减压浓缩，分单效、双效两种浓缩装置。以单效浓缩锅为例，该设备是一个带有搅拌器的双层锅，配有真空装置。工作时，先通入蒸汽于锅内赶走空气，再开动离心泵，使锅内形成一定的真空，当真空度达到53.3kPa以上时，开启选料阀，待浓缩的物料靠锅内的真空吸力吸入锅中达到容量要求后，开启蒸汽阀门和搅拌器进行浓缩。加热蒸汽压力务必保持在98.0～147.1kPa，温度50～60℃。浓缩过程若泡沫上升激烈，可开启锅内的空气阀，使空气进入锅内抑制泡沫上升，待正常后再关闭。浓缩过程应保持物料超过加热面，以防焦锅。当浓缩至接近终点时，关闭真空泵开关，破坏锅内空气，在搅拌下将果酱加热升温至90～95℃，然后迅速关闭进气阀，出锅。

番茄酱宜选用双效真空浓缩锅，该设备是由蒸汽喷射泵使整个装置形成真空，将物料吸入锅内，由循环泵打循环，加热器进行加热，然后由蒸发室蒸发，浓缩泵出料。整个设备由电器仪表控制，生产连续化、机械化、自动化，生产效率高，产品品质优，番茄酱固形物浓度可高达22%～28%。

对浓度终点的判断，与蜜饯类产品的方法类似。生产中主要用折光法测定可溶性固形物的浓度，也可凭借经验判断。具体方法是用搅拌的木片挑取少许料液，横置，若料液呈片状脱落，即为终点。

6. 装罐密封（制盘）

果酱、果泥等糖制品含酸量高，多以玻璃罐或抗酸涂料铁罐为容器。果酱出锅后，应及时快速装罐密封，一般要求每锅酱分装完毕不超过30min，密封时的酱体温度不低于80～90℃。果糕、果丹皮等糖制品浓缩后，将黏稠液趁热倒入钢化玻璃、搪瓷盘等容器中，并铺平，进入烘房烘制，然后切割成形，并及时包装。

7. 杀菌冷却

加热浓缩过程中，酱体中的微生物绝大部分被杀死。而且由于果酱是高糖高酸制品，一般装罐密封后残留的微生物是不易繁殖的。在生产卫生条件好的情况下，可在封罐后倒置数分钟，利用酱体的余热进行罐盖消毒即可。但为了安全，在封罐后可进行杀菌处理（5～10min，100℃）。

杀菌方法，可采用沸水或蒸汽杀菌。杀菌温度及时间依品种及罐形的不同，一般以100℃温度下杀菌5～10min为宜。杀菌后冷却至30～40℃，擦干罐身的水分，贴标装箱。

（二）果冻的加工工艺

原料选择→预处理→榨汁→澄清→过滤→调配→浓缩→装罐密封→杀菌冷却→成品

1. 原料选择、预处理

利用果蔬原料中的果胶物质形成胶凝，因而要求果实的果胶物质和酸含量丰富，如酸枣、山楂、花红、柑橘、酸樱桃、番石榴以及酸味浓的苹果等。原料成熟度为七八成熟，即较生时采收。预处理同果酱的加工工艺。

2. 榨汁、澄清、过滤

将原料倒入不锈钢锅中，加入原料量 1～2 倍的水，加热软化 20～30min，以果肉煮软、易于榨汁为度。软化后用打浆机进行打浆处理，充分打浆后采用 100 目滤网过滤备用。

3. 调配、浓缩

煮制浓缩时，需要不断搅拌，防止糊锅。此时还需测定果汁 pH 和果胶含量，形成果胶胶凝的适宜条件。若含量不足，可适当加入果胶或柠檬酸进行调整。当可溶性固形物含量达 66%～69% 时即可出锅。

4. 装罐密封

将料液灌装到经消毒的容器中，及时封口，不能停留。

5. 杀菌冷却

封口后的果冻，可采用 85℃ 热水浸泡杀菌 10min，杀菌后的果冻立即用冷水喷淋或浸泡，冷却至 40℃ 左右，以便能最大限度地保持食品的色泽和风味。冷却后用 50～60℃ 的热风干燥，将果冻杯（盒）外表的水分蒸发掉，防止产品在贮藏销售过程中长霉。

产品要求光滑透明，有原果实的芳香味，凝胶软硬适度，从罐内倒出时保持完整光滑形状，切割时有弹性，切面柔滑而有光泽。

（三）果丹皮的加工工艺

原料选择→预处理→调配→浓缩→刮片→烘烤→揭皮→整形→包装→成品

1. 原料选择、预处理

原料选择、预处理同果酱的加工工艺。

2. 调配、浓缩

经打浆过滤而得到的果浆一般含水量偏多，需要进行适当浓缩。可采用常压浓缩，也可用真空浓缩进行，后者效果更佳。浓缩过程中根据产品要求添加糖、酸、增稠剂等配料。浓缩后的果浆置贮存罐内备用。

3. 刮片

将果浆在钢化玻璃板上用模具及刮板制成均匀一致、厚度为 3～4mm 的酱膜，要求四边整齐，不流散。

4. 烘烤

将刮片后的玻璃板置烘房内，65～70℃ 下烘烤 8h。烘烤过程中要随时排潮，促进制品中的水分排出。当烘至不粘手、韧而不干硬时即可结束烘烤。

5. 揭皮

烘烤结束后趁热用铲刀将果丹皮的四周铲起，然后将整块果丹皮从玻璃板上揭起，置适宜散热处进行冷却。之后即可切分整形，包装后即为成品。

三、果蔬糖制品常见质量问题及解决办法

（一）返砂与流汤

一般质量达到标准的果蔬糖制品，要求质地柔软、光亮透明。但在生产中，如果条件掌握不当，成品表面或内部易出现返砂或流汤的现象。返砂即糖制品经糖制、冷却后，成品表面或内部出现晶体颗粒的现象，使其口感变粗，外观质量下降；流汤即蜜饯类产品在包装、贮存、

销售过程中容易吸湿，表面发黏等现象。

果蔬糖制品出现的返砂和流汤现象，主要是因成品中蔗糖和转化糖之间的比例不合适造成的。转化糖越少，返砂越重；相反，若转化糖越多，蔗糖越少，流汤越重。当转化糖含量达40%～50%，即占总糖含量的60%以上时，在低温、低湿条件下保藏，一般不返砂。因此，防止糖制品返砂和流汤，最有效的办法是控制原料在糖制时蔗糖与转化糖之间的比例。影响转化的因素是糖液的pH及温度。pH在2.0～2.5，加热时就可以促使蔗糖转化。杏脯很少出现返砂，原因是杏原料中含有较多的有机酸，煮制时溶解在糖液中，降低了pH，利于蔗糖的转化。

对于含酸量较少的苹果、梨等，为防止制品返砂，煮制时常加入一些煮过杏脯的糖液（杏汤），可以避免返砂。目前生产上多采用加柠檬酸或盐酸来调节糖液的pH。调整好糖液的pH（2.0～2.5），对于初次煮制是适合的，但工厂连续生产，糖液是循环使用的，糖液的pH以及蔗糖与转化糖的相互比例时有改变，因此，应在煮制过程中绝大部分砂糖加毕并溶解后，检验糖液中总糖和转化糖含量。按正规操作方法，这时糖液中总糖量为54%～60%，若转化糖已达25%以上（占总糖量的43%～45%），即可以认为符合要求，烘干后的成品不致返砂和流汤。

（二）煮烂与皱缩

煮烂与皱缩是果脯生产中常出现的问题。采用成熟度适当的果实为原料，是保证果脯质量的前提。此外，采用经过前处理的果实，不立即用浓糖液煮制，先放入煮沸的清水或1%的食盐溶液中热烫几分钟，再按工艺煮制，也可在煮制时用$CaCl_2$溶液浸泡果实，均有一定的作用。

煮制温度过高或煮制时间过长也是导致蜜饯类产品煮烂的一个重要原因。因此，糖制时应延长浸糖的时间，缩短煮制时间和降低煮制温度，对于易煮烂的产品，最好采用真空渗糖或多次煮制等方法。

果脯皱缩主要是“吃糖”不足，干燥后容易出现皱缩干瘪。若糖制时，开始煮制的糖液浓度过高，会造成果肉外部组织极度失水收缩，降低糖液向果肉内渗透的速度，破坏了扩散平衡。另外，煮制后浸渍时间不够，也会出现“吃糖”不足的问题。克服的方法是在糖制过程中分次加糖，使糖液浓度逐渐提高，延长浸渍时间。

（三）成品颜色褐变

果蔬糖制品颜色褐变的原因是果蔬在糖制过程中发生非酶褐变和酶促褐变反应，导致成品色泽加深。非酶褐变包括羰氨反应和焦糖化反应，另外还有少量维生素C的热褐变。这些反应主要发生在糖制品的煮制和烘烤过程中，尤其是在高温条件下，最易致使产品色泽加深。适当降低温度，缩短时间，可有效阻止非酶褐变。低温真空糖制是一种有效的技术措施。

酶促褐变主要是果蔬组织中的酚类物质在多酚氧化酶的作用下氧化褐变，一般发生在加热糖制前。可通过热烫和护色等方法抑制引起酶变的酶活力，从而抑制酶变反应。

（四）霉变

糖制品发生霉变的根本原因首先是微生物。食品中微生物的来源有以下两种：①原料或工具中的微生物，由于没有彻底灭菌而幸存；②制作后重新污染。

易于在食品上生长的微生物一般有真菌（包括霉菌、酵母菌等）和细菌两类。其中霉菌一般适宜在固体或半固体状食品上生长，而酵母菌和细菌一般适宜于在液体状食品中生长。

食品霉变的实质是食品中的有机物质被微生物分解。食品的霉变过程通常包括初期轻度变质、生霉、霉烂三个阶段，它是一个连续的发展过程。霉变发展的快慢主要由环境条件，特别是食品的温度、水分、气体组分与 pH 来决定。一般说来，适宜微生物的温度为 15～40℃，水分为 10% 以上。在高水分情况下，有些霉菌如青霉和曲霉能在 0℃以下使食品霉变。

常用的控制措施有以下几种。

1. 增加糖的浓度

一般糖的浓度在 50% 以上时，能抑制微生物的生长。但在长期保存中，由于糖制品的吸潮作用使其表面发黏，严重时会造成融化流糖，使制品糖度降低，减轻了对微生物的抑制作用，使它们又生长活动起来。特别是在含酸量较低的糖制品中更是如此。因此，防止发生霉变最简单的方法是保证糖制品中糖的浓度在 70% 以上。

2. 控制水分含量

在成品入库前，如发现水分含量高于指标，要重新送入烘房进行复烤。在保存中如发现溶化流糖，不可日晒，否则溶化流糖更严重，只可放入烘房复烤，降低含水量，提高糖的浓度。

3. 添加防霉剂

在食品制作过程中，将防霉剂添加到原料中去，能抑制微生物发育生长。如在食品中添加 0.1% ～0.2% 的丙酸钠或 0.05% ～0.1% 的山梨酸钾可延长食品的生霉时限。

4. 进行表面杀菌

用紫外线间断照射无包装糖制品的表面以达到杀菌的目的。例如，用 80mV/cm^2 的紫外光照射 4min，便可使食品维持 2～3d。这种方法对于高温、高湿天气下的食品防霉效果尤为显著。

（五）果酱类产品的流液

果酱类产品的流液现象在生产不当的情况下也十分常见，由于果块软化不充分、浓缩时间短、果酱含糖量低等原因都有可能导致产品汁液分泌。解决的办法为：充分软化，增加果胶的溶出率，添加果胶或者其他增稠剂来增强凝胶作用。

第三节　果蔬糖制品加工案例

一、蜜饯果脯类

（一）杧果脯

1. 原料

杧果、0.2% 焦亚硫酸钠（$Na_2S_2O_5$）、0.2% $CaCl_2$、30% ～50% 糖液。

2. 工艺流程

原料选择 → 去皮切片 → 护色、硬化处理 → 漂洗 → 预煮 → 糖制 → 干燥 → 成品 → 包装

3. 操作要点

（1）原料选择　要求成熟度不可过高，硬熟即可。对原料要求不严，一些不上等级的次果及未成熟落果也可作原料。过熟的杧果不宜制杧果脯，只适合制杧果酱和杧果汁。

（2）去皮切片　杧果原料需要按成熟度和大小分组，目的是使制品品质一致。然后清洗，去皮。去皮后用锋利刀片沿核纵向斜切，果片大小厚薄要一致，厚度为 0.8cm。

（3）护色、硬化处理　配0.2% $Na_2S_2O_5$和0.2% $CaCl_2$混合溶液，使杧果块浸渍在溶液中，时间需4～6h。然后移出用清水漂洗，沥干水分准备预煮。

（4）预煮　预煮时把水煮沸，投入原料，时间一般为2～3min，以原料达半透明并开始下沉为度。热烫后马上用冷水冷却，防治热烫过度。

（5）糖制　如果原料先经预煮，可将预煮后的原料直接投入30%冷糖液冷却和糖渍。如果原料不经预煮处理，则用30%糖液先糖煮，煮沸1～3min，以煮到果肉转软为度。糖渍8～24h后，移除糖液，补加糖液质量10%～15%的蔗糖，加热煮沸后倒入原料继续糖渍。8～24h后再移除糖液，补加糖液质量10%的蔗糖，加热煮沸后回加原料中，利用温差加速渗糖。如此经几次渗糖，原料吸糖可达40～50°Bé，达到低糖果脯所需食糖量。可用淀粉糖取代45%蔗糖，使杧果脯的糖度降低，又依然吸糖饱满，而且柔软。如要增加杧果脯的含糖量，则还需要继续渗糖，直到所需的含糖量。

（6）干燥　杧果块糖制达到所需的含糖量后，捞起沥去糖液，可用热水淋洗，以洗去表面糖液、减低黏性和利于干燥。干燥时温度控制在60～65℃，期间还要进行换筛、翻转、回湿等控制。

（7）包装　杧果脯成品含水量一般为18%～20%。达到干燥要求后，进行回软、包装。干燥过程中果块往往变形，干燥后需要压平。包装以防潮防霉为主，可采取果干的包装法，用塑料薄膜袋以50g、100g等做零售包装。

4. 产品质量标准

呈深橙黄色至橙红色，有光泽，半透明，色泽一致；外观整齐，组织饱满，表面干燥不粘手；具有杧果风味。含水量18%～20%；含糖量50%～60%。

（二）杏脯

1. 原料

杏、0.2% $NaHSO_3$溶液、35%～40%的糖液、白砂糖。

2. 工艺流程

原料选择→切片→护色处理→清洗→糖煮→糖渍→烘干→成品

3. 操作步骤

（1）原料选择　加工杏脯的杏果，剔除坏、烂及病虫害果，要选用质地柔韧、皮色橙黄、肉厚核小、含纤维少、成熟度在七八成的鲜杏。

（2）切分　沿缝合线剖开，挖核。放入0.2%的$NaHSO_3$溶液中浸泡20min后，水洗，漂去$NaHSO_3$的残液。

（3）糖煮、糖渍　第一次糖煮及糖渍：煮沸浓度为35%～40%的糖液（连续生产时也可以使用上批第二次糖煮时的剩糖液），倒入杏碗煮10min左右，待果实表面稍膨胀，并出现大气泡时，即可倒入缸内，进行糖渍，糖渍12～24h，糖渍的糖液需浸没果实。

第二次糖煮：加白砂糖调整糖液含糖量为50%（也可用上批第三次剩糖液），煮沸2～3min，捞出沥去糖液。放帘或匾中晾晒，使杏碗凹面朝上，让水分自然蒸发。当杏碗失重1/3左右时，进行第三次糖煮。

第三次糖煮：糖液浓度为65%，煮制时间为15～20min。当糖液浓度达到70%以上时，将杏片捞出，沥干糖液，均匀放于竹匾或烘盘中，晾晒或烘制。待干燥至不粘手时，即成杏脯。

4. 产品质量标准

淡黄至橙黄色，色泽较一致，略透明。组织饱满，块形大小较一致，质地软硬适度。具有杏的风味，无异味。含水量 18% ~22%，含糖量 60% ~65%。

（三）低糖甘薯脯

1. 原料

甘薯 100kg、白砂糖 40 ~50g、麦芽糖 5 ~10g、柠檬酸 200 ~250g、明矾［$Al_2(SO_4)_3 \cdot K_2SO_4$］600g、焦亚硫酸钠（$Na_2S_2O_5$）300g、苯甲酸钠 50g、食盐 2kg。

2. 工艺流程

原料选择→清洗→去皮、切片→护色→硬化、硫处理→预煮→糖煮、糖渍→烘干→成品→包装

3. 操作步骤

（1）原料选择　选用淀粉含量高、水分少、薯形顺直，红心或黄心的甘薯为原料。剔除有虫害、斑疤和腐烂的薯块。

（2）清洗　把选好的薯块放在清水中浸泡 10 ~20min 后再刷洗，以除净表面的泥沙和污物。

（3）去皮、切片、护色　用不锈钢刀或竹片刮除甘薯表面的皮层，用清水洗净残皮，切分成厚度为 5 mm 的薯片或 10 mm 见方的薯条。

切分后的薯片（条）立即放入 1% ~2% 食盐水或 0.08% 柠檬酸水溶液中，以防止变色。

（4）硬化、硫处理　将切分后的薯片，放在含有 $Na_2S_2O_5$ 和 $Al_2(SO_4)_3 \cdot K_2SO_4$ 的混合液中进行硬化处理。混合液的配制为每 1kg 水中含有 $Al_2(SO_4)_3 \cdot K_2SO_4$ 6g、$Na_2S_2O_5$ 3g、柠檬酸 1g。溶解后搅拌均匀，用清水漂洗，并沥干水分。

（5）预煮　将经过硬化处理的薯片放在沸水中烫煮 6 ~7min，捞出来后用冷水冷却，并沥干水分。

（6）糖煮、糖渍　以薯片质量 40% 的白砂糖，配制成浓度为 50% 的糖液。在锅中煮沸后，依次加入 5% ~10% 的麦芽糖、0.02% ~0.04% 的苯甲酸钠和 0.1% ~0.15% 的柠檬酸，不断搅拌使其溶解。然后放入经过处理的薯片，再次煮沸后，加入薯片质量 15% 的砂糖，继续煮制。当糖液浓度达 55%、薯片刚好煮透时，连同糖液一起放入缸中浸渍 24h。

（7）烘干　捞出糖渍的薯片，沥干糖液，并用温开水冲去表面的糖液后，摊放在烘盘上，送入烘房烘烤 20 ~26h。烘烤初期温度控制在 55 ~60℃，烘制 5h；而后温度调到 65 ~70℃，烘烤 12 ~15h；最后将温度调至 75 ~80℃，直烘至不粘手时，即制成甘薯脯。

（8）包装　制成品经整形、并剔除碎片和杂质，即可用聚乙烯薄膜袋定量密封包装。

4. 产品质量标准

（1）色泽　低糖甘薯脯呈浅黄色和金黄色，半透明，略有光泽。

（2）滋味气味　甜香可口，具有甘薯特有的风味，无异味。

（3）组织状态　呈片状，完整饱满，质地柔软而有韧性，不粘手、不返砂、无杂质。

（四）话梅

1. 原料

鲜梅坯 50kg、甘草 1.5kg、柠檬酸 50g、香兰素 50g、肉桂 100g、蔗糖 10kg、糖精 50g、番茄红素少量、$Al_2(SO_4)_3 \cdot K_2SO_4$ 1.0kg。

2. 工艺流程

原料→盐腌→脱盐→糖渍→干燥→包装

3. 操作步骤

（1）盐腌　选择成熟度为八至九成的新鲜梅果。每50kg梅果加入8～9kg食盐、0.6～1.0kg $Al_2(SO_4)_3 \cdot K_2SO_4$进行盐腌，经晒干得盐梅坯，供长期保存。要求盐梅坯为赤蜡色，表面有皱纹，微带盐霜，八九成干，剔除杂质和烂坯。

（2）脱盐　将梅坯在水中漂洗脱盐，待脱去50%的盐分后，捞出干燥至半干。以坯肉用指压，尚觉稍软为度，不可烘到干硬状态。

（3）糖渍　取甘草1.5kg、肉桂100g，加水30kg煮沸浓缩至25kg，经澄清过滤，取浓缩汁的一半，加蔗糖10kg、糖精50g，溶解成甘草糖浆。将50kg脱盐梅坯加入热甘草糖液中，腌渍12h，期间经常上下翻拌，使梅坯充分吸收甘草糖液，然后捞出晒至半干。在剩下的甘草糖汁中，加入1.5～2.5kg白砂糖，调匀煮沸，加入半干的梅坯，再腌渍10～12h。

（4）干燥　待梅坯将料液完全吸收后，取出干燥至含水量为18%～20%。包装时喷以香草香精，装入聚乙烯塑料薄膜食品袋。

4. 产品质量标准

黄褐色或棕色；果形完整，大小基本一致，果皮有皱纹，表面略干；甜、酸、咸适宜，有甘草或添加香料味，回味久留；总糖30%左右，含盐3%，总酸4%，水分18%～20%。菌落总数少于750个/g，大肠菌群少于30个/100g，致病菌不得检出。

（五）橄榄蜜饯

1. 原料

橄榄100kg、白砂糖70kg、食盐5kg、食用色素适量。

2. 工艺流程

原料选择→盐腌→压扁→漂洗→预煮→糖煮、糖渍→糖煮→装瓶→密封→成品

3. 操作步骤

（1）原料选择　选成熟度由青转黄时的新鲜橄榄果实为原料。

（2）盐腌　用果质量5%的食盐与橄榄果一起放容器中搓擦，擦破外皮后，拌匀。腌渍2～3h。

（3）压扁　将腌渍变软的橄榄果，用石锤或不锈钢器具逐个压扁。

（4）漂洗　压扁后的橄榄，用清水漂洗，脱出咸味。

（5）预煮　将漂洗干净的橄榄放在沸水中煮制20～30min，以脱去苦味。而后用冷水迅速冷却，并沥干水分。

（6）糖煮、糖渍　取配料中一半的砂糖，配成浓度为50%的糖液，在锅中加热煮沸后，倒入橄榄果杯，用文火煮制20～30min，并分两次加入剩余的砂糖。待砂糖溶化后，将橄榄连同糖液一起放入缸中，糖渍3d左右。

（7）糖煮　将经糖渍的橄榄和糖液一起放入锅中，用文火煮制1h。煮制时应轻轻翻动果杯，并可加入适量的橘黄食用色素。待糖液浓度达65%～70%，果面呈现光亮时，即为成品。出锅前可加入适量防腐剂。

（8）包装　将制好的成品装入经消毒的玻璃瓶内，并加入适量糖液，进行密封包装。

4. 产品质量标准

(1) 色泽　橘黄色，半透明状，略有光泽。

(2) 滋味气味　清香甘甜，有橄榄特殊风味，无异味。

(3) 组织状态　果形饱满完整，质地柔韧，糖液清晰，无结晶，无杂质。

(六) 糖藕片

1. 原料

鲜藕 100kg、白砂糖 75～80kg、$Al_2(SO_4)_3 \cdot K_2SO_4$ 500g、柠檬酸适量。

2. 工艺流程

选料→清洗→去皮、切分→护色→预煮→糖煮、糖渍→糖煮→上糖衣→装瓶→密封→成品

3. 操作步骤

(1) 原料选择　选用粗壮肥大、藕节长、肉质细嫩、成熟的新鲜莲藕为原料。剔除伤烂及锈斑严重的藕节。

(2) 清洗　用清水洗净莲藕的泥沙和污物。

(3) 去皮、切分　将藕节按节切断，切除藕节，再用小刀或竹片刮除外皮，并横切成厚度为 4～5mm 的藕片。立即放入含有 0.3%～0.5% 的 $Al_2(SO_4)_3 \cdot K_2SO_4$（或 $NaHSO_3$ 和食盐）的水中，浸泡 15～20min，进行护色。

(4) 预煮　将藕片放入含有 0.2% 柠檬酸的沸水中，预煮 5～8min，至藕片略变软时捞出，用流动冷水迅速冷却，并用清水漂洗去黏液。

(5) 糖腌　以藕片质量 40% 的砂糖，与藕片分层铺放与缸中进行糖腌。每层加糖后可洒少量清水，以促使砂糖溶化。腌制 24h，再加入藕片质量 10% 的砂糖，搅拌后继续腌渍 2～3d。

(6) 糖煮、糖渍　捞出糖腌的藕片，将糖液浓度调配至 60%，在锅中煮沸，放入藕片重沸后，用文火煮制 15～20min。然后将藕片连同糖液一起放入缸中，糖渍 2～3d，至藕片呈透明状。

(7) 糖煮　糖渍的藕片以及糖液一起放入锅中煮沸，用文火熬煮，分次加入藕片中 15% 的白砂糖，煮至糖液呈黏稠状，能拉成丝，即可出锅。

(8) 上糖衣　将糖煮至终点的藕片捞出，放在不锈钢板上，翻动挑砂变硬后，送入烘房，在 50℃ 温度条件下烘烤，至表面出现糖霜，即制成藕片。

(9) 包装　制成品经分级和剔除碎屑及杂质，装入薄膜袋密封包装，或装入衬有薄膜的纸箱内包装。

4. 产品质量标准

(1) 色泽　呈乳白色，半透明，色泽均匀一致。

(2) 滋味气味　香甜纯正，爽口、不腻，无异味。

(3) 组织状态　为圆片形、完整、饱满、厚薄均匀一致，质地酥软，不焦不硬，表面被有白色糖霜，不黏结，无杂质。

二、果 酱 类

(一) 苹果酱

1. 原料

苹果、砂糖、淀粉糖、柠檬酸。

2. 工艺流程

原料选择→清洗→去皮→切片→护色→去心、切分→预煮→打浆→调配→浓缩→装罐、封口→杀菌→冷却→成品

3. 操作步骤

（1）原料选择 要求选择成熟度适宜、含果胶及果酸多、芳香味浓的苹果。

（2）原料处理 用清水将果面洗净后去皮、去籽，将苹果切成小块，并及时利用1% ~2%的食盐水溶液进行护色。

（3）预煮 将小果块倒入不锈钢锅内，加果质量10% ~20%的水，煮沸15~20min，要求果肉煮透，使之软化兼防变色，不能产生糊锅、变褐、焦化等不良现象。

（4）打浆 用孔径8~10mm的打浆机或使用捣碎机来破碎。

（5）调配 按果肉100kg加糖70~80kg（其中砂糖的20%宜用淀粉糖代替，砂糖加入前需预先配成75%浓度的糖液）和适量的柠檬酸。有时为了降低糖度可加入适量的增稠剂。

（6）浓缩 先将果浆打入锅中，分2~3次加入砂糖，在可溶性固形物达到60%时加入柠檬酸调节果酱的pH为2.5~3.0，待加热浓缩至105~106℃、可溶性固形物达65%以上时出锅。

（7）装罐、封口 装罐前容器需先清洗消毒。大多用玻璃瓶或防酸涂料铁皮罐为包装容器，也可使用塑料盒小包装。出锅后立即趁热装罐，封罐时酱体的温度不低于85℃。

（8）杀菌、冷却 封罐后立即按5~15min、100℃进行杀菌，杀菌后分段冷却到38℃，每段温差不能超过20℃。然后用布擦去罐外水分和污物，送入仓库保存。

4. 产品质量标准

酱红色或琥珀色；黏胶状，不流散，不流汁，无糖结晶，无果皮、籽及梗；具有果酱应有的良好风味，无焦煳和其他异味；可溶性固形物不低于65%或55%。

（二）草莓果酱

1. 原料

草莓300kg、75%糖水400kg、柠檬酸700g、山梨酸钾250g（或草莓100kg、白砂糖115kg、柠檬酸300g、山梨酸钾75g）。

2. 工艺流程

原料选择→清洗→去萼片→调配→浓缩→装罐、封口→杀菌→冷却→成品

3. 操作步骤

（1）原料处理 草莓倒入流动水浸泡3~5min，分装于有孔筐中，在流动水或通入压缩空气的水槽中淘洗，去净泥沙污物。然后捞出去梗、萼片和青烂果。

（2）浓缩 采用减压或常压浓缩。

①减压浓缩：将草莓与糖水吸入真空浓缩锅内，调控真空度为0.04~0.05MPa，加热软化5~10min，然后提高真空度到0.08MPa以上，浓缩至可溶性固形物含量达60% ~65%时，加入已溶化的山梨酸钾、柠檬酸，继续浓缩达可溶性固形物含量为65% ~68%，关闭真空泵，破除真空，把蒸汽压提高到0.2MPa。继续加热，待酱体温度达98~102℃时出锅。

②常压浓缩：把草莓倒入双层锅，加入1/2糖浆，加热软化，搅拌下加入余留糖浆、山梨酸、柠檬酸，继续浓缩至终点出锅。其后的装罐、封罐、杀菌和冷却等处理同苹果酱。

4. 产品质量标准

紫红色或红褐色、有光泽、均匀一致，酱体呈胶黏状，块状酱可保留部分果块，泥状酱的酱体细腻；甜度适度，无焦煳味及其他异味；可溶性固形物含量为65%（外销）或55%（内销）。

（三）橙子果酱

1. 原料

橙果、蔗糖、0.5%～1%柠檬酸。

2. 工艺流程

原料选择→原料处理→打浆→预煮→调配→加热浓缩→装瓶、封口→杀菌→冷却→成品

3. 操作步骤

（1）选料及处理　选成熟的橙果。果皮富含果胶，加工时可保留适量果皮，促进胶凝，并使产品具有良好色泽和特有风味。但果皮含过量皮油，导致制品苦辣味严重，因此需除去皮油。清洗后用磨油机或粗糙的金属刷磨破油胞层，用清水冲洗干净。热烫3～5min，切分成数瓣，剥皮除去种子。热烫的目的是容易剥皮，并减少果皮的苦辣味。先用破碎机绞碎，再放入打浆机打浆。必要时果皮和果肉分别破碎打浆后再混合。

另外，柑橙经榨汁过滤出来的果肉渣也是制造果酱的良好原料。

（2）配料煮制　把果浆倒入夹层锅，先预煮10～15min，蒸发部分水分。然后加入与果浆质量相等或略少的蔗糖和少许柠檬酸，调节pH至3.1左右。继续加热浓缩，并不断搅拌防止粘锅和焦化。煮至浆体透明，沸点在105～107℃时即完成。整个煮制过程不用超过1h。

（3）装瓶、封口、杀菌、冷却　见苹果酱生产工艺。

4. 产品质量标准

呈橙黄色，色泽一致；酱体黏稠，无蔗糖结晶；具有橙的香气和滋味，无焦煳味及其他异味。可溶性固形物不低于65°Bé。

（四）南瓜酱

1. 原料

南瓜浆50kg、砂糖55kg、淀粉糖5kg、柠檬酸0.28kg。

2. 工艺流程

原料选择→清洗→去皮、切分→预煮→打浆→调配→浓缩→装瓶、封口→杀菌→冷却→成品

3. 操作步骤

（1）原料挑选　选用十成熟、含糖量高、纤维含量少、色泽金黄的南瓜品种。

（2）原料预处理　先将南瓜清洗干净，削除坚硬带蜡质的表皮，对剖，挖去瓜瓤和瓜子，然后用不锈钢切成10cm×10cm左右的小块。

（3）软化打浆　每100kg南瓜加水50kg，在夹层锅中加热煮沸至南瓜软熟为止。将煮软的南瓜肉投入打浆机中打成浆状。

（4）浓缩　取糖液总量的1/3与南瓜糊在夹层锅中加热煮沸约10min，加入其余糖液，继续加热浓缩10～15min，加入柠檬酸液，再加热煮沸，至可溶性固形物含量达66%～67%时，即可出锅。

（5）装罐、密封　将瓶、盖消毒后，趁热装罐（酱体温度不低于5℃），迅速封罐。

（6）杀菌、冷却　封罐后立即按5～10min、100℃进行杀菌，杀菌后分段淋水冷却至室温。

4. 产品质量标准

呈金黄色，均匀一致；有南瓜风味，无异味；可溶性固形物含量不低于65%。

（五）红茶果冻

1. 原料

红茶粉、卡拉胶、魔芋胶、白糖、柠檬酸。

2. 工艺流程

溶胶→煮胶→过滤→调配→装罐、封口→杀菌→冷却→成品

3. 操作步骤

（1）溶胶　将卡拉胶和魔芋胶按比例与糖干混，防止其相互结团，在搅拌条件下慢慢加入冷水溶解，浸泡2h，使胶充分吸水溶胀。

（2）煮胶　将胶液边加热边搅拌至沸腾，使胶完全溶解，并保持微沸状态8～10min。

（3）过滤　趁热用已消毒的120目不锈钢过滤网过滤，以除去其中杂质及泡沫，得到透明澄清、黏滑的胶液。

（4）调配　胶液沸腾时加入红茶粉汁，当料液温度降至70℃左右，加入柠檬酸，边加酸边搅拌，使之混合均匀。具体配方是以果冻质量100g为标准，卡拉胶和魔芋胶两者的配比为7∶3，总胶粉的添加量为0.8%，白砂糖添加量为14%，红茶粉汁的添加量为0.2%，柠檬酸的添加量为0.12%。

（5）装罐密封　将调配好的胶液趁热灌装入经消毒的果冻杯中，并及时封口。

（6）杀菌冷却　将果冻杯放入85℃热水中杀菌5～10min。杀菌后的果冻立即用冷水浸泡，冷却至40℃。成品按质量要求采用聚乙烯塑料袋密封包装。

4. 产品质量标准

浅褐色，软滑爽脆，酸甜可口，具有浓郁的茶香味。

（六）山楂果糕

1. 原料

山楂、白砂糖、1%果胶。

2. 工艺流程

原料选择→清洗→加热软化→打浆→调配→浓缩→成形→烘制→包装→成品

3. 操作步骤

（1）原料选择、清洗　选择果胶含量高、成熟度为八九成熟的果实，或利用山楂罐头的下脚料，剔除病虫、腐烂果及杂质，除去果柄果核，清洗干净后备用。

（2）加热软化、打浆　山楂果肉坚密少汁，为了溶出更多的果胶物质，加入软水煮至果肉变软。果肉与水的比例为5∶4，煮沸5min。加热软化后的原料用打浆机打成均匀细腻的浆体。

（3）调配、浓缩　浆料与白砂糖配比为1∶1。入锅熬煮时，要不断搅拌。煮沸成浓浆状即可起锅。若要生产低糖山楂果糕，除减少糖用量外，还要加入增稠剂增加胶凝强度。

（4）成形、烘制　熬煮好的浆料置于浅烘盘中摊成厚度约1.5cm的薄层，室温下放置1～

2h，使其冷却凝结。将烘盘放入烘干机中以65℃烘4h，翻面再烘至半干状态。

（5）包装 冷却后切成小块，用玻璃纸包装。也可用玻璃罐密封保存。

4. 产品质量标准

颜色鲜艳，呈鲜亮的红棕色；质地均匀，口感细腻；切面光滑，外观有光泽，半透明；含水量不超过8%。

第四节 综合实验

一、猕猴桃脯加工制作

（一）实验目的

果脯制品是以食糖的保藏作用为基础，对新鲜果蔬原料进行加工保藏，并利用食糖的性质来改变加工原料的风味、提高产品的品质。因此，了解和掌握食糖的保藏作用和理化性质，是科学调控果脯生产工艺、获得优质耐藏性制品的关键。

通过本实验项目，了解果脯制作的基本原理，掌握果脯制作的一般工艺流程及操作要点。

（二）材料设备

1. 实验材料

猕猴桃、18%～25%的NaOH溶液、1% HCl溶液、0.3% $Na_2S_2O_5$、0.2% $CaCl_2$、蔗糖。

2. 仪器

天平、蒸煮设备、烘箱、温度计。

3. 用具

台秤、塑料盆、菜刀、菜板、小刀、大铝锅、不锈钢锅、搅拌棒、勺子、大铁夹、镊子、白瓷盘、毛巾、洗洁精、记号笔、标签纸、玻璃瓶及瓶盖。

（三）工艺流程

原料选择→清洗→去皮→切片→护色、硬化处理→漂洗→糖制→烘干→包装

（四）操作步骤

1. 原料选择及处理

选用成熟度八成左右的中华猕猴桃果实，剔除过青或过熟果及病、虫、霉变发酵果。洗去表面污物，拣出夹杂物，然后进行去皮，先配浓度18%～25%的NaOH溶液煮沸，将猕猴桃果倒入浸煮1～1.5min，保持去皮温度90℃以上，轻轻搅动果实，使果实充分接触碱液。当果皮变蓝黑色时立即捞出，用手工（戴橡皮手套）轻轻搓去果皮，用水冲干净，倒入1% HCl溶液中护色。

2. 切片

将果实两头花萼、果梗芯切除，然后纵切或横切成0.6～1cm的果片，切片要求厚薄基本一致。

3. 护色、硬化处理

将果片放入浓度 0.3% $Na_2S_2O_5$ 和 0.2% $CaCl_2$ 混合溶液浸泡 1～2h。

4. 漂洗、糖制

将果片捞出漂洗，沥去水分，放入 30% 糖液中煮沸 4～5min。放冷糖渍 8～24h 后，移除糖液，补加糖液中 15% 的蔗糖，加热煮沸后倒入原料继续糖渍。8～24h 后再移除糖液，再补加糖液质量 10% 的蔗糖，加热煮沸后回加原料中，利用温差加速渗糖。如此经几次渗糖，达到所需糖含量为止。

5. 烘干

将果片捞出沥干糖液，铺放在竹盘上，在 50～60℃ 干燥，干燥后期以手工整形，将果心捏扁平，继续干燥至不粘手即成，干燥中注意翻盘和翻动果片使受热均匀。

6. 包装

按果片色泽、大小、厚薄分级，将破碎、色泽不良、有斑疤黑点的拣去。再用 PE 袋或 PA/PE 复合袋做 50g、100g 等零售包装。

（五）结果与分析

淡绿黄色或淡黄色，色泽较一致，半透明，有光泽；椭圆片或圆片，块形大小较一致，厚薄较均匀，质地软硬适度；具有猕猴桃去皮切片糖制后应有的风味和香气，无异味，允许稍有种子苦涩味。

二、 猕猴桃果酱的加工制作

（一）实验目的

果酱分为泥状及块状两种。是果蔬原料经处理后，打碎或切成块状，加糖浓缩的凝胶制品。

果胶的胶凝作用：果酱属于高糖凝胶制品，一是原料本身所含有的果胶在加工过程中所发生的凝胶作用，是高甲氧基果胶的果胶－糖－酸凝胶；二是加果胶或者琼脂起凝胶作用。

高糖的防腐保藏作用：主要是因为食糖的防腐保藏作用。糖含量低会促进微生物的生长发育，而影响产品质量，要想使糖制品达到较长时间的保藏，必须使制品的含糖量达到一定的浓度。高浓度糖对制品的保藏作用主要是：一是高渗透压，抑制微生物的生长；二是降低糖制品的水分活度；三是抗氧化作用；四是加速糖制原料脱水吸糖。

通过本实验项目，掌握果酱制作的基本原理，了解果酱的一般制作工艺流程及操作方法。

（二）材料设备

材料：猕猴桃、白砂糖、果胶或琼脂、柠檬酸。

设备：组织捣碎机、折光仪（又称糖度计）、温度计、pH 计或 pH 试纸（0.5～5）。

包装容器：玻璃瓶及瓶盖。

用具：电子天平、台秤、塑料盆、菜刀、菜板、小刀、大铝锅、不锈钢锅、搅拌棒、勺子、大铁夹、镊子、消毒酒精棉球、试管、75% 的酒精、10mL 和 25mL 的刻度短吸管、液化气及煤气灶、白瓷盘、毛巾、洗洁精、记号笔、标签纸等。

（三）工艺流程

玻璃瓶及瓶盖→清洗→杀菌（100℃，15～20min）→沥水→备用

原料选择→清洗→打浆→加糖浓缩→装瓶→密封→杀菌→冷却→成品

（四）操作步骤

1. 玻璃瓶的杀菌

将玻璃瓶清洗干净后放入锅内煮沸杀菌 15～20min。

2. 选果、清洗

选择成熟度适宜、芳香味浓、含果胶及酸量多的原料果，剔除霉烂果、病虫害果，然后清洗、沥干。

3. 打浆

使用组织捣碎机进行打浆。

4. 加糖

称取浆料，放入不锈钢锅中，记下质量，并测定其总悬浮固体，同时按浆料∶白砂糖 = 1∶1 的比例称取白砂糖。

5. 加糖、浓缩

将浆料进行加热浓缩至体积的 1/3，边浓缩边搅拌，保持中等火力对果浆进行分次加糖，并不断搅拌，防止锅底焦化，当含糖量达到 65% 时（酱体温度 104～106℃），加入果胶或琼脂使其果胶含量达到 1% 以上（果胶含量快速测定法：将 75% 的酒精 20mL 注入试管内，加入样品 10mL，样品呈丝状或絮状，说明果胶含量达到要求；若呈微小絮状，则应补加 0.5% 以下琼脂；若呈丝状，则应添加 0.8% 左右的琼脂），加柠檬酸溶液调 pH3.0 左右（0.6% ～0.8%）（使用0.5～5 的 pH 试纸），煮沸起锅。

6. 装瓶、密封

将已杀好菌的玻璃瓶取出，沥干水分后，将已浓缩的酱体迅速趁热装入瓶中（去除泡沫），然后迅速拧紧瓶盖，注意留顶隙 4～8mm，不得污染瓶口，进行倒罐处理 10min。

7. 杀菌

在沸水中杀菌 10min（利用灭菌玻璃瓶罐的水）。

8. 冷却

分段冷却（80℃－60℃－40℃）至 38℃左右即可。

（五）结果与分析

成品猕猴桃果酱呈黄绿色，有光泽，均匀一致，甜酸适口，具有猕猴桃果酱应有的良好风味，无焦煳味，无异味。酱体呈胶黏状，置于水平面上能徐徐流散，但不分泌汁液，无糖结晶。

三、 苹果－胡萝卜复合果酱加工制作

（一）实验目的

果酱是果蔬原料经处理后，打碎或切成块状，加糖浓缩的凝胶制品，是以食糖的保藏作用为基础的加工保藏方法，即利用高糖溶液的高糖渗透压、降低水分活度、抗氧化等作用来抑制微生物的生长发育，提高果蔬的保存率，改善制品的色泽和风味。

通过本实验项目，了解果酱类产品浓缩的方法和苹果－胡萝卜复合酱的加工生产技术，掌握加工过程中的关键操作技能，能够对成品进行质量评价。

（二）材料设备

材料：苹果、胡萝卜、砂糖、柠檬酸、食盐、果胶、玻璃罐 10 个等。

设备：组织捣碎机、折光仪（又称糖度计）、温度计、pH 计或 pH 试纸（0.5～5）、电子天平、台秤、塑料盆、菜刀、菜板、小刀、大铝锅、不锈钢锅、搅拌棒、勺子、大铁夹、镊子、消毒酒精棉球、试管、75% 的酒精、10mL 和 25mL 的刻度短吸管、液化气及煤气灶、白瓷盘、毛巾、洗洁精、记号笔、标签纸等。

（三）工艺流程

原料选择→清洗→切分→预煮→打浆→浓缩→装罐、封口→杀菌→成品

（四）操作步骤

1. 原料选择

选择成熟度适宜、芳香味浓、含果胶及酸量多的原料果，剔除霉烂果、病虫害果。记录原料质量。

2. 原料处理

用清水将果面洗净后，去皮、切半；去心；将苹果切成小块，称重；将胡萝卜切成薄片，称重；算好胡萝卜与苹果的比例，同时及时放入 1% ～2% 食盐溶液中护色 2min。

3. 预煮

将苹果块倒入不锈钢锅内，加苹果质量 40% 的水，加热至沸，然后保持微沸状态 15～20min；胡萝卜片放入蒸笼中，蒸煮 12～15min。

4. 打浆

将苹果、胡萝卜肉软化后，趁热使用组织捣碎机进行打浆。

5. 配料

按果肉计，白砂糖 70%，水 30%，柠檬酸 0.13%，果胶 0.5%。

6. 浓缩

将浆料进行加热浓缩至体积的 1/3，边浓缩边搅拌，保持中等火力对果浆进行分次加糖，并不断搅拌，防止锅底焦化。当浓缩至酱体可溶性固形物达到要求时即可出锅。出锅前依次加入果胶液、柠檬酸搅拌均匀。

7. 装罐、封口

将已杀好菌的玻璃瓶取出，沥干水分后，将已浓缩的酱体迅速趁热装入瓶中（去除泡沫），然后迅速拧紧瓶盖，注意留顶隙 4～8mm，不得污染瓶口，进行倒罐处理 10min。

8. 杀菌

在沸水中杀菌 10min（利用灭菌玻璃瓶罐的水）。

9. 冷却

分段冷却（80℃—60℃—40℃）至 38℃左右即可。

四、 果冻的加工制作

（一）实验目的

果冻属于果酱类制品，是以含果胶丰富的果品为原料，经软化、榨汁过滤后，加糖、酸和果胶，加热浓缩而制成的。利用果实中的高甲氧基果胶来分散高度水合化的果胶束，因脱水及电性中和而形成胶凝体。果胶胶束在一般溶液中带负电荷，当溶液 pH 低于 3.5、脱水剂含量达 50% 以上时，果胶即脱水并因电性中和而胶凝。在胶凝过程中酸起到消除果胶分子中负电荷的

作用，使果胶分子因氢键吸附而相连成网状结构，构成凝胶体的骨架。糖除了起脱水作用外，还作为填充物使凝胶体达到一定强度。根据果冻的形态，分为凝胶果冻和可吸果冻。凝胶果冻是指内容物从包装容器倒出后，能保持原有形态，呈凝胶状；可吸果冻是指内容物从包装容器倒出后，呈不定形状，凝胶不流散，无破裂，可用吸管直接吸食。本实验是凝胶果冻的加工。

通过本实验项目，掌握果冻制作的基本原理，熟悉果冻制作的工艺流程，掌握果冻加工技术。

（二）材料设备

1. 实验材料

原料：山楂、苹果、杏、梨。

辅料：柠檬酸、白砂糖、明胶、抗坏血酸。

2. 设备

手持式糖量计、组织捣碎机、不锈钢锅、电磁炉、过滤筛、不锈钢刀、台秤、天平等。

（三）工艺流程

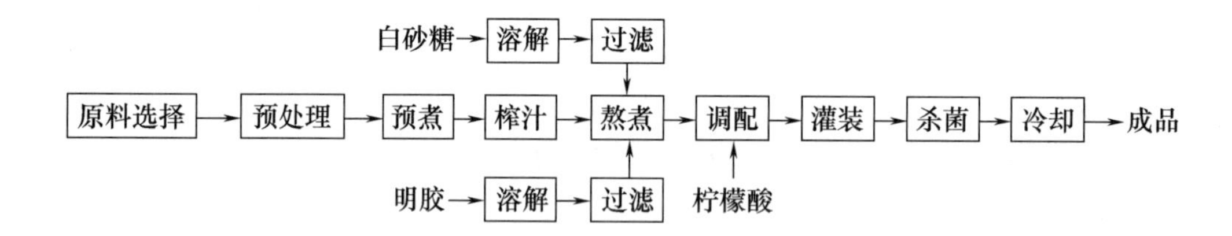

（四）操作步骤

1. 原料选择

要选含果胶和有机酸丰富、无虫害的水果品种，要求果实八九成熟。

2. 预处理

先将果实用流动清水冲洗干净，并用不锈钢刀除去果实中夹带的杂物如果皮、果梗、果核等，然后将果肉切成3～5cm厚的小块，易褐变的果实去皮切分后要用0.1%抗坏血酸进行护色处理。

3. 预煮、榨汁

将原料倒入不锈钢锅中，加入原料量1～2倍的水，加热软化20～30min。以果肉煮软、易于榨汁为度。软化后用打浆机进行打浆处理，充分打浆后采用100目滤网过滤备用。

4. 辅料处理

将白砂糖用适量水溶解、过滤备用。加糖量为10%。取2%明胶用适量水加热溶解过滤备用。柠檬酸用适量水溶解备用。

5. 熬煮

将糖和胶混合后，倒入果汁搅拌均匀。

6. 调配

为尽量减少柠檬酸对胶体的影响，在工艺操作时应在糖液冷却至70℃左右时再加入，搅拌均匀，以免造成局部酸度偏高。调至pH为3.1～3.3。

7. 灌装杀菌

将调好的溶液装入果冻杯中，封口，在沸腾水浴中保温杀菌15min。

8. 冷却

罐藏或自然冷却成形得成品。

（五）结果与分析

1. 感官指标

成冻，具有弹性，韧性好，表面光滑，质地均匀，无明显杂质与沉淀。口感光滑，细腻爽滑，酸甜适口，具有适宜的原果风味，无异味，无杂质。

2. 理化指标

可溶性固形物大于15%，pH为3.3，重金属含量符合国家标准。

3. 微生物指标

细菌总数不高于100/g，大肠杆菌不高于3个/g，致病菌未检出。

五、果丹皮的加工

（一）实验目的

果丹皮是在果泥中加糖经搅拌、刮片、烘干等工序而制成的呈皮状的果酱类糖制品，是利用果胶、糖和酸在一定比例条件下形成的凝胶产品。高浓度糖液具有高渗透压、降低制品水分活度和抗氧化作用，可以很好地抑制微生物的生长繁殖，也有利于产品色泽、风味和维生素C的保存。

通过本实验项目，熟悉果丹皮的加工工艺，掌握糖煮工艺方法，理解食糖的保藏作用。

（二）材料设备

实验材料：山楂、白砂糖、水适量。

设备：不锈钢刀、案板、不锈钢夹层锅、玻璃板、木框、打浆机、手持式糖量计、热风干燥箱等。

（三）工艺流程

原料选择→清洗→预煮→打浆→浓缩→刮片→烘干→起片→包装→成品

（四）操作步骤

1. 原料选择、清洗

选用果胶含量高的新鲜山楂果实为原料，除去病虫果及杂质，用清水洗净。

2. 预煮

将山楂挖去蒂把，用清水洗净放入锅中，加入适量清水，用大火煮沸20~30min，使山楂果肉充分软化，然后将煮好的山楂捞出，捣烂，倒入适量煮过山楂果的水中，搅拌均匀。

3. 打浆

将软化后的山楂连同煮制用的部分液汁加入打浆机内进行打浆。最好用双道打浆机。打浆机第一道筛孔径为3~4mm，第二道筛孔径为0.6mm。用细筛子过滤山楂浆，筛除残余的果皮、种子等杂物，并搅拌果浆，使之成为细腻的糊状物。

4. 浓缩

将果浆倒入夹层锅中熬煮，分次加入白砂糖（糖加入量为原料质量的60%），不断搅拌，避免粘锅。当白砂糖全部溶化，果浆浓缩成稠泥状后，停火降温，使其成为果丹皮的坯料。浓缩后固形物含量应在60%以上。

5. 刮片

将木框模子（长45cm，宽40cm，边厚4mm）放在厚度为6mm的钢化玻璃板上，倒入果浆后，摊开刮平成厚度为0.5cm的薄层。

6. 烘干

将成形的薄片连同玻璃板送入烘房，在50～60℃的温度下烘12～16h，至果浆变成具有韧性的皮状时取出。

7. 起片

用小刀将薄片从平板上缓缓铲起、揭下，卷成卷，或一层一层放置。

8. 包装

切制成一定规格和形状的果丹皮，然后用玻璃纸进行包装后装入纸箱，即可投放市场销售。

（五）结果与分析

成品浅红色或浅棕色，具有山楂固有的风味，酸甜适口，无异味，质地细腻，有韧性，水分15%以下，总糖60%～65%，总酸0.6%～0.8%。

[推荐书目]

1. 蒲彪，乔旭光．园艺产品加工工艺学．北京：科学出版社，2013.
2. 罗云波，蒲彪．园艺产品贮藏加工学：加工篇．北京：中国农业大学出版社，2011.
3. 赵丽芹，张子德．园艺产品贮藏加工学．北京：中国轻工业出版社，2009.
4. 刘新社，易诚．果蔬贮藏与加工技术．北京：中国农业出版社，2009.

思考题

1. 简述糖制品的种类。
2. 简述食糖的保藏作用。
3. 简述果脯蜜饯的制作工艺流程及操作要点。
4. 简述果蔬糖制品常见的质量问题和防治措施。
5. 简述果胶在糖制品中的作用及影响果胶胶凝的主要因素。

CHAPTER 6

第六章 蔬菜腌制加工

[知识目标]

1. 了解蔬菜腌制产品的分类和特点。
2. 理解蔬菜腌制品的加工原理。
3. 掌握不同蔬菜腌制品的加工工艺流程以及各工艺流程的操作要点。
4. 掌握不同蔬菜腌制品加工过程中常见问题的分析与控制。

[能力目标]

1. 能够根据蔬菜原料的性质制作蔬菜腌制品。
2. 能够对不同蔬菜腌制品加工过程中的常见问题进行分析和控制。

第一节　蔬菜腌制原理与技术

蔬菜腌制，是中国应用最普遍、最古老的蔬菜加工方法。蔬菜腌制是一种利用高浓度盐液、乳酸菌发酵来保藏蔬菜，并通过腌制，增进蔬菜风味，并赋予其新鲜滋味的一种保藏蔬菜的方法。发酵蔬菜、泡菜、榨菜都是蔬菜腌制品。

一、 蔬菜腌制的原理及作用

（一）食盐的作用

食盐有很高的渗透作用，能够抑制一些有害微生物的活动。一般微生物细胞液的渗透压力在3.5~16.7个大气压（1atm=101.325kPa），一般细菌也不过3~6atm。而1%的食盐溶液就可产生6.1atm的渗透压力。高渗透压的作用，可使微生物的细胞发生质壁分离现象，造成微生物的生理干燥，迫使它处于假死状态或休眠状态。咸菜和酱菜的含盐量一般都在10%以上，因此，可以产生61atm以上，远远超过了一般微生物细胞液的渗透压力，从而阻止了微生物的危害，防止蔬菜的腐烂。

（二）香料的作用

腌制蔬菜时常加入一些香料与调味品。它们不但起着调味作用，而且具有不同程度的防腐作用。例如，芥籽分解所产生的芥籽油和大蒜，洋葱中的大蒜油等，均具有极强的防腐力。

（三）酸度的作用

腌渍环境中的酸度对微生物的活动有极大的影响。醋酸浓度在1%以上，可以抑制腐败细菌、大肠杆菌（*Escherichia coli*）、丁酸菌（*Clostridium butyricum*）的活动，唯有乳酸菌、酵母菌和霉菌可以在酸性条件下活动，前两种菌对人体有益，能够杀灭其他细菌，保存腌渍品不坏。为了抑制有害微生物的活动，需要在腌制开始时迅速提高腌渍环境的酸度。一般可采以下方法：第一，腌制开始时可以加入适量的醋；第二，适当提高发酵初期的温度，促使乳酸迅速生成；第三，分批加盐。

二、环境因素的影响

（一）温度对微生物的影响

一切微生物的生长发育，都有一定的温度条件。乳酸菌活动的最适温度为26～30℃。酸甘蓝的发酵，在25～30℃时，6～8d就可以完成。腌渍品发酵的速度，是受温度所左右的，为了使制品的风味正常，腌制过程中的发酵温度不宜过高，最好保持在12～22℃，而在发酵结束后，腌渍品贮存环境的温度还应该大大降低，最好是0℃左右。

（二）空气对微生物和维生素的作用

空气的存在关系到微生物的活动和维生素的保存。在腌制过程中，如能尽量减少空气，保持缺氧状态，不但有利于乳酸发酵，防止败坏，而且也有利于维生素的保存。为了减少空气，腌菜的容器要装满、压紧，盐水要淹没菜体，并要密封。这样发酵迅速，能排出多量的CO_2，使菜内的空气或O_2很快地排出，对抑制霉菌的活动与防止维生素C的破坏有良好的作用，可以使腌菜不烂。

三、腌渍品色与味的保持

优良的蔬菜腌渍品，不但应有可口的味道与丰富的营养，而且应有清脆的质地与鲜艳的色泽。

1. 保存腌制蔬菜绿色的方法

（1）倒缸　有的也称翻缸或换缸。就是将腌渍品从腌制的缸中，再倒入另一空缸里。蔬菜采收之后仍然进行着生命活动，即呼吸作用。蔬菜呼吸作用的快慢、强弱，与不同品种、成熟时期、组织结构有着密切关系。叶菜类的呼吸强度最高，果菜类次之，根菜类和茎菜类最低。腌渍蔬菜由于蔬菜集中，呼吸作用加强，散发出大量水分和热量，如不及时排除热量，就会使蔬菜的叶绿素变为植物黑质而失去其绿色。

（2）掌握食盐用量　一般盐液浓度应在10%～25%，这样既能抑制生物的活动，又能抑制蔬菜的呼吸作用，可防止叶绿素在高温条件下发生“植物黑质”的变化。如盐液浓度过高，腌渍品食用时会有“苦咸”之感，可先用清水浸泡后再食用。

(3) 使用微碱水浸泡蔬菜　在腌制前，先用微碱水将蔬菜浸泡一下，并勤换水，排出菜汁后，再用盐腌制，可以保持绿色。碱水保持绿色的作用，主要由于蔬菜中的酸被中和，去除了植物黑素的形成因素；此外，石灰乳［$Ca(OH)_2$］、Na_2CO_3、$MgCO_3$都是碱性物质，都有保持绿色的作用。但若用量较大，会使蔬菜组织发“疲”，其中石灰乳过量时也会使蔬菜组织发韧，$MgCO_3$使用相对较为安全。

2. 保持腌制蔬菜脆度的方法

①把蔬菜在铝盐或钙盐的水溶液内进行短期浸泡，或在腌渍液内直接加入钙盐。

②用微碱性水溶液浸泡（因其含有 $CaCl_2$、$Ca(HCO_3)$、$CaSO_4$等几种钙盐）。

③石灰和明矾是我国民间常用的保脆物质。石灰中的钙和明矾中的铝都可与果胶物质化合而成果胶酸盐的凝胶，可防止细胞解体。但用量要掌握好，以菜质量的 0.05% 为宜。如过多，菜带苦味，组织过硬，反而不脆。明矾属酸性，不能用于绿色蔬菜，以防影响腌菜风味。

四、 腌制蔬菜的注意事项

(一) 选好腌制原料

腌制蔬菜的原料必须符合两条基本标准：一是新鲜，无杂菌感染，符合卫生要求；二是品种适宜，不是任何蔬菜都适于腌制咸菜。比如有些蔬菜含水分很多，怕挤怕压，易腐易烂，如熟透的西红柿就不宜腌制；有一些蔬菜含有大量纤维质，如韭菜，一经腌制榨出水分，只剩下粗纤维，无多少营养，吃起来也无味道；还有一些蔬菜吃法单一，如生菜，适于生食或做汤菜，炒食、炖食不佳，也不宜腌制。因此，腌制咸菜，要选择那些耐贮藏，不怕压或挤，肉质坚实的品种，如白菜、萝卜、苤蓝、玉根（大头菜）等。

腌菜，最好选择新鲜蔬菜。如果蔬菜放置一段时间，就会随着水分的消失而消耗一定的营养，发生老化现象。不适宜腌制的蔬菜：一是皮厚，种子坚硬；二是含糖较多，肉质发面，不嫩不脆；特别是叶绿素较多的蔬菜纤维质坚硬，腌成咸菜“皮条”，不易咀嚼，味道也不好。所以最好选用六、七成熟的新鲜蔬菜。

腌咸菜不论整棵、整个或加工切丝、条、块、片，都要形状整齐，大小、薄厚基本均匀，讲究色、味、香型、外表美观。

(二) 准确掌握食盐的用量

食盐是腌制咸菜的基本辅助原料。食盐用量是否合适，是能否按标准腌成各种口味咸菜的关键。腌制咸菜用盐量的基本标准，最高不能超过蔬菜的 25% （如腌制 100kg 蔬菜，用盐最多不能超过 25kg），最低用盐量不能低于蔬菜质量的 10% （快速腌制咸菜除外）。腌制果菜、根茎菜，用盐量一般高于腌制叶菜的用量。

(三) 按时倒缸

倒缸，是腌制咸菜过程中必不可少的工序。倒缸就是将腌器里的酱菜或咸菜上下翻倒。这样可使蔬菜不断散热，受热均匀，并可保持蔬菜原有的颜色。

(四) 咸菜的食用时间

一般蔬菜中都含有硝酸盐，不新鲜的蔬菜硝酸盐的含量更高。亚硝酸盐对人体有害，如亚硝酸盐长期进入血液中，人就会四肢无力。

刚腌制不久的蔬菜，亚硝酸盐含量上升，经过一段时间，又下降至原来水平。腌菜时，盐含量越低，气温越高，亚硝酸盐升高越快，一般腌制5～10d，硝酸盐和亚硝酸盐上升达到高峰，15d后逐渐下降，21d即可无害。所以，腌制蔬菜一般应在20d后食用。

（五）蔬菜腌制工具的选择

腌制咸菜要注意使用合适的工具，特别是容器的选择尤为重要。它关系到腌菜的质量。

1. 选择腌器

腌制数量大、保存时间长的，一般用缸腌；腌制半干咸菜，如香辣萝卜干、大头菜等，一般应用坛腌，因坛子肚口小，便于密封；腌制数量极少、时间短的咸菜，也可用小盆、盖碗等。另外，腌器一般用陶瓮器皿为好，切忌使用金属制品。

2. 酱腌要用布袋

酱腌咸菜，一般要把原料菜切成片、块、条、丝等，才便于酱浸入菜的组织内部。如果将鲜菜整个酱腌，不仅腌期长，又不易腌透。因此，将菜切成较小形状，装入布袋再投入酱中，酱对布袋形成压力，可加速腌制品的成熟。布袋最好选用粗砂布缝制，使酱易于浸入。布袋的大小，可根据腌器大小和咸菜数量多少而定，一定以装2.5kg咸菜为宜。

3. 酱耙要用木质，不宜用金属

制酱和酱腌菜都需要经常打耙。打耙，就是用酱耙将酱腌菜上下翻动。木质酱耙轻且有浮力，放于酱缸内，不怕食盐腐蚀，也没有异味，符合卫生条件。另外，腌菜还需要笊篱、叉子等工具，可以根据需要，灵活选择。

（六）咸菜的腌制温度及放置场所

①咸菜的温度一般不能超过20℃，否则，使咸菜很快腐烂变质、变味。在冬季要保持一定的温度，一般不得低于5℃，最好在2～3℃，温度过低咸菜受冻，也会变质、变味。

②贮存脆菜的场所要阴凉通风。蔬菜腌制之后，除必须密封发酵的咸菜以外，一般供再加工用的咸菜，在腌制初期，腌器必须敞盖，同时要将腌器置于阴凉通风的地方，以利于散发咸菜生成的热量。咸菜发生腐烂、变质，多数是由于咸菜贮藏的地方不合要求，温度过高，空气不流通，蔬菜的呼吸热不能及时散发所造成的。腌后的咸菜不要太阳暴晒。

（七）腌制品和器具的卫生

咸菜，特别是酱腌菜，可直接影响人体的健康。因此，必须注意和保持咸菜的清洁卫生。

1. 腌制前的蔬菜要处理干净

蔬菜本身有一些对人体有害的细菌和有毒的化学农药，所以腌制前一定要把蔬菜彻底清洗干净，有些蔬菜洗净后还需要晾晒，利用紫外线杀死蔬菜中的各种有害菌。

2. 严格掌握食品添加剂的用量

食品添加剂是食品生产、加工、保藏等过程中所加入的少量化学合成物质或天然物质，如色素、糖精、防腐剂和香料等。这些物质具有防止食品腐败变质、增强食品感官性状或提高食品质量的作用。但有些食品添加剂具有微量毒素，放多了有害，必须按照标准严格掌握用量。如国家规定使用的标准中，每千克腌制品中苋菜红、胭脂红最高使用量不得超过0.05g；每千克腌制品中柠檬黄、靛蓝最高使用量不得超过0.5g；防腐剂在酱菜中最大使用量每千克不得超过0.5g；糖精最高使用量在每千克腌制品中不得超过0.15g。

3. 腌菜的器具要干净

一般家庭腌菜的缸、坛，多是半年用半年闲。因此，使用时一定刷洗干净，除掉灰尘和油污，洗过的器具最好放在阳光下晒半天，以防止细菌的繁殖，影响腌品的质量。

第二节　蔬菜腌制品的分类

一、 按发酵分类

（一）发酵性腌制品

发酵性腌制品在腌制过程中都经过比较旺盛的乳酸发酵，一般还伴有微弱的酒精发酵与醋酸发酵，利用发酵产生的乳酸与加入的食盐、香料、辛辣调味品等的防腐力保藏并增进风味。

（1）半干态发酵品　如榨菜、京东菜、川东菜等。

（2）湿态发酵品　以酸菜为主，分两类。

①在盐水中发酵：如泡菜、酸黄瓜。

②在清水中发酵：如北方酸白菜。

（二）非发酵性腌制品

非发酵性腌制品在腌制过程中，只有微弱的发酵作用。利用食盐和其他调味品来保藏并改善其风味。

（1）盐渍咸菜　如咸雪里蕻、咸酸箭杆白菜。

（2）酱渍酱菜　如酱黄瓜等。

（3）糖醋渍糖醋菜　如糖醋蒜、糖醋萝卜。

（4）虾油酱渍菜　如虾油什锦小菜。

（5）酒糟渍的糟菜。

二、 按蔬菜原料分类

分为根菜类、茎菜类、叶菜类、花菜类、果菜类以及其他类。

（1）根菜类　白萝卜、胡萝卜、大头菜。

（2）茎菜类　榨菜、大蒜、姜、莴苣。

（3）叶菜类　白菜、雪里蕻、芹菜。

（4）花菜类　花椰菜、黄花菜。

（5）果菜类　黄瓜、辣椒、豇豆。

三、 按工艺特点分类

（一）腌菜类

只进行腌渍，有三种。

（1）湿态　制成后菜不与菜卤分开。如雪里蕻、腌渍白菜、腌渍黄瓜。

（2）半干态　制成后菜与菜卤分开。如榨菜、大头菜。

（3）干态　制成后菜与菜卤分开，并经干燥。如干菜笋。

（二）泡菜类

经典型的乳酸发酵而成，并用盐水渍成。如泡菜、酸黄瓜、盐水笋等。主要在北方沿海一带。

（三）酱菜类

先盐渍，再酱渍。按风味，可分为两小类。

（1）咸味酱菜　用咸酱（豆酱）渍成，或虽加有甜酱，但用量少，如北方酱瓜、南方酱萝卜。

（2）甜味酱菜　用甜酱（面酱或酱油）渍成，如扬州、镇江的酱菜，济南、青岛的酱菜。

（四）其他

（1）糖醋类　先盐渍，再用糖（蜂蜜）或醋或糖醋渍成。

（2）虾油类　先盐渍（或不盐渍），再用虾油渍成，如虾油什锦小菜。

（3）糟渍类　主产于长江以南。先盐渍，再以酒糟渍成，如糟瓜、独山盐酸菜。

（4）其他　如糠渍菜、菜脯、菜酱、清水渍菜。清水渍菜类不加盐，以清水渍或熟渍，经乳酸发酵而成。

四、按包装分类

（一）袋装酱渍菜

又称小包装酱腌菜。将制好的酱腌菜切丝，用复合塑料袋杀菌封装。

（二）瓶（罐）装酱腌菜

瓶装的包装材料主要是玻璃，罐装的包装材料主要是马口铁。通常用于需要酱渍或菜卤浸泡的酱腌菜。

（三）坛装酱腌菜

主要用陶瓷封装，其特点是成本低，是传统包装容器。

（四）散装酱腌菜

采用集装贮运，零称分销，使用大型的坛或罐装。

第三节　盐渍菜加工案例

盐渍菜是利用高浓度的食盐腌制成的菜。

一、工艺流程

原料选择→清洗→切条→晾晒、盐渍→装坛→检验→成品

二、操作步骤

（一）原料的要求

①选择肉质肥厚、组织紧密、质地脆嫩、不易软烂、粗纤维少、含水量低、含糖量较高的蔬菜原料。

②要求成熟适度，新鲜，无病虫害。

（二）预处理

1. 清洗

清洗的目的是除去蔬菜表面附着的尘土、泥沙、残留农药等。

2. 切条

将洗净的原料按一定规格切分。

（三）腌制

要求清洗后及时腌制。腌制菜可直接食用，也可作为酱渍半成品。

腌渍方法可分为两种。

1. 干腌法

只加盐不加水，适用于含水量较多的蔬菜。又分为加压干腌和不加压干腌。

（1）加压干腌法　一层蔬菜一层盐，最上层加盐后盖木排压重石或其他重物。中下部加盐40%，中上部加盐60%。利用重石的压力和盐的渗透作用，使菜汁外渗，菜汁逐渐把菜体淹没，达到腌制、保鲜和贮藏的作用。特点是不加水和其他菜卤，成品保持原有的鲜味。

（2）不加压干腌法　与加压法不同之处在于不加压。含水量高的蔬菜可分两次或三次加盐，方法是第一次加盐腌制几天捞出沥干苦卤，再加盐腌制。其优点是：

①避免高浓度盐使蔬菜组织快速失水而皱缩。

②分批加盐使腌制品初期发酵旺盛，产生较多的乳酸，并减少维生素的损失。

③缩短蔬菜组织与腌渍液可溶浓度达到平衡的时间。

注意用盐量不可过少，温度不可过高，否则易腐烂变质。

2. 湿腌法

加盐的同时还加盐水或清水。适用于含水量较少、蔬菜个体较大的蔬菜。分浮腌法和泡腌法两种。

（1）浮腌法　将菜和盐水按一定比例放入容器，使蔬菜浮在盐水中，定时倒缸。随时间的推移，菜卤不断被日晒，水分蒸发，盐水浓度增大，菜品和菜卤逐渐变红。菜卤越老，风味越好。

（2）泡腌法　又称盐卤法或循环浇淋法。把菜放入池中，将盐水加入菜中，经1~2d腌渍，因蔬菜汁渗出，盐浓度下降，将菜卤泵出，加盐，再打入池中。如此循环7~15d，即成。此法适用于肉质致密、质地紧实、含H_2O较少的蔬菜，较浮腌法减少劳动。

（四）倒缸（池）

即使腌制品在池中上下翻动，或使盐水在池中上下循环。

1. 倒缸的作用

①散热。

②促进食盐溶解。

③消除不良气味。

2. 倒缸方法

翻倒：留一空缸，将菜体与菜卤依次向空缸翻倒。

回淋：用泵抽取菜池中的盐水，再淋浇于池中菜体上。此法可减轻劳动力。

（五）封缸

盐渍 30d 左右即可成熟，如不立即食用，则可封缸保存。

1. 封缸

腌渍成熟后倒缸一次，压紧，在缸口留一定空隙，盖上竹盖，压重石。再将澄清的盐水打入缸内，淹没竹盖，最后盖上缸罩。

2. 封池

用菜池腌制时，可将菜坯一层层踩紧，在上面加盖竹盖，压重石，泵入澄清盐水，使之淹没过盖，再盖上塑料。

三、典型盐渍菜实例

多轮盐渍发酵泡菜的加工流程介绍如下。

1. 装池

将新鲜蔬菜（每层厚度不超过 20cm）与盐装满盐渍池，盐量为新鲜蔬菜质量的 15%。

2. 二次加料

当盐渍池中蔬菜酸度为 0.35% ~0.45%，在已盐渍过的蔬菜上加新鲜蔬菜与盐，封池。

3. 翻池加料

先在池中加入发酵液（总池用量的 4% ~5%），当盐渍池内蔬菜酸度为 0.55% ~0.65%，进行翻池，发酵过的蔬菜位于下方，新鲜蔬菜与盐位于上方，封池。

4. 已成熟的泡菜装袋

当盐渍池内蔬菜酸度 0.95% ~1.05%，再次翻池，取池中下部成熟泡菜装袋。

①上述加新鲜蔬菜与盐的方法为一层盐一层菜，以盐的质量计算，先 5% 的盐装入池底，再分层装新鲜蔬菜与盐，最后在装满池后再在新鲜蔬菜上加 15% 的盐。

②发酵液的处理方式：活性炭（发酵液总量的 0.1% ~0.5%）→过滤→硅藻土（发酵液总量的 0.1% ~0.5%）→过滤。

5. 中上部已发酵但未熟的泡菜取出装入另外一个池中底部，加入发酵液，再加入新鲜蔬菜与盐，不断循环。

第四节　酱腌菜加工案例

酱腌菜是以蔬菜咸坯，经脱盐、脱水后，用酱渍加工而成的蔬菜制品。

一、工艺流程

原料选择→原料预处理→盐腌→切制加工→脱盐→压榨脱水→酱制→成品

二、操作步骤

1. 原料选择

选择质地嫩脆、组织紧密、肉质肥厚、富含一定糖分的蔬菜原料。

2. 原料预处理

包括去除不可食用或病虫腐烂部分、洗涤、分级等处理。

3. 盐腌

食盐浓度控制在15% ~20%，要求腌透，一般需要20~30d。对于含水量高的蔬菜可采用干腌法，3~5d要倒缸，腌好的菜坯表面柔熟透亮，富有韧性，内部质地嫩脆，切开后内外颜色一致。

4. 切制加工

对需要进行切分的咸坯进行切制，切成比原来小得多的片、条、丝等形状。

5. 脱盐

盐分高的半成品不易吸收酱液，同时还带有苦味，需要进行脱盐处理。首先，放入清水中浸泡，时间根据腌制品中盐分多少来定，一般为2~3d，也有泡半天即可的。析出一部分盐后，才能吸收酱汁，并泡除苦味和辣味。浸泡时每天要换水2~3次。

6. 压榨脱水

压榨脱水是采取特定措施减少咸坯含水量的工艺过程。为了利于酱制，保证酱汁浓度，必须进行压榨脱水。脱水至咸坯的含水量为50% ~60%即可。

7. 酱制

把脱盐后的菜坯放在酱内进行浸酱的过程称为酱制。酱制完成后，要求达到程度一致，即菜的表皮和内部全部变成酱黄色，其中本来颜色较深重的菜酱色较深，本来颜色较浅的酱色较浅，菜的表里口味完全像酱一样鲜美。

酱制时，体形较大的或韧性较强的可直接放入缸内酱制，体积较小或易折断的蔬菜，可装入布袋或丝袋内，扎紧袋口后再放入酱缸内酱制。

在酱制期间，白天需每隔2~3h搅拌一次，使缸内的菜均匀吸收酱汁。搅拌时用酱耙在酱缸内搅动，使缸内的菜（或袋）随着酱耙上下更替旋转，把缸底的翻到上面，把上面的翻到缸底，使缸上的一层酱油由深褐色变成浅褐色。经2~4h，缸面上一层又变成深褐色，即可进行第二次搅拌。如此类推，直到酱制完成（有的用酱醅也称双缸酱，酱制时采用倒缸，每天或隔天一次）。一般酱菜酱两次，第一次用使用过的酱，第二次用新酱，第二次用过的酱还可以压制次等酱油，剩下的酱渣可作饲料。

三、酱腌菜质量说明

1. 味觉优良

（1）咸味　食盐的渗透作用可改良风味并避免保存不良，故要使用适合各个腌渍物的盐量，调理成适合所喜好的咸味。苹果酸钠或葡萄糖酸钠也可以使用。

（2）酸味　依腌渍物的种类，在熟成期间生成乳酸、醋酸和其他的酸，可使腌渍物具备适当的酸味，有整肠作用及防止胃肠内的异常发酵或食物中毒的功效。

（3）辣味　辣椒素或姜油使腌渍物含有适当的辣味而刺激味觉，增进食欲；并使内分泌旺盛，有利于健康。

（4）甜味　因添加砂糖、葡萄糖、果糖、甘草或甜菊而使口味柔和，促进食欲。

（5）苦味及涩味　适当的苦味（粗盐、苦盐中的镁）及涩味（单宁、生物碱等）可增加腌渍制品爽快的味道。

（6）鲜味（甘味）　由适当的盐、酸、辣、甜、苦、涩味混合而来。

2. 色香味良好

（1）香味　各种蔬菜的香气成分，移至腌渍物或由于微生物、酶等作用形成芳香味。

（2）色彩　叶绿素、类胡萝卜素及花青素等尽量在制作中保持其新鲜色彩，使其成为可口的腌渍物。

（3）食欲　口腔和舌头的触觉、咬感、硬度等食感，使腌渍制品的美味相差很大。

四、典型酱腌菜加工案例

1. 萝卜酱腌菜

（1）取新鲜圆整的萝卜（白萝卜和胡萝卜），去根、洗净，切成条状，于浸泡液［0.1%～1%（*w/V*）柠檬酸，0.1%～1%（*w/V*）$CaCl_2$，0.1%～1%（*w/V*）乳酸钙和0.1%～1%（*w/V*）丙酸钙］中浸泡4～12h护色、保脆。

（2）将萝卜清洗沥干，按照萝卜净重加入5%～6%（质量分数）的盐拌匀，于80～85℃温度下腌制48～72h，环境湿度为80%～90%。

（3）取出萝卜，用无菌水漂洗脱盐，按照萝卜净重加3%～5%（质量分数）盐拌匀，于40～45℃温度下腌制48～72h，环境湿度为70%～80%。

（4）无菌水漂洗萝卜，按质量比加入2%～4%（质量分数）的盐、1%～2%（质量分数）的乳糖，并接入乳酸菌（植物乳杆菌C1CC20746）和酵母（鲁氏接合酵母C1CC1417）CFU比为（1～2）:1的混合菌液，在10～15℃温度下发酵30～60d。

（5）发酵完成后，加入调味辅料（洋葱25～30份，大蒜20～30份，五香粉15～20份，白胡椒粉8～16份，辣椒粉12～20份，蚝油15～25份，植物油10～20份，蔗糖8～15份，味精6～10份，苹果酸0.05～0.07份），混匀后巴氏灭菌，包装得到萝卜酱制品。

2. 黄豆芽酱腌菜

（1）选择新鲜的黄豆芽，长度为5～6cm。

（2）将黄豆芽采用95～100℃杀青，杀青时间为10～30s（冬天10s，夏天30s），杀青后冷却至常温。

（3）将杀青后的黄豆芽盐渍（至少加入五香粉、辣椒油、醋、泡山椒水中的一种）2～3h。

（4）采用重力压榨脱水方式压榨盐渍后的黄豆芽。

（5）用调味料（香辣味调味料、酸辣味调味料或山椒味调味料）拌制黄豆芽。

（6）将黄豆芽装袋，抽真空，然后于85～95℃巴氏灭菌20～30min。

（7）冷却后装箱贮存。

3. 海带酱腌菜

（1）以盐渍的海带为原料，分割成块状（分割成形海带的质量分数为50% ~60%、酱渍调味液35% ~50%、香辣辅料0.5% ~1.2%）。

（2）将其清洗至无牙碜感，再用清水浸泡脱盐4~6h，沥干水分。

（3）将酱油加热后，加入香辛料熬煮20~40min，过滤后加入调味料、防腐剂（脱氢醋酸钠）搅拌均匀，制得酱渍调味液（各组分质量分数：酱油80% ~90%，食盐3% ~7%，白砂糖2% ~5%，香辛料3% ~7%，防腐剂0.03% ~0.07%，醋0.3% ~0.8%）。

（4）将植物油加热后，加入辣椒炸至辣椒通红，形成香辣辅料（辣椒占香辛辅料质量分数为35% ~45%，花生油为55% ~65%）。

（5）将沥干水分后的海带加入酱渍调味液、香辣辅料搅拌均匀后，分别装入密封的容器中，90~100℃、30~35min杀菌后冷却，即得成品。

五、典型酱腌菜生产工艺要点

1. 原辅料包装物验收、挑选

原辅料进厂后由技术部按照公司ISO9001：2000三级文件《检验操作程序》（Q3~Q224~19）的要求进行验收，且要求供方出示HACCP计划所要求提供的相关证明，不符合要求的原辅料不能接收。并做原料检验记录。

2. 盐渍

将新鲜蔬菜用10% ~20%（以菜的质量计算）的食盐进行盐渍保存，盐渍在盐渍池内，并经过约1个月以上的密封发酵。

3. 盐渍品验收、挑选

操作同“原辅料包装物验收、挑选”。

4. 整理、清洗

修削木质化纤维、硬骨，清洗泥沙等，挑选出外来杂质。

5. 成形

通过调试机器上的刀片来将菜切成需要的丝、片、节、丁等形状。

6. 脱盐

通过自来水的浸泡，将成形后半成品的盐分脱至需要的含量。

7. 脱水

将脱盐后的半成品装入压榨桶内，通过液压的原理，用压榨机将半成品的水分脱至需要的含量。

8. 洗瓶（瓶装）

用水将玻璃瓶中的灰尘等杂质洗掉，并用82℃以上的热水浸泡12s以上，进行清洗消毒。

9. 配料

国家标准限量使用的化学添加剂，由专人在配料室内预先进行配置，用喷有标志的食品袋进行定量包装，并由领料人员凭领料单严格领取使用。

10. 炼油

将菜油通过加热的方式，达到将油炼熟的目的。

11. 拌料

将配料人员配好的添加剂、原料、辅料等一起倒入食品拌和机内，开动机器，将各种原辅料均匀地混合在一起。

12. 日期打印（袋装）

在包装材料上打印生产日期。

13. 计量分装

将配料后的半成品，按照《电子秤计量车间内控标准》的要求分装。

14. 真空封口（袋装）

通过真空封口机的工作原理，将袋装产品内的气泡抽尽，同时袋口封合处线路清晰、平直、无褶皱、无破损、无开裂。

15. 杀菌（袋装）

利用自动杀菌机组内的热水对产品进行高温密封杀菌。

16. 冷却（袋装）

产品通过杀菌机转出后，快速进入冷却槽内冷却，使产品免于长时间处于高温状态。

17. 金属探测（袋装）

封口后的产品经过金属探测仪，检测成形工序所带入的刀具破损后的金属碎片，发现问题后，立即将可疑产品选出。

18. 装箱、入库

产品按品种、规格、不同批次分装于外包装箱内，纸箱上贴上合格证，以及产品品名、规格、生产日期、批次、装箱员、检验员等信息。

第五节　酸泡菜加工案例

泡菜，是指为了利于长时间存放而经过发酵的蔬菜。一般来说，只要是纤维丰富的蔬菜或水果，都可以被制成泡菜。泡菜含有丰富的维生素和钙、磷等无机物，既能为人体提供充足的营养，又能预防动脉硬化等疾病。

一、工艺流程

原料选择→原料预处理→入坛泡制→发酵→成品

二、操作步骤

1. 原料选择

凡是组织致密、质地嫩脆、肉质肥厚而不易软化的新鲜蔬菜均可作为泡菜原料，要求剔除病虫害、腐烂蔬菜。

2. 原料预处理

蔬菜的预处理是在装坛泡制前，先将蔬菜置于25%的食盐溶液，或直接用盐进行腌渍，在盐水的作用下，除去蔬菜所含的过多水分，渗透部分盐味，以免装坛后泡菜质量降低。同时，盐有灭菌作用，使用盐水泡菜既清洁又卫生。绿叶类蔬菜含有较浓的色素，预处理后可去除部分色素，这不仅利于它们定色、保色，而且可消除或减轻对泡菜盐水的影响。有些蔬菜，如夏莴笋、春莲花白、红萝卜等，含苦涩、土臭等异味，经预处理可基本将异味除去。

由于蔬菜的四季生长条件、品种、季节和可食部分不同，其质地上也存在差别，因此，选料及掌握好预处理的时间、咸度，对泡菜的质量影响极大。如青菜头、莴笋、甘蓝等，细嫩脆质、含水量高、盐易渗透，同时这类蔬菜通常仅适宜边泡边吃，不宜久贮，所以在预处理时咸度应稍低些；辣椒、芋艿、洋葱等，用于泡制的原料质地较老，其含水量低，受盐渗透和泡成均较缓慢，加之此类品种又适合长期贮存，故预处理时咸度应稍高一些。

3. 泡菜盐水的配置

井水和泉水是含矿物质较多的硬水，用以配制泡菜盐水，效果最好，可以保持泡菜成品的脆性。硬度较大的自来水也可使用。食盐宜选用品质良好、含苦味物质（如 $MgSO_4$、Na_2SO_4 及 $MgCl_2$ 等）极少、而 NaCl 含量至少在 95% 以上者为佳。常用的食盐有海盐、岩盐、井盐。最宜制作泡菜的是井盐，其次为岩盐。

盐水配置比例：以水为准，加入食盐 6% ~8%；为了增进色、香、味，还可以加入 2.5% 的黄酒，0.5% 的白酒，1% 的米酒，3% 的白糖或红糖，3% ~5% 的鲜红辣椒，直接与盐水混合均匀；香料如花椒、八角、甘草、草果、胡椒，按盐水量的 0.05% ~0.1% 加入，或按喜好加入，香料可磨成粉末，用白布包裹或做成布袋放入；为了增加盐水的硬度，还可加入 0.5% $CaCl_2$。

4. 入坛泡制

经预处理的原料即可入坛泡制，其方法有两种：泡制量少时可直接泡制。工业化生产则先出坯后泡制，利用 10% 食盐先将原料盐渍几天或几个小时，按原料质地而定。另外可以去掉一些原料中的异味，除去过多水分，可以减少泡菜坛内食盐浓度的降低，防止腐败菌的滋生。

入坛时先将原料装入坛内一半，要装得紧实，放入香料袋，再装入原料，离坛口 6 ~ 8cm，用竹片将原料卡住，加入盐水淹没原料，切忌使原料露出液面，否则原料会因接触空气而氧化变质。盐水注入离坛口 3 ~ 5cm。1 ~ 2d 后原料因水分的渗出而下沉，可再补加原料，让其发酵。如果是老盐水，可直接加入原料，补加食盐、调味料或香料。

5. 发酵泡制中的管理

蔬菜原料进入坛后，即进入乳酸发酵过程，在其过程中，要注意水槽保持水满并注意清洁，经常清洗更换。为安全起见，可在水槽中加入 15% ~20% 的食盐水。切忌油脂类物质混入坛内，否则易使泡菜水腐败发臭。蔬菜经过初期、中期、末期三个发酵阶段后完成了乳酸发酵的全过程。

三、 典型酸泡菜实例

（一）四川泡菜

1. 原料

泡菜坛子一个（上边有沿，可装水。坛子的上沿口是装水的，且平常水不能缺，才能起到密封的作用）、高粱白酒、花椒、辣椒、大茴香（即八角茴香）、冰糖、盐。

2. 制作方法

（1）培养泡菜发酵菌

①首先在冷水里放入一些花椒、适量的盐，然后把水烧开。水量在坛子容量的10% ~ 20%，不要太多。

盐比平时做菜时多一点，感觉很咸即止。

花椒放20 ~ 30粒，尽量多放些，那样可以泡出很香的菜。

②待水完全冷却后，灌入坛子内，然后加50g高粱酒（大坛子可以适当多加）。其他酒不行，泡菜菌其实就是从高粱酒麴来的，酒也是经常要添加的。

③放青椒（是那种长的很结实的深绿色辣椒，很辣，调味用的）、生姜，可多放些，增加菜的味道。而且这两种菜要保持坛子内一直有，它们有提味的作用。2 ~ 3d后注意仔细观察，看青椒周围是否有气泡形成，开始的时候是一到两个十分细小的气泡，不注意观察几乎看不见。如果有气泡，哪怕是一个气泡，就说明发酵正常，待青椒完全变黄后即可。得到泡菜原汁，即说明泡菜菌培养完毕。

泡菜菌属于厌氧菌，注意坛口的密封十分重要。泡菜在发酵过程中产生乳酸菌，且随着发酵的成熟产生酸味，不仅使泡菜更具美味，还能抑制坛内的其他菌，防止不正常的发酵。

注意事项：坛子内壁必须洗干净，然后把生水擦干，或干脆用开水烫一下也行。绝对不能有生水。青椒洗过后，也要晾干，绝对不能带生水（自来水或生水中含有杂菌，且里面的Cl_2会杀死泡菜菌）。

（2）泡制　先加入大料、冰糖适量。

①常用泡菜原料：萝卜、豇豆、盖菜、子姜（紫红的嫩姜）、辣椒等。注意，胡萝卜和黄瓜最好即泡即吃，过一晚上就拿出来，不然会引起坛子里生花（泡菜汤里出现泡沫，表面出现灰皮）。

②蔬菜洗干净后，切成大块或条（不要太小），晾干水分。

③放入培养好的泡菜原汁在坛内，蔬菜必须完全淹没在水里，然后密封坛口。

每加入一次新的菜要加入相应的盐，要适量，做几次后会把握好的。如果盐多了，会咸，少了，菜酸，泡菜汤容易变质。每次加入新菜后，根据菜的不同，泡制时间也不一样，最长时间一周。

（3）原汁的维护　每泡制3 ~ 4次后最好补充一次高粱酒（约25g）及适量冰糖。

用过的原汁可反复使用，越老越好，不放菜的时候注意在里面加上盐，注意坛子上沿的水不要干，放在凉爽的地方，只要保管得好，泡菜原汁甚至可使用5年。

用过半年以后的原汁发酵能力十分强大，一般的蔬菜只需浸泡约1d就能食用。

（4）注意事项

①坛子一定要密封，最好选用土烧制的带沿口的那种。坛子的上沿口是装水的，且平常水不能缺，才能起到密封的作用。取泡菜时注意不要把生水滴到坛子里。

②坛子里不要沾油，沾了油会生花，严重的整个坛子里的菜会腐烂。

③刚刚开始泡制的时候，需要的时间长一点，大约在一周左右。瓶内实现的是一个发酵过程，所以会产生气体，如果压力过高可打开瓶口放气（瓶子如果足够结实的话，虽不至于爆炸，但压力过高会顶开瓶口的密封，连气带水一起溢出，弄脏周围的环境）。放过1 ~ 2次气后，蔬菜内的空气没了，以后就不必放气了。

（二）无盐酸菜

（1）备菜　挑选无污染、病虫害腐烂变质的新鲜青菜，去老筋烂叶，取茎叶部分洗净沥干备用。

（2）容器的清洗和消毒　将准备腌菜的容器洗净（沸水擦洗或酒精喷洒，无油污和洗涤剂残留）擦干备用。

（3）青菜杀青　将步骤（1）中的青菜（≥70℃）置于锅中煮沸1～2min，晾2～3min，保留锅中的水待用（30～40℃）。

（4）青菜发酵　将（3）中杀青后的青菜均匀平铺一层于步骤（2）中的容器内并压实，倒入4%～6%酸菜母水，再铺一层杀青后的青菜，再倒入4%～6%酸菜母水，如此反复，装满容器后将（3）中的杀青水与母水混合水倒入至浸没青菜，盖好容器盖，发酵2～3d后即可收食，每次倒入的母水量以新鲜青菜总质量计算（杀青水18%～22%，母水9%～11%）。

上述酸菜母水以杀青后的青菜加食醋发酵而成，新鲜青菜与食醋的质量比为（190～210）:1，常温发酵3～4d，为第一道酸菜母水；第二次以后的酸菜母水为用第一道酸菜母水发酵杀青后的青菜而成的发酵酸菜水；第三次以后的酸菜母水为第二道酸菜母水发酵杀青后的青菜而成的发酵酸水，以此类推。

（三）果香型酸菜

（1）按质量分数75%～85%，选取优质橘红心白菜，去根去帮，置于阳光下自然晾晒，去掉外帮及枯叶，放入水中浸泡、清洗，清洗后挤掉多余水分，用50～70℃暖风烘干5～8min，整齐码放在腌制容器中，备用。

（2）按质量分数10%～25%，选取优质的制酒水果，如山葡萄、葡萄、蓝莓、蜜桃中的一种或几种，清洗除杂，高温灭菌，灭菌后混合均匀，加入水果总质量6%的酵母菌、果胶酶和纤维素酶（三者配比2:2:1），低温发酵成果酒，备用。

（3）按质量分数4%～9%，将精盐（50份）、冰糖（20份）、花椒（15份）、大料（15份）放入锅中加水煮沸，凉透后倒入腌制器皿中，同时倒入果酒，加水至充满整个容器，封盖，外侧用水封。

（4）在10～25℃中腌制50～55d，再于5～15℃中腌制10d。

（5）将腌好的酸菜取出，挤掉多余水分，放在阳光下自然晾晒2～3h后，放在清水中清洗，再去掉多余水分后，灭菌，包装。

第六节　糖醋菜加工案例

糖醋是汉族菜系中传统的调料之一，在粤菜、鲁菜、浙菜、苏菜中广为流传。糖醋菜就是蔬菜经过整理和处理后，用糖醋液浸泡而成的一种甜酸适度、质地嫩脆、清香爽口的腌制品。

一、工艺流程

鲜菜整理洗净→盐腌→脱盐→沥干→配制糖醋香液→入坛浸渍→成品

二、操作步骤

1. 原料选择整理

要求与酱菜基本相同。主要原料有洋葱、蒜头、黄瓜、嫩姜、莴笋、萝卜、藕、芥菜、蒜薹等。原料要清洗干净，按需要去皮或去根、去核等，再按食用习惯切分。

2. 辅料

主要有食醋或冰醋酸、糖、香料（如桂皮、八角、丁香、胡椒）、调味料（如干红辣椒、生姜、蒜头）。

3. 盐渍处理

整理好的原料用8%左右食盐腌制几天，至原料呈半透明为止。盐渍的作用主要是排除原料中的不良风味，如苦涩味等，增强原料组织细胞膜的渗透性，使其呈半透明状，以利于糖醋液渗透。如果以半成品保存原料，则需补加食盐至15%～20%，并注意隔绝空气，防止原料露空，这样可大量处理新鲜原料。

4. 糖醋液配制

糖醋液与制品品质密切相关，要求甜酸适中，一般要求含糖30%～40%，选用白砂糖，可用甜味剂代替部分白砂糖；含酸2%左右，可用醋酸或与柠檬酸混合使用。为增加风味，可适当加一些调味品，如加入0.5%白酒、0.3%的辣椒、0.05%～0.1%的香料或香精。香料要先用水熬煮过滤后备用。砂糖加热溶解过滤后煮沸，依次加入其他配料，待温度降至80℃时，加入醋酸、白酒和香精，另加入0.1%的$CaCl_2$保脆。

5. 糖醋渍

将腌制好的原料浸泡在清水中脱盐，至稍有咸味捞起，并沥去水分，随即按6份脱盐沥干后的菜坯与4份糖醋香液的比例装罐或装缸，密封保存，25～30d便可后熟取食。

6. 杀菌包装

如要较长期保存，需进行罐藏。包装容器可用玻璃瓶、塑料瓶或复合薄膜袋，进行热装罐包装或抽真空包装，如密封温度不低于75℃，不再进行杀菌也可以长期保存。也可包装后进行杀菌处理，在70～80℃热水中杀菌10min。热装罐密封后或杀菌后都要迅速冷却，否则制品容易软化。

三、典型糖醋菜实例

（一）糖醋菜

①将黄瓜、萝卜、子姜、未成熟的番木瓜或杧果，用清水清洗干净，按需要去皮、去根、去核，再按食用习惯切分。

②整理好的原料用3%～6%质量分数的食盐水腌制3～6d，至原料呈半透明为止。

③按白砂糖∶醋酸∶香精∶水＝（20～30）∶（3～5）∶（0.1～0.3）∶（60～80）的比例配制糖醋液。

④将腌好的原料浸泡在清水中脱盐1～2h，并沥去水分，随即转入已配制好的糖醋液内，糖醋液用量与原料等量。

⑤包装好后在80～90℃水中杀菌10～20min。热装罐密封后或杀菌后都要迅速冷却，否则制品容易软化。

（二）糖醋蒜

①将已剥除外皮的蒜头用清水浸泡3d，每天两次，每次6h，然后控干水分。

②在洗净后的蒜头中加入占蒜头总质量6% ~10% 的食盐，以将蒜头中的水分排出，时间为12h，然后用清水清洗。

③将洗净后蒜头进行挑选，以剔除过大及过小的蒜头。

④在挑选好的蒜头中加入占蒜头总质量15% ~25% 的白糖、5% ~8% 的柠檬酸和0.8‰ ~ 1‰的山梨酸钾，并在常温下腌制45d，其间每天翻捣两次，即可制成。

糖蒜常见的腌制方法如下。

1. 方法一

（1）材料　鲜蒜5000g，白糖2150g，清水5000g，盐350g，醋50g。

（2）制法

①泡蒜：选取鲜嫩、个大的蒜，切去尾巴，仅留少许把，放入凉水里泡3 ~7d，根据气温冷暖可适当减少或增加泡水的时间。每天换一次水，把蒜的嫩味泡出去，然后捞出，放入干净坛子内。

②腌蒜：将泡好的蒜放入坛子内，放一层蒜撒一层盐，第二天搅拌一次，以后每天搅拌一次，3 ~4d 捞出来，摊在帘子上，晒一天，把浮皮弄出去，下入缸内，再用糖水腌。将糖水煮沸后加醋，待糖水凉到不烫手时，再倒入蒜缸内。注意，糖水要比蒜高出2 寸（1 寸 =3.33cm）左右，糖水的表面再撒150g 碎糖，然后将坛口盖紧密封，放在阴凉处，腌制2 ~3 个月，就成为白嫩如玉晶莹透亮味美的白糖蒜了。

③调味：在成熟前6 ~7d，可加些桂花，以增进风味。

2. 方法二

（1）材料　蒜500g，盐50g，红糖300g，米醋30g 或白醋20g，水600g，八角可加可不加。

（2）制法

①蒜头去老皮，留2cm 假茎，蒜根部挖成锥形，但不可把蒜头挖散（目的是为了让蒜入味）。

②蒜头泡清水5 ~7d，每天换水。

③蒜头入坛，一层蒜一层盐，不加水；每日倒蒜一次，下面的倒到上面，使蒜腌均；5 ~7d 后拿出日晒，皮干后，若有老皮再除去。均匀地码入坛中。

④水烧开，加红糖，离火，水温80℃左右时加醋。待凉透后冲入蒜坛，封坛，7d 以后待红糖转为果糖后就可食用。

⑤回味糖味浓厚，咸中略酸，如喜酸可多加醋。

⑥糖蒜汁做菜时可当糖醋汁使用，蒜香浓烈，别有风味，只是不可再用于腌蒜了。

3. 方法三

①选紫皮大蒜，去掉毛根，留蒜梗1.5cm，剥去1 ~2 层外皮，洗净。每100kg 大蒜，备盐3kg、清水3kg。

②入缸时一层蒜一层盐，掸清水少许。为便于倒缸，大蒜入缸当晚往缸内续水，水与蒜平。续水后用手抄翻一次，第2d 早上再翻动1 次。

③从入缸第3d 开始，连续3d，每天换水1 次，以去掉辣味。捞出，沥水一夜，第2d 入坛。每1kg 蒜放白糖500g、盐25g、水少许。

④坛封好，置阴凉处。每隔1d，从晚上8时至次日5时开封放气1次，共5~6次，放气时注意防蝇。从封坛起，每天早晚滚坛1次，2个月后，即可食用。

4. 方法四

①蒜头去须根，剥去2层外皮，留2cm左右蒜梗，用清水浸泡7d，换水3次，以排除蒜头的涩味及辣味。

②第1次泡3d换水，第2次泡2d换水，第3次浸泡时，可放随意大小一块冰，以降低水温，加速排除蒜头残余的辛辣味。

③泡好后捞出，沥干水分，然后每100kg蒜加盐1.9kg，腌制1d，中间翻缸1次。

④然后出缸晾晒6h，至紧握蒜头不滴水时，移到阴凉通风处，勤倒勤翻，摊凉后装坛糖制。

⑤一般每坛装蒜头20kg，放桂花125g、白糖8.3kg，再倒入预先备好的汤汁（清水4000g、高醋250g、盐275g)，用荷叶（或芭蕉叶）1张，油布和白布各1块，将坛口封好扎紧，放置阴凉处。

⑥每天滚坛1次，以加速糖溶化；每隔1d放气1次，每次打开封口6h。40d后即可食用。

第七节　综合实验

一、泡菜制作

（一）实验目的

利用泡菜坛造成的坛内嫌气状态，配制适宜乳酸菌发酵的低浓度盐水（6%~8%），对新鲜蔬菜进行腌制。由于乳酸的大量生成，降低了制品及盐水的pH，抑制了有害微生物的生长，提高了制品的保藏性。同时由于发酵过程中大量乳酸、少量乙醇及微量醋酸的生成，给制品带来爽口的酸味和乙醇的香气，同时各种有机酸又可与乙醇生成具有芳香气味的酯，加之添加配料的味道，都给泡菜增添了特有的香气和滋味。

通过本实验项目，熟悉泡菜加工的工艺流程，掌握泡菜加工技术。在实验中验证理论上泡菜加工中发生的一系列变化。

（二）材料设备

1. 实验材料

新鲜的蔬菜，如苦瓜、嫩姜、甘蓝、萝卜、大蒜、青辣椒、胡萝卜、嫩黄瓜等组织紧密、质地脆嫩、肉质肥厚而不易软化的蔬菜种类均可。食盐、白酒、黄酒、红糖或白糖、干红辣椒、草果、八角茴香、花椒、胡椒、陈皮、甘草等。

2. 设备

泡菜坛子、不锈钢刀、案板、小布袋（用以包裹香料）等。

3. 盐水

盐水的参考配方（以水的质量计）：食盐6%~8%、白酒2.5%、黄酒2.5%、红糖或白糖

2%、干红辣椒3%、草果0.05%、八角茴香0.01%、花椒0.05%、胡椒0.08%、陈皮0.01%。

注：若泡制白色泡菜（嫩姜、白萝卜、大蒜头）时，应选用白糖，不可加入红糖及有色香料，以免影响泡菜的色泽。

（三）工艺流程

原料预处理→配制盐水→入坛泡制→泡菜管理

（四）操作步骤

1. 原料预处理

新鲜原料经过充分洗涤后，应进行整理，不宜食用的部分均应一一剔除干净，体形过大者应进行适当切分。

2. 配制盐水

为保证泡菜成品的脆性，应选择硬度较大的自来水，可酌加少量钙盐如 $CaCl_2$、$CaCO_3$、$CaSO_4$、$Ca_3(PO_4)_2$等，使其硬度达到10度。此外，为了增加成品泡菜的香气和滋味，各种香料最好先磨成细粉后再用布包裹。

3. 入坛泡制

泡菜坛子用前洗涤干净，沥干后即可将准备就绪的蔬菜原料装入坛内，装至半坛时放入香料包再装原料至距坛口2寸许时为止，并用竹片将原料卡压住，以免原料浮于盐水之上。随即注入所配制的盐水，至盐水能将蔬菜淹没。将坛口小碟盖上后，并在水槽中加注清水。将坛置于阴凉处任其自然发酵。

4. 泡菜的管理

（1）入坛泡制1~2d后，由于食盐的渗透作用，原料体积缩小，盐水下落，此时应再适当添加原料和盐水，保持其装满至坛口下1寸许为止。

（2）注意经常检查水槽，水少时必须及时添加，保持水满状态。为安全起见，可在水槽内加盐，使水槽水含盐量达15%~20%。

（3）泡菜的成熟期随所泡蔬菜的种类及当时的气温而异，一般新配的盐水在夏天时需5~7d即可成熟，冬天则需12~16d才可成熟。叶类菜如甘蓝需时较短，根菜类及茎菜类则需时较长一些。

（五）结果与分析

①色泽：依原料种类呈现相应颜色，无霉斑。

②香气滋味：酸咸适口，味鲜，无异味。

③质地：脆，嫩。

二、低盐酱菜制作

（一）实验目的

将传统工艺加工的酱菜半成品，进行切分、脱盐后添加各种作料，以降低含盐量，改善风味，并通过装袋、杀菌等工艺改善其卫生质量，从而提高其保藏性，以适应消费者需求，提高产品附加值。

通过本实验项目，熟悉酱菜加工的工艺流程，掌握低盐酱菜的加工方法。

（二）材料设备

1. 实验材料

半成品酱腌菜坯：大头菜、油姜、榨菜、萝卜等均可。

香味料：符合国家有关标准。

包装袋：三层复合袋（PET/AC/PP），O_2和空气透过率为零，袋口表面平整、光洁。

2. 设备

夹层锅、恒温鼓风干燥箱、真空封口机、台秤、天平等。

（三）参考配方

菜丝 100%、白砂糖 6%、味精 0.2%、醋 0.05%、香辣油 2%、防腐剂 0.05%。

（四）工艺流程

酱腌菜坯→切丝→低盐化→沥水→烘干→配料→称重→装袋→封口→杀菌→冷却→检验擦袋→入库

（五）操作步骤

1. 低盐化

将切好的菜坯丝与冷开水（或无菌水）以 1∶2 质量比混合，对菜丝进行 3min 洗涤，以除去部分盐分，实现低盐化，然后沥干水分，用烘箱进行鼓风干燥，去掉表面明水。

2. 配料

按参考配方将菜丝与香味料混合均匀。

3. 装袋

按 100g ±2g 进行装料，装料结束，用干净抹布擦净袋口油迹及水分。

4. 封口

真空度 0.08 ~0.09MPa，4 ~5s 热封。封口不良的袋，拆开重封。

5. 杀菌

封口后及时进行杀菌。杀菌条件：5 ~10min、95℃。

6. 冷却

杀菌后立即投入水中进行冷却，以尽量减轻加热所带来的不良影响。

（六）结果与分析

1. 感官指标

（1）色泽　依原料不同呈现相应的颜色，无黑杂物。

（2）香气滋味　味鲜，有香辣味。

（3）质地　脆、嫩。

（4）组织形态　丝状，大小基本一致。

2. 理化指标

（1）净重　100g ±2g。

（2）食盐含量（以 NaCl 计）　7 ~8g/100g。

（3）氨基酸态氮（以 N 计）　>0.148g/100g。

（4）砷（以 As 计）　<0.5mg/kg。

（5）铅以（以 Pb 计）　<1.0mg/kg。

（6）总酸（以乳酸计）　<0.8g/100g。

3. 微生物指标

（1）大肠菌群近似值　≤30 个/100g。

（2）致病菌　不得检出。

[推荐书目]

1. 张存莉．蔬菜贮藏与加工技术．北京：中国轻工业出版社，2008.
2. 李兴春，王丽茹．泡菜·腌菜·酱菜配方与制法．北京：中国轻工业出版社，1998.
3. 陈功．盐渍蔬菜实用生产技术．北京：中国轻工业出版社，2001.
4. 徐清萍，孙芸．酱腌菜生产技术．北京：化学工业出版社，2011.
5. 于新，杨鹏斌，赵美美．腌菜加工技术．北京：化学工业出版社，2012.
6. 于新，杨鹏斌，杨静．泡菜加工技术．北京：化学工业出版社，2012.
7. 于新，刘文朵，刘淑宇．酱菜加工技术．北京：化学工业出版社，2012.
8. 曾洁，旭日花．泡菜生产工艺和配方．北京：化学工业出版社，2014.
9. 陈野，刘会平．食品工艺学．第3版．北京：中国轻工业出版社，2014.
10. 蒲彪，张坤生．食品工艺学．北京：科学出版社，2014.

思考题

1. 什么是蔬菜腌制，简述腌制蔬菜的主要种类及其主要特点。
2. 蔬菜腌制品中食盐的保藏作用。
3. 腌制蔬菜保绿和保脆的方法。
4. 蔬菜腌制时微生物发酵对成品品质的影响。
5. 酱腌菜中的检测项目有哪些？
6. 蔬菜腌制品中的亚硝酸盐问题。
7. 蔬菜腌制品常出现哪些质量问题，采取何种控制措施？

CHAPTER 7

第七章 果蔬汁加工

[知识目标]

1. 了解果蔬汁的分类和特点。
2. 理解果蔬汁的加工原理及常用技术。
3. 掌握果蔬汁加工对原料的要求。
4. 掌握不同果蔬汁的加工工艺流程以及各工艺流程的操作要点。
5. 掌握不同果蔬汁加工过程中常见问题的分析与控制。

[能力目标]

1. 能够根据果蔬原料的性质制作果蔬汁。
2. 能够对不同果蔬汁加工过程中的常见问题进行分析和控制。

第一节　果蔬汁产品的分类

一、 果蔬汁加工的发展历史和现状

果蔬汁作为食品中的一大类产品，同食品的发展历程相似，也是随着人类工业化程度的提高而逐渐走上轻工业的历史舞台。果蔬汁加工业的发展不仅体现着国民生产水平的高低，也体现着工业水平的高低。而且，“果蔬汁” 作为健康饮品的代名词，随着人们对于健康的追求意识越来越浓烈，其加工得到了极大的推动和发展。

（一）果蔬汁加工历史概况

1. 国外果蔬汁加工的发展

许多口头和书面流传的远古文学证实了人类很早就已经开始用简单的方法如用手挤压、用水浸提等方法获得水果和蔬菜中的汁液。而现代果汁饮料工艺学的先驱者是瑞士科学家 Muller Thurgau，他于 1986 年发表了《未发酵的无酒精水果和葡萄酒的制造》一书。根据其理论，首先在瑞士，紧接着在德国开始了果蔬汁饮料酸味商品的生产，以瑞士的巴氏杀菌苹果汁为最早。1920 年以后有了工业化生产。20 世纪 20 年代初期，食品中的维生素和其他营养生理成分的意义和作用逐渐为人类所认识，水果和蔬菜的消费量迅速增加，这也从加工原料方面促进了果蔬汁行业的发展。20 世纪 50 ~60 年代起，随着研究者们对于果蔬汁加工技术的不断应用和创新，果蔬汁的品质逐渐提高，世界果蔬汁饮料工业进入飞跃的发展时期。

经过半个多世纪的发展，果蔬汁在发达国家的生产与消费都显示出了巨头的特点，这与发达国家人群的健康发展有关。经历了高蛋白、高脂肪食物的冲击后，发达国家的人群健康出现了较多问题，如高血脂、高血糖、高血压和肥胖等，所以果蔬汁得到了越来越多的发达国家人群的欢迎，从而促进了果蔬汁加工行业的发展。

1999 年，美国软饮料市场总销量达 152.516×10^8 USgal（1USgal = 3.78541L），其中含蔬菜混合汁饮料在内的果蔬汁饮料市场占有率已达 17.6%，蔬菜混合汁饮料的增长率高达 86.5%，高于其他饮料品种。十多年前蔬菜汁饮料在日本就已表现出强劲的上升势头，至今已成为日本发展最快最好的行业之一。近年来日本 kagome、伊藤忠等大公司又全力推出混合蔬菜汁饮料，在品质、风味和健康意识上下工夫，使日本许多不太爱吃蔬菜的消费者成为复合蔬菜汁的经常消费者。日本复合蔬菜汁已占到蔬菜汁市场的 60% 以上。目前在日本、欧美等国蔬菜汁已实现工业化生产，形成了 50 亿美元的产业，复合蔬菜汁更是以每年销售额 30% 的速度递增，市场大，经济效益显著。2008 年，世界果汁消费 9 个重要国家是美国、英国、荷兰、德国、比利时、法国、西班牙、日本和意大利，他们的果汁饮料市场总容量达到 201×10^8 L，比 1998 年和 2003 年的水平分别增长了 17.2% 和 9.7%。

2. 我国果蔬汁加工的发展

我国果蔬汁工业发展的出现则较晚，这主要与整个食品工业发展的大环境有关。据了解，我国的果蔬汁加工随着新中国的成立才发展起来；然而，一直到 20 世纪 70 年代初，果蔬汁产品的生产量也几乎为零。我国果汁饮料起源于 70 年代，随后经过不断的摸索和创新发展，到 80 年代，我国果汁饮料已经处于缓慢发展期，而在种类上，主要是以橘子汁为主。进入 90 年代以后，国内果汁饮料才正式开始步入多样化发展，随着品种多样化的发展方向，国内果汁饮料产品种类已经多达数十种。

2003 年是我国果汁饮料产业的一个新起点，实现了 300 多万 t 的果汁年产量，和 152.5 亿元产值，比上年同期分别增长 50.0% 和 23.5%，市场渗透率激增至 36.5%，在饮料行业中排名第 4 位，果汁饮料也由此掀起了我国饮料工业的第 4 次浪潮，成功成为了 2003 年的行业聚焦点。果蔬汁饮料行业的兴起也预示着我国的饮料行业更加趋向于规范化、营养化、疗效化，为含有丰富营养成分的复合果蔬汁的发展奠定了坚实的基础。近年来，果蔬汁加工在众多饮料产品中以极快的增速，并逐渐超越碳酸饮料而一跃成为高产量的饮料产品之一。截至 2012 年，我国果蔬汁饮料全年总产量达 2229.17×10^4 t，占全国饮料总产量的 17.12%，产量比上年同期增长 14.23%。所以，我国果蔬汁工业的发展十分迅猛，并且随着人们生活水平的提高，果蔬汁的市场还会有进一步的扩大趋势。

3. 一则关于果蔬汁企业逐渐成长的故事

果蔬汁加工的发展历程可以微缩至一种果蔬汁或者一个果蔬汁经营企业的发展历程。苏亚果汁就是典型案例，在一年半的时间里，其营收从微不足道的水平增加到了2013年（第一个完整的经营年度）的1800万美元。苏亚用水果、蔬菜和各种奇异的原料生产三个系列的果汁。“经典”（Classic）系列包含6种不同口味的套装，以一种所谓的“净化”方式取代一整天所吃食物的营养价值；“元素”（Elements）系列则没有那么极端，有9种口味，属于零食或营养补充品；“基本”（Essentials）系列所含营养成分略少，即一些重要的营养素，如氨基酸、必需脂肪酸和抗氧化活性物质等。所有这些果蔬汁都经过了美国农业部的有机、非转基因原料和冷榨工艺认证。

苏亚的启蒙发展期经历时间较长，这主要与其创始人的摸索有关（两位创始人相识之前）；而当与一位经验丰富的投资者合作后，苏亚得到了迅猛的发展，不到2年的时间就实现了1800万美元的营收。苏亚的创始人是一位喜欢冲浪、自学成才的厨师和一位从法学院辍学的瑜伽教练，他们都是出于对果蔬汁的热爱而于2011年走到了一起，并逐渐开始了作坊式的自制果汁鲜销。他们在全食超市（Whole Foods）购买原料，然后用回收的空椰汁瓶进行包装；并采取亲自送货上门，甚至还将果汁装入客人冰箱的方式，虽然这让他们辛苦费力，但是这样的生产和营销也带来了巨大的发展。经人介绍，苏亚“结识”了本地企业家和并购能手，并在该“指导者”的指引下逐渐发展壮大起来。“指导者”的参与不仅使苏亚在产品规模、经营理念上得到了发展，也为苏亚引入了高新技术（超高压灭菌技术）而克服了鲜榨果蔬汁保质期短的问题。

纵观苏亚的发展，不到5年的时间就从作坊式自制果蔬汁发展成为全美唯一一家自主拥有的大型冷榨果蔬汁生产商。这也是果蔬汁行业在现代社会发展的一个缩影。因为苏亚抓住了新时期人们对于健康的追求趋势和利用了现代加工技术，所以苏亚取得了成功。

（二）我国果蔬汁加工发展现状

截至2009年11月，全国饮料业万吨规模以上的果汁和蔬菜汁饮料加工业共有449家，其中加工能力20.00t/h以上的浓缩苹果汁生产型企业近百家。这种发展势态促使世界苹果汁生产、贸易中心明显向中国转移和聚集。2008/2009年度中国浓缩苹果汁产量为64.60×10^4t，占到世界浓缩苹果汁生产总量的47.25%；2010年中国苹果汁出口量达到78.84×10^4t，出口金额为7.47亿美元，苹果汁已成为我国重要的出口农产品之一。

目前，我国人均年消费软饮料不到10kg，为世界平均水平的1/5，是西欧发达国家的1/24。其中果汁及果汁饮料人均年消费量更低，表现在美国人均果蔬汁为45L，德国为46L，日本和新加坡大致为16~19L，世界人均消费量约为7L，而我国人均消费量仅为1L，可见与国外市场差距巨大。随着居民生活水平的提高和生活观念的改变，饮料产品将成为越来越多的城乡居民的生活必需品的重要组成部分。中国饮料市场容量不断扩大，人均饮料消费量长期保持快速上升的势头。消费者对天然、低糖、健康型饮料的需求，促进了果蔬汁饮料的崛起。

一方面，2004年我国的果品总产量已经为1.81×10^8t，蔬菜总产量为5.65×10^8t，果蔬总产值超过1500亿美元，是世界上最大的果蔬原料生产国。2013年中国水果产量已经达到了2.41×10^8t，蔬菜总产量则是7.06×10^8t，为我国果蔬汁饮料加工业的发展提供了丰富的原料。另一方面，由于果蔬原料的品质不稳定的原因，果蔬制汁加工成为了较为直接、效益最好、市场最为明朗的选择。所以，我国果蔬汁加工具有良好的发展势头。

二、 果蔬汁产品分类

（一）果蔬汁产品的分类

目前，市场上果蔬汁产品的种类十分丰富，只要是能够经过打浆工序制成流体状的水果或蔬菜，都可以进行打浆制成相应的饮品。一般来说，果汁（浆）及果汁饮料（品）类可以细分为果汁、果浆、浓缩果浆、果肉饮料、果汁饮料、果粒果汁饮料、水果饮料浓浆、水果饮料等8种类型，其大都采用打浆工艺将水果或水果的可食部分加工制成未发酵但能够发酵的浆液或在浓缩果浆中加入果浆在浓缩时失去的天然水分等量的水，制成具有原水果果肉的色泽、风味和可溶性固形物含量的制品。常见的浓缩果汁有浓缩橙汁、浓缩苹果汁、浓缩菠萝汁、浓缩葡萄汁和浓缩黑加仑汁等；果汁有苹果汁、葡萄柚汁、奇异果汁、杧果汁、凤梨汁、枇杷汁、酸枣汁、西瓜汁、葡萄汁、蔓越莓汁等。果肉饮料有桃汁、草莓汁、山楂汁、杧果汁等；果粒果汁饮料有果粒橙、农夫果园等。蔬菜汁的品种相对较少，代表产品有胡萝卜汁、番茄汁、南瓜汁及一些复合汁。但就目前的市场份额来看，果蔬汁主要以橙汁、苹果汁、桃汁、草莓汁、酸枣汁、菠萝汁、杧果汁和胡萝卜汁为主；世界果蔬汁消费量最多的是橙汁，其次为苹果汁。

按照加工工艺的不同，果蔬汁可以分为浑浊汁、澄清汁和浓缩汁三大类。浑浊汁是指带有悬浮颗粒、不透明的汁液，是指果蔬原汁，带有果蔬微粒。果蔬浑浊汁具有口感好、营养丰富的特点；但是由于带有果蔬微粒或胶体物质，容易分层，而且保质期较短。澄清汁是指透明、不含悬浮物质的汁液。澄清汁是浑浊汁经过一定的澄清工艺之后的产品。常见的澄清工艺有过滤、酶法澄清、膜过滤等。澄清汁具有口感和品质稳定的特点。浓缩汁则是指经浓缩脱水后的浓果蔬汁。浓缩汁涉及果蔬原汁的脱水操作。浓缩汁具有甜度高、营养丰富等特点，一般作为加工半成品供后续的果蔬汁产品使用。

我国《果蔬汁类及其饮料》GB/T 31121—2014 中将果蔬汁及其饮料分为了果蔬汁（浆）、浓缩果蔬汁（浆）和果蔬汁（浆）饮料三大类。

1. 果蔬汁（浆）［fruit & vegetable juice（puree）］

以水果或蔬菜为原料，采用物理方法（机械方法、水浸提法等）制成的可发酵但未发酵的汁液、浆液制品；或在浓缩果蔬汁（浆）中加入其加工过程中除去的等量水分复原制成的汁液、浆液制品。

果蔬汁（浆）的制作过程中需要注意以下四个方面的问题：一是可使用糖（包括食糖和淀粉糖）或酸味剂或食盐调整果蔬汁（浆）的口感，但不得同时使用糖（包括食糖和淀粉糖）和酸味剂；二是可回添香气物质和挥发性风味成分，但这些物质或成分的获取方式必须采用物理方法，且只能来源于同一种水果或蔬菜；三是可添加通过物理方法从同一种水果和（或）蔬菜中获得的纤维、囊胞（来源于柑橘属水果）、果粒、蔬菜粒；四是只回添通过物理方法从同一种水果或蔬菜获得的香气物质和挥发性风味物质，和（或）通过物理方法从同一种水果和（或）蔬菜中获得的纤维、囊胞（来源于柑橘属水果）、果粒、蔬菜粒，不添加其他物质的产品可声称100%。

（1）原榨果汁（非复原果汁，not from concentrated fruit juice） 以水果为原料，采用机械方法直接制成的可发酵但未发酵的、未经浓缩的汁液制品。采用非热处理方式加工或巴氏杀菌制成的原榨果汁（非复原果汁）可称为鲜榨果汁。

（2）果汁（复原果汁）［fruit juice（fruit juice from concentrated）］ 在浓缩果汁中加入其

加工过程中除去的等量水分复原而成的制品。

（3）蔬菜汁（vegetable juice） 以蔬菜为原料，采用物理方法制成的可发酵但未发酵的汁液制品，或浓缩蔬菜汁中加入其加工过程中除去的等量水分复原而成的制品。

（4）果浆/蔬菜浆（fruit puree & vegetable puree） 以水果或蔬菜为原料，采用物理方法制成的可发酵但未发酵的浆液制品，或在浓缩果浆或浓缩蔬菜浆中加入其加工过程中除去的等量水分复原而成的制品。

（5）复合果蔬汁（浆）［blended fruit & vegetable juice（puree）］ 含有不少于两种果汁（浆）或蔬菜汁（浆），或果汁（浆）和蔬菜汁（浆）的制品。

2. 浓缩果蔬汁（浆）［concentrated fruit & vegetable juice（puree）］

以水果或蔬菜为原料，从采用物理方法制取的果汁（浆）或蔬菜汁（浆）中除去一定量的水分制成的、加入其加工过程中除去的等量水分复原后具有果汁（浆）或蔬菜汁（浆）应有特征的制品。

浓缩果蔬汁（浆）的制作过程中需要注意以下三个方面的问题：一是可回添香气物质和挥发性风味成分，但这些物质或成分的获取方式必须采用物理方法，且只能来源于同一种水果或蔬菜；二是可添加通过物理方法从同一种水果和（或）蔬菜中获得的纤维、囊胞（来源于柑橘属水果）、果粒、蔬菜粒；三是含有不少于两种浓缩果汁（浆）、浓缩蔬菜汁（浆），或浓缩果汁（浆）和浓缩蔬菜汁（浆）的制品为浓缩复合果蔬汁（浆）。

3. 果蔬汁（浆）类饮料［fruit & vegetable juice（puree）beverage］

以果蔬汁（浆）、浓缩果蔬汁（浆）、水为原料，添加或不添加其他食品原辅料和（或）食品添加剂，经加工制成的制品。另外，可添加通过物理方法从水果和（或）蔬菜中获得的纤维、囊胞（来源于柑橘属水果）、果粒、蔬菜粒。

（1）果蔬汁饮料（fruit & vegetable juice beverage） 以果汁（浆）、浓缩果汁（浆）或蔬菜汁（浆）、浓缩蔬菜汁（浆）、水为原料，添加或不添加其他食品原辅料和（或）食品添加剂，经加工制成的制品。

（2）果肉（浆）（fruit nectar）饮料 以果浆、浓缩果浆、水为原料，添加或不添加果汁、浓缩果汁、其他食品原辅料和（或）食品添加剂，经加工制成的制品。

（3）复合果蔬汁饮料（blended fruit & vegetable juice beverage） 以不少于两种果汁（浆）、浓缩果汁（浆）、蔬菜汁（浆）、浓缩蔬菜汁（浆）、水为原料，添加或不添加其他食品原辅料和（或）食品添加剂，经加工制成的制品。

（4）果蔬汁饮料浓浆（concentrated fruit & vegetable juice beverage） 以果汁（浆）、蔬菜汁（浆）、浓缩果汁（浆）或浓缩蔬菜汁（浆）中的一种或几种，以及水为原料，添加或不添加其他食品原辅料和（或）食品添加剂，经加工制成的，按一定比例用水稀释后方可饮用的制品。

（5）发酵果蔬汁饮料（fermented fruit & vegetable juice beverage） 以水果或蔬菜，或果蔬汁（浆），或浓缩果蔬汁（浆）经发酵后制成的汁液、水为原料，添加或不添加其他食品原辅料和（或）食品添加剂的制品。如苹果、橙、山楂、枣等经发酵后制成的饮料。

（6）水果饮料（fruit beverage） 以果汁（浆）、浓缩果汁（浆）、水为原料，添加或不添加其他食品原辅料和（或）食品添加剂，经加工制成的果汁含量较低的制品。

（二）果蔬汁产品的质量安全要求与标准

因为具有营养丰富、口味纯正和色泽鲜艳的特点，果蔬汁及其饮料越来越受到消费者的青睐。伴随着果蔬汁销售量的增大，食品质量安全的顾虑也就越来越大。如果果蔬汁在生产过程中的安全控制体系不够完善和规范，就会使产品中产生并存在物理、化学和生物性的危害因素，从而给消费者的健康造成危害。

1. 果蔬汁及其饮料的指标要求

（1）原辅料要求　作为果蔬汁加工的原料，一方面要求加工品种具有香味浓郁、色泽好、出汁率高、糖酸比合适、营养丰富等特点；另一方面生产时的原料应该新鲜、清洁、成熟，加工过程中要剔除掉腐烂果、霉变果、病虫果、未成熟果以及枝、叶等。作为果蔬汁加工的辅料必须无毒无害，符合食品级的要求，在果蔬汁加工过程中性质稳定，不会产生有毒有害的物质。

（2）感官指标　果蔬汁产品具有原料水果、蔬菜应有的色泽、香气和滋味，无异味，无肉眼可见的外来杂质，具体可见表7－1。

表7－1　果蔬汁产品的感官要求

项目	要　求
色泽	具有所标识的该种（或几种）水果、蔬菜制成的汁液（浆）应有的色泽，或具有与添加成分相符的色泽
滋味和气味	具有所标识的该种（或几种）水果、蔬菜制成的汁液（浆）应有的滋味和气味，或具有与添加成分相符的滋味和气味；无异味
组织状态	无外来杂质

资料来源：GB/T 31121—2014《果蔬汁类及其饮料》。

（3）技术指标　果蔬汁及其饮料的技术指标或者理化要求主要涉及果蔬汁产品中果蔬原汁的含量。果蔬汁及其饮料的理化要求见表7－2。

表7－2　果蔬汁及其饮料的理化要求

产品类型	项　目	指标或要求	备注
果蔬汁（浆）	果汁（浆）或蔬菜汁（浆）含量（质量分数）/%	100	至少符合一项要求
	可溶性固形物含量/%	具有果蔬汁原有的可溶性固形物含量	
浓缩果蔬汁（浆）	可溶性固形物的含量与原汁（浆）的可溶性固形物含量之比	≥2	—
果汁饮料 复合果蔬汁（浆）饮料	果汁（浆）或蔬菜汁（浆）含量（质量分数）/%	≥10	—

续表

产品类型	项目	指标或要求	备注
蔬菜汁饮料	蔬菜汁（浆）含量（质量分数）/%	≥5	—
果肉（浆）饮料	果浆含量（质量分数）/%	≥20	—
果蔬汁饮料浓浆	果汁（浆）或蔬菜汁（浆）含量（质量分数）/%	≥10（按标签标识的稀释倍数稀释后）	—
发酵果蔬汁饮料	经发酵后的液体的添加量折合成果蔬汁（浆）（质量分数）/%	≥5	—
水果饮料	果汁（浆）含量（质量分数）/%	≥5 且 <10	—

注：1. 可溶性固形物含量不含添加糖（包括食糖、淀粉糖）、蜂蜜等带入的可溶性固形物含量。

2. 果蔬汁（浆）含量没有检测方法的，按原始配料计算得出。

3. 复合果蔬汁（浆）可溶性固形物含量可通过调兑时使用的单一品种果汁（浆）和蔬菜汁（浆）的指标要求计算得出。

资料来源：GB/T 31121—2014《果蔬汁类及其饮料》。

（4）卫生指标　果蔬汁及其饮料的卫生指标主要包括产品中的重金属等理化指标和微生物种类及其含量，应该满足相应的国标要求，具体的指标见表 7－3 和表 7－4 所示。

表 7－3　果蔬汁及其饮料的理化指标

项目	指标
总砷（以 As 计）/（mg/L）	≤0.2
铅（Pb）/（mg/L）	≤0.05
铜（Cu）/（mg/L）	≤5
锌（Zn）①/（mg/L）	≤5
铁（Fe）①/（mg/L）	≤15
锡（Sn）①/（mg/L）	≤200
锌、铜、铁总和①/（mg/L）	≤20
二氧化硫残留量（SO_2）/（mg/kg）	≤10
展青霉素②/（μg/L）	≤50

①仅适用于金属罐装。

②仅适用于苹果汁、山楂汁。

资料来源：GB 19297—2003《果、蔬汁饮料卫生标准》。

表7-4　果蔬汁及其饮料的微生物指标

项　目	指　标	
	低温复原果汁	其他
菌落总数/（cfu/mL）	≤500	≤100
大肠菌群/（MPN/100mL）	≤30	≤3
霉菌/（cfu/mL）	≤20	≤30
酵母/（cfu/mL）	≤20	≤20
致病菌（沙门菌、志贺菌、金黄色葡萄球菌）	不得检出	

资料来源：GB 19297—2003《果、蔬汁饮料卫生标准》。

2. 食品添加剂

对于果蔬汁产品加工过程中所需的食品添加剂，应该符合相应的卫生标准和有关规定，不应在加入果蔬汁主体后产生有损于果蔬汁品质的现象。食品添加剂的种类和添加量应符合《食品添加剂使用标准》（GB 2760—2011）的规定。

3. 食品生产加工过程中的卫生要求

果蔬汁产品加工过程中的卫生要求应该符合《饮料厂卫生规范》（GB 12695—2003）的规定。

4. 包装

产品包装应该符合相关的食品安全国家标准和有关规定，与果蔬汁产品直接接触的包装材料应该无毒无害，对产品质量无影响，外包装箱内不应使用过镀的隔板。

5. 标签和声称

预包装产品标签除应符合GB 7718、GB 28050的有关规定外，还应符合下列四个方面的要求：一是加糖（包括食糖和淀粉糖）的果蔬汁（浆）产品，应在产品名称［如××果汁（浆）］的邻近部位清晰地表明“加糖”字样；二是果蔬汁（浆）类饮料产品，应显著标明（原）果汁（浆）总含量或（原）蔬菜汁（浆）总含量，标示位置应在“营养成分表”附近位置或与产品名称在包装物或容器的同一展示版面；三是果蔬汁（浆）的标示规定，只有符合“声称100%”要求的产品才可以在标签的任意部位标示“100%”，否则只能在“营养成分表”附近位置标示“果蔬汁含量：100%”；四是若产品中添加了纤维、囊胞、果粒、蔬菜粒等，应将所含（原）果蔬汁（浆）及添加物的总含量合并标示，并在后面以括号形式标示其中添加物（纤维、囊胞、果粒、蔬菜粒等）的添加量。例如，某果汁饮料的果汁含量为10%，添加果粒5%，应标示为：果汁含量为15%（其中果粒添加量为5%）。

6. 贮藏及运输

果蔬汁产品的贮藏及运输关系到果蔬汁产品的品质保证，应该做到以下四个方面的要求：一是产品在运输过程中应避免日晒、雨淋、重压，需要冷链运输贮藏的产品，应符合产品标示的贮运条件；二是不应与有毒、有害、有异味、易挥发、易腐蚀的物品混装、运输或贮存；三是应在清洁、避光、干燥、通风、无虫害、无鼠害的仓库内贮存；四是产品的封口部位不应长时间浸泡在水中，以防止造成污染。

三、果蔬汁产品的化学组成及功能特性

（一）果蔬汁产品的一般化学组成

从化学组成来讲，果蔬汁产品也属于一种各种化合物相互作用后形成的复杂的混合物。这些化合物主要包括无机盐、水和有机化合物。果蔬汁属于食品中的一种，所以从营养成分上讲也包括水分、蛋白质及其衍生物（多肽或氨基酸）、碳水化合物（如多糖、寡糖和单糖）、油脂、微生物、矿物质、纤维素七大类，另外还含有多酚、植物固醇等活性物质。然而，由于果蔬汁的原料多样，各种水果或蔬菜中的化学成分差异较大；即使是同一品种，在不同生长环境下所得的果蔬的化学组分也存在差别，所以不同种类的果蔬汁的化学组成也不相同，如表7－5所示。从表7－5中数据可以看出，果蔬汁中含量最多的是水分，其次是碳水化合物；含量最少的是蛋白质、脂类和灰分，这与果蔬这类食物的营养成分相符合。

表7－5　代表性（原）果汁的营养成分

种类	水分/%	蛋白质/%	脂类/%	碳水化合物/%	灰分/%	维生素C/（mg/100g）
苹果汁	87.2	0.12	0.4	12.2	0.1	20～40
橘汁	70.1	0	0.1	29.6	0.2	30～40
沙棘汁	87.5	0.9	0.5	10.6	0.5	1000～1600
甘蔗汁	83.1	0.4	0.1	16	0.4	—

除了来自于果蔬原料的化学组分外，在果蔬汁及其饮料生产过程中，为了增加产品的品质稳定，往往会加入一些食品添加剂，如稳定剂、乳化剂、抗氧化剂等。

（二）果蔬汁产品的功能特性

果蔬汁在古希腊素有“琼浆玉液”之称。喝果蔬汁能起到清凉消暑和生津止渴的作用。其实果蔬汁更重要的还在于它特殊的营养生理意义。而这特殊的营养生理意义又得根据果蔬汁中含有的所必需的可消化的成分来衡量，如蛋白质、脂肪、可消化的碳水化合物、主要的氨基酸、矿物质、微量元素和维生素等。

1. 碳水化合物

营养学上所称的碳水化合物包括食物中的单糖、二糖、寡糖、多糖和膳食纤维，是世界上大部分人类从食物中取得热能的最经济和最主要的来源。碳水化合物参与细胞的多种代谢活动，是构成机体的主要物质。与蛋白质、脂肪相比，在人体中的贮备量较少，仅占人体干重的2%左右，而人体每日所消耗的碳水化合物比体内贮量则大得多，因此必须经常供给。而饮用果蔬汁则可供给部分所需的碳水化合物。

果蔬原汁中的碳水化合物主要是易为人体吸收的葡萄糖和果糖，所以从营养学的角度来看，这对人体营养非常有利，这些糖分会在人体中迅速溶解并被肠胃吸收进入血液中。一般来说，水果原汁的含糖量为10%左右，有时还超过10%，也就是说，每升水果原汁中大约含有380cal（1cal＝4.1840J）热量。番茄原汁（浆）的含糖量很低，所以它的热量也很低。有些果蔬原汁还含有其他天然甜味化合物，如山梨糖醇，它是一种用于糖尿病人食品的替代品。仁果类和核果类水果原汁中含有山梨糖醇，但浆果类水果原汁中几乎不含山梨糖醇。山梨糖醇能够

增加一些重要的维生素类物质的合成数量，如维生素 B_1、维生素 B_2、维生素 C 等，因而在人体中起到“增加维生素”的作用。

果蔬汁中的多糖类物质也具有诸多功能性作用。代表性的多糖物质有纤维素、果胶等。纤维素具有促进胃肠正常工作的功能，因此也被称为第七大营养素。果蔬汁中的纤维素主要存在于果蔬原汁或果肉饮料中。纤维素被摄入人体后能吸附肠胃中的毒素和其他不良自由基，促使其快速排出体外，起到预防疾病的目的。

2. 蛋白质

蛋白质是与各种形式的生命活动联系在一起的一类大分子物质，它是机体的重要物质组成基础。可以说没有蛋白质就没有生命。由于结构上的千差万别，蛋白质具有多种多样的生物学功能。正是由于对机体有着重要的生物学意义，蛋白质在营养膳食中的重要性也广泛地受到人们的重视。

由于蛋白质大部分不溶于水，所以在果蔬汁制取过程中大部分蛋白质便留在渣中。因而果蔬原汁的蛋白质含量远小于原料中的蛋白质水平。如果按常规每 1kg 体重每日需 1g 左右的蛋白质为标准来衡量果蔬原汁的蛋白质，则对于人体来说果蔬原汁中的蛋白质是微乎其微，可以说是几乎没有意义，相应的蛋白质衍生物（多肽或氨基酸）也是如此。

3. 脂类

由于脂肪不溶于水，所以果蔬原汁中基本不含脂肪，当然这并不影响果蔬汁特有的营养价值。由于人们生活水平的不断提高，营养过剩和神经负担过重等问题已经成为现代人生活中普遍存在的现象，重新计算人体健康所需的营养显得极其必要。所以，人们尽量少食热量很高的食品如肉、鸡蛋、牛乳等，而多食用热量低的食品。而果蔬汁中所含脂肪和碳水化合物很低，并且还有一定的治疗疾病的作用，因而已成为现代特种营养食品的一个重要组成部分，尤其在缺乏水果和蔬菜的冬季，果蔬汁的营养生理意义显得更为明显。

4. 维生素

在果蔬中，除维生素 A、维生素 D 外，其他种类的维生素都广泛存在；而维生素 C 和胡萝卜素（维生素 A 的前体物质）含量则十分丰富。在我国目前的膳食结构情况下，机体所需的维生素 A 和维生素 C 几乎全部或绝大部分由蔬菜供给，人体组织各功能的维持离不开各种维生素，缺乏维生素即便是在营养过剩的情况下人体也会出现营养不良症，即维生素缺乏症，如脚气病（缺乏维生素 B_1）、夜盲症（缺乏维生素 A）和佝偻病（缺乏维生素 D）等。

大部分果蔬汁只要日饮 200 ~ 300mL 就可以满足人体日均所需的全部或大部分维生素，特别是在果蔬产品相对缺乏的冬春季节，人体不能摄取足够的维生素时，果蔬汁的作用更为重要。因为果蔬汁所含的各种维生素中最重要的是含量丰富（相对于人体健康所需水平）的维生素 C。维生素 C 可预防和治疗坏血病，还能促进人体对于 Fe 的吸收，这一点尤其利于 Fe 缺乏的婴幼儿人群。对比试验表明，日饮 200 ~ 250mL 甜橙原汁或朱栾原汁与不饮果蔬汁相比，人体对 Fe 的吸收量增加 2 ~ 20 倍。

许多果蔬原汁还含有大量的类胡萝卜素。类胡萝卜素在人体中起着维生素 A 原的作用，即在酶的作用下转变成维生素 A。维生素 A 能促进人体生长发育，保护视力和保护皮肤；缺乏维生素 A 会出现暗适应能力降低，使人患夜盲症。

5. 矿物质

与其他食品相比，果蔬汁含有种类丰富的矿物质，如 Na、K、Ca、Mg、Fe、Cu、F、Cl、

S、P 等。矿物质等微量元素是产生和保持人体组织生命功能的必不可少的物质，对人体的营养健康具有重要的生理意义。有些食品如肉类具有强酸作用，因为它们在人体内新陈代谢的缓慢过程中会产生具有酸性作用的物质（如 H_2SO_4、HCl、H_3PO_4和乳酸）。为了防止酸性物质在人体内积累并产生伤害作用，可以用具有碱性作用的食品与酸性食品在人体内的酸性代谢物中和，以保持并协调人体组织的各种功能。而果蔬汁正好就是符合这一要求的食品。

菠菜、梨、番茄等原汁的含 Mg 量很高，在 32～90mg/100mL，饮用这些果蔬汁则会起到补充 Mg 的作用。果蔬原汁的含 Fe 量也比其他食品要高，而且果蔬原汁中的 Fe 比其他食品中的 Fe 更易被人体吸收。如果膳食中可利用 Fe 的水平长期不足，就会在婴幼儿和孕妇、乳母中引起缺铁性贫血。Fe 在体内代谢过程中可被身体反复利用，一般情况下，除肠道分泌和皮膜、消化道与尿道上皮脱落可损失一定数量外，几乎不存在其他途径的损失，每日损失量不超过 1mg。因此，只要从食物中吸收的 Fe 能弥补这些损失，就能满足机体对 Fe 的需要。而果蔬原汁中含 Fe 量较高，按时按量饮用则可补充这些损失的 Fe。

6. 有机酸

有机酸是果蔬汁中具有营养生理意义的化学成分之一，分布广泛并且含量也较大（相对于其他食物基质）。果蔬中的有机酸有苹果酸、柠檬酸和酒石酸，称为三大果酸；另外还有少量的草酸、奎尼酸、枸橼酸、醋酸、琥珀酸等。由于果酸在人体新陈代谢过程中会被迅速氧化，所以它们不会造成酸性损害作用。苹果酸和柠檬酸都是对人体新陈代谢有着重要意义的“柠檬酸循环”的重要中间物质。肠黏膜细胞在进行新陈代谢时要溶解大约 65% ～80% 的柠檬酸，溶解柠檬酸时产生的热量能够促进其他营养成分的溶解。柠檬酸与 Ca 和 Mg 会形成相应的盐类，阻止人体内血液减少，骨骼中的柠檬酸和其盐含量为 0.5% ～15%。柠檬酸在人体新陈代谢中完成一系列任务，如一些酶会被柠檬酸盐活化，另一些酶则会被柠檬酸盐钝化，尿柠檬酸盐是抑制尿道钙盐沉淀的重要原因。柠檬酸还能提高人体吸收钾的能力。

各种果蔬原汁的果酸含量不同。苹果酸、柠檬酸和酒石酸的含量比值范围变化很大，相互间 pH 的差别也较大。甜橙原汁的含酸量为 7～22g/L；苹果原汁为 4～12g/L；葡萄原汁为6～12g/L。柑橘类水果原汁的柠檬酸含量为总酸量的 75%；而苹果原汁中则主要是苹果酸，葡萄原汁中则主要是酒石酸。

7. 多酚类物质

目前，人们已经对果蔬汁中的一系列酚类物质，尤其是黄酮类化合物对人体的营养生理意义进行了大量的研究。一些黄酮和它们的衍生物（如黄酮、芸香素和橙皮素等）虽然没有特别明显的维生素特性，人体内缺乏这些物质时也不会出现因缺乏维生素而出现的病症，但是许久以来它们却被人们视为一种维生素（维生素 P）。如今，人们把这些具有生物作用的黄酮类化合物称作“生物类黄酮”，它参与细胞产生的基本过程。由于它能够减少血管壁的渗透率和脆弱性，因此具有防止毛细血管系统破碎失血的独特作用。有的研究报告指出，生物类黄酮能够解除粗大血管和心脏的痉挛，它能提高肾上腺的维生素 C 含量，减少血管壁的渗透率，能够抑制某些炎症，能防止辐射病和因脑力劳动和体力劳动高度紧张而产生的疲劳病。有的研究报告还注意到，黄酮含量高的果蔬汁会大大降低维生素 C 的氧化分解，也就是说黄酮类物质具有保护维生素 C 活性的作用。如黑醋栗、番茄等中其维生素 C 的氧化分解降低了达 30% ～40%。

黄酮类化合物可以延缓或阻止其他营养成分的氧化，所以能够稳定维生素 C，尤其是当饮料存在着能够迅速分解维生素 C 和其他成分的重金属的时候；如有 Cu 存在时，黄酮类化合物的抗氧化作用更为明显。所以在天然果蔬汁中的抗坏血酸比纯抗坏血酸溶液更为稳定，例如，浆果类水果原汁中的黄酮类化合物就能保护维生素 C。

第二节 果蔬汁加工原理与技术

随着生活水平和健康意识的提高，人们对果蔬汁“安全、营养、天然、新鲜和美味”的要求越来越高。为了满足这些要求，伴随着科学研究技术的发展，符合现代果蔬汁加工的理论和技术也越来越多。一种深受消费者欢迎或者说一款成功的果蔬汁饮料涉及的因素很多，包括原辅料的选择、原料成熟度、加工工艺、杀菌方式、包装方式等。

一、果蔬汁加工对原料的要求

果蔬汁品质的优劣很大程度上是由原料决定的。从营养到风味，从新鲜到安全，都受到原料质量的影响。现代果蔬汁加工工业不仅要求原料多汁、取汁容易、有合适的糖酸比（酸度高于鲜销水果）、果胶含量适宜、芳香、色泽鲜艳和风味宜人，而且对原料的成熟度、清洁度、新鲜度和健康度也有严格的要求，但是对原料个体的形状、大小要求不高。

（一）原料选择

果蔬汁的加工原料为果蔬，而果蔬是一类具有生命的鲜活农产品，因为果蔬经采摘后在果蔬组织内部仍然进行着一定的生理生化作用。这些生理生化作用主要有果蔬的呼吸作用、蒸腾作用、成熟或衰老等。除了这些果蔬采后生理作用的影响外，果蔬品种、栽培状况和贮藏条件等都会影响果蔬加工产品的品质，即果蔬原料中的各种营养成分。

1. 品种和品质

果蔬原料的品种不同，直接影响到果蔬原料中各种营养成分、口感风味。一般来说，果蔬农产品都存在鲜食品种和加工品种。如果采用仅能鲜食、不适宜加工的品种，不仅加工季节短，还会出现糖酸比不符合要求、风味差、出汁率低、对消费者的健康也存在安全隐患等问题，直接影响果蔬汁的质量和企业的效益。

优质的汁用水果才能加工出优良的果汁产品。在我国果汁产量低甚至没有的年代，加工消耗水果少，市场对鲜食水果需求较大，为适应鲜销的口味需求而缺乏长远意识，将很多适合果汁加工用的红玉、国光等高酸的品种砍掉，栽培了较多红富士这类鲜食用品种。然而意外的是，我国的果汁加工业是在水果种植业迅速发展、鲜食水果卖果难的基础上发展起来的，通过果汁加工消耗多余的鲜销果；但是鲜销果与汁用水果对原料的要求并不一样，因此加工出的果汁难以满足市场的要求。如我国苹果浓缩汁多用红富士、秦冠等酸度较低的品种生产，使得浓缩果汁的酸度较低，一般多在 1.8% 以下；而国外的苹果浓缩汁酸度多在 1.8% 以上，因此在价格和市场接受度上难以与欧美产苹果浓缩汁竞争。

品种不同，所收获的果蔬品质也不一样。果蔬品质主要体现在各种营养组分的组成及含量情况。除了果蔬中糖酸比对是否适合果蔬汁加工影响较大外，果蔬汁加工还需考虑其原料成分中的各种酶类，如多酚氧化酶、过氧化物酶、过氧化氢酶和抗坏血酸氧化酶等。不同的品种或果蔬原料，其中存在的这些酶类及其含量不尽相同。这些酶类在果蔬汁加工中具有极其重要的负面作用，主要是导致果蔬汁发生褐变，影响果蔬汁产品的品质。所以，适合果蔬汁加工的果蔬必须具有含量较少的上述酶类。

2. 栽培生产水平

果蔬的栽培过程或者说果蔬原料的生长成熟过程中所受到的各种环境因素和人为因素同样决定着果蔬原料的品质。地理位置是环境因素的代表性因素，因为不同的地理位置就包含了不同的温度、湿度、压强、水质、土壤、光照、空气等因素。这些环境因素都在不同程度上影响着果蔬原料的品质（各种营养物质、风味和口感）。除了自然环境因素外，农艺栽培技术，如肥料种类选择、用量与施肥技术、灌溉技术、植株修剪技术、病虫害防治技术和生长调节剂的使用等，也同样对果蔬原料的品质具有影响。

3. 适时采收

适时采收就是要求果蔬汁加工的果蔬原料要有合适的成熟度。果蔬采收成熟度是决定果蔬运输贮藏、鲜食和加工性能的最重要的因素。未成熟的果蔬因为组织并未发育完全和各生理系统尚无统一而易失水萎蔫、产生机械损伤，并且后熟品质差。另外，成熟度不够的果蔬，通常在色泽上偏向青绿色，不满足果蔬汁加工对于色泽鲜艳的要求。然而过熟的果蔬采收后很快变软变绵，这与过熟的果蔬中果胶物质变为水溶性的果胶酸和纤维素积累有关。过熟的果蔬原料往往在质地和口感上都不再适合果蔬汁的加工。达到加工最佳成熟度的果汁原料，其外表感官特征介于采收成熟度与食用成熟度之间。另外，水果原料中的淀粉在成熟过程中会转化为糖分，所以可用水果原料固形物中的淀粉含量来判断果汁原料的成熟度。

不同成熟度的果蔬对于果蔬汁加工前的贮藏性能不同。不同成熟度的枇杷果实在贮藏过程中发生冷害的时间和程度不同，随着采收成熟度的提高，枇杷冷害程度减轻，九成熟枇杷的硬度、原果胶含量、纤维素含量、相对电导率的增加量均小于七成熟枇杷。所以枇杷的采收成熟度以九成左右为佳，低于九成熟的枇杷果实易产生冷害。

4. 食用部位

果蔬原料食用部分的不同部位具有不同的营养成分分布。只要具有合适的糖酸比、酶含量、适宜的风味、无腐烂，都可以作为果蔬汁加工的原料。这样的思路对于果蔬其他加工产品的副产物（如鲜切水果所产生的果肉皮、碎果肉的综合利用）可以提供一定的参考价值。

5. 原料的贮藏

果实采收后都能维持一段时间的新鲜度，即保持其固有的色泽、香气、饱满度等，如果保存不当、时间太长、环境不适宜以及其自身的生理作用就会丧失水分、弹性下降、萎缩失鲜，那么它的食用性和加工适应性就大大地降低。对于一些仁果类水果，如苹果、梨和山楂等，只要是在健康、无损伤和挂枝成熟后等条件下采摘，即使是在常温下维持 2 ~3 周，对最终果汁产品的品质也不会造成太大的损害。在冷藏的条件下，某些晚熟且耐贮存的仁果类水果品种（如苹果、梨的晚熟品种）可以贮存更长时间，也不会对果汁产品的质量产生损害。不过值得注意的是，过熟的和贮存过久的冷藏水果原料一般不再具有新鲜的品质，所以果实采后应尽快进行加工，防止贮藏不当或其他原因造成品质下降，从而影响果汁产品的品质。

6. 原料新鲜度、清洁度和健康度

果蔬原料新鲜度是衡量其营养、风味、色泽、口感和形状质量的一个特征参数。水果采收后的变质过程是水果体内一系列化学的、生物化学的和微生物变化的反映。可以说自果蔬从植株上采摘后，果蔬品质就在不停地发生变化。众所周知，有些呼吸跃变型果蔬的食用品质会在呼吸高峰处达到最佳，之后就会发生劣变。所以，适合制汁加工的果蔬原料，自采摘后需要对其营养组分的变化进行监测，以寻找出适合制汁的最佳新鲜度。

果蔬原料的清洁度主要是指果蔬原料表面和内部初始细菌含量和农药残留量要达到制汁加工的要求。大量的微生物、泥土、灰尘、树叶树枝和残留农药等会在果蔬原料的生长、成熟、采收、运输和贮藏等一系列过程中附着在果蔬表面，从而为果蔬汁加工的质量和安全造成了威胁。所以，在制汁前的清理和清洗工序尤为必要，以力求降低原料的初菌数和农药的残留量。

果蔬原料的健康度是指果蔬原料的种子在田间种植和收获过程中没有生理病害、病菌腐败、病毒侵染和其他生物导致的危害发生。直接来讲就是用于制汁加工的果蔬原料不能有已经腐败或开始腐败的现象。果蔬腐败往往是由于果实遭受到细菌、霉菌、真菌等微生物的侵染所致。如果采用这类已经腐败的果蔬原料进行制汁加工，那么在果蔬汁产品中必然存在这些微生物的菌体或者由这些微生物所分泌的有毒有害物质，从而导致果蔬汁产品的卫生指标不合格。

（二）果蔬汁加工原料的特性

总体来说，用于制汁的果蔬原料应该具有出汁率高、甜酸适口、香气浓郁、色彩诱人、营养丰富、影响加工品质的成分含量低和质地适宜等特性。具体来讲，适合果蔬汁加工的果蔬原料主要有以下三个方面的特性表现。

1. 突出的营养和功能性价值

除了解渴功能外，果蔬汁能在一定程度上提供人们所需的水分、糖类、矿物质、维生素等营养物质，所以就必须要求果蔬原料在这些营养成分上具有含量丰富的特点。其中，维生素，尤其是维生素 C 是果蔬汁产品的特色之一，所以就要求果蔬原料在维生素含量上表现突出。这类品种主要有山楂、红枣、苹果、番茄、猕猴桃、沙棘和胡萝卜等。

另外，果蔬汁的功能特性越来越受到现代人的追捧，所以果蔬原料往往也含有可观的对人体生理代谢有益的多种功能成分。如苹果、葡萄、石榴中的多酚类物质和柑橘中的橘皮苷对人体具有抗氧化和强化毛细血管、防止毛细血管失血的作用；黑莓、树莓和桑果中的色素具有抗氧化作用；番茄中的番茄红素具有抗氧化、清除自由基和增强免疫力、预防前列腺癌等作用。

2. 良好的感官品质

果蔬原料感官品质的优劣直接影响到果蔬汁产品的色泽、风味、口感、质地等品质。所以，果蔬汁加工的原料一般都表现出悦目的色泽、怡人的香味和自然清新的口感。因为番茄中存在番茄红素、胡萝卜中存在类胡萝卜素，所以番茄原汁和胡萝卜原汁呈现了鲜艳的红色和红黄色。果蔬原料都具有合适的糖酸比和较少的单宁物质，从而使人能够接受相应的糖度、酸度和涩度。果蔬的良好香气是果蔬汁产品良好风味的保证，如苹果、梨、甜瓜、柑橘、菠萝、番茄、胡萝卜等果蔬所制成的果蔬汁都具有较好的香气。

3. 优秀的加工性能

果蔬原料的物理和化学性质直接关系到相应产品的加工难易程度。首先，果蔬汁原料需要有较高的出汁率，才能实现良好的加工效益。一般水果的出汁率为苹果 77% ~86%，梨 78% ~82%，草莓 70% ~80%，酸樱桃 61% ~75%，葡萄 76% ~85%，柑橘类 40% ~50%，番茄 60% ~75%，胡萝卜 35% ~45%，其他浆果类 70% ~90%。出浆率分别为：杏 78% ~80%，桃 75% ~80%，梨 85% ~90%，李 80% ~85%，浆果类 90% ~95%。当然，果蔬的出汁率可以通过一些工艺技术进行提高，如添加酶制剂等，需要视具体的加工实际而定。

果蔬汁的工业化生产还要求原料的物理尺寸适合连续前处理（如清洗、去皮、切分等）及后续加工，包括破碎、打浆过程抗氧化、褐变轻，热烫、热力杀菌不易变味变色及营养损失小等。提高果蔬原料的出汁（浆）率和加工率对企业，甚至整个行业的经济效益都有巨大的影响。

（三）常见的果蔬汁原料

种植量大、富有营养、风味良好的多果肉、果汁的水果蔬菜都适合加工果蔬汁饮料。常见的果蔬汁原料分类介绍如下。

1. 苹果

我国是世界第一苹果生产大国，2012 年的产量达到 3950×10^4 t，占世界总产量的50% 以上。

适合制汁的苹果要求主要有风味浓郁、糖分较高、酸味和涩味适当、出汁率高、取汁容易和酶促褐变不明显。苹果汁褐变主要与其中所含的多酚类物质有关。不同苹果品种其酚类物质含量有较大差异，含量变化在 3.35 ~ 25.4mg/g（干重）。制汁品种瑞林、瑞星和瑞丹的总酚含量都较低，鲜食品种金冠总酚含量也较低，均低于 4.5mg/g。

目前在我国适合制汁的苹果品种有酸味中等的赤龙、君袖、醇露、花嫁、红玉、宝玉等和芳香浓郁的元帅、金冠、祥玉和青香蕉等。

2. 柑橘类

柑橘类涉及的品种和种类很多，包括柑橘、甜橙、柠檬、柚子等，都属于柑橘属的范畴。柑橘类果实味道鲜美，营养丰富，含多种维生素及 Mg、S、Na、Cl 和 Si 等矿物质元素，色、香、味俱佳，既可鲜食，又可加工成果汁，是人们生活中重要的水果之一。

橙汁对原料的要求是原料汁液含量丰富、糖酸比例适宜、香味浓、色泽鲜艳、易出汁、皮薄籽少、营养成分含量稳定、维生素 C 含量高，无过多苦味和自然成熟等。世界范围内制汁常用的橙子品种有伏令夏橙、凤梨橙、吉发橙、化州橙、地中海橙和米切尔橙等。我国的先锋橙、锦橙和细皮广柑等也适合加工橙汁。

3. 梨

梨是我国的主要水果之一，果肉脆嫩多汁、酸甜可口，非常适宜制汁。我国是梨的重要起源地之一，是世界第一产梨大国，2012 年的年产量达到 1707×10^4 t。

适合制汁的梨品种要求具有较高的出汁率和可溶性固形物、糖酸比适宜、总多酚含量适当、香甜可口、色泽纯正等。有研究称，砂梨系统的品种其出汁率高、褐变轻、耐贮存，且果汁多为清汁、果汁鲜亮透明，具有良好的感官品质，是鲜榨梨汁的理想材料；秋子梨系统果汁糖酸含量为最高，但是其果汁褐变比较严重，果汁颜色多为褐色和棕色等深颜色，感官品质较差；种间杂交品种秋香梨褐变程度轻，可溶性固形物含量、可滴定酸含量比较高，糖酸比适度，果汁风味好，耐贮藏，是适合制汁的理想品种。具体来说，丰水、翠冠、新水、鄂梨 2 号、10 - 1等的出汁率高、褐变轻、可溶性固形物含量高、糖酸比适度，果汁风味好，非常适合制汁。

4. 葡萄

葡萄汁是世界著名的软饮料，口味芬芳，营养丰富。常饮不但可以养颜，还有利于心血管健康。加工葡萄汁的品种要求出汁率高，风味独特，糖、酸、香味和涩味成分平衡。其中，美国康克葡萄是制汁的最佳品种。热榨康克生产的葡萄汁色泽深、风味浓，特别是康克葡萄汁中存在着大量的磷氨基苯甲酸甲酯，表现出独特的风味和香气。人们常用康克葡萄作为评价其他制汁品种的对照。一般来说，葡萄制汁品种的基本要求包括可溶性固形物14%~21%、不可溶性固形物1.2%~2.0%、总含酸量0.5%~1.4%、维生素C含量3~5mL/100g、果汁密度1.058~1.090g/cm^3。除了康克品种以外，康拜尔、紫玫瑰、柔丁香、玫瑰蜜、金星无核等葡萄品种所制取的葡萄汁酸甜适口，果香淡雅，回味深长，稳定性好。

5. 番茄

番茄原产南美洲，是一种常见的蔬菜，营养价值高，风味独特，很受人们的喜爱。由于番茄含水量高，不易长期贮藏和长途运输，不能满足人们周年的消费需要，加工成番茄汁可以弥补这个缺陷。番茄汁具有番茄特有的颜色和适口的风味，国外常用做增进食欲的开胃饮料；营养方面，含有类胡萝卜素、维生素C、多种氨基酸和番茄红素，无机盐含量也相当高。番茄制汁品种的要求主要包括原料色泽鲜红、番茄红素含量高，果实红熟一致，无青肩和青斑、黄斑等；胎座红色或粉红色，种子周围胶状物最好为红色，木质化程度小，果蒂小而浅；果实可溶性固形物含量高，维生素C含量高，风味浓，pH低。

6. 胡萝卜

胡萝卜是一种营养十分丰富的根菜类蔬菜作物。由于含有丰富的类胡萝卜素，胡萝卜也时常用于制汁，更可制成果菜混合汁，色泽艳丽，营养丰富。适合于加工制汁的胡萝卜需要满足类胡萝卜素含量高、颜色纯正、口感甘甜的特点。

7. 南瓜

近年来，南瓜汁饮料越来越受到消费者的欢迎，这主要与南瓜汁中含有丰富的营养成分（β-胡萝卜素及一些多糖、寡聚糖等）及适当的口感有关。适合制汁加工的南瓜原料需要完全成熟，色泽呈现均一的黄色，β-胡萝卜素含量较高等。

二、果蔬汁加工工艺

果蔬汁加工是指利用成熟的果蔬原料，经过原料清洗、破碎、取汁、澄清、过滤、均质、脱气、浓缩、成分调整、杀菌和包装等其中几种或全部处理后所成为的液态食品。所以，果蔬汁及其饮料的加工需要经过诸多处理环节，而每一个处理环节都会涉及具体的处理参数。果蔬汁及其饮料的生产，除了是因为果蔬原料具有优良的制汁加工性能以外，还主要是借助了诸多有效的加工工序，或者说是果蔬原料经过多种适宜的加工单元操作后最终形成受消费者喜爱的健康饮品。

（一）果蔬汁加工常见工序

一般来说，果蔬汁加工会经过原料选择、清洗、破碎、打浆或粗滤、酶解处理、取汁、澄清和精滤、脱气、均质、浓缩、芳香物质回收、果蔬汁的调质、杀菌和灌装等工序。不同的果蔬汁及其饮料会有不同的工艺环节要求，如浓缩汁、澄清汁等；另外，不同种类的果蔬原料，也会有不同的处理工序，主要依具体生产要求和规模而定。

1. 原料的清洗和拣选

原料清洗可以去除果蔬表面附着的尘土、泥沙、微生物、农药残留以及枝叶等，所以对于果蔬加工来说，清洗环节是必需工序。根据原料的特性和卫生情况，生产时常采用多种技术方法联合对果蔬原料进行清洗。根据清洗对象的特点，一般采用的清洗方法有物理清洗法、化学清洗法和生物清洗法。另外也可以根据清洗的劳动强度分为人工清洗和机械清洗两大类。

物理清洗方法包括流水槽输送、清洗池浸泡、摩擦滚筒机滚洗、毛刷刷洗和高压水喷淋等。物理清洗主要针对的是果蔬原料中的泥沙、尘土及叶渣等宏观性的杂质；当然对于一些水溶性农药、环境污染物、微生物也具有一定的去除作用。化学清洗方式则是采用一定浓度的稀HCl、$KMnO_4$、漂白粉或果蔬专用清洗剂进行清洗等，工厂还可采用专门设计的环保臭氧机、氧化还原电位水机进行果蔬原料的清洗和其表面杀菌。生物清洗主要指能降解果蔬表面残留农药，使微生物生长受到抑制或致死的生物类清洗剂，特别是高效、清洁、环保的酶类清洗剂有较大的发展空间。化学法和生物法洗涤更多是针对果蔬原料中的农药、环境污染物和有害微生物进行去除。

为提高果蔬原料的清洗消毒效果，不少企业已经将O_3和超声波等技术应用到了实际生产。一般来说，O_3对于一般的细菌、大肠杆菌、酵母菌等具有较好的杀灭效果。因为O_3具有极强的氧化作用，当与微生物菌体接触后，在适宜的接触时间、温度、环境 pH 等条件下，对菌体的杀灭效果极为明显。例如，用浓度为31.1%的O_3水溶液对原料表面的耐热菌处理15min，其杀菌率达到99.96%。超声波清洗是利用超声波在液体中的空化作用、加速度作用及直进流作用对液体和污物直接或间接的作用，使果蔬原料的污物层被分散、乳化、剥离而达到清洗目的。另外，超声波对于一些细菌也具有较好的杀灭作用，这对于超声波应用于果蔬汁加工的清洗工序提供了理论依据。

清洗过程中或完成之后，还需要对病虫果、未成熟果实和受机械伤的果实进行剔除，以保证最终的果蔬汁及其饮料的品质。

2. 破碎

在果蔬汁生产过程中，除了柑橘类果汁和一些带肉果汁外，一般都需要在榨汁前对清洗好的果蔬原料进行破碎，以提高出汁率，特别是一些果皮较厚、果肉致密的果蔬原料。只有经过破碎处理的原料，存在于果蔬组织细胞内的汁液和营养物质才能被容易地收集。

果蔬的破碎程度直接影响出汁率。破碎度随着果蔬种类、取汁方式、设备性能、汁液性质来进行选择，过大过小都会对后续的工序和果蔬汁的品质造成不利的影响。如果破碎不够，果块太大，榨汁时汁液流速慢，出汁率降低。破碎过度，导致果粒太小，造成压榨取汁时的汁液很快就被挤出而使果肉形成一层厚皮，阻碍后面的汁液流出，从而也会降低出汁率；且会使榨汁时间延长，榨汁压力增加，导致所得汁液中浑浊物质含量偏大，影响后续加工和果蔬汁质量。苹果、梨、菠萝、杧果、番石榴及某些蔬菜，其适宜的破碎粒度为3～5mm；草莓和葡萄以2～3mm为宜；樱桃是5mm最为合适。

根据破碎时是否加热，可分为冷破碎和热破碎两种方式。冷破碎是在常温下进行。因为果蔬中果胶酯酶和半乳糖醛酸等果胶分解酶的活力较强，在短时间内就能降解果胶，从而降低果蔬汁的稠度。另外，对于生产澄清汁的果蔬，采用冷破碎具有较为明显的优越性，即有利于榨汁，同时更有利于过滤和澄清操作及降低果蔬汁澄清时所需酶制剂的用量等。热破碎是破碎前用热水或蒸汽将果蔬原料加热，然后再进行破碎；也有的情况是在果蔬原料破碎后立即对破碎物和浆体进行加热处理。例如，高稠度的番茄汁，是在番茄破碎成流动性的浆状物后立即用连续式预热器加热至85～87℃，保持5～10s。由于热处理的作用抑制了引起稠度降低的酶的活力，所以所制得的番茄汁比冷破碎所制得的番茄汁具有更高的稠度。热破碎对于要求果胶含量较高的果蔬浆等产品的生产极为重要，因为热破碎处理可以使果胶浑浊汁或果肉汁保持一定的黏稠度。

3. 热处理和酶解处理

在果蔬汁取汁操作前，都需要对破碎后的果蔬颗粒进行预处理，常见的预处理方式主要有热处理和酶解处理两种。预处理的目的在于改变果蔬原料细胞的通透性、软化果肉、破坏果胶质、降低黏度、提高出汁率；抑制微生物繁殖，保证果蔬汁的质量。

热处理可以使果蔬原料细胞原生质中的蛋白质凝固，改变细胞膜的透性，并且细胞结构发生变化，使细胞中的可溶性物质易于向外扩散，从而有利于果蔬中可溶性固形物和色素的提取；抑制果胶酶、多酚氧化酶、脂肪氧化酶、过氧化氢酶等的活力，从而产品不会发生分层、变色、异味等不良变化。因为在破碎过程中或破碎后的果蔬碎粒中，酶类（如多酚氧化酶）从细胞中释放，与 O_2接触，从而引起果蔬汁色泽的变化，对果蔬汁加工极为不利。与热破碎相似，适当热处理可以使胶体物质发生凝聚，使果胶水解，降低汁液的黏度，从而提高出汁率。对于果胶含量高的水果原料，不宜加热果浆；果胶含量较低的水果原料，特别是多酚类物质含量适中的果浆可以加热，如番茄等。一般热处理采用管式热交换器进行间接加热，加热温度为 70 ~ 75℃，时间为 10 ~ 15min。

一般来说，果胶含量低的果实取汁相对较易，而果胶含量高的果实（如苹果、樱桃和猕猴桃等）黏性较大，榨汁则相对较难。加入适当的果胶酶则可以有效地分解果肉组织中的果胶物质，使汁液黏度较低，容易榨汁过滤，缩短积压时间，从而提高出汁率。酶解处理的关键在于将果胶酶与果肉均匀地分布在果浆中，常用的方法是用水或果汁将果胶酶配成 1% ~10% 的酶液，用计量泵按需要量加入。另外，酶处理还需要掌握好适当的加酶量、酶解时间和温度。果胶酶的用量一般按照果蔬浆质量的 0.01% ~0.03% 计算，酶解反应时间为 2 ~ 3h，反应温度为 45 ~ 50℃。加酶量还需要根据所使用的果蔬原料中的果胶含量而定。

4. 取汁

果蔬的取汁工序是果蔬汁加工中的一道关键工序。根据原料、产品的形式不同，取汁的方式差异很大，主要有压榨法、浸提法、离心法和打浆法。生产上一般采用压榨法取汁；对于果汁含量少、取汁困难的原料，可采用浸提法取汁。

（1）压榨法　压榨法是在外部机械挤压力的作用下将果蔬汁从果蔬或果浆中挤出而取得汁液的过程。根据榨汁时原料温度的差异，可以分为热榨、冷榨和冷冻压榨等。在实际的生产过程中，需根据原料的特性来选择适宜的方式。

热榨是将破碎的原料果浆进行加热后再进行压榨取汁。热榨主要针对原料果浆中所含较多的有损于果汁品质的酶类的钝化而设计，这一点与对破碎后的果蔬碎粒进行热处理具有相似的目的。冷榨是相对于热榨而言，主要适合于多酚氧化酶类含量较低的果蔬原料，冷榨具有保持诸多营养成分不被破坏的特点。如芹菜冷榨汁的可溶性固形物含量、pH 和透光率均比热榨汁高；而冬瓜冷榨汁的可溶性固形物含量和总出汁率明显高于热榨汁；红葡萄因需要提取出葡萄中的红色素，采取热榨汁工艺；白葡萄一般采用冷榨汁，榨汁后尽快杀菌、冷却。

压榨设备有液压式榨汁机、带式压榨机、裹包式榨汁机、螺旋榨汁机、连续带式榨汁机等；离心分离设备有锥形篮式离心机、螺旋沉降离心机。目前大多用带式榨汁机或布赫式万能榨汁机。近年来，日本开发了针对高营养价值果蔬的抗氧化榨汁法，即从果蔬破碎到填充整个过程都在 N_2的包围中进行。

（2）浸提法　针对水分含量少的果蔬原料（如酸枣、红枣、乌梅等）或果胶含量较高的且无法通过压榨法取汁的原料（如山楂）的取汁则可以采取浸提法。另外，为了减少果渣中有效成分的含量，也可以采用浸提法对苹果或梨的压榨取汁后的果渣进行浸提。所以，浸提法就是采用液态浸提介质（一般为热水）将果蔬原料细胞内的汁液提取出来的过程。浸提法常用的方法根据工艺差异分为静置萃取、逆流萃取、一次性浸提、多次浸提等。

浸提时的加水量直接影响出汁量的多少。在实际的浸提过程中，需要根据所生产果汁中可溶性固形物含量的多少来确定加水量，从而控制出汁率的合理范围。对于浓缩果蔬汁的制作，则需要的产品可溶性固形物含量相对较高，则出汁率就不会太低，从而选择较少的加水量。以山楂为例，浸提时果蔬与水的质量比需要控制在1:(2.0～2.5)；一次浸提后，浸汁的可溶性固形物的浓度为4.5～6.0°Bx（又称白利度，指产品中可溶性固形物的含量），出汁率为180%～230%。

除了加水量影响浸提效果外，浸提时间、温度、原料破碎程度、浓度差、流速等都会对浸提效果产生影响。例如，浸提温度不仅影响出汁率，而且还会对果蔬汁的品质产生影响。一方面，高温可以增加分子运动能力，提高扩散速度，有利于出汁，同时还可以抑制微生物的生长繁殖；另一方面，温度太高则会影响果蔬汁中的色泽和营养素这类热敏性的成分。所以，浸提温度一般选择的最佳范围是70～75℃。另外，浸提时间的长度也会影响果蔬汁的品质和加工过程的效率。浸提时间越长，可溶性固形物的提取就越充分；但是时间过长，浸提速率就会变慢，导致设备能耗增大，而且时间过长会污染微生物而影响果蔬汁品质。所以，一般情况下的一次浸提时间多为1.5～2.0h。

（3）打浆法　采用打浆机这类设备将果蔬原料进行刮磨粉碎，然后分离出果核、果籽及薄皮等而获得果蔬原浆的过程，即为打浆法取汁。适合的打浆机需要根据果蔬原料的尺寸、软硬度、成熟度等来进行选择；并且在打浆以前，需要对果蔬原料进行适当的破碎处理。打浆后的果蔬原浆可以通过安装在打浆机内部的筛网来实现浆渣的分离，并且筛网的孔径大小可以根据打浆效果来进行选择。另外，破碎处理后的果蔬原料需要在预煮机中进行适当热处理，以钝化其中的部分多酚氧化酶，防止褐变。所以，打浆法适合生产一些果肉果蔬汁，如草莓汁、杧果汁、桃汁等。

（4）离心法　离心法取汁是利用果蔬渣与果蔬汁在外界机械离心力的作用下，果蔬渣聚集在底部、果蔬汁在上部而达到分离的目的。破碎后的料浆通过输送管道进入离心室，在高速的离心作用下，果蔬渣甩至转筒壁上，由螺杆传送器将果渣不断地送往转筒的锥形末端，继而被排出；果蔬汁则通过螺纹间隙从转筒的前端流出。

（5）粗滤法　粗滤也称筛滤、过滤，采用筛网以除去分散于果蔬汁中的尺寸较大的颗粒或者悬浮颗粒。针对不同的果蔬汁产品，粗滤的选择也有不同。对于浑浊果汁，需要保留其色粒而获得色泽、风味和香气特性的情况下，除去分散于果汁中的粗大颗粒；而对于透明果汁，粗滤后还需要精滤，务必去除全部的悬浮颗粒。

破碎压榨出的新鲜果蔬汁中含有的悬浮物的类型和数量因为榨汁方法和果蔬果实组织结构的不同而不同。粗大的悬浮颗粒来自于果蔬细胞的细胞壁，尤其是来自于种子、果皮和其他非食用器官的颗粒。柑橘类果实新鲜榨出液中的悬浮粒中因含有柚皮苷和柠檬碱而使得果蔬汁呈现苦涩味，所以必须通过过滤将这些颗粒去除。

生产上的粗滤常与榨汁工序同时进行，也可以在榨汁后独立完成。如果榨汁机设有固定分离筛或离心分离装置，榨汁与粗滤可在同一台设备上进行。单独进行粗滤的设备有筛滤机，如水平筛、圆筒筛、振动筛等，一般滤孔直径在0.5mm左右。

粗滤后的果蔬汁需要及时处理，即采用防腐处理后方可进行保存。常用的方法有：①加热杀菌法，即用85～90℃的高温处理3～5min或采用90～95℃维持60s，冷却后装入杀菌处理后的贮罐内密闭保存；②防腐剂保存法，采用符合国家卫生标准添加量的亚硝酸盐、苯甲酸、山梨酸及其盐类进行保存；③CO_2保存法，即将果蔬装入能密闭、耐压、耐腐蚀的容器内，通入CO_2，按每罐容积100L用CO_2 1.5kg，贮存温度15～18℃，能较好地保存原汁；④冷藏法，将灭酶、杀菌后的果蔬汁装入贮藏罐后置于0～2℃的环境中，利用低温对微生物的抑制作用，可以达到较长时间保存果蔬汁的目的。

5. 澄清

通过破碎、压榨和粗滤后即可得到果蔬原汁，利用果蔬原汁就可以制成不同的果蔬汁产品，如透明果蔬汁、浑浊果蔬汁、浓缩果蔬汁和果汁粉等。所以，对于不同的果蔬汁产品，后续的加工工艺也有所不同。其中，对于透明果汁的生产，果蔬制浆取汁后，其中还会含有诸多尺寸微小的皮渣或果渣。这些果蔬渣的存在对于澄清果蔬汁的生产具有较大的负面作用，如导致分层、微生物生长，从而致使品质下降。因此果蔬取汁后需要对其进行相应的澄清处理。

果蔬浆通过澄清处理，可以除去汁液中的全部悬浮物以及容易产生沉淀的胶粒。这些悬浮物通常包括发育不完全的种子、种子碎屑、果心、果皮和维管束等有色或无色大颗粒物质。这些物质中除色粒外，主要成分是纤维素、半纤维素、糖苷、苦味物质等，它们的存在不仅影响澄清果汁的品质，而且对于其稳定性有较大的负面作用。果蔬汁中的亲水胶体主要是果胶质、树胶质和蛋白质。这些颗粒能吸附水膜，并且是带电体。电荷中和、脱水和加热等处理都能引起胶粒的聚集并沉淀；一种胶体能激活另一种胶体，并使之易被电解质所沉淀；混合带有不同电荷的胶体溶液，能使之共同沉淀。胶体的这些特性就是澄清剂使用的理论依据。常用的澄清剂有明胶、硅溶胶、单宁、皂土、活性炭、硅藻土和聚乙烯聚吡咯烷酮等。按照澄清作用的机理，果蔬汁澄清方法主要有物理法、化学法和酶法。

（1）自然沉降澄清法　将破碎压榨后的果蔬置于密闭容器中，经过一定时间的静置，使悬浮物沉淀，同时果胶质逐渐水解而发生沉淀，从而降低果汁的黏度。静置过程也是一个诸多物理化学变化综合进行的过程。在静置过程中，蛋白质和单宁可以逐渐形成不溶性的单宁酸盐而沉淀，所以经过长时间静置可以使果蔬澄清。然而，果蔬汁经长时间的静置，在微生物的作用下易发生发酵变质，因此必须加入适当的防腐剂或在－1～2℃的低温条件下保存。此法常用在H_2SO_3保藏果汁半成品的生产上，也用于果汁的预澄清处理，以减少后序澄清过程中的沉渣。

（2）加热凝聚澄清法　也称为热－冷交替处理澄清法，即利用果汁中的胶体物质受到热的作用会发生凝集，冷却形成沉淀而达到澄清效果。生产上常将果蔬汁在80～90s内加热到80～82℃，并保持1～2min，然后以同样短的时间冷却至室温，静置使之沉淀。由于温度的剧变，果汁中的蛋白质和其他胶体物质变性，凝聚析出，使果汁澄清。值得注意的是，为了避免有害的氧化作用，并使挥发性芳香物质的损失降至最低限度，加热必须在无氧条件下进行，一般可采用密闭的管式热交换器或瞬时巴氏杀菌器进行间接地加热和冷却，可以在果蔬汁进行巴氏杀菌的同时进行。该法加热时间短，对果蔬汁的风味影响很小，所以应用较为普遍。

（3）冷冻澄清法　主要原理在于冷冻可以改变胶体的性质，而解冻则可以破坏胶体。一般来说，将果蔬汁置于－4～－1℃的条件下冷冻3～4d，解冻时可使悬浮物形成沉淀。据此，雾状浑浊的果蔬汁经过冷冻处理后则容易澄清。这种冷冻澄清作用对于苹果汁尤为明显，而葡萄汁、草莓汁、柑橘汁、胡萝卜汁和番茄汁也有这种现象。

（4）电荷中和澄清法　由于大部分胶质在果蔬汁中都以带有负电荷的微粒形式存在，所以采用通入带正电荷的物质（如明胶、硅胶和壳聚糖等），发生电中和，从而破坏果蔬汁稳定的胶体体系，形成沉淀，继而可以达到澄清的目的。壳聚糖也称脱乙酰甲壳素，具有良好的生物相容性、适合性与安全性，已被美国食品药品管理局（FDA）批准为食品添加剂。壳聚糖主要是通过电荷中和澄清果蔬汁，即在酸性条件下的壳聚糖带正电荷，可与果蔬汁中带负电荷的果胶、纤维素、单宁等物质结合。在充分搅拌的条件下，正负电荷的中和作用，打破果蔬汁的稳定性，而使果蔬汁中的悬浮物吸附于壳聚糖表面，凝结沉淀，通过过滤即可得澄清原汁。另外，壳聚糖还具有有效的防腐抑菌作用，能够延长果汁贮藏期。壳聚糖可溶于大多数稀酸，在实际应用中一般用1%醋酸液配制成1%壳聚糖溶液使用。然而，壳聚糖在稀酸中会出现慢慢水解的现象，所以壳聚糖最好随用随配。另外，壳聚糖的用量因果蔬汁种类不同而不同，在使用前可进行澄清试验以确定其最佳添加量。

（5）明胶 - 单宁澄清法　利用单宁与明胶或鱼胶、干酪素等蛋白质物质配位形成明胶单宁酸盐配合物的作用来澄清果蔬汁，即为明胶 - 单宁澄清法。往果蔬汁液中加入单宁和明胶后，便立即形成明胶 - 单宁酸盐配合物；随着配合物的沉淀，果蔬汁中的悬浮颗粒被缠绕而随之沉淀。此外，果蔬汁中的果胶、纤维素、单宁及多缩戊糖等带有负电荷，在酸性介质中明胶带正电荷，正负电荷微粒相互作用，凝结沉淀，也可使果汁澄清。这与电荷中和澄清法的原理一致。生产上一般每100L果蔬汁大约需要明胶20g、单宁10g，按照实际需要量将明胶配成0.5%的溶液、单宁配成1%的溶液，再进行有序添加。简单来讲，先在果蔬汁中加入单宁溶液，然后在不断搅拌下将明胶溶液慢慢加入，充分混合均匀，在8～12℃条件下静置6～10h，使胶体凝集沉淀。

在具体应用中，对于单宁含量少的果蔬汁，可以适当补加单宁；如果原料单宁含量很多，不加单宁只加适量的明胶即可。添加明胶的量要适当，如果使用过量，不仅妨碍配合物的絮凝过程，而且还会影响果蔬汁成品的透明度。另外，生鸡蛋清也可以代替明胶，也称为生鸡蛋法。在实际生产中，每100L果蔬汁大约添加100～200g生蛋清。先用少量水调开蛋清，然后加入到果蔬汁中，将果蔬汁加热至70～80℃，维持1～3min，蛋白质胶体受热很快凝固变形下沉，最后迅速冷却后过滤就可得到澄清汁液。

（6）蜂蜜澄清法　1986年美国Robert Jim报道了蜂蜜用途的新发现，即可作为各种果汁、果酒的澄清剂。用蜂蜜作澄清剂不仅可以强化营养，改善产品的风味，抑制果蔬汁的褐变，并且可以将已褐变的果汁中的褐色素沉淀下来，更重要的是澄清后的果汁中天然果胶含量并未降低，但果汁却能长期保持透明状态。用蜂蜜澄清果蔬汁时蜂蜜的添加量一般为1%～4%，搅拌均匀后静置几小时即可获得纯净而不会褐变的澄清汁。北京市发酵研究所的谢达采用荞麦蜂蜜和杨槐蜂蜜对葡萄汁进行澄清试验，取得良好效果。

（7）加酶澄清法　利用果胶酶水解果蔬汁中的果胶物质，使果蔬汁中其他物质失去果胶的保护作用而共同沉淀，达到澄清的目的。生产中常使用具有果胶酶、淀粉酶和蛋白酶等多种活性的果胶复合酶来对果蔬原汁进行酶解处理。通常所说的果胶酶是指分解果胶等物质的多种酶的总称。例如，果胶酯酶和聚半乳糖醛酸酶、纤维素酶、淀粉酶等，这些酶制剂通常需要较低的pH环境，所以适合于果汁的澄清。果胶酶发挥作用的环境的pH也不能太低，低于3时则需要考虑使用果胶酶推荐剂量的上限或者更换专用酶类。

使用果胶酶时要预先了解该种酶制剂的特性，所使用的酶制剂要与被澄清果蔬汁中的作用基质相吻合，才能提高澄清效果。果胶酶水解果蔬汁中的果胶物质，生成聚半乳糖醛酸和其他降解物，当果胶失去胶凝作用后，果蔬汁中的非可溶性悬浮颗粒会相互聚集，使得果蔬汁形成一种可见的絮状沉淀物。澄清果蔬汁时，酶制剂的用量根据果汁的性质、果胶物质的含量及酶制剂的活力来决定。实际生产过程中，酶制剂的添加量一般为果蔬汁质量的0.2% ~0.4%。酶制剂可在榨出的新鲜果汁中直接加入，也可在果汁加热杀菌后加入。一般来说，榨出的新鲜果汁未经加热处理，直接加入酶制剂，果汁中的天然果胶酶可起到协同作用，使澄清作用比经过加热处理的快。因此，果汁在加酶制剂之前不经热处理为宜。若榨汁前已用酶制剂以提高出汁率，则不需再加酶处理或加少量的酶处理即能得到透明、稳定的产品。对于某些果实如红葡萄，为了钝化果实中的氧化酶，需要经过80~85℃短时间的加热处理，否则，果汁将会产生酶促褐变等不良变化。加热后冷却至45~55℃时加入酶制剂并维持一定时间。酶制剂作用的时间由温度、果汁种类、酶制剂种类和数量决定，通常为2~8h；酶浓度增加时，反应时间缩短。

澄清工艺正由传统工艺向现代化大规模澄清工艺转变，并且也由使用一种澄清工艺向多种澄清工艺相结合应用转变，取得了较好的澄清效果，并实现了果蔬汁产品质量的大幅提升。在实际生产中，可根据不同果品的特性及不同需要选用不同的澄清方法。近年来，果胶酶法、壳聚糖法、超滤法、树脂吸附法等一系列澄清方法在不同果汁澄清方面的研究和应用也越来越多，并已取得诸多实验性的成果。

6. 过滤

澄清过后的果蔬汁必须经过过滤（也称精滤）处理，以进一步除去其中的沉淀、细小浑浊物和悬浮物，从而达到果蔬汁澄清透明的目的。目前，生产上常用的过滤设备有袋滤器、纤维过滤器、真空过滤器、板框压滤机、硅藻土过滤机、离心分离机等。滤材有帆布、不锈钢丝网、纤维、石棉、棉浆、硅藻土和超滤膜等。影响过滤速度的因素涉及过滤器的滤孔大小、液汁进入时的压力、果蔬汁黏度、果蔬汁中悬浮粒的密度和大小以及果蔬汁的温度高低等。一方面，无论采用哪一类型的过滤器，都必须考虑减小果肉堵塞滤孔的概率，以提高过滤效果。另一方面，在选择和使用过滤器、滤材以及辅助设备时，必须特别注意防止果蔬汁被金属离子所污染，并尽量减少与空气接触的机会。所以，过滤操作过程中一般采用的是密闭的不锈钢材质设备和容器。过滤的方法通常在一定的过滤设备基础上开展，下面介绍几种常用的过滤方法。

（1）压榨法　压榨法是借助外压使果蔬汁通过过滤机而与非水溶性杂质分离的过滤方法。果蔬汁的压滤可以采用硅藻土过滤器或填料或过滤器来完成。这里的“压榨处理”与取汁工序的“压榨处理”的区别在于对象的不同或者说是组成体系不同，即取汁时压榨针对的是带有果蔬汁的果肉，而过滤压榨则针对的是含有微小浑浊物或一些非水溶性的杂质的果蔬汁液。

（2）硅藻土过滤法　作为一种预过滤方法，硅藻土过滤可以用于非常浑浊的果蔬汁或为了更经济有效的考虑场合。硅藻土是一种具有多孔性、低重力的助滤剂，呈淡粉红色的含Fe_3O_4硅藻土，可用于果蔬汁过滤。在具体操作中，板框压滤机的滤板间设有滤框，并用一次性使用的滤板或重复使用的耐洗滤板来支撑硅藻土层。硅藻土用一种特殊类型的定量加液器加入到流动的果蔬汁中，该混合物接着注入引流系统，并且控制适量的硅藻土进入。使用前先使硅藻土在滤板表层形成一层“外衣”，然后注入果蔬汁和硅藻土的混合物。硅藻土的用量一般根据果蔬汁的悬浮粒数量和果蔬汁的黏度来进行确定。通常情况下，每1000L果汁需要硅藻土的参考数量为：苹果汁1~2kg，葡萄汁3kg，其他果汁4~6kg。

（3）薄层过滤法　果蔬澄清汁常用薄层过滤器来进行过滤。薄层过滤器的滤板由石棉和纤维混合构成，使用时可压缩成40cm或60cm的厚度进行操作。每平方厘米滤板的孔数和大小，可以根据滤板的种类和类型来进行确定。滤板夹在金属滤板之间，果蔬汁通过滤板进行一次过滤，这类过滤设备包括棉饼过滤器和纤维过滤器等。

(4) 真空过滤法　真空过滤法是使过滤筛内产生真空，利用压力差渗过助滤剂，得到澄清果汁。在实际生产中，过滤前需要在真空过滤器的滤筛上涂一层厚6～7cm的硅藻土，滤筛部分浸没在果蔬汁中，过滤器以一定速度转动，均一地把果蔬汁带入整个过滤筛表面。过滤筛与真空装置相连，过滤器内的真空使过滤器顶部和底部的果蔬汁有效地渗过助滤剂过滤。这种过滤方式速度快，果蔬汁损失少。在设备设计时，采用了一种特殊阀门来保持过滤器内的真空和果蔬汁的流出。真空过滤器的真空度一般维持在84.6kPa (635mmHg)。

(5) 超滤膜过滤法　随着膜分离技术的不断发展，果蔬汁澄清技术也相应受到了各种膜分离技术的带动。作为膜分离技术的一种应用膜，超滤膜具有选择通透性，即可透过水和小分子可溶性物质，阻止大分子颗粒透过，因此可用于果蔬汁的澄清和过滤。超滤的推动力来自膜两侧的压强差，因而果蔬汁在进行超滤时必须施加一定压力。苹果汁利用超滤技术进行过滤时，其主要技术参数为：压力控制在10Pa左右，温度控制在40～45℃，果汁流量控制在12～16m^3/h。

超滤技术在澄清果蔬汁生产中的应用优点主要表现在：条件温和，速度快，时间短，与硅藻土过滤相比，时间仅为其1/4；能改善果汁口感，保持果蔬汁原有风味和营养成分，果蔬汁的回收率可以提高5%～10%；不用硅藻土等助滤剂、澄清剂，能节省酶用量，可降低原材料费用，减少反应罐、泵、压滤机、离心机等设备；设备占地面积小，降低了生产成本；减少废渣，废水处理量少，从而减少了环境污染；能够去除所有细菌，做到无菌过滤，可直接与无菌包装机连接，生产高质量产品，节省了专门的杀菌工艺；澄清效果好，因为超滤不仅可以除去果胶、蛋白质（包括酶）、淀粉等大分子物质和微小的果蔬组织碎屑，而且还能除去部分褐变色素及苦味前体，从而改善产品外观和口感；方便后续操作，如果蔬汁的浓缩处理。

7. 均质

过滤后的果蔬汁虽然在组成上已经均一，但是随着贮存的进行，其中一些微小的“颗粒”成分还是会随着重力或粒子间的作用力而发生沉淀或浑浊现象，而且界限分明，严重影响澄清果蔬汁的品质。所以，生产上通常对过滤后的果蔬汁进行均质处理，在高压作用下使其中的微小颗粒在汁液体系中进一步细化，大小更为均匀，达到混合均匀效果，形成均一稳定的分散体系。一般来说，均质是浑浊型果蔬汁饮料生产过程中的必需工序。

目前使用的均质设备有高压均质机、超声波均质机及胶体磨等。高压均质机的均质压力一般为10～50MPa。其工作原理是在均质机内高压阀的作用下，使加高压的果蔬汁及颗粒从高压阀极端狭小的间隙中通过，然后由于剪切力的作用和急速降压所产生的膨胀、冲击和空穴作用，使果蔬汁中的细小颗粒受压而破碎，细微化达到胶粒范围而均匀分散在果蔬汁中。超声波均质机是利用20～25kHz超声波的强大冲击波和空穴作用力，使物料进行复杂搅拌和乳化作用而达到均质化的设备。在超声波均质机工作过程中，除了诱发产生1000～6000MPa的强大空穴作用外，固体粒子还受到湍流、摩擦和冲击等的作用，使粒子被破坏，粒径变小，达到均质的目的。超声波均质机由泵和超声波发生器构成，果蔬汁由特殊高压泵以1.2～1.4MPa的压力输送至超声波发生器，并以72m/s的高速喷射通过喷嘴，而使粒子细微化。胶体磨也可以用于均质，当果蔬汁流经胶体磨的上磨与下磨之间仅有的0.05～0.075mm的狭腔时，由于磨的高速旋转，果蔬汁受到强大的离心力作用，所含的颗粒相互冲击、摩擦、分散和混合，微粒的细度可达0.002mm以下，从而达到均质的目的。

均质处理多用于玻璃瓶包装的浑浊果汁，而马口铁包装的制品较少采用，冷冻保藏的果汁和浓缩果汁也无需均质。

8. 脱气

在果蔬汁加工过程中，存在于果实细胞间隙中的 O_2、N_2 和呼吸作用排出的 CO_2 等气体成分，会以游离态进入果蔬汁中，或被吸附在果蔬汁中的威力和交替的表面；同时，加工过程为开放体系，难免与空气中的气体接触，从而增加了果蔬汁中的含气量。由于这些气体（尤其是 O_2）的存在，果蔬汁的营养成分和品质将会受到严重影响，如维生素 C 遭到破坏和颜色反应的发生而导致的香气和色泽变化。所以，在果蔬汁进行热杀菌前，必须进行脱气处理。需要注意的是，脱气过程会造成挥发性芳香物的损失，为减少这种损失，必要时可进行芳香物质的回收，然后再加到果蔬汁中，以保持原有风味。果蔬汁脱气有真空脱气法、N_2 交换脱气法、酶法脱气法和抗氧化剂脱气法等。

（1）真空脱气法　真空脱气的原理是气体在液体内的溶解度与该气体在液体表面上的分压成正比。简单来说，就是当果蔬汁进入真空脱气罐时，由于罐内逐步被抽空，果蔬汁液面上的压力逐渐降低，溶解在果蔬汁中的气体不断逸出，直至总压力降至果蔬汁的饱和蒸汽压为止，这样果蔬汁中的气体便可被排除。真空脱气时将处理过的果汁用泵打到真空脱气罐内进行抽气操作。操作时先开启真空泵抽气，当脱气罐上表的负压达到预期真空度时，即开始注入果蔬汁进行脱气。脱气时的注意事项主要有：被处理果蔬汁的表面积要大，一般将果蔬汁分散成薄膜或雾状以利于脱气（脱气容器有 3 种类型：离心式、喷雾式和薄膜流下式）；控制适当的真空度和果蔬汁温度，为了充分脱气，果蔬汁温度应当比真空罐内绝对压力的相应温度高 2～3℃。果蔬汁温度热脱气为 50～70℃，常温脱气为 20～25℃。脱气罐内的真空度一般为 90.7～93.3kPa（680～700mmHg），温度低于 43℃。在真空脱气时，伴随着气体的排出，会有 2%～5% 的水分和少量挥发性芳香物也会在这个过程中损失，必要时可回收加入果蔬汁中。在实际生产中，真空脱气设备一般与均质机连接，以均质机的压力把待脱气的液体送入脱气罐内，保证生产的连续化。

（2）N_2 交换法　N_2 在食品包装中的使用最为广泛，因为 N_2 对制品影响不大，所以在果蔬汁加工中可用 N_2 置换果蔬汁中的 O_2。一般在脱气罐的下部将 N_2 通入，果蔬汁从上部喷射下来，在 N_2 的强烈泡沫流的冲击下果蔬汁失去所附着的 O_2，达到脱气的目的。通常情况下，最后果蔬汁中所含的气体几乎全是 N_2。N_2 交换法脱 O_2 的速度及程度取决于气泡的大小、脱氧塔的高度以及气体和液体的相对流速。气泡的大小取决于气液之间的有效接触面积，减小气泡的大小，可大大增加有效表面积，从而提高排除 O_2 的速度；脱气塔越高，气液相对流速越快，则气体排除的速度也快。N_2 交换法的特点是能够减少挥发性芳香物质的损失，同时 N_2 交换了 O_2，可避免加工过程中的氧化变色；另外，所需设备也不像真空脱气法那样对设备承压性要求那么高。所以，此法比真空脱气法更具有实用价值。

（3）酶法　脱气的主要目的是脱去果蔬汁中的 O_2，所以在果蔬汁中加入能与 O_2 发生反应而消耗 O_2 的酶类，可以达到一定的脱氧效果。常用的酶类主要是葡萄糖氧化酶，可去除果蔬汁中的溶解氧。葡萄糖氧化酶是一种需氧脱氢酶，易溶于水，不溶于有机溶剂。工业生产多从黑曲霉中提取，该酶主要与过氧化氢酶共同作用催化葡萄糖产生葡萄糖酸，同时消耗 O_2。因此葡萄糖氧化酶具有脱氧作用。酶法脱气可用于罐装无醇饮料、啤酒和果蔬汁的脱氧。

（4）其他方法　果蔬汁装罐时加入少量抗坏血酸等抗氧化剂以除去罐头顶隙中的 O_2 的方法，称为抗氧化剂法。一般每 1g 抗坏血酸约能除去 1mL 空气中的 O_2。

9. 果蔬汁的浓缩

浓缩果蔬汁除了加水还原成果蔬汁及其饮料外，还可以作为其他食品加工的原料，如果酒、乳制品和甜点等的配料。另外，浓缩果蔬汁还具有相对体积小、便于运输和增进保藏性的特点。所以，浓缩果蔬汁从天然果蔬原料直接提取，具有天然、无污染、营养价值高的特点，不但可经稀释饮用，有很高的营养、保健价值，同时可作为食品等工业的基料，用途广、市场潜力大，有着较大的投资价值。目前常用的浓缩方法有真空浓缩法、冷冻浓缩法、反渗透浓缩法等。

（1）真空浓缩法　在常压高温条件下，大多数果蔬汁经过长时间浓缩时都会发生各种不良变化，影响成品品质。而在真空条件下，水分沸点下降，因此生产上多采用真空浓缩，即在减压条件下迅速蒸发果蔬汁中的水分，这样既可缩短浓缩时间，又能较好地保持果蔬汁的色香味。真空浓缩的真空度约为94.7kPa（710mmHg），温度一般为25～35℃，不超过40℃。这种温度较适合于微生物的繁殖和酶的作用，故果蔬汁在浓缩前应进行适当的高温瞬间杀菌。真空浓缩方法因设备不同可分为真空浓缩法和真空薄膜浓缩法等多种方法。

（2）蒸发式浓缩法　蒸发式浓缩主要的实现方式是采用板式或片式的换热器。板式蒸发浓缩器是由板式热交换器与蒸发分离器组合而成的一种薄膜式蒸发器。它是将升降膜原理应用于板式换热器内部的一种浓缩设备。一般由4片加热板组成一组，加热室和蒸发室交替排列。原料果蔬汁经预处理后由蒸发器的底部进入，加热蒸汽（也称生蒸汽）在管外冷凝，汁液受热沸腾后汽化，所生成的二次蒸汽在管内快速上升。汁液被高速上升的蒸汽所带动，一边接触传热面，一边上升，到达蒸发器上部，然后沿着蒸发片一边下降，一边蒸发，浓缩液与蒸汽一起进入分离室，通过离心力达到果蔬汁与蒸汽的分离。根据加热蒸汽的作用次数可以分为单效浓缩和多效浓缩。单效浓缩即是加热蒸汽使用一次，只利用一台蒸发器；而多效浓缩则是将两台以上蒸发器串联，经第一道浓缩产生的二次蒸汽再次利用。实际生产中可根据生产量、浓缩液浓度、果蔬汁性质等因素进行选择。

（3）离心薄膜式蒸发浓缩法　此法与蒸发式浓缩原理类似，只是多了一道离心操作。即离心薄膜式蒸发器是一种同时能进行蒸发和分离操作的特殊蒸发器，其主要工作部件为锥形旋转离心盘。经过巴氏杀菌并冷却至45℃左右的果蔬汁，从上部中间位置的分配管上的喷嘴喷入各离心盘之间的间隙。由于离心盘旋转（转速一般为700r/min）产生的离心力，汁液被均匀分布在离心盘的外表面，形成薄膜。当加热蒸汽由中间空心轴进入蝶片之间的夹套内时，蒸汽间接接触传热面加热夹套外表面的汁液薄膜，水分被蒸发，浓缩液沿圆锥斜面下降，并集中于圆锥体底部，然后由上部吸料管通过真空抽出，经冷却器在真空条件下冷却至20℃左右。

（4）冷冻浓缩法　将果蔬汁进行冷冻，果蔬汁中的水便形成冰结晶，分离除去这种冰结晶，果蔬汁中的可溶性固形物就得到浓缩，即可得到浓缩果汁。其原理是溶液在共晶点或低共熔点以前，部分水分呈冰结晶析出来，从而提高溶液的浓度。若冷却一种蔗糖或食盐的稀溶液时，当冷却到略低于0℃，即有部分冰结晶从溶液中析出，余下的溶液因浓度有所增加而冰点下降；若继续冷却到另一新的冻结点，会再次析出部分冰晶。如此反复。由于冰晶数量的增加，溶液浓度就逐渐升高。利用此法对热敏性食品进行浓缩特别有利，可避免芳香物质因加热所造成的挥发损失，对于含挥发性芳香物质的食品采用冷冻浓缩，其品质将优于真空浓缩法和膜浓缩法。

（5）反渗透浓缩法　作为一种现代膜分离技术，反渗透浓缩法与真空浓缩法等加热蒸发方法相比，物料不受热的影响，不改变其化学性质，能保持物料原有的新鲜风味和芳香气味。因此，此类方法逐渐成为食品饮料加工中的重要单元操作。果蔬汁通过反渗透可以除去若干水分，达到浓缩的目的，浓缩度可达 35～42°Bx。反渗透过程中，物料所需的压力可由泵或其他方法来提供。为了避免半透膜受压时破裂，须用支撑装置加固。反渗透膜的形状一般有平面膜、空心纤维膜和管状膜。其中，空心纤维膜组件的充填密度高，每个膜组件容有100 万～300 万根空心纤维，在食品饮料工业中广泛应用。

10. 果蔬汁的成分调整

在单一品种果蔬汁加工末段，为使果蔬汁符合一定的规格要求和风味得到改进，常需要对其进行适当调整。如有的果蔬汁酸度过高或香气不足等，可以通过增加糖和香料量加以调整。调整的主要原则是，应使果蔬汁的风味接近新鲜果蔬，调整范围主要为糖酸比例的调整及香味物质、色素物质的添加。另外，为了满足市场消费需求，复合果蔬汁成为了近年来研究和生产的热点，即在单一果蔬原料加工的果蔬汁基础上通过调配两种或以上的果蔬原料，达到风味更佳、营养组成更为丰富的目的，制成混合的复合果蔬汁。

（1）成分调整　调整糖酸比及其他成分，通常在特殊工序如均质、浓缩、脱气或充气以前进行。但澄清果汁常在澄清过滤后再进行调整，有时也可在特殊工序中间进行调整。调整的办法除了在新鲜果蔬汁中加入适量的砂糖或食用酸等物料以外，还可以采用不同品种原料混合制汁的混合法进行调配。

糖酸比例是决定果蔬汁及其饮料口感和风味的主要因素。一般来说，非浓缩果蔬汁适宜的糖和酸的比例在（13～15）∶1 之间，适宜大多数人的口味。因此，果蔬汁饮料调配时，首先需要调整含糖量和含酸量。一般果蔬汁中含糖量在8%～14%，有机酸的含量为0.1%～0.5%。

糖酸调整一般是将原果汁注入夹层锅内，然后先按要求用少量水或果蔬汁使糖或酸溶解，配成浓溶液并过滤，在搅拌的条件下加入到果汁中，调和均匀后，测定其含糖（酸）度，如不符合产品规定，可再进行适当调整。在调配过程中，采用折光仪对糖分含量进行测定，然后按式（7－1）计算补加浓糖液的质量。

$$M_1 = \frac{M_2(w_3 - w_2)}{w_1 - w_3} \tag{7-1}$$

式中　M_1——需要补加浓糖液的质量，kg；

M_2——调整前果蔬汁的质量，kg；

w_1——浓糖液浓度，%；

w_2——调整前果蔬汁的含糖量，%；

w_3——要求果蔬汁调整后的含糖量，%。

酸度的调节在糖分调节之后，调整方法是测定其中的含酸量，然后根据含酸量的大小进行调整。含酸量的测定方法是称取约 50g 待测果蔬汁于 250mL 锥形瓶，加入数滴 1% 酚酞指示剂，然后用 0.1mol/L 的 NaOH 标准溶液滴定至终点，含酸量以柠檬酸相当量计，并按式（7－2）进行计算。

$$a = \frac{0.064 \times 100 \times Vc}{50} \tag{7-2}$$

式中　0.064——柠檬酸系数，g/mmol；

a——果蔬汁中酸含量，%；

V——滴定时耗用氢氧化钠标准溶液的体积，mL；

c——氢氧化钠标准溶液的浓度，mol/L。

根据计算出的原果汁含酸量，再按式（7－3）计算出每批果蔬汁调整到要求酸度应补加的柠檬酸量：

$$Q_2 = \frac{Q_1(x - w_1)}{w_2 - x} \tag{7-3}$$

式中 Q_2——需添加的柠檬酸质量，kg；

Q_1——果蔬汁调整糖度以后的质量，kg；

x——预期调整酸度,%；

w_1——调整酸度前果汁的含酸量,%；

w_2——柠檬酸浓度,%。

除了糖酸比例需要调整外，果蔬汁及其饮料还需要根据产品的种类和特点，进行色泽、风味、黏稠度、稳定性和营养价值等方面的调整。所使用的食用色素的总量按规定不得超过万分之五，各种香精的总和应小于万分之五，其他如防腐剂、稳定剂等按 GB 2760—2011《食品安全国家标准　食品添加剂使用标准》的规定量加入。

（2）果蔬汁的复合　复合果蔬汁产品正是利用了对需要混合的各种单一果蔬汁“取长补短”的原则。在复合果蔬汁的生产中，可以通过不同种类的果蔬汁搭配而取得最佳的色、香、味和口感等。一般来说，蔬菜汁的生产与销售远远落后于果汁的生产和消费，而在我国尤其明显。这主要是因为蔬菜汁的风味和口感不符合大众口味，而且大多具有“生”气，从而不利于市场的推广，严重影响了蔬菜汁营养意义的发挥。所以，将蔬菜汁与果汁进行混合，有可能成为解决上述难题的有效手段——既是对蔬菜汁市场的一个摸索，又是引导人们向健康蔬菜汁的过渡。

果蔬汁复合生产的原则是选择风味、口感、质构和营养成分互补而不是相互抑制或混合后发生劣变的原料汁液。例如，番茄汁营养丰富，富含维生素 C，但有特殊的令人不愉快的味道，所以，常在其中加入少量的胡萝卜、芹菜、菠菜混合制汁，风味就会得到明显的改善。其次，可以利用大多数果汁的低酸性特点，加入到蔬菜汁中，以降低整体汁液的 pH，因为蔬菜汁的 pH 多在中性，在杀菌时就需要高温，高温恰好会对汁液的营养成分、色泽口感产生不利影响，所以果蔬汁调配可以起到降低 pH 从而降低杀菌温度的效果。

11. 果蔬汁及其饮料的杀菌和包装

（1）果蔬汁杀菌　杀菌作为食品加工行业的末端操作，对于食品的风味、口感、卫生安全性和货架期都有十分重要的作用。果蔬汁及其饮料的生产也必须借助相适应的杀菌工艺才能实现最终的产品风味和保质期。杀菌处理主要是为了达到杀灭果蔬汁中的能引起腐败的细菌、霉菌和酵母等，以免果蔬汁饮料败坏，以及钝化酶的活力的目的。杀菌方法及工艺参数的选择直接影响到产品的品质和保藏性。目前，传统的果蔬汁生产中所采用的杀菌方法主要是热杀菌方式，包括巴氏杀菌法、高温短时杀菌法和超高温瞬时杀菌法。热杀菌就是在一定温度条件下，经过一定时间的处理，杀灭其中的微生物和钝化部分酶。热杀菌固然能起到良好的杀菌效果；然而，高温的作用也给果蔬汁中的热敏性物质带来了损坏，并且如果操作不当，容易使产品出现蒸煮味。所以，随着技术的研究和进步，相对应的冷杀菌技术逐渐进入生产企业的发展方向。目前常见的冷杀菌技术主要包括超高压技术、高密度 CO_2 技术、辐照杀菌技术、脉冲电场杀菌技术、膜分离除菌技术、化学（O_3）杀菌技术和酶法杀菌技术等。冷杀菌技术也属于非热加工技术的范畴。但是，目前生产上，还是以热杀菌方式为主。

由于果蔬汁中需要杀灭的对象微生物主要是酵母和霉菌，而这两种微生物都不耐热，即酵母在66℃下处理1 min，霉菌在80℃下处理20min就可以被杀灭，所以果蔬汁在80～85℃下处理30min就可达到杀菌的目的。但是，由于处理时间较长，果蔬汁的色泽和香味都有不同程度的损失；尤其对于浑浊果汁，巴氏杀菌时容易产生煮熟味。因此，生产上常采用高温短时杀菌法（HTST），即采用93℃ ±2℃保持15～30s；针对一些特殊果蔬汁产品可以采用120℃以上温度保持3～10s进行处理，此即为超高温瞬时杀菌法（UHT）。实践证明，对于同一杀菌效果而言，HTST和UHT均得到了普遍应用。

（2）果蔬汁产品的包装　果蔬汁产品的包装包括了灌装过程，因为果蔬汁的杀菌原则上是在灌装之前进行，灌装方法主要有高温灌装法和低温灌装法。高温灌装法是在果蔬汁杀菌后立即进行，即处于热状态下进行装填，原因主要在于利用果蔬汁的余热对容器的内表面进行杀菌。如果密闭性完好的话，就能继续保持无菌状态。但在实际生产过程中，果蔬汁杀菌之后到灌装之间有一定的时间间隔，一般都在3min以上，因此，热引起的品质下降是很难避免的。低温装填法则是将果蔬汁杀菌之后，保持一定时间；然后利用热交换器立即冷却至常温或以下，将冷却后的果蔬汁再进行灌装。这样处理就在一定程度上避免了热对果蔬汁品质的继续影响，可以得到优质的产品。但是采用这种方法就必须要求杀菌冷却之后的各种操作都应在无菌条件下进行，此即为无菌灌装系统。

根据目前果蔬汁产品常用的包装材料，如铁罐、玻璃瓶、纸容器和铝箔复合袋等，无菌灌装系统可以分为纸盒无菌包装系统（包括屋顶纸盒包装机和利乐包无菌包装机）、塑料杯无菌包装系统、蒸煮袋无菌包装系统、无菌罐和瓶包装系统等。在灌装过程中，还需要注意顶隙的问题，即采用满量灌装，由于余热还需冷却，就在包装容器内形成一定的真空度，能较好地保持成品品质。

12. 香气物质的回收

果蔬汁及其饮料之所以受到人们的追捧，除了营养丰富以外，良好的风味也是消费者选择的原因之一。良好的风味则源自饮料产品中的香气物质，不同的果蔬汁因为其原材料中所含风味物质的不同而呈现出不同的风味或香气。采用产自陕西洛川地区的富士苹果作为原料，经过拣选、清洗、去核、切块、榨汁、护色和过滤后，苹果汁中的特征香气成分为乙酸丁酯、乙酸己酯、丁酸丙酯、丁酸己酯、己酸丁酯、2－甲基丁酸乙酯、2－甲基丁酸丁酯、己醇、己醛和反－2－己烯醛等物质。柑橘汁因为制作原料种类较多，相应的柑橘汁产品种类也较多，如甜橙汁、葡萄柚汁、柠檬汁和温州蜜柑汁等，但是这些橘汁都具有相似的香气物质种类，包括醇类、醛类、酯类和萜烯类物质，而各物质之间组成和比例的不同则构成了各自独特的风味。

随着各种加工工序的进行，由于这些香气物质大都具有挥发性，所以容易挥发流失。另外，有些风味物质也可能在加工过程中逐渐产生并作为最终果蔬汁产品的主体香气成分。菠萝经清洗、破碎、榨汁和过滤处理所得的菠萝汁中的主要香气成分是2－甲基丁酸甲酯、丁酸甲酯、乙酸乙酯、乙酸甲酯等；而当再经过真空浓缩后，原果汁风味物质减少，菠萝香味变淡，但浓度浓缩到一定程度时，菠萝味道变浓，生成的多种糠醛和呋喃构成了浓缩菠萝汁的香气主体。在加工过程中，一些芳香物质会分解，甚至消失；而有些芳香物质则因为高温等因素而生成，产生新的芳香物质。综合考虑果蔬汁加工过程中对香气物质可能影响较大的环节可知，浓缩、脱气与杀菌三个过程因为涉及高温或者气体的去除而成为了果蔬汁加工过程中挥发性物质保留的关键工序，其中浓缩环节对于香气物质的影响最大。为了使所生产的果蔬汁保留果蔬原有风味，可以在这些工序后再添加入该果蔬原料中所特有的风味物质。那么，这些风味物质可以从果蔬汁加工过程适当工序中通过添置香气物质回收装置来进行富集。

芳香回收系统是果蔬汁生产线中各种真空或加热浓缩环节的重要部分。在加热浓缩过程中，将果蔬中部分典型的芳香成分进行回收浓缩，然后加入至果蔬汁中。根据生产经验，目前苹果能回收8% ~10%的芳香物质（相对含量），黑醋栗可回收10% ~15%，葡萄与甜橙可回收26% ~30%。香气回收的技术路线一般包括两种，一种是在浓缩前就将芳香成分分离回收，然后加到浓缩果汁中；另一种是将浓缩罐中蒸发的蒸汽进行分离回收，然后回加到果汁中。具体的操作，需要根据不同的产品风味要求与生产实际来进行选择。值得注意的是，只有对从完整、新鲜和成熟的果实、蔬菜中制取的果蔬汁进行香气回收，才可能回收到满意的浓缩香精。

（二）果蔬汁及其饮料的加工工艺

从果蔬汁及其饮料的加工常见工序可以看出，从果蔬原料到最终的饮料产品，果蔬果实经历了较多的加工环节，从物理形态上到化学组成上都发生了巨大的变化。将导致这些物理化学变化的各种操作联系起来分析，设计并选择最佳操作参数，达到优质产品生产的目的的过程就是果蔬汁及其饮料的加工工艺。图7-1表示的是果蔬汁及其饮料的一般加工工艺流程。在针对具体果蔬汁产品时，可选择不同的加工工艺进行操作。

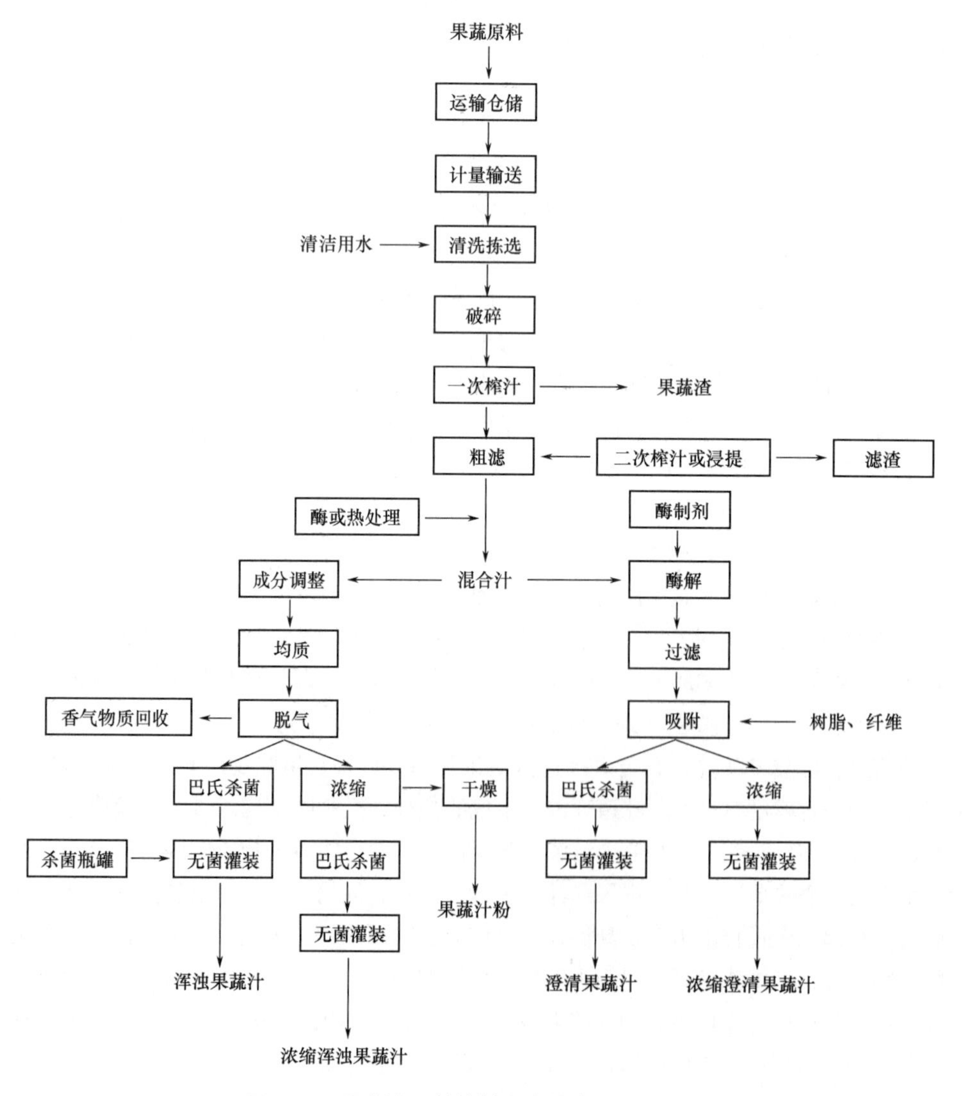

图7-1 果蔬汁及其饮料生产的常见工艺流程

三、果蔬汁加工的常见技术

果蔬汁产业迅速发展，其原因在于果蔬汁生产和保藏技术的进步与创新。超高压技术、膜处理技术、超滤技术、冷冻技术、反渗透浓缩技术、浑浊汁稳定技术、高压提取芳香油技术、电渗析水处理技术、无菌包装技术、为提高出汁率的带式榨汁技术等，这些技术的应用为果蔬汁的加工发展起着重要的作用。这些技术有的是在果蔬汁产品传统生产工艺中所不断改进的应用，如超滤和反渗透技术，都属于膜分离技术的范畴；有的是新技术的创新应用，如超高压技术，冷冻技术，都属于非热加工技术的领域。另外，这些技术应用于果蔬汁加工，可以实现多方面加工难题的解决，如酶处理技术既可以实现出汁率的提高，还能达到汁液澄清或者脱除苦味的作用。需要根据具体的果蔬汁实际生产所遇到的问题，选择适合自己产品的处理技术。

（一）酶处理技术

由于原料的特殊性，即在果蔬中含有大量的果胶、纤维素、淀粉、半纤维素等物质，果蔬汁在加工过程中便不可避免地存在高黏度、低压榨率和低出汁率，并且容易出现浑浊、褐变、特有香气成分流失和苦味难去除等问题。在此加工背景下，酶制剂的应用使得上述困难得到了较好的解决。并且随着各种酶制剂生产成本的降低，酶处理技术在果蔬汁加工过程中的应用便越来越广泛。实践证明，酶处理的应用对于果蔬汁品质和生产效率的提高往往都是其他处理方式无法比拟的。生产上常用的各种酶制剂及其作用如表 7 -6 所示。其中果胶酶是利用最为广泛的一种，然而商品化的果胶酶都是一种复合酶，即除了含有数量不同的各种果胶分解酶外，还有一定量的纤维素酶、半纤维素酶、淀粉酶、蛋白酶和阿拉伯聚糖酶等。因为从表 7 -6 可知，要想实现果蔬汁的顺利生产，一种酶往往达不到要求，必须借助多种酶的作用，所以复合酶制剂便成为了果蔬汁加工的首要选择。另外，在国外甚至出现了果莱汁饮料加工专用的复合酶。

表 7 -6　　果蔬汁加工中常用酶制剂及其相应作用

酶制剂种类	作　用
果胶酶	分解细胞壁中的果胶，克服压榨困难，提高出汁率，利于沉淀分离
纤维素酶	降解纤维素，提高细胞壁通透性，促进细胞内容物释放，提高出汁率
淀粉酶	水解淀粉，避免果蔬汁浑浊
漆酶	氧化多酚类物质，防止褐变，保持色泽，避免二次沉淀
葡萄糖氧化酶	利于分子氧或原子氧氧化葡萄糖，保持果蔬汁色泽
油柑酶	水解油皮苷，用于柑橘汁脱苦

在实际生产中，果蔬汁加工过程中酶处理的关键点在于根据特定的果蔬汁制作原料中可能存在的有损于果蔬汁品质的成分和酶制剂使用时的环境因素来选择适当的酶制剂和相应的处理条件。原因主要在于每一种酶制剂都有其专一性和特定条件下的活力（最适温度和 pH）。如果果蔬汁原浆中含有的果胶、淀粉、多酚类物质等过多，就必须选择多种酶制剂或者复合酶制剂；如果果蔬原浆中 pH 过低，则需要考虑耐酸性的酶制剂等。所以，酶处理技术需要根据实际的果蔬汁生产及一定的实践经验来进行。表 7 -7 表述了一些酶制剂作用于特定的果蔬汁及其相应

的加工工艺条件（如酶添加量、最适温度和 pH）。

表 7－7　　一些代表性酶制剂应用于果蔬汁加工中的最优作用条件

酶制剂	果蔬汁	最优工艺条件[①]
果胶酶	酸樱桃果浆	酶添加量 1.6mL/kg，酶解温度 55℃，酶解时间 3.5h
纤维素酶和果胶酶	南瓜浆	料水比 2∶1（质量比），纤维素酶 0.15mL/kg、果胶酶 0.20mL/kg，酶解温度 45℃、酶解时间 120min
	胡萝卜浆	料水比 1∶1，纤维素酶 0.15mL/kg、果胶酶 0.3mL/kg，酶解温度 50℃、酶解时间 120min
果胶酶	接骨木果浆	酶添加量 0.12mL/100g，酶解温度 63℃，酶解时间 30min
果胶酶和纤维素酶	胡萝卜浆	果胶酶∶纤维素酶 3.84∶6.16、添加量 210.7mg/kg，酶解温度 47℃，酶解时间 130min
果胶酶	绿芦笋浆	果胶酶浓度 1.45%，酶解温度 40.56℃，pH4.43
由果胶酶、纤维素酶、木聚糖酶和 β－葡聚糖酶组成的复合酶	红姑娘果浆	复合酶添加量 0.3g/L，酶解温度 65℃，酶解时间 70min

①最佳工艺条件是在正交试验或响应面法优化设计等试验方法下所得；料水比是指酶制剂与水的质量比例。

（二）膜分离技术

在宏观的物理尺寸或微观的分子水平上将不同粒径大小的混合物通过半透膜而实现选择性分离的技术，即为膜分离技术。过程中所使用的半透膜也称分离膜或者滤膜，有天然和人工合成之分。滤膜上分布有小孔，在具体应用中根据小孔的孔径大小可以分为微滤膜、超滤膜、纳滤膜和反渗透膜等。目前，应用最广泛的膜材料主要有聚砜、聚酰胺、含氟聚合物、聚丙烯等有机膜；无机膜主要有陶瓷膜、金属膜。根据这些膜的种类和加工原理的不同，目前常见的膜分离技术包括反渗透（RO）、超滤（UF）、微滤（MF）、电渗析（ED）、渗析（D）、气体分离（DS）、渗透蒸发（PVAP）及乳化液膜（ELM）等。膜分离技术在果蔬汁加工中的作用主要体现在对果蔬汁的过滤、脱酸、脱苦、澄清和浓缩处理，可见对于浓缩果蔬汁和澄清果蔬汁的生产具有重要意义。

膜分离技术的应用主要需要根据处理对象的性质来进行选择。因为滤膜都具有一定孔径大小范围，所以要选择适宜孔径的滤膜对特定的果蔬汁或浆在一定的推动力作用下进行分离；其次，还需要根据膜处理的目的来选择适当的处理条件；最后，膜联合技术的应用，解决了单一滤膜在使用过程中容易受到阻塞或污染的难题。果蔬汁中成分复杂，除含有糖、酸等可溶性成分外，还含有果胶、蛋白质、纤维素及半纤维素等不溶性物质，从而导致果蔬汁的黏度很大。如果直接使用反渗透浓缩，会发生膜污染严重和高渗透压而造成较低的透水速率，很难以一级方式把果蔬汁浓缩到传统蒸发法所达到的浓度。而超滤适用于大分子（如蛋白质、胶体）与小分子（无机盐和低分子有机物）溶液的分离；另外微滤同样适用于细菌、微粒等分离。若是在反渗透以前用超滤或微滤除去果汁中的果胶、蛋白质等悬浮性固形物，便可以降低黏度，减少对后续反渗透膜的污染，从而显著提高反渗透的透水速率。从以上可以看出，膜处理过程中，由于膜的压密作用、浓差极化及滤孔阻塞会造成分离流速降低，从而限制浓缩极限；另外，膜装置与不同果蔬汁浆接触，必然会污染这些加工机械，所以就要增加膜表面的清洗方法与清洗装置，防止微生物繁殖和消毒的管理。

膜分离技术应用于果蔬汁加工的优点主要体现在：一是膜分离过程是在一定外加压力或电能的推动下，因为分离过程的条件处于常温，营养成分损失极少，所以特别适用于果蔬汁这类热敏性物质含量高的产品。二是膜分离过程没有相变发生，所以果蔬汁中的香气物质损失较少，可保持原有的芳香和风味；另外与有相变的其他分离方法相比，膜分离过程是一种节能技术，如反渗透法浓缩果汁的能耗仅为蒸发法的1/17。三是膜分离适应性强，选择性好，使用范围极广，包括从微生物菌体到微粒甚至离子级的物质均可得到分离，可用于分离、浓缩、纯化、澄清等工艺。四是膜分离技术通常在密闭环境中进行，被分离的原料不会或者很少发生色素分解和褐变反应。五是膜分离技术不用化学试剂和添加剂，产品不受污染，可以尽可能地保持产品的安全性。六是膜分离技术所采用的膜组件可单独使用，也可以几种滤膜联合使用，工艺简单、操作方便、易于实现自动化操作。

（三）非热加工技术

传统的食品杀菌方法几乎都是在相对高温条件下完成的，这对于热敏性物质含量高的大部分食品具有较大的负面作用，如营养物质的损失、颜色或风味改变等。食品非热加工技术属于一种新兴的食品杀菌技术，近年来在食品加工中受到了极大的重视。非热技术，或者称为冷杀菌技术，即是在温度相对较低的条件下，采用物理或化学的方法对微生物进行杀灭，最大限度地保存了食品原有的营养成分、风味和质构等。目前，应用于或者研究果蔬汁加工中的非热杀菌技术主要包括超高压技术、高密度 CO_2 技术、脉冲电场技术、电离辐射技术和 O_3 杀菌技术等。下面就超高压技术和脉冲电场技术进行介绍。

1. 超高压技术

超高压技术（又称高静压技术）指将食品密封在特定容器内，以 H_2O 或其他液体作为传压介质，在一定温度（低于热杀菌温度）下进行100～1000MPa的加压处理，维持一定时间后可以杀灭食品中微生物和钝化内源酶的技术手段。通过实践的不断应用，通过超高压处理后的食品基本保留了产品原有的质构、风味和营养物质。目前较为普遍接受的机理在于超高压只作用于生物大分子中的氢键、离子键和疏水键等非共价键，不破坏共价键，并且处理温度较低，所以对色素和风味物质等小分子化合物无显著影响，因此能够在杀灭食品中微生物的同时较好地保持食品原有的色泽、营养和风味等品质。例如，番茄汁和胡萝卜汁分别在35℃和250MPa的条件下保压15min，其中的维生素C含量减少并不明显；并且经过处理的这两种蔬菜汁在贮存30d后，维生素C的含量分别还能保持70%和45%，而经过加热处理的番茄汁和胡萝卜汁中的维生素C含量只剩下16%和20%。基于这样的特点，超高压技术在果蔬汁加工中的应用也越来越广泛，并且也实现了一定的商业化产品。

超高压技术在果蔬加工的应用中，主要是对包装完好的果蔬汁产品进行液压传压方式的加压处理，因为液压传压可以实现快速的压力传送，且具有较高的安全性。常用的液体介质有 H_2O、油脂及其他有机溶剂，而 H_2O 是最常用的介质。原因主要在于 H_2O 对于腔体污染小、清洗方便、无污染和成本低。实践证明，引起酸性果蔬汁饮料腐败变质的酵母菌和霉菌在300MPa的压力下就可被杀死，而耐热性强的芽孢菌在酸性条件下无法生长繁殖；其次钝化酶活也只需要400MPa的压力。因此，超高压杀菌技术最适合对酸性果蔬汁饮料、浓缩果汁和果酱等液体食品的灭菌处理。例如，超高压处理对低pH的鲜榨苹果汁的杀菌效果优于pH偏中性的鲜榨胡萝卜汁。主要体现在：随着压力的增大和处理时间的延长，鲜榨苹果汁和胡萝卜汁中的菌落总数显著降低。经过400MPa、15min处理的鲜榨苹果汁可在4℃下贮藏7d仍保持食用安全性；而鲜榨胡萝卜汁经400MPa、45min处理，仅能在4℃下贮藏3d。

由于果蔬汁的种类繁多，不同果蔬汁中的不同微生物对高压处理条件（包括处理压力、温度、保压时间和pH等杀菌参数）的敏感性不同，并且每种菌都有自己的耐压阈值，所以不同果蔬汁都有其适宜的高压杀菌条件。在具体应用过程中，应该以前期试验和经验总结作为前提，然后再进行商业应用。例如，柚汁、苹果汁、橙汁和胡萝卜汁分别在15℃和615MPa条件下进行高压处理，结果表明在处理时间为2min时，柚汁中的埃希大肠杆菌O157∶H7最为敏感，可减少8.34个对数值，而在苹果汁中仅减少0.41个对数值，橙汁和胡萝卜汁中则分别减少2.16个对数值和6.40个对数值；当处理时间减为1min时，其在四种果蔬汁中的对数减少值则分别降低为2.40、0.02、1.07和4.51。可见，果蔬汁加工过程中的高压杀菌处理需要根据所处理的果蔬汁种类来选择适当的杀菌参数。

2. 高压脉冲电场杀菌

作为一种新兴的食品绿色冷加工技术，高压脉冲电场技术具有作用时间短、均匀、效率高，最大限度地保有食品新鲜度的优点。高压脉冲电场技术可以在低温条件下利用脉冲电场杀灭液态食品中的各种食源性病原体和致腐微生物，对酸性食品中微生物的影响更大。其处理系统主要由脉冲发生器、样品处理室、冷却装置和温度测定装置等组成，其中脉冲发生器和样品处理室是核心部位。高压脉冲电场技术已在美国、德国、日本和中国等国的众多研究机构进行了研究和应用，成为食品非热处理方式应用的一大热点。

高压脉冲电场技术应用于果蔬汁的杀菌处理时，主要是发生了电崩解和电穿孔的现象而杀灭各种微生物，如霉菌、大肠杆菌、酵母菌和李斯特菌等。电崩解现象主要认为微生物的细胞膜为一个电容器，在外加电场的作用下，细胞膜上的电荷分离形成跨膜电位差，电位差随场强的增强而增大，当电位差达到临界电崩解电位差时，细胞膜破裂。在电崩解条件下，若该细胞能自我愈合，则这种破裂还可能可逆；若外加电场超过临界场强或作用时间过长，此时产生的破裂则为不可逆，最终导致微生物死亡。电穿孔则认为外加电场的作用会改变脂肪分子结构和增大部分蛋白质通道的开度，并压缩细胞膜形成小孔，增强细胞膜通透性，从而使小分子物质透过细胞膜进入细胞内，最后导致细胞膨胀破裂，胞内物质外流，使微生物死亡。通过脉冲电场的作用，果蔬汁产品则可达到灭菌而延长保质期的目的。在利用热处理、高压脉冲电场技术处理和温和巴氏杀菌处理对橙汁品质的影响的对比分析中发现，与其他两种加工技术相比，高压脉冲电场技术可使橙汁的货架期在4℃贮藏温度下延长至2个月。

在利用高压脉冲电场技术处理果蔬汁及其饮料时，需要综合考虑来自于设备的参数（包括电场强度、温度、处理时间、脉冲频率和波形等）和果蔬汁自身的性质（如所含的微生物种类、电导率等）。所以，在实际的应用过程中，需要根据实际情况来进行选择。其中电场强度、温度、处理时间和脉冲频率是最为主要的控制参数。研究表明，随着电场强度、作用时间和脉冲频率的增加，脉冲处理对果蔬汁的杀菌和钝酶效果越好；作用的温度一般在40～50℃范围内进行协同作用。

除了杀菌作用外，高压脉冲电场技术在果蔬汁加工中的应用还体现在钝化各种酶类（如果胶酶、脂肪氧化酶、多酚氧化酶、辣根过氧化物酶和多聚半乳糖醛酸酶等)、提高果蔬汁出汁率和各类活性成分一起提取作用。研究表明，高压脉冲电场技术用于果蔬汁酶活力的钝化有非常好的效果；且在钝化酶活力延缓褐变、氧化等不良变化的同时，对果蔬汁品质影响较小。与脉冲电场作用于微生物细胞膜类似，脉冲电场也可以增加果蔬原料细胞的通透性，从而使得细胞内容物的快速溶出，达到提高出汁率和各种活性物质一起提取的目的。

四、 果蔬汁加工过程中的常见问题及解决办法

果蔬汁及其饮料在加工、贮存、运输和销售过程中，往往会出现变色、变味、浑浊、分层、沉淀和甚至发生包装膨胀等质量或安全问题。出现这些问题主要是果蔬汁产品加工过程中各关键工序处理不当所致。必须采取有效的对策对每一个问题加以分析，找出原因，选择合适的办法加以解决。

果蔬汁加工过程中常见的质量问题主要表现在两个方面：一是汁液浑浊、分层与沉淀，变色，变味；二是农药残留和掺假问题。前一个方面的问题主要来自于果蔬加工过程中微生物、化学和物理性的污染，而后一个方面则是来自于人为因素。

(一) 浑浊、沉淀和分层

因为果蔬汁及其饮料种类很多，果蔬汁产品出现浑浊、沉淀和分层的原因也不尽相同。生产上主要从澄清型果蔬汁和浑浊型果蔬汁两种产品进行分析。

1. 澄清型果蔬饮料的浑浊与沉淀

澄清果蔬汁要求汁液清亮透明，浑浊果蔬汁要求有均匀的浑浊度。但果蔬汁生产后在贮藏销售期间经常达不到要求，易出现异常。这类澄清型果蔬汁在加工和贮运中很容易重新出现不溶性的悬浮物或者沉淀物，这种现象称为后浑浊。例如，苹果和葡萄等澄清汁常出现浑浊和沉淀，柑橘、番茄和胡萝卜等浑浊汁常发生沉淀和分层现象。出现后浑浊的原因主要来自澄清处理不当和杀菌不够彻底两个方面，如果胶、淀粉、明胶、酚类物质、蛋白质、助滤剂、阿拉伯聚糖、微生物的生长繁殖等。所以需要对所出现的浑浊或沉淀进行一系列的检测和分析，确定产生这类问题的真实原因，才能有效地消除此类质量问题。几种判定浑浊沉淀的原因及消除方法如表7-8所示。

表7-8 引起澄清型果蔬汁浑浊或沉淀的原因及消除方法

原因	确定方法	消除方法
胶体物质去除不完全	乙醇试验	加果胶酶或复合酶
单宁物质过量	明胶试验	加明胶沉淀或皂土吸附
蛋白质过量	单宁物质试验	加多酚或皂土去除
淀粉残留	碘试验	加淀粉酶
微生物污染	镜检	加强清洁卫生和消毒杀菌

2. 浑浊型果蔬饮料的浑浊、分层或沉淀

导致浑浊型果蔬汁产生沉淀和分层现象的原因很多，总结起来主要有：一是果蔬汁中残留的果胶酶水解果胶，使汁液黏度下降，引起悬浮颗粒沉淀；微生物繁殖分解果胶，并产生导致

沉淀的物质。二是加工用水中的盐类与果蔬汁的有机酸反应，破坏体系的 pH 和电性平衡，引起胶体及悬浮物质的沉淀。三是香精的种类和用量不合适，引起沉淀和分层。四是果蔬汁中所含的果肉颗粒太大或太小不均匀，在重力的作用下沉淀。五是果蔬汁中的气体附着在果肉颗粒上时使颗粒的浮力增大，引起果蔬汁分层。六是果蔬汁中果胶含量少，体系强度低，果肉颗粒不能抵消自身的重力而下沉等。

从上述原因来看，浑浊型果蔬汁发生浑浊、分层或沉淀的原因主要来自于体系中的果肉颗粒下沉。所以，可以通过减小果肉粒径、适当增加饮料黏度等方法来调整和控制果肉颗粒的沉降，从而使这类果肉饮料的稳定性提高。具体的措施主要有以下三种：一是通过均质设备对果肉原浆进行均质处理，使果肉颗粒微细化和均匀化。均质处理最主要的参数是均质压力，可根据不同品种的果肉饮料进行合理的选择。二是降低果肉颗粒与液体之间的密度差。一方面可以添加高酯化亲水果胶作为保护分子包埋颗粒达到减低密度差的效果；另一方面可以通过脱气处理达到提高稳定性的作用。三是增加分散介质与汁液的黏度，或者是增加连续相（汁液）的黏度。首先需要去除能够降低汁液黏度的物质的影响，即钝化果胶酯酶，因为果胶酯酶能将果蔬汁中的高甲氧基果胶分解成低甲氧基果胶，而低甲氧基果胶易与果蔬汁中的 Ca^{2+} 结合，从而造成澄清或浓缩过程中的凝胶化。再次是通过添加适量的增稠剂来增加汁液黏度，如果胶、黄原胶、羧甲基纤维素钠、琼脂等食用胶。

（二）风味问题

果蔬汁及其饮料出现风味问题主要来自三个方面的因素。一是由于微生物的生长繁殖而引起的腐败气味，也称作果蔬汁的败坏，如酸味、酒精味、臭味和霉味等。产生如此败坏的微生物主要包括细菌、酵母和霉菌。在出现这些不愉快气味的同时，经常伴有果蔬汁出现澄清（对于浑浊汁而言）、浑浊（对于清汁而言）、黏稠、胀罐、长霉等现象，严重影响果蔬汁产品的质量。果蔬中常见的细菌有乳酸菌、醋酸菌和丁酸菌。乳酸菌耐 CO_2，在真空和无氧条件下繁殖生长，其耐酸力强，温度低于8℃时活动受到限制，除产生乳酸外，还有醋酸、丙酸、乙醇等，并产生异味。醋酸菌、丁酸菌等能在厌氧条件下迅速繁殖，引起苹果汁、梨汁、柑橘汁等的败坏，使汁液产生异味，对低酸性果蔬汁具有极大危害。酵母是引起果蔬汁败坏的重要菌类，可引起果蔬汁发酵产生乙醇和大量的 CO_2；进而发生浑浊、胀罐现象，甚至会使容器破裂。酵母的生长繁殖有时可以产生有机酸，分解果实中原有的酸，有时也可以产生酯类物质等。霉菌主要侵染新鲜果蔬原料，当原料受到机械伤后，霉菌迅速侵入，造成果实腐烂，霉菌污染的原料混入后易引起加工产品的霉味。这类菌大多数都需要 O_2，对 CO_2 敏感，热处理时大多数被杀死。它们在果蔬汁中破坏果胶引起果蔬汁浑浊，分解原有的有机酸，产生新的异味酸类，使果蔬汁变味。

二是来自包装材料的异味，如采用金属罐装时，果蔬汁中往往会有金属味，是由于果蔬汁中酸性物质对罐内壁进行腐蚀的结果。三是由于果蔬原料自身所带的成味物质或加工过程中因操作不当导致的异味。橘类果汁在加工过程中或加工后常易产生苦味，主要成分是黄烷酮糖苷类和三萜类化合物。前一类的有柚皮苷、橙皮苷、枸橘苷等苦味物质；后一类有柠碱、诺米林、艾金卡等苦味物质。

对于果蔬汁的风味问题，解决的综合技术方法有：选择风味优良的果蔬汁加工品种；抑制酶促反应产生异味，防止加工过程氧化，注意保持或激活有利于风味产生的酶促反应；减轻热力杀菌强度，可采用非热力杀菌处理；可添加一定的风味剂或风味改良剂；可采用冷链运输和贮藏，以防止良好风味物质的挥发；采用无异味或者内壁不会发生腐蚀的包装方式。

（三）变色

良好的色泽是果蔬汁及其饮料的重要品质之一。然而果蔬汁产品在生产或贮运过程中容易发生颜色的改变，从而影响其品质。果蔬汁产品颜色的变化，主要是体系中发生了褐变。而褐变则主要包括酶促褐变和非酶褐变两种方式。

果实组织中的酶，在破碎、取汁、粗滤、泵输送等加工过程中接触空气，多酚类物质在多酚氧化酶（polyphenol oxidase，PPO）的催化下氧化变色，即果蔬汁发生酶促褐变。当有金属离子存在时，果蔬汁的酶促褐变速度更快。生产中除采用减少空气（隔 O_2）、避免金属离子作用、低温和低 pH 贮藏外，还可添加适量的抗坏血酸及苹果酸等抑制酶促褐变，以减轻果蔬汁色泽的变化。

果蔬汁在加工过程中，由于含氮化合物与还原糖发生美拉德反应（非酶褐变），产生黑色物质，使其颜色加深。非酶褐变引起的变色对浅色果蔬汁饮料明显，对类胡萝卜素含量较高的柑橘汁及花青素较多的红葡萄汁等产品的影响较小，对浓缩果蔬汁色泽影响较大，因为褐变反应的速度随反应物浓度的增加而加快。影响非酶褐变的因素还有温度和 pH，果蔬汁加工中应尽量降低受热程度，将 pH 控制在 3.2 以下，避免与非不锈钢的器具接触，以延缓果蔬汁的非酶褐变。

（四）营养损失

果蔬汁的加工过程一般包括破碎、热烫、酶解、榨汁、澄清、均质、浓缩、杀菌及包装贮藏等单元操作，这些加工单元操作均对果蔬汁的品质产生不同程度的影响。研究表明，果蔬汁的理化性质及其活性成分（如维生素 C、花青素、多酚等）会因这些工艺条件（温度、压力等）而发生变化，从而导致产品褐变、产生异味和抗氧化功能降低等。如西柚汁在 95℃、11s 的热杀菌处理条件下虽然延长了贮藏寿命和保证了产品的贮藏稳定性，但也导致了柠檬酸和抗坏血酸含量的下降。

预防果蔬汁加工过程中营养成分损失的措施主要有：①保持加工过程连续化，尽量缩短原料在各加工环节停留和在空气中暴露的时间；②适当添加抗氧化剂、酸味剂和酶抑制剂；③加强脱气处理和采用避光隔氧包装容器，以减少 O_2 参与的酶促反应等不利化学变化；④采用合理的杀菌工艺和方法，避免长时间高温对于热敏性营养物质的破坏；⑤产品的运输贮藏要在较低的温度下进行。

（五）农药残留

伴随着果树种植过程中农药的使用，果蔬原料在成熟销售时，农药残留成为了近十年来最为关注的食品安全问题之一。相应的，利用具有农药残留的果蔬作为原料生产的果蔬汁产品，也同样受到了农药污染物的威胁，从而给消费者的健康带来危害。近年来，各国政府对进出口果蔬汁中的农药残留检测项目不断增加，最大残留限量大幅度降低，限量标准日趋严格。以美国为例，美国食品药品管理局对果蔬汁中农药残留指标的限制标准由过去的 50μg/kg 降低至现在的 10μg/kg；在农药检测种类方面，也由过去的 3 种增加到现在的 102 种，从而提高了我国浓缩果蔬汁进入国际市场的技术门槛。

避免果蔬汁产品中出现农药残留的方法主要有通过实施良好农业规范，加强田间管理，禁用或减少使用一些剧毒、高残留农药；实行绿色或有机食品的生产，避免农药残留的发生；果蔬汁加工前处理过程中清洗工序一定要严格，选择一些适宜的酸性或碱性清洗剂，从而减少农药残留。

（六）果蔬汁掺假

随着果蔬汁行业的大力发展，市场效益也越来越好。但是，果汁加工能力、产品品质和原料价格等诸多因素制约了全球果汁产量的提升。在效益至上的诱惑下，某些不法厂商采用果汁掺假手段，如在果汁含量标示上做假，使一些名不副实甚至以假充真的果汁充斥市场，严重侵害了消费者的权益，并对生命安全构成威胁。

果汁掺假方式多种多样，令人防不胜防，总体上可归纳为三大类。第一种是完全配制型，即糖精、糖类、色素和水等调配而成。此种掺假比较容易检出。第二种是在高价果汁中掺入一些价格更廉价的果汁，比如往苹果汁中掺入白葡萄汁或者梨汁，此类掺假比较难以测出。第三种是向果汁中加入水和糖等其他成分，增加其体积，如把高酸浓缩苹果汁体积增加 10% ~ 30%，这种掺假则难以检测。

果蔬汁掺假问题的出现或杜绝，还是需要生产企业、科研机构和政府监督管理部门三方面的共同努力。第一，生产企业需要严格执行国家标准关于果蔬汁生产的相关指标进行真实的生产，这样才能立足于市场，才能获得消费者的青睐；而不应该一味地为了追求利润而选择一些劣质原料或非果蔬汁加工原料进行生产销售。第二，研究机构对于食品或果蔬汁的掺假问题，积极探索，研发出行之有效的掺假检测技术，利于推广和方便操作。最后，政府监督管理部门需要严格监察，落实相应法律法规的惩罚，规范果蔬汁的良好竞争市场。

第三节　果汁及果汁饮料加工案例

一、柑橘浓缩汁

柑橘浓缩汁，也称为橙浓缩汁，是除了苹果浓缩汁以外的我国第二大浓缩果汁饮料。而在世界范围来看，橙浓缩汁的主要生产国是巴西，据统计分析，我国有近 60% 的橙浓缩汁都是来自于巴西的产品。橙浓缩汁既可以作为产品直接供消费者购买，也可以作为橙汁饮料的原料供饮料企业使用。

（一）工艺流程

浓缩橙汁的生产工艺流程见图 7 -2。可以看出，在浓缩橙汁的生产过程中，诸多副产物或平行产品也可以生产，从而实现综合利用。

（二）操作步骤

1. 原料选择

用于制汁加工的鲜橙需具有以下感官要求：对于同一品种或相似品种，果形呈椭圆形，果蒂完整平齐；果面清洁，果实新鲜饱满，无萎蔫；肉质细嫩，种子数量在每个果实中平均小于 8 粒，无异味；无腐果、裂果、伤果和烂果。

评价制汁加工的鲜橙的理化指标主要包括出汁率、可溶性固形物（含糖量）、总酸量和固

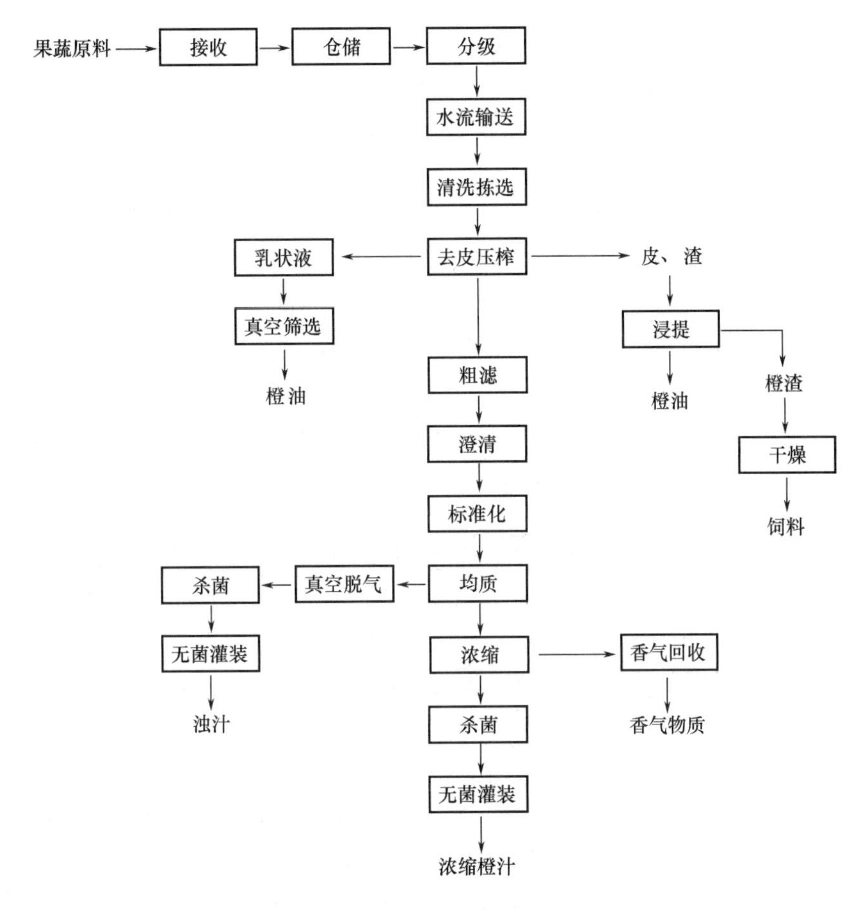

图7-2　浓缩橙汁及其副产物的加工工艺流程

酸比。对于适合制汁的鲜橙的一般要求是可溶性固形物不小于9.5%，固酸比不小于8:1。另外，对于果实中的卫生指标则包括Pb、Cd、Hg、乐果、溴氰菊酯和氰戊菊酯，其限量分别为0.2mg/kg、0.03mg/kg、0.01mg/kg、0.05mg/kg和2mg/kg。

2. 鲜果贮存

当鲜橙原料收购运输至果蔬汁生产车间时，有时候往往不能立刻进行榨汁处理，所以需要利用一定的仓库来进行短暂的贮存。贮存时的基本要求是要保证鲜果的均匀分布而不会承受过重压力。鲜果贮存的作用还在于可以降低果实中的含酸量，从而提高糖酸比。但是，鲜果贮存还是有一定的时间限制，因为贮存过后的果实的出汁率比直接鲜橙榨取的出汁率要小。在实际的生产过程中，可以对每一批的鲜橙进行追踪和识别，这样就可以根据需要选择特定的鲜果，然后在加工过程中进行混配，从而生产不同糖酸比的橙汁。

3. 果实清洗和拣选

果实的清洗主要在于洗去果实表面的尘土、泥沙和一些水溶性的农药残留等。清洗用水中可加入一些杀菌剂以杀灭附着在果蔬表面的部分微生物。清洗所使用的水可采用浓缩蒸发操作过程所产生的冷却水。果实清洗的方法主要是在流动水的推动下，鲜果在得到充分浸泡时受到一定压力的水喷淋双重作用而得到清洗。然后在螺旋提升机的作用下运送至拣选台上，将霉果、烂果和变质果等选出。

4. 榨汁

拣选后的鲜果即可送往榨汁设备。实际的浓缩橙汁生产中常采用两次榨汁处理的方法，以充分榨取果实中的汁液和各种营养成分。

一次榨汁主要采用FMC公司和Brown公司生产的榨汁设备。Brown榨汁机与FMC榨汁机的区别在于：出汁率较低；皮油榨取与榨汁分开以利于将皮油从油水浑浊液中提取出来，使得果汁中精油含量较低并取得尺寸较大的果肉。取汁的要求是在设备性能范围内尽可能地将鲜果中的汁液榨取出来，而不损坏汁液的物理化学性质。

二次榨汁的运用主要是为了收集一次榨汁后果渣中的大量营养成分，包括蛋白质、可溶性糖类、果胶、有机酸、纤维素、维生素和矿物质等。常用的方法在于使用果胶酶对一次榨汁的果渣进行酶解，一定时间后再进行榨取。

将一次榨汁和二次榨汁的汁液进行混合。榨取后的橙汁含有较多的可见杂质或一些残渣，所以需要在孔径约为0.3mm的筛网中进行粗滤处理。

5. 澄清

澄清是为了减少悬浮微粒对后续浓缩过程的能耗影响和对浓缩果汁最终品质的影响。粗滤后的橙汁可以采用过滤或离心分离来实现澄清。过滤主要去除橙汁中的果粕、粗果肉和种子碎粒等。经常使用的过滤机有螺旋式过滤机或浆式过滤机，一般采用110目过滤。另外也可以通过离心作用以除去橙汁中的果肉微粒。离心转速通常为4000～10000r/min。离心的澄清方式能通过降低果汁中的果肉含量来提高后续蒸发操作的效率。

6. 浓缩

澄清后的橙汁就进行浓缩处理，主要采用的方法是蒸发浓缩，常见的传热蒸发设备是管式蒸发系统和板式蒸发系统。现在的蒸发浓缩处理都是进行七级处理，首先预加热至95～98℃，并停留15～30s，进行杀菌和灭酶。最终产品的可溶性固形物含量为66°Bx，这个过程需要5～7min，终端果汁的温度为40℃。蒸发浓缩常见的方式包括冷冻浓缩和离心浓缩。用于冷冻浓缩生产的橙汁需要预先进行杀菌操作，这种方式生产的浓缩汁受热时间短，质量较好，但最高的浓度只能达到40°Bx。用离心薄膜蒸发可减少对果汁品质的影响，它结合了加热和离心的功能，使产品受热在50℃以下，果汁从12°Bx提升到65°Bx只需要10s，这样就减少了对果汁的热影响。在现在的浓缩橙汁生产过程中，均质处理往往在浓缩过程中，比如说在最后一级浓缩处理之前增加均质，破坏果胶，降低浓缩汁的黏稠度，增加最后一级浓缩的效率；另外也可以提高浓缩汁的浓度。

7. 香气回收

在蒸发浓缩过程中，香气物质容易随着水蒸气从橙汁中溢出，所以往往在蒸发仪附近添置香气回收仪。一般蒸发第一阶段的水蒸气含有的香气物质最多，可通过真空蒸馏、低温浓缩把香气物质从水中分离出来。回收的香气分为水溶性和油溶性两个部分。水溶性香精一般可以增强果汁的头香；油溶性香精一般是增强果实果肉的香气和甜味。

8. 调配

一方面，橙汁在真空浓缩过程中会有很多的挥发性芳香成分被移去，这些香气成分必须收集起来再添加回去。另一方面，为使全年浓缩汁的糖度、糖酸比、精油含量及风味趋于平衡，或针对不同客户的不同需求生产特殊规格的浓缩汁，必须使用不同产季不同品种不同规格的浓缩汁来调和。从浓缩机出来的浓缩汁一般为40℃，将其收集在冷却槽内，温度维持在-1～4℃，记录该槽内浓缩汁的糖度、糖酸比、精油含量、缺点数以及原料品种、产季等资料供调和使用。

9. 无菌灌装

调配好的浓缩橙汁就进行无菌灌装，采用无菌灌装机。利用灌装机灌装头腔室温度不低于95℃的条件对橙汁进行无菌灌装。灌装过程主要依靠电脑控制设置流量计来实现。灌装时尽量做到满灌装，以减少空气的存在。

10. 贮存和出厂检验

包装好的浓缩橙汁需要进行一定的保温实验，以确保其安全的贮藏性能。适当的贮存后，还需要仔细的全面检查，去除掉品质裂变的产品，以确保进入市场的产品保持良好的品质。

二、杏汁饮料

杏汁是采用成熟的杏（子）经过原料选择、压榨取汁后的果汁饮料，包括浓缩汁、清汁和以杏浆调配的杏汁饮料。杏的品种也是多种多样的，主要选择其中适合制汁加工的品种进行杏汁及其饮料的制作。杏汁饮料可以直接以浓缩杏汁为原料，经过添加辅料、调配等技术来实现生产。

（一）杏汁饮料的生产工艺流程

杏汁饮料的生产工艺流程如图7－3所示。从图7－3可知，杏汁饮料的生产主要在于利用浓缩杏汁添加辅料和满足要求的水来进行调配，然后杀菌而成。其中的关键控制操作主要包括调配、均质前的过滤、前杀菌、灌装、封口和后杀菌。

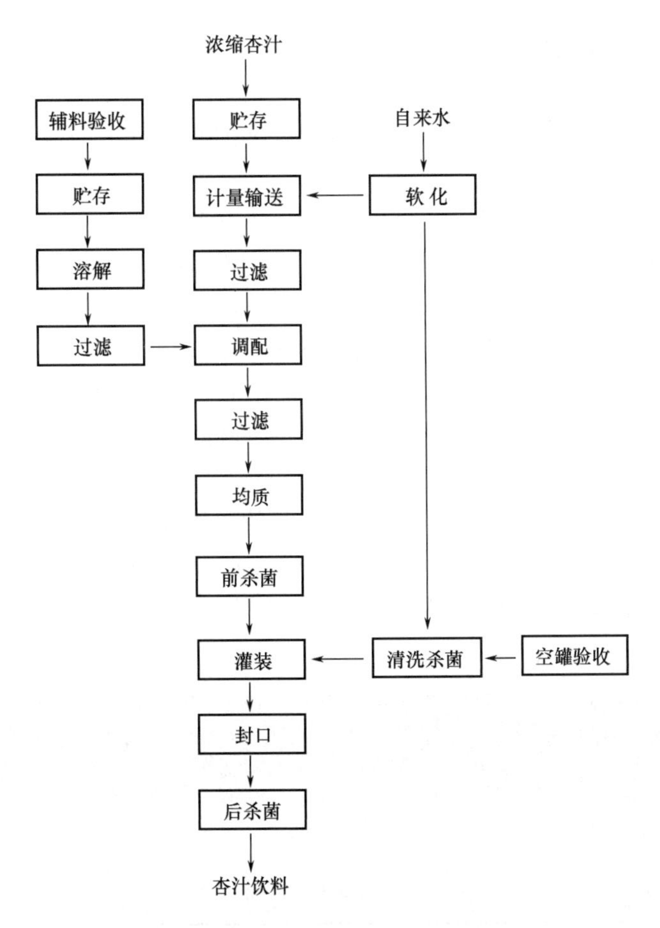

图7－3　杏汁饮料的生产工艺流程

（二）操作步骤

1. 原辅料的质量要求

杏汁饮料生产所需的所有原料、辅料都需要满足相应的产品国家标准、行业标准、企业标准和地方标准等。

2. 浓缩杏汁或浆

由企业质量监督部门对所采购的浓缩杏汁原浆进行质量检测，只有各类理化指标均和卫生指标均达到要求的才能进入生产车间贮存或调配。浓缩杏汁原浆的贮存有一定的时间限度，不能过度贮存。在调配使用前需要仔细检查，清除其中的胀包或有破损的原浆。

3. 调配

调配工序主要涉及各类原辅料的相互混合，要求各组分充分混匀。调配前需要对容器和各种器具进行清洗，避免因金属离子对原辅料品质产生的影响。在调配时，需要将一些特殊的辅料事先溶解，以利于后续的混匀。

白砂糖溶液的制备是先在化糖罐中用温度70～80℃的软化水溶解制成均匀的溶液后备用。维生素C溶液的制备是维生素C与不少于其5倍质量的常温软化水溶解制成均匀的溶液后备用。

在搅拌器不断搅拌的同时，按照先加软化水，再添加辅料、浓缩杏汁的顺序添加原辅料，物料需充分搅拌，保证原辅料完全溶解，物料均匀。可溶性固形物含量要求达到10.8% ±0.5%，总酸0.45% ±0.1%，感官检验达到要求后备用。

4. 过滤

调配好的杏汁饮料需要进行过滤处理，以除去各种由原辅料带入的杂质，一般采用通过80目的筛网达到过滤要求。

5. 均质

均质压力为19～21MPa，保证均质压力稳定，防止频繁波动影响产品质量。

6. 前杀菌

杀菌处理分为前杀菌和后杀菌。主要是为了充分杀灭原辅料与加工过程中可能带入或污染的不良微生物。前杀菌温度93～100℃。如遇特殊情况，物料在高温下循环时间不可超过30min，否则需对物料进行降温处理，防止因过度受热而降低产品的品质。

7. 灌装

物料温度90～95℃，马口铁罐的灌装量符合《定量包装商品净含量计量检验规则》。灌装速度控制小于300听/min，以免产生大量泡沫。单听定量包装标注净含量与实际净含量之差不得大于表7－9所规定的允许短缺量。批量产品的平均实际含量应当大于或等于其标注净含量。

表7－9　杏汁饮料灌装时的定量要求

标注净含量/（g/mL）	单听允许短缺量	
	百分比/%	g/mL
50～100	—	4.5
100～200	4.5	—

续表

标注净含量/（g/mL）	单听允许短缺量	
	百分比/%	g/mL
200～300	—	9
300～500	3	—
500～1000	—	15
1000～10000	1.5	—

注："—"表示在该表示单位情况下没有要求，而是采用其他短缺量单位限量。

8. 封口

封口需要达到相关标准的要求，即紧密度、接缝盖钩完整率、迭接长度（迭接率）都要大于50%，没有铁舌、锐边、快口、大塌边等现象。

9. 后杀菌和冷却

封口完毕的杏汁饮料还需要进行杀菌处理，已完全达到商业无菌的状态，保证其良好的货架期。杀菌参数参见表7－10。杀菌后及时冷却，冷却后产品中心温度不高于38℃。

表7－10　　杏汁饮料后杀菌的相关参数

规格/mL	杀菌温度/℃	杀菌时间/min	冷却时间/min	杀菌机转速（以转速表刻度计数）	根据转速测定的全程时间/min
245/250	90～100	8	由杀菌机的转速决定	8	45
335	90～100	10	由杀菌机的转速决定	3.5	59

注：产品的杀菌时间根据热分布测试得出，每次开机前后杀菌操作工应用秒表检测出后杀菌时间，生产中测量监控，并记录。

第四节　蔬菜汁及蔬菜汁饮料加工案例

一、番茄浓缩汁

由于具有良好的食用特性和丰富的营养特性，番茄制汁加工已经成为了蔬菜汁中的代表。番茄除了最广泛的制酱加工外，番茄汁即为第二大类加工产品。目前番茄的制汁产品主要有番茄浓缩汁和番茄汁饮料两种。番茄浓缩汁及其饮料既可以利用新鲜番茄作为原料，也可以利用番茄酱作为原料。

（一）工艺流程

番茄浓缩汁的生产工艺流程如图7－4所示。其中的关键工序是破碎、酶解、灭酶、脱气和浓缩。

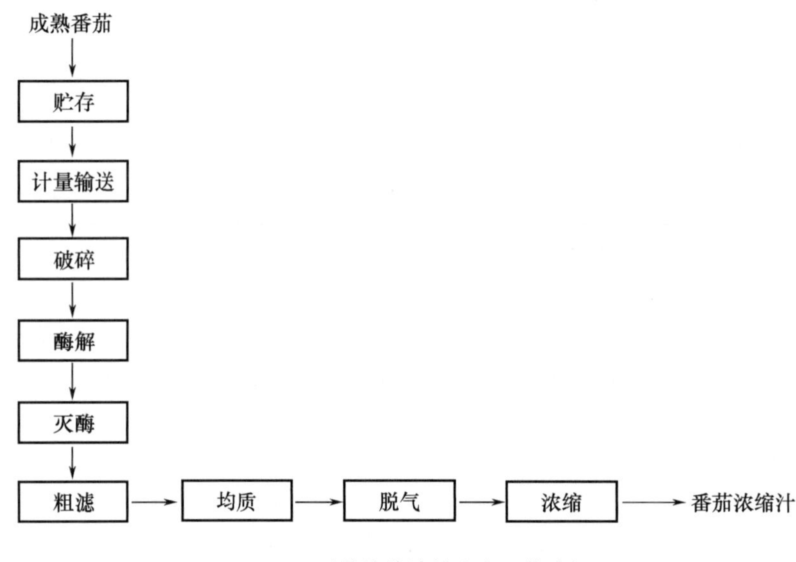

图7－4　番茄浓缩汁的生产工艺流程

（二）操作步骤

1. 原料选择

选择出汁率高、风味良好、加工性能优良的番茄品种。其中番茄的成熟度对于出汁率的影响最大。成熟度可以影响番茄中的酶活力和所含有的各种物质的含量，进而影响制汁工艺过程中的有关参数和最终产品的品质。适合制汁加工的番茄一般选择粉红期和红熟期的果实，并剔除转色期以前的番茄和腐烂的番茄。

2. 破碎

作为番茄汁加工中的重要步骤，破碎工艺可以分为热破碎和冷破碎。将番茄破碎后迅速加热到80℃以上，使其中的果胶酶灭活，保证果胶不被破坏的过程即为热破碎。热破碎的番茄汁有较高的黏度，但是脂肪氧化酶也迅速失活，从而没有起到产生风味的作用，所以热破碎番茄汁风味稍差。而冷破碎指破碎后在低于70℃下保持一段时间，使脂肪氧化酶充分反应产生风味物质。然而在低温下，果胶酶会分解果胶，所以冷破碎番茄汁黏度较低，但是冷破碎番茄汁具有良好的风味。

3. 酶解

利用果胶酶对破碎后的果肉进行处理，以使得果实细胞内部的营养物质充分溶出，达到提高出汁率的效果。添加果胶酶的量与反应的条件需要根据具体的产品要求来确定。

4. 灭酶

灭酶处理主要是为了钝化番茄浆中的果胶酶，所以灭酶环节都是在脂肪氧化酶发挥作用之后再进行。加热可以使番茄浆中的果胶酶活力降低，在80～90℃就可以全部失活。

5. 均质

将灭酶过后的番茄浆流加进入均质机内均质，使果肉进一步细化，并可防止沉淀。

6. 脱气

脱气主要采用真空脱除混杂在番茄浆中的气体，以防 O_2 对浓缩汁的品质影响。

7. 浓缩

脱气之后的番茄浆即可以采用蒸发浓缩的方法去除水分。浓缩温度为60℃，浓缩至可溶性固形物为45°Bx 和 68°Bx 的番茄浓缩汁。

二、 草莓胡萝卜复合果蔬汁

复合果蔬汁作为果蔬汁饮料加工的发展趋势，综合了水果和蔬菜的营养和风味，使得产品具有营养更丰富、食用品质更优良的特点。草莓胡萝卜复合果蔬汁是利用草莓和胡萝卜为主要原料制取的具有草莓风味和胡萝卜清香的浑浊型饮料。这类果蔬汁饮料的关键工序是两种汁液的充分混合与产品杀菌等。只有混合均一的状态才会有稳定的贮藏性能。

（一）工艺流程

草莓胡萝卜复合果蔬汁的加工工艺流程如图 7－5 所示。从图 7－5 可知，复合果蔬汁与单一果蔬汁的加工相比，多了一道调配工序。

（二）操作步骤

1. 原料选择

原料的选择涉及草莓和胡萝卜两个原料。草莓的选取需要满足以下条件：新鲜，品种良好，成熟度均在 80% 以上；芳香味浓郁；果面呈红色或淡红色的草莓鲜果；去除霉烂果、病虫害果、僵果和死果。胡萝卜的选择要求是：成熟度适中，表皮及果肉呈鲜艳红色或橙红色，无病虫害及机械损伤。

2. 清洗或切片

原料的清洗主要使用清水去除掉两种原料表面的泥沙及部分微生物和农药。胡萝卜因为具有较高的硬度和较低的水分，所以清洗完毕后需要进行切片处理。厚度一般在 0.5～1.0cm。

3. 胡萝卜的热烫

胡萝卜由于质地较硬，不易出汁；而且胡萝卜榨汁处理后，由于多酚氧化酶从细胞内溶出，在 O_2 的作用下，使多酚类物质发生氧化反应，使得汁液发生颜色褐变，影响感官，所以必须进行热烫处理。具体处理是将胡萝卜薄片放入温度 90～100℃的热水中煮制 5 min，在冷水中冷却，然后沥干。

4. 榨汁过滤

将洗净后的草莓和热烫后的胡萝卜片分别进行榨汁处理。草莓进行压榨取汁后，还需加入一定量的果胶酶，处理一定时间，以充分酶解压榨后的残渣，然后再进行过滤。过滤后草莓浆再进行适当的热灭酶处理。热烫好的胡萝卜片进行榨汁处理，过滤即得到胡萝卜汁。

5. 调配

调配是复合果蔬汁的关键工序。如何确定草莓汁和胡萝卜汁的配比将决定最终产品的各种感官品质和货架期。除了草莓汁和胡萝卜汁的配比外，还需要添加适量的白砂糖和柠檬酸来进行糖酸比的调配，以得到口感良好、易于消费者接受的产品。

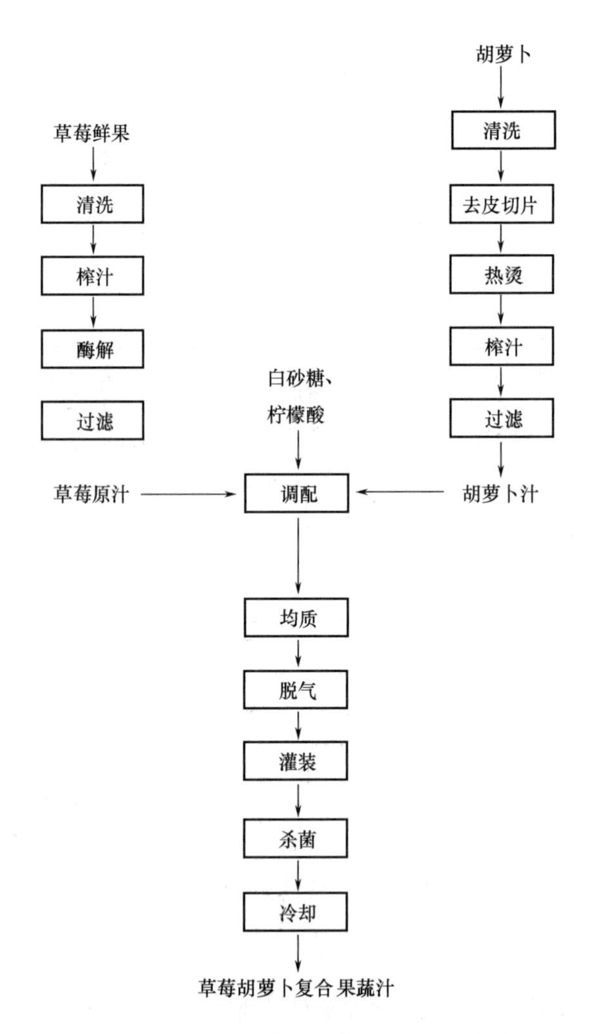

图7－5　草莓胡萝卜复合果蔬汁的加工工艺流程

6. 均质

将调配好的复合汁饮料加热到温度50℃左右，在15MPa的压力下进行均质4～5min，使果肉颗粒微粒化，并且使稳定剂等配料均匀地分散在饮料中，起到良好的稳定效果。

7. 脱气

在常温和真空度为0.09MPa的条件下进行脱气处理。脱气时间为10～15min，以排除饮料中的O_2，防止对O_2敏感的营养物质被氧化分解。

8. 灌装杀菌

脱气后的果汁要及时灌装，在温度90℃±5℃下杀菌处理12～15min，冷却后转入冷库进行冷藏。

第五节　综合实验

一、 红枣汁的制作

（一）实验目的

红枣作为五果之一，具有丰富的营养组成，其中维生素 C 的含量在水果中名列前茅，平均含量为 380 ~ 600mg/100g。氨基酸的种类也十分齐全，可以满足人体必需氨基酸的摄取。红枣中的多糖种类较多且含量也较高，具有诸多功能性质。除了干制以外，红枣汁加工则是另一主要加工产品。红枣可以制成浓缩汁，也可以加工成红枣汁饮料。

通过本实验项目，掌握果汁制作的基本方法和工艺。

（二）材料设备

材料要求：选择整齐度和成熟度一致的红枣原料，果肉丰满、色泽亮丽，无污染、无烂果、无腐败果和无病虫害果。以选择干枣为宜。

其他材料：白砂糖、柠檬酸等。

设备：蒸煮锅、干燥箱、高压蒸汽灭菌锅、恒温水浴锅、糖度计、均质机、电子天平、超低温冰箱和恒温培养箱等。

（三）工艺流程

干枣→清洗→烘烤→浸提→过滤→调配→均质→脱气→灭菌→灌装→密封→二次杀菌→冷却→成品→保温检验

（四）操作步骤

1. 清洗

用自来水将干枣在搅拌作用下进行清洗，去除泥土、残留农药及大部分微生物。清洗后沥干备用。

2. 烘烤

烘烤的作用在于增加干枣的枣香味并利于浸提操作。烘烤时的温度设定在 85℃，时间 45min。温度和时间一定要掌握适当，温度过低达不到香气浓郁的效果，而温度过高则会因为美拉德反应而出现焦煳味。

3. 浸提、过滤

将干制后的红枣装入锅中，以清水煮沸 20min，料液比为 1∶6。煮沸作用在于使枣皮破裂，利于内容物溶入水中。然后经过 200 目的筛网过滤，滤渣再进行二次浸提。将两次过滤的汁液混合。

4. 调配

调配的目的在于使枣汁饮料的风味更佳。将过滤后的枣汁按照以下比例进行混合，达到均匀状态。枣汁 35%、白砂糖 16%、柠檬酸 0.15%，具体操作中可依据个人口味来进行适当调整。

5. 均质

均质的目的在于使调配好的枣汁饮料具有更好的口感和贮藏性能。粗枣汁装入高压均质机内，在20MPa条件下均质4min。

6. 脱气

在脱气机中，将枣汁预热到60～70℃，在90.64～93.31kPa条件下真空脱气。脱气可以减少果汁成分的氧化，减少果汁色泽和风味的变化以及防止装罐和杀菌时产生泡沫。

7. 灭菌

采用高温短时灭菌方法，即在95℃下处理30s。

8. 灌装和密封

灭菌后的枣汁立即装入事先灭菌的玻璃瓶内，灌装时避免过多的顶隙存在。灌装时的温度在90℃，密封后倒置4min。

9. 二次杀菌、冷却

采用巴氏杀菌方法，即在80℃下处理20min，然后冷却至38℃。

10. 保温检验

将冷却至38℃的枣汁进行保温检验，即在37℃的培养箱中放置7d，然后进行微生物（包括细菌总数、大肠杆菌和致病菌）的检验。

经过上述步骤制取的枣汁饮料具有营养丰富、风味独特、口感适宜的特点。

二、无花果汁的制作

（一）实验目的

无花果营养丰富，含有18种氨基酸、多种维生素和酯类物质等，具有提高免疫功能、抗癌和降血压的作用。作为浆果类水果，无花果具有水分含量高、易腐烂、不耐贮藏的特点，所以制汁加工具有较好的深加工价值。

通过本实验项目，掌握无花果及相近水果的果汁制取方法。

（二）材料设备

实验材料：新鲜成熟无花果、蔗糖、柠檬酸、蜂蜜、稳定剂等。

设备：蒸煮锅、离心机、胶体磨、过滤装置、配料锅、榨汁机、糖度计、均质机、真空脱气机等。

（三）工艺流程

无花果→清洗→切片→胶磨→过滤→澄清→分离→调配→均质→脱气→灌装→封口→灭菌→冷却→成品

（四）操作步骤

1. 原料清洗和拣选

适合制汁的无花果需满足新鲜成熟、体形较大、黄绿色或略带红色、味甜等要求。另外还需剔除伤果、腐烂果、虫害果。然后进行自来水清洗，清洗过程施加轻微的搅动，以免果实表面碰伤。清洗后沥干备用。

2. 切片

将洗净后的无花果切成0.5cm厚的薄片，以利于取汁。加入适量维生素C以防止胶磨过程中发生酶促褐变。

3. 胶磨、过滤

将无花果片放入胶体磨中，加水磨细；磨盘间距调至 80～100μm。胶磨后的无花果浆再进行过滤处理，去除其中的纤维素等。过滤采用 120 目的筛网进行。

4. 澄清、分离

在过滤后的液汁中加入适量的果胶酶，用搅拌机搅拌，静置 12h，吸取上层清液。

5. 调配

将柠檬酸在热水中溶解后与蜂蜜一起加入到澄清后的无花果汁中，混匀、冷却。然后将稳定剂与蔗糖充分混合后，加入 90℃的水中，不断搅拌使之完全溶解，冷却备用。再将果汁与稳定剂料液进行定量混合，最后补充纯净水至所需浓度。

6. 均质、脱气

将料液用高压均质机进行均质，均质条件为压力 18～20MPa、温度 50～60℃和时间 3～4min。用硅藻土过滤机精滤后，用真空脱气机在真空度为 90～93kPa、温度 50～70℃下脱气，减少 O_2 对维生素 C 及色素的破坏。

7. 灌装、灭菌

将无花果汁饮料分装到 250mL 玻璃瓶中，封好瓶口。采用立式杀菌锅进行巴氏杀菌，温度为 80～85℃，杀菌时间为 20min。冷却至常温，经检验合格即为成品。

三、 南瓜汁的制作

（一）实验目的

南瓜果肉营养成分丰富，含有果胶、戊聚糖、甘露糖、19 种氨基酸、维生素 C、胡萝卜素、矿物质（Ca、P、Mg、Zn 等）和生物碱（南瓜子碱、葫芦巴碱）等，可见开发南瓜制品对于其深加工利用具有重要意义。南瓜制汁加工的产品主要有浑浊型、澄清型、发酵型和与其他果蔬汁的复合产品。

通过本实验项目，掌握南瓜汁的制取方法。

（二）材料设备

实验材料：新鲜成熟南瓜、甜蜜素、柠檬酸、蜂蜜、β－糊精、果胶酶、纤维素酶、苯甲酸钠、稳定剂（琼脂和黄原胶）等。

设备：电子天平、打浆机、恒温水浴锅、电炉、糖度计、均质机、过滤装置和脱气机。

（三）工艺流程

南瓜→挑选、清洗→去皮去瓤→切片→热烫→打浆→酶解→过滤→调配→均质→脱气→无菌灌装→冷却→成品

（四）操作步骤

1. 原料选择

适合制汁加工的南瓜品种一般需要满足：外皮呈现红黄、肉质橘黄且丰满，含糖量高。

2. 清洗和去除皮瓤

利用自来水将南瓜清洗干净，去除附着在瓜皮上的尘土。沥干后进行去皮和去瓤操作，要求将皮瓤去除干净。

3. 切片

切片处理主要在于使南瓜果肉细分，利于后续的热烫处理。一般先将去瓤后的南瓜切成近似的方块，然后切成5mm厚度的薄片。

4. 热烫

将食品级的自来水在电炉上烧开，然后将南瓜片放入其中，蒸煮10min，南瓜片变软即可，在钝酶的同时，达到果肉熟化的目的。

5. 打浆

将熟制后的南瓜片置于筛网孔径不大于0.08mm的打浆机中打浆，制成南瓜浆，在打浆时加入β-糊精（1∶25）。

6. 酶解

因为南瓜浆黏度大，直接榨汁困难，出汁率还是相对偏低，所以需要进行酶解处理，以分解其中所含的果胶和纤维素。具体操作：用缓冲溶液（食品级）将南瓜浆的pH调至3.8，然后加入0.02%的果胶酶和纤维素酶（1∶2质量比混合）。

7. 过滤

采用多层滤布对酶解后的南瓜汁液进行过滤。

8. 调配

在过滤后的南瓜汁中依次加入0.1%的苯甲酸钠、0.005%香兰素、0.005%甜蜜素和0.140%的柠檬酸（以20%的南瓜汁为基准）；然后再加入0.15%的稳定剂（琼脂和黄原胶1∶1混合）。加入这些辅料的过程中，需施加适当的搅拌，以混合均匀。

9. 均质

利用高压均质机对调配好的南瓜汁进行微粒细化处理2～3遍，以提高南瓜汁成品的稳定性。处理条件：26MPa和3min。

10. 脱气

因为南瓜饮料中具有令人不愉快的气味，所以需要在真空脱气装置中进行脱气处理。处理条件：真空度0.65～0.75MPa、温度90～95℃和时间10～15min。

11. 无菌灌装

脱气后的南瓜汁立刻装入事先杀好菌的容器内，注意满装，然后倒置5min。

利用上述方法所制得的南瓜汁具有南瓜原有的橙黄色、无沉淀和肉眼可见的颗粒，拥有浓郁的南瓜香气和滋味，味感柔和、酸甜适口。

[推荐书目]

1. 阮美娟，徐怀德. 饮料工艺学. 北京：中国轻工业出版社，2013.
2. 田呈瑞，徐建国. 软饮料工艺学. 北京：中国计量出版社，2005.
3. 高愿军，杨红霞，张世涛. 软饮料加工技术. 北京：中国科学技术出版社，2012.

思考题

1. 果蔬汁加工对原料有哪些要求？
2. 试举出果蔬汁加工过程中常见的质量问题，并简述其相应的解决办法。
3. 果蔬汁加工过程中所涉及的工艺流程包括哪些？
4. 果蔬汁加工中的取汁方法有哪些？其各自的原理是什么？
5. 对于果蔬汁的澄清处理，常用的方法有哪些？其各自的理论依据是什么？
6. 果蔬汁的浓缩操作方法有哪些？试分析各自的特点。
7. 试分析果蔬汁加工过程中香气物质回收的必要性。
8. 试列举出复合果蔬汁的加工工艺流程。

第八章 果蔬罐藏加工

[知识目标]

1. 了解果蔬罐藏产品的分类和特点。
2. 理解果蔬罐头的加工原理。
3. 掌握不同果蔬罐头产品的加工工艺流程以及各工艺流程的操作要点。

[能力目标]

1. 能够根据果蔬原料的性质制作果蔬罐头和相关技术指导。
2. 能够对不同果蔬罐头加工过程中常见问题进行分析和控制。
3. 能够对果蔬罐头的主要出厂检验项目实施检验操作。

第一节　果蔬罐藏原理

一、果蔬罐头分类

罐头食品的种类很多，分类方法也不尽相同。自2004年起，我国开始分批对不同产品实施食品质量安全市场准入制度，并陆续发布了各类食品生产许可证的审查细则。2006年版的《罐头食品生产许可证审查细则》中指出：罐头食品是指原料经处理、装罐、密封、杀菌或无菌包装而制成的食品，罐头食品应为商业无菌、常温下能长期存放。并规定了罐头食品的申证单元为3个，即畜禽水产罐头、果蔬罐头和其他罐头，同时规定，在生产许可证上应当注明获证产品名称即罐头及申证单元名称（畜禽水产罐头、果蔬罐头、其他罐头）。在食品生产许可证上，罐头食品的产品类别编号为0901。

2006 年我国还颁布实施了罐头食品分类的国家标准（GB/T 10784—2006），该标准将罐头食品划分为：畜肉类罐头、禽类罐头、水产动物类罐头、水果类罐头、蔬菜类罐头、干果和坚果类罐头、谷类和豆类罐头、其他类罐头等八个类别。通常所说的“果蔬罐头”包括了这个分类方法中所指的水果类罐头和蔬菜类罐头，主要为以下产品。

（一）水果类罐头

1. 糖水类水果罐头

糖水类水果罐头的加工方法是：把经分级去皮（或核）、修整（切片或分瓣）、分选等处理的水果原料装罐，加入不同浓度的糖水而制成的罐头产品。如糖水橘子、糖水菠萝、糖水荔枝等罐头。

2. 糖浆类水果罐头

糖浆类水果罐头的加工方法是：处理好的原料经糖浆熬煮至可溶性固形物达 45% ~55% 后装罐，加入高浓度糖浆等而制成的罐头产品。又称为液态蜜饯罐头，如糖浆金橘等罐头。

3. 果酱类水果罐头

果酱类水果罐头又按照配料及产品要求的不同，被分为果冻罐头和果酱罐头。

（1）果冻罐头　果冻罐头的加工方法是：将处理过的水果加水或不加水煮沸，经压榨、取汁、过滤、澄清后加入白砂糖、柠檬酸（或苹果酸）、果胶等配料，浓缩至可溶性固形物 65% ~70% 后装罐等而制成的罐头产品。其中：若仅以一种或数种果汁，经混合、调配和浓缩制成的果冻罐头被称为果汁果冻罐头；若配料中添加了果块或碎果肉，再经混合、调配和浓缩制成的果冻罐头被称为含果块（或果皮）的果冻罐头。

（2）果酱罐头　果酱罐头的加工方法是：将一种或几种符合要求的新鲜水果去皮（或不去皮）、去核（芯）、软化磨碎或切块（草莓不切），加入砂糖，熬制（含酸及果胶量低的水果需加适量酸和果胶）成可溶性固形物 65% ~70% 和 45% ~60% 两种浓度，装罐而制成的罐头产品。分为块状或泥状两种，如草莓酱、桃子酱等罐头。

4. 果汁类罐头

果汁类罐头的加工方法是：将符合要求的果实经破碎、榨汁、筛滤或浸取提汁等处理后制成的罐头产品。其中：将原果汁浓缩成两倍以上（以质量计）的果汁类罐头被称为浓缩果汁罐头；由鲜果直接榨出（或浸提）的果汁或由浓缩果汁兑水复原的果汁类罐头被称为果汁罐头（又分清汁和浊汁）；在果汁中加入水、糖液、柠檬酸等调配而成的，原果汁含量不低于 10% 的果汁类罐头被称为果汁饮料罐头。

（二）蔬菜类罐头

1. 清渍类蔬菜罐头

清渍类蔬菜罐头的加工方法是：选用新鲜或冷藏良好的蔬菜原料，经加工处理、预煮漂洗（或不预煮），分选装罐后，加入稀盐水或糖盐混合液等而制成的罐头产品。如青刀豆、清水笋、清水荸荠、清水蘑菇等罐头。

2. 醋渍类蔬菜罐头

醋渍类蔬菜罐头的加工方法是：选用鲜嫩或盐腌蔬菜原料，经加工修整、切块装罐，再加入香辛配料及醋酸、食盐混合液而制成的罐头产品。如酸黄瓜、甜酸藠头等罐头。

3. 盐渍（酱渍）蔬菜罐头

盐渍（酱渍）蔬菜罐头的加工方法是：选用新鲜蔬菜，经切块（片）（或腌制）后装罐，再加入砂糖、食盐、味精等汤汁（或酱）而制成的罐头产品。如雪菜、香菜心等罐头。

4. 调味类蔬菜罐头

调味类蔬菜罐头的加工方法是：选用新鲜蔬菜及其他小配料，经切片（块）、加工烹调（油炸或不油炸）后装罐而制成的罐头产品。如油焖笋、八宝斋等罐头。

5. 蔬菜汁（酱）罐头

蔬菜汁（酱）罐头的加工方法是：将一种或几种符合要求的新鲜蔬菜榨成汁（或制酱），并经调配、装罐等工序制成的罐头产品，如番茄汁、番茄酱、胡萝卜汁等罐头。

二、罐藏容器

（一）罐头食品对容器的要求

1. 对人体无毒害

罐藏容器的材料与食物直接接触，又需要经过较长时间的贮藏，食物与罐体不应发生化学反应而危害人体健康，罐体材料本身也不应对食物造成污染，或影响食品的品质。

2. 具有良好的密封性能

罐藏容器应具有良好的密封性能，在运输和存放期间能够使内容物与外界始终保持隔绝，防止外界微生物对内容物的污染而导致变质，以此确保罐头食品得以长期贮存。

3. 具有良好的耐腐蚀性能

罐头食品含有丰富的蛋白质、有机酸等有机物，以及各种无机盐类，易使罐体产生腐蚀。罐藏容器必须具备良好的抗腐蚀性能，以防长期贮存过程中内容物与容器的接触而使罐体出现腐蚀。

4. 便于携带和开启食用

为了方便外出携带，罐藏容器应根据市场和消费的需要设计合理的外形和规格，同时还应具有一定的机械强度。另外，为了便于食用，罐头食品还应方便开启。

5. 适合于工业化生产

罐藏容器应该能适应工厂机械化和自动化生产，质量稳定，在生产过程中能够承受各种机械加工，同时材料资源丰富，成本低廉。

（二）罐藏容器的种类

1. 镀锡薄钢板罐

镀锡薄钢板简称镀锡薄板或马口铁，是用来制造罐体最常见的材料。镀锡薄钢板是在薄钢板上镀锡制成的薄板，其表面的镀锡层能够长久地保持金属光泽。镀锡层在常温下具有良好的延伸性，在空气中形成 SnO_2 的膜层，保护钢基免遭腐蚀。Sn 是很柔软的金属，在对镀锡薄钢板进行加工制罐时，镀锡层不会裂开，也不会脱落。Sn 很容易镀到钢基板上，镀锡板容易进行焊锡，也很容易进行涂料和印铁。因此，镀锡薄钢板便于用来制作罐头及其他容器。镀锡薄钢板的主体是用钢板制成，具有一定的强度，在罐头运输、搬运和堆码时也不易破损，长期以来，是制造罐藏容器的主要材料。

镀锡薄钢板的结构可分为五层（图 8－1）：中间为钢基层，厚度大约为 0.2mm；在钢基层的上下各有一层镀锡层，热浸镀锡薄钢板的镀锡层厚度大约为（1.5～2.3）$\times 10^{-3}$mm，电镀镀锡薄钢板的镀锡层厚度大约为（0.4～1.5）$\times 10^{-3}$mm；钢基与镀锡层之间夹有一层合金层，厚度大约 1.3×10^{-4}mm；两面镀锡层的面上还各有一层氧化膜层和油膜层，厚度一般各为 1×10^{-6}mm。

以镀锡薄钢板为材料制成的容器被广泛应用于食品工业，如罐藏容器、乳粉罐、糖果罐、饼干盒、茶叶罐、口香糖包装等。此外，各种瓶盖也大多由镀锡薄钢板冲压制成，如啤酒瓶盖、玻璃罐头瓶盖、酱菜瓶盖等。

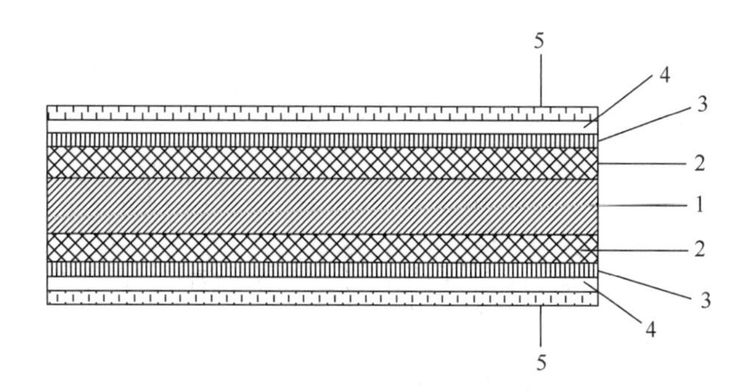

图 8－1　镀锡薄钢板断面结构

1—钢基层　2—合金层　3—镀锡层　4—氧化膜层　5—油膜层

普通的镀锡薄钢板在被制成罐藏容器的过程中，可能因机械作用而造成损伤（也称“露铁”），与食物直接接触存在腐蚀和污染食物的可能性。因此，还必须在镀锡薄钢板与食物接触的那一面加敷一层涂料，带有涂料的镀锡薄钢板被称为涂料铁。即使是用涂料铁制成罐藏容器，也还有涂料层损伤的可能，此时就要进行二次涂料或补料，以保证罐内涂料膜的完整性。根据所装内容物的性质不同，罐内壁的涂料也有所差异，主要有抗硫涂料、抗酸涂料、防粘涂料、冲拔罐涂料和外印铁涂料等。

随着食品工业的发展和分工的细化，镀锡薄钢板空罐的制造已形成一个专门的食品工业门类，用户根据产品的性质订购所需的空罐。按照制造方法的不同，镀锡薄钢板罐可分为焊接罐和冲压罐两大类，而焊接罐根据焊接方式的不同可分为电阻焊罐和焊锡罐。根据罐形的不同可分为圆罐、方形罐、椭圆形罐和马蹄形罐等，一般把除圆罐以外的空罐都称为异形罐。圆罐是一种使用最普遍的罐藏容器，常见的圆罐罐型规格见表 8－1。

表 8－1　常见的圆罐罐型规格

罐号	成品规格标准/mm				计算容积/cm^3
	外径	外高	内径	内高	
15267	156.0	267.0	153.0	261.0	4798.59
15234	156.0	234.0	153.0	228.0	4191.88
15173	156.0	173.0	153.0	167.0	3070.35
10189	111.0	189.0	108.0	183.0	1676.45
10124	111.0	124.0	108.0	118.0	1080.97
1065	111.0	65.0	108.0	59.0	540.49
9124	102.0	124.0	99.0	118.0	908.32
9121	102.0	121.0	99.0	115.0	885.24
9116	102.0	116.0	99.0	110.0	846.75

续表

罐号	成品规格标准/mm				计算容积/cm^3
	外径	外高	内径	内高	
968	102.0	68.0	99.0	62.0	477.26
962	102.0	62.0	99.0	56.0	431.07
953	102.0	53.0	99.0	47.0	361.79
946	102.0	46.0	99.0	40.0	307.81
9117	86.5	117.0	83.5	110.0	607.83
8113	86.5	113.0	83.5	107.0	585.93
8101	86.5	101.0	83.5	95.0	520.22
889	86.5	89.0	83.5	77.0	421.65
860	86.5	60.0	83.5	54.0	295.70
854	86.5	54.0	83.5	48.0	262.84
7114	77.0	114.0	74.0	108.0	464.49
7102	77.0	102.0	74.0	96.0	412.07
793	77.0	93.0	74.0	87.0	374.17
787	77.0	87.0	74.0	81.0	348.37
781	77.0	81.0	74.0	75.0	322.56
776	77.0	76.0	74.0	70.0	301.06
761	77.0	61.0	74.0	55.0	236.54
754	77.0	54.0	74.0	48.0	206.44
750	77.0	50.0	74.0	44.0	189.24
747	77.0	47.0	74.0	41.0	176.33
6101	68.0	101.0	65.0	95.0	315.23
672	68.0	72.0	65.0	66.0	219.00
668	68.0	68.0	65.0	62.0	205.73
5104	55.5	104.0	52.5	98.0	212.15
539	55.5	39.0	52.5	33.0	71.44
1589	156.0	89.0	153.0	83.0	1525.99
1561	156.0	61.0	153.0	55.0	1011.18
10141	111.0	114.0	108.0	108.0	9888.48
1398	133.0	98.0	130.0	92.0	931.59
7108	77.0	108.0	74.0	102.0	438.50
756	77.0	56.0	74.0	50.0	215.04
599	55.5	99.0	52.5	93.0	207.36

资料来源：天津轻工业学院、无锡轻工业学院合编. 食品工艺学（上册）. 北京：中国轻工业出版社，1984.

镀锡薄钢板罐如果由罐身、罐盖和罐底三件组成的，被称为三片罐，仅由冲拔出的罐体和罐盖两件组成的，则称为两片罐。对于三片罐来说，罐身是由镀锡薄钢板卷制，两端搭接后通过高温焊接而成，而早期的三片罐罐身铁皮的两端相互钩合形成接缝，压紧后再用焊锡在接缝外侧焊封制成。罐盖和罐底与罐身的结合都是采用“二重卷边”的方式完成的。二重卷边是用两个具有不同形状的槽沟的卷边滚轮顺次地将罐身的翻边和罐盖的钩边同时弯曲，相互卷合，最后构成两者相互紧密重叠的卷边。由于罐盖的钩边处还涂有密封胶，在机械卷边过程中被充填于卷边的缝隙里，形成了严密的二重卷边结构（图8－2）。

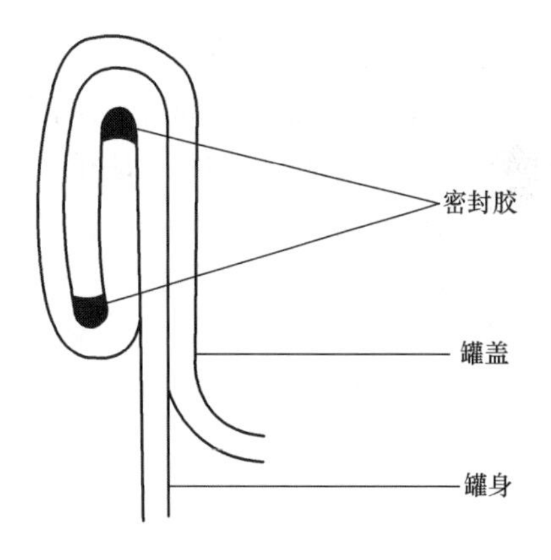

图8－2　镀锡薄钢板罐二重卷边结构

2. 玻璃罐

玻璃罐和玻璃瓶在罐头食品生产中也占有一定的比例，它们都是以玻璃为材料制成的。玻璃为石英砂（H_4SiO_4）和碱，即中性硅酸盐熔融后在缓慢冷却中形成的非晶态固化无机物质。其中部分硅酸盐还可被磷酸盐和硼酸盐所取代。玻璃的特点是透明、质硬而脆、极易破碎，玻璃的性质也随其成分的不同而有差异。

玻璃的机械强度取决于下述五个指标：抗张力、抗压力、硬度、脆性和弹性。抗张力就是能够拉断1mm^2轴柱时需要的最小的力，玻璃的抗张力为3.5～8.5kg/mm^2。抗压力就是将边长为1mm的立方体压碎时需要的最小的力，一般为60～125kg/mm^2，玻璃罐的堆压高度以及封罐时向罐颈施加力量的弹簧允许压缩量都是由它的抗压力所决定的。玻璃承受或大或小的机械作用（如切割或刻痕）的能力为其硬度，为5～7。玻璃受撞击时发生裂缝或破碎的性质为其脆性。

玻璃罐（瓶）用于包装食品有它的优点。玻璃的化学稳定性较好，和一般食品不发生作用，能保存食品原有的风味，而且清洁卫生；玻璃透明，便于消费者观察罐内的食品，以供选择；玻璃罐可多次重复使用，甚为经济。玻璃罐也存在一定的缺点，如机械性能很差，极易破碎，抗冷、热变化的性能也差，温差超过60℃时迅即发生碎裂。加热或冷却时温度变化宜缓慢均匀上升或下降，尤以冷却为甚，它比加热时更易出现破裂问题。另外，玻璃罐比同体积的镀锡薄钢板罐要重4倍左右，给运输带来了困难。故玻璃罐在罐头食品中的应用仍受到一定的限制。

质量良好的玻璃罐（瓶）应透明无色，或略微带青色，罐身应端正光滑，厚薄均匀，罐（瓶）口圆而平整，底部平坦，罐身不得有严重的气泡、裂纹、石屑及条痕等缺陷。通常所说的气泡是指玻璃里面被气体或剩余碱质所充填的空泡，裂纹是指玻璃里面毛细管状的裂缝，石屑是指落入罐身内的不应有的某些不透明材料，条痕是指玻璃里面含有玻璃状的夹杂物，如果这些缺陷严重时则容易破碎。

玻璃罐（瓶）的密封是依靠瓶盖上的密封圈（也称胶圈）与罐身的压紧而形式的，主要有卷封式、旋封式、抓封式和侧封式四种。卷封式的罐盖盖边充填有密封圈，卷封时由于辊轮的推压将盖边及其密封圈紧紧地压在玻璃罐罐口上。这种密封方式的特点是密封性好，能够承受加压杀菌，但开启比较困难。旋封式的罐盖底部内侧有盖爪，罐颈上侧有螺纹线，与盖爪恰好相互吻合，并且使置于盖子内的密封圈正好紧压在玻璃罐口上，保证了密封性。常见盖子有四个盖爪，而玻璃罐颈上有四条螺纹线，盖子旋转1/4转时即获得密封，这种盖子被称之为四旋式盖。此外也有六旋式盖和三旋式盖等。盖子可用镀锡薄钢板或塑料制造，胶圈可采用塑料溶胶制成。这种密封方式的特点是开启后还可以再次密封。

抓封式的玻璃罐和盖子都没有螺纹，加盖后施用压力下压时，罐盖上有几处向内侧弯曲的部分就会将罐身钩住。这种盖的结构简单，价格便宜。可用镀锡薄钢板或铝板制造，密封圈可用泡沫聚氯乙烯橡胶或塑料溶胶等制成。侧封式玻璃罐通常是杯状或广口罐。罐盖底部向内弯曲，并嵌有橡胶垫圈，当它紧密贴合在罐颈侧面上时，便保证了密封性。开盖时只要将开罐器插在罐盖和罐颈边，靠着罐口突缘外撬，即可将盖子打开。像果酱一类的高黏度食品为便于取用，一般采用广口罐，因为它只需要从上向下压即可封盖，操作非常简单。

3. 铝合金罐

铝合金薄板具有质轻和易于加工的特点，也被广泛用来制造罐藏容器。铝合金薄板通常是铝锰、铝镁的合金，经过铸造、压延、退火后制成的具有金属光泽、耐腐蚀的金属板材。由于铝合金材料具有良好的延展性，主要采用冲底的方式制成两片罐，并且配有易拉盖。铝合金罐的密封形式也是采用二重卷边的结构。目前，大量的铝合金罐被用来生产啤酒、碳酸饮料、果汁、即饮咖啡等。

4. 复合薄膜蒸煮袋

复合薄膜蒸煮袋罐头也被称为软罐头，能够耐高压杀菌的复合塑料薄膜袋具有质轻、耐高温、体积小、开启方便、耐贮藏的优点，所制成的罐头食品可供旅游、航行、远足、登山等的需要，可替代一部分镀锡薄钢板和玻璃容器。最基本的复合塑料薄膜通常采用三层基材黏合在一起组成，外层是12μm左右的聚酯（聚对苯二甲酸乙二酯，PET），起到加固及耐高温的作用；中间层为9μm左右的铝箔，具有良好的避光、防透气、防透水性能；内层为70μm左右的聚烯烃（改性聚乙烯或聚丙烯），符合食品卫生的要求，并且能够进行热封。四层结构的复合塑料薄膜由外向内的典型结构是：聚对苯二甲酸乙酯（PTFE），主要起耐热作用；铝箔，起到隔绝O_2作用；尼龙，用来增加袋子的强度；聚丙烯，起到密封作用。

最新的一种复合塑料薄膜软罐头还可以用微波炉来加热，其原理是用硅酸盐和氧化硅（SiO_x）代替铝箔制成。随着食品包装材料和包装技术的不断发展，并且复合薄膜蒸煮袋罐头具有其独特的优点，越来越多的软包装果蔬罐头产品将在市场上出现，以满足不同消费群体的需要。

果蔬罐头应根据原料性质、果形或块形大小、固形物含量、产品特点等选择合适的罐藏容器。用于罐头生产的金属罐、复合包装袋和玻璃瓶应符合相应的国家标准，分别是GB/T 14251—1993《镀锡薄钢板圆形罐头容器技术条件》、GB 18454—2001《液体食品无菌包装用复合袋》和QB/T 4594—2013《玻璃容器 食品罐头瓶》。

三、 果蔬罐藏原理

（一）罐头食品杀菌的目的

将食品加工制成罐头，是一种长期保存食品的有效措施。罐头食品之所以能够得到长时间的保存，主要依赖于装罐后对罐内特定微生物的灭杀，即商业无菌。罐头食品经过适度的热杀菌以后，不含有致病的微生物，也不含有在通常温度下能在其中繁殖的非致病性微生物，这种状态称为商业无菌。

罐头杀菌的目的是杀死食品中可能污染的致病菌、产毒菌和腐败菌，并破坏食物中的酶类，以使罐内的食品得以长期保存。我国的《罐头食品生产许可证审查细则》中规定：罐头食品应为商业无菌、常温下能长期存放。罐头食品的保质期一般为12个月，最长可达24个月。

（二）罐头食品中的微生物

导致食品腐败变质的各种微生物通常被称之为腐败菌。随着罐头食品原料的种类、性质、加工和贮藏条件的不同，罐内腐败菌可以是细菌、酵母或霉菌，也可以是混合而成的某些菌类。罐头食品种类不同，其腐败的原因和结果也各不相同，罐内出现腐败菌的差异也很大。由于引起罐头食品腐败的微生物生活习性的不同，杀菌工艺条件也有不同的要求。

在罐头工业中，按照pH的不同把罐头食品划分为低酸性罐头食品和酸性罐头食品。除酒精饮料以外，凡是杀菌后平衡pH大于4.6、水分活度大于0.85的罐头食品被称为低酸性罐头食品；原来是低酸性的水果、蔬菜或蔬菜制品，为加热杀菌的需要而加酸降低pH的，属于酸化的低酸性罐头食品。杀菌后平衡pH等于或小于4.6的罐头食品被称为酸性罐头食品；pH小于4.7的番茄、梨和菠萝以及由其制成的汁，以及pH小于4.9的无花果都算作酸性罐头食品。不同的pH环境下，食品中的腐败菌种类也有所不同，采用热力杀菌的条件也有差别（表8－2）。

表8－2 按照pH对罐头食品的分类

酸性级别	pH	食品种类	常见腐败菌	热力杀菌条件
低酸性	5.0以上	虾、蟹、贝类、禽、牛肉、猪肉、火腿、羊肉、蘑菇、青豆、青刀豆、芦笋、笋等	嗜热菌、嗜温厌氧菌、嗜温兼性厌氧菌等	高温杀菌（105～121℃）
中酸性	4.6～5.0	蔬菜肉类混合制品、汤类、面条、沙司制品、无花果等		
酸性	3.7～4.6	荔枝、龙眼、桃、樱桃、李、枇杷、梨、苹果、草莓、番茄、什锦水果、番茄酱、荔枝汁、苹果汁、草莓汁、番茄汁、樱桃汁等	非芽孢耐酸菌、耐酸芽孢菌等	沸水或100℃以下介质中杀菌
高酸性	3.7以下	菠萝、杏、葡萄、柠檬、葡萄柚、果酱、草莓酱、果冻、柠檬汁、醋栗汁、酸泡菜、酸渍食品等	酵母、霉菌、酶等	

资料来源：天津轻工业学院、无锡轻工业学院合编. 食品工艺学（上册）. 北京：中国轻工业出版社，1984.

（三）罐头食品的传热

热力杀菌时，低温罐头不断地从加热介质中（如蒸汽、沸水等）接收热能，罐内各点上的温度因热量不断聚积而依次不断上升，罐头中部常成为接收热量最缓慢的部位，因而热量就逐步向罐内传递。冷却时情况恰好相反，高温罐头中热量从罐内顺序向罐外的冷却介质如水、空气等传递，因此罐头热力杀菌和冷却时存在着热量的传递。各种食品罐头的传热方式和速度并不相同，同时还受到各种因素的影响。此外，在传热过程中罐内各部位上食品受热程度并不一样，这就表明在相同热力杀菌工艺条件下，各种食品罐头，甚至于同一罐头内各部位上的杀菌效果并不一定相同。为此，确定罐头食品合理的杀菌工艺条件时，罐头内的传热是极其重要的。

影响罐头食品传热的因素包括食品的物理性质（形状、大小、黏稠度和相对密度等）、食品的初温（即进入杀菌设备时罐头食品中心部位的初始温度）、容器（材质、壁厚、导热系数等）、杀菌设备的型式和其他因素（如装罐量、顶隙度、真空度、罐内汁液和固形物比例、杀菌设备装填量等）。

（四）罐头食品的杀菌条件

1920 年比奇洛（Bigelow）最早根据细菌致死率和罐头食品传热曲线创建了罐头食品的杀菌理论，称之为基本推算法。1932 年鲍尔（Ball）根据加热杀菌过程中罐头中心的受热效果，研究出用积分法计算罐头食品的杀菌效果，称之为公式计算法。1948 年斯顿博（Stumbo）提出了罐头食品杀菌的 F 值理论，并根据热力致死原理，提出基于细菌致死率的杀菌时间计算方法，并在罐头工业中得到广泛应用。

正确的罐头杀菌工艺条件应恰好能够将罐内的细菌全部杀死，并使酶钝化，但同时又能使食品保持良好的食用品质。要在具有足够技术依据的基础上制定罐头食品的杀菌工艺规程，通常是根据细菌的耐热性、污染情况，以及预期贮藏温度等来确定罐头食品合理的杀菌 F 值，再根据 F 值和食品的性质来选用温度 - 时间的组合，既可选用低温长时间杀菌，也可选用高温短时间杀菌。选用杀菌工艺条件时，原则上要求保证罐头食品在贮藏过程中足以控制残留细菌的繁殖，不至于引起食品的变质。在按照选定的 F 值完成杀菌任务的基础上，尽可能缩短杀菌时间，以减少热力对食品品质和营养的影响。罐头食品的杀菌工艺条件包括温度、时间、反压压力，可以用杀菌式来表示，如：

$$\frac{t_1 - t_2 - t_3}{T} P \tag{8-1}$$

式中 T——杀菌锅的杀菌温度，℃；

t_1——杀菌锅加热升温升压时间，min；

t_2——杀菌锅内杀菌温度保持稳定不变的时间，min；

t_3——杀菌锅内降温降压时间，min；

P——杀菌加热或冷却时杀菌锅内使用反压的压力，MPa。

如：某 850g 装的盐水蘑菇罐头的杀菌公式为：

$$\frac{10 - 30 - 10}{121} \times 0.1\text{MPa}$$

杀菌式表明了罐头食品杀菌操作过程中的升温阶段、恒温阶段和降温阶段的操作时间。升温阶段是将杀菌锅温度提高到杀菌式规定的杀菌温度（T℃），同时要求将杀菌锅内的空气充分排除，保证恒温杀菌时蒸汽压和温度充分一致的阶段。为此，升温阶段的时间不宜过短，否则就达不到充分排气的要求，将影响杀菌效果。恒温阶段是保持杀菌锅温度稳定不变的阶段，此时要注意的是杀菌锅温度升高到杀菌温度时并不意味着罐内食品温度也达到了杀菌温度的要求，实际上食品尚处于加热升温阶段，这与罐内食品的性质有关。降温阶段是停止蒸汽加热杀菌并用冷却介质冷却，同时也是杀菌锅放气降压阶段。就冷却速度来说，冷却越迅速越好，但是要防止罐体爆裂或变形。罐内温度下降缓慢，内压较高，外压突然降低常会出现爆罐，或玻璃瓶罐头的“跳盖”现象。因此，冷却时还需加压（即反压），如不加反压则放气速度就应减慢，务必使杀菌锅和罐内相互间的压力差不致过大。罐头食品生产企业应根据产品的品种、规格和杀菌设备条件，制定相应的热力杀菌工艺规程，使罐头食品获得足够的杀菌，保证食品安全。

第二节　罐藏工艺技术

一、罐藏果蔬原料

（一）罐藏原料的选择

果蔬原料的质量直接关系到果蔬罐头产品的品质，罐头加工工艺的特殊性对原料也提出了更高的要求，应充分考虑原料的品种、成熟度、规格大小等方面因素。另外，随着农业产业化的调整，食品工程技术人员也应能够根据果蔬原料的性质选择合理的罐藏加工工艺。我国地域辽阔，各地都有具有地方特色可供罐藏加工用的水果和蔬菜。选择罐藏用水果和蔬菜原料时，应从以下几个方面加以考虑。

①原料来源丰富、采收期长、产量稳定。

②感官品质佳、新鲜、无病虫害。

③营养价值高或风味独特，价值低廉。

④可食部分比例高，加工适应性强。

较为常见的罐藏加工用水果和蔬菜的原料要求见表 8－3，其他罐藏果蔬原料的品质要求可参照该表修改制定。

表 8－3　常见罐藏加工用果蔬原料要求

种类	规　格	质　量　要　求
洋梨	横径 60mm 以上，纵径不宜超过 110mm	果实新鲜饱满，成熟适度，种子呈褐色，肉质细，无明显的石细胞，呈黄绿色、黄白色、青白色，无霉烂、桑皮、铁头、病虫害、畸形果及机械伤等
桃	横径 55mm 以上，个别品种可在 50mm 以上	果实新鲜饱满，成熟适度（按品种性质分应达 7～8.5 成），风味正常，白桃为白色至青白色，黄桃为黄色至青黄色，果尖、核窝及合缝线处允许稍有微红色。无畸形、霉烂、病虫害和机械伤
菠萝	横径 80mm 以上	果实新鲜良好，成熟适度（8 成左右），风味正常，无畸形、过熟味，无病虫害、灼伤及机械伤所引起的腐烂现象
橘子	横径 45～60mm	果实新鲜良好，大小、成熟适度，风味正常，无严重畸形、干瘪现象，无病虫害及机械伤所引起的腐烂现象

续表

种类	规 格	质 量 要 求
蘑菇	横径18～40mm（整菇），不超过60mm（片菇和碎菇）	①整菇：采用菇色正常，无严重机械伤和病虫害的蘑菇。菇柄切削良好，不带泥土，无空心，柄长不超过15mm；菌盖直径在30mm以下的菌柄长度不超过菌盖直径的1/2（菌柄从基部计算）。 ②片菇和碎菇：采用菇色正常、无严重机械伤和病虫害的蘑菇。菌盖直径不超过60mm，菌褶不得发黑
竹笋	冬笋125～1000mm，春笋2000mm左右	①冬笋：采用新鲜质嫩，肉质呈乳白色或淡黄色，无霉烂、病虫害和机械伤的冬笋（毛竹笋），允许根茎粗老部分受轻微损伤，但不得伤及笋肉。 ②春笋：采用新鲜质嫩、无霉烂、病虫害和机械伤的竹笋（毛竹笋），笋身无明显空洞。 ③笋（用于油焖笋罐头）：采用新鲜质嫩、肉厚节间短、肉质呈白色稍带淡黄色至淡绿色的竹笋，如浙江的龙须笋、淡竹笋，应无霉烂、病虫害、枯萎和严重机械伤
芦笋	120～160mm（长），横径10～36mm（茎部长短径平均），横径12～38mm（加工去皮芦笋）	一级品：为鲜嫩的整条，形态完整良好，呈白色，尖端紧密。少量笋尖允许不超过5mm的淡青色或紫色，不带泥沙，无空心、开裂、畸形、病虫害、锈斑和其他损伤。 二级品：有下列情况之一者为二级品，其他同一级品。 ①笋茎较老或笋尖疏松者。 ②头部淡青色或紫色部位超过5mm，但小于40mm者。 ③整条带头，长度不到120mm，但在50mm以上者。 ④有轻微弯曲、裂纹、浅色锈斑及小空心者。 ⑤尖端40mm以下部位有轻度机械伤者
番茄	横径30～50mm	采用新鲜或冷藏良好，未受农业病虫害的鲜红番茄，不得使用霉烂番茄。 用于原汁整番茄原料，要采用新鲜或冷藏良好，呈红色，未受农业病虫害，肉厚籽少，果实无裂缝的小番茄

资料来源：杨清香、于艳琴主编. 果蔬加工技术，第2版. 北京：化学工业出版社，2010.

（二）成熟度的选择

果蔬原料的成熟度是决定罐头产品质量的重要因素之一，它不仅对产品的色泽、组织状态、风味、营养等都具有决定性的影响，并且对工艺过程的生产效率及原料利用率也有很大的影响。按照用途可把水果分为采收成熟度、食用成熟度和过熟。

水果果实达到采收成熟度时基本上完成了生长和物质的积累，果实体积停止增长、种子发育成熟，达到了采收的程度。但果实风味并未达到最佳，还需要经过一段时间的贮藏转化。水果果实达到食用成熟度时充分表现出该品种所特有的外形、色泽、风味和芳香，在营养价值上也达到了高峰。而过熟的水果果实在生理上已达到了充分成熟的阶段，果肉中物质的不断分解，使得风味变差、质地松散，营养价值也大为降低。尽管以上所说的三种很难进行严格的区分，但是在选择作为罐藏的原料时，应结合不同的目的和要求，确定合适的水果采收成熟度。

蔬菜供食用部分的变化很大，可能包括蔬菜植物的各种器官。作为罐藏原料时，应根据蔬菜品种的不同，选择不同的采收成熟度。有些需要在乳熟期进行采收，如刀豆、甜玉米、黄瓜等；有些需要在成熟期进行采收，如青豌豆、笋类、花椰菜、芦笋等；有些则需要在完全成熟期进行采收，如番茄、莲子、甜椒等。

果蔬原料采收后，在常温下品质下降很快，有的甚至在数小时内即丧失原有的新鲜度，引起风味、组织和色泽等的劣变。因此，采收后的果蔬原料应迅速进行加工，严防积压，以保证产品质量。

一些常见罐藏果蔬原料的要求可参考相应的标准，如 QB/T 1379—2014《梨罐头》标准中对原料梨提出的要求是：应新鲜、冷藏或速冻良好，大小适中、成熟适度，风味正常，无严重畸形、干瘪，无病虫害及机械伤所引起的腐烂现象，果实横径在 55mm 以上。又如 GB/T 13208—2008《芦笋罐头》标准中对原料芦笋提出的要求是：采用鲜嫩，形态完整良好，呈白色、乳白色、淡青色或紫色的笋尖，不带泥沙，无开裂、畸形、病害、锈斑等，允许极小空心（基部空心直径不超过 2mm）和笋尖下部（离笋尖 40mm 以下部位）轻微机械伤。

二、预 处 理

（一）分级挑选

分级挑选的目的是剔除不适合加工的和腐烂霉变的果蔬原料，并按原料和品种规格的大小和质量（如色泽、成熟度等）进行分级。原料的合理分级，不仅便于加工操作，提高劳动生产率，也可以保证和提高果蔬罐头的产品质量。果蔬原料的分级根据原料的性质和生产规模不同可采用手工分级，或采用振动筛式及滚筒式分级机进行分级。

（二）清洗

果蔬原料清洗的目的是除去果蔬表面附着的尘土、泥沙、杂质、部分微生物以及可能残留的化学药剂等。清洗的方法有漂洗法、喷洗法及转筒滚洗法等。杨梅、草莓等浆果类原料肉质细嫩，应采用小批淘洗，防止机械损伤及在水中浸泡过久，影响色泽和口味。蔬菜原料的洗涤效果，对于减少附着于蔬菜原料表面的微生物，特别是耐热性芽孢等，具有十分重要的意义，必须认真对待。凡喷洒过农药的果蔬原料，应先用稀盐酸溶液（0.5% ~1%）浸泡后，再用清水洗净。

（三）去皮与修整

某些果蔬原料的表皮粗厚、坚硬、具有不良的风味，或在加工中容易引起不良的后果，这些果蔬原料都需要进行去皮处理。去皮方法有手工去皮、机械去皮、热力去皮和化学去皮等。

机械去皮一般采用去皮机进行去皮处理。去皮机是利用机械作用，使果蔬原料在刀下转动去皮或金刚砂摩擦去皮。带有刀片的旋皮机适合于果形较大的水果，如苹果、梨等；而带有金刚砂的擦皮机则适合于较小的水果或蔬菜，如马铃薯、荸荠等。热力去皮一般用高压蒸汽或开水短时间加热，使果蔬表皮突然受热松软，与内部组织脱离，然后迅速冷却去皮。如成熟度高的桃、番茄及枇杷等果蔬多用蒸汽去皮。

化学去皮通常用 NaOH 的热溶液去皮，如桃子的去皮、橘子的去囊衣等。此法是将果蔬置于一定浓度和温度的碱液中，处理一定时间后取出，再用清水冲洗残留的碱液，并擦去皮屑。其原理是利用碱的腐蚀能力，将表皮与果肉间的果胶物质腐蚀溶解而进行去皮。如碱液处理适当，仅使连接皮层细胞的中胶层受到作用而被溶解，则去皮薄且果肉光滑；但如处理过度，不仅果蔬表面粗糙，且增加了原料的损耗。化学去皮时的碱液浓度、温度及时间应掌握适度。碱液的浓度大、温度高及处理时间长，都会增加皮层的松离及腐蚀的程度，原则是要使原料表面不留有果皮的痕迹，皮层下肉质不腐蚀，用水冲洗略加搅动或搓擦，即可脱皮为度。几种果蔬原料碱液去皮的条件如表 8 - 4 所示。

表 8 - 4　　几种果蔬的碱液去皮条件

果蔬原料	NaOH 浓度/%	液温/℃	浸泡时间/s
桃	2.0 ~ 6.0	≥90	30 ~ 60
李	2.0 ~ 8.0	≥90	60 ~ 120
橘囊	0.8	60 ~ 75	15 ~ 30
杏	2.0 ~ 6.0	≥90	30 ~ 60
胡萝卜	4.0	≥90	65 ~ 120
马铃薯	10 ~ 11	≥90	≈120

资料来源：天津轻工业学院、无锡轻工业学院合编．食品工艺学（中册）．北京：中国轻工业出版社，1983.

去皮后的果蔬，应立即投入流动的清水中进行彻底的漂洗，再用 0.1% ~ 0.3% 的 HCl 中和，以除去剩余碱液并防止变色。碱液法去皮使用方便、效率高、成本低、适应性广。但由于碱液具有腐蚀性，应注意安全生产。

（四）热烫与漂洗

有些果蔬在装罐前需要进行热烫（或称预热）处理。热烫是将果蔬放入沸水或蒸汽中进行短时间的加热处理，主要是为了破坏酶的活性、稳定色泽、改善风味与组织；软化组织，便于装罐，脱除水分，保持开罐时固形物稳定；杀死部分附着于原料中的微生物，并对原料起一定的洗涤作用；另外，热烫还可以排除原料组织中的空气，减少空气中的 O_2 对镀锡薄钢板罐的腐蚀。

果蔬热烫有热水热烫和蒸汽热烫两种方法。热水热烫的温度通常在沸点或沸点以下。此法的优点是设备简单，物料受热均匀，其缺点是可溶性物质的流失量较大。蒸汽热烫通常是在密闭的情况下，借助蒸汽喷射来进行热烫，热烫温度在 100℃ 左右。此法的优点是果蔬可溶性物质流失少，但要有一定的热烫设备。

热烫的温度和时间应根据果蔬的种类、块形大小、工艺要求等进行选择。一般在不低于 90℃ 的温度下热烫 2 ~ 5min，烫至果蔬半生不熟、组织比较透明、失去鲜果蔬的硬度，但又不像煮熟后那样软烂即可，通常以果蔬中过氧化物酶活力的全部破坏为度。果蔬中过氧化物酶的活力检查，可用 1.5% 愈疮木酚酒精液及 3% H_2O_2 等量混合后，将试样切片浸入其中，在数分钟内如不变色，即表示已破坏。其反应机理是，愈创木酚（邻甲氧基苯酚）可在过氧化物酶的催化下，被氧化成褐色的四愈木醌。

果蔬热烫后，必须用冷水或冷风迅速冷却，以停止热处理的作用。热烫用水必须符合国家饮用水的卫生标准。热烫用水经多次使用后应及时进行更换，应加以综合利用。需漂洗的原料

（如青豌豆、笋等）热烫后应立即进行漂洗，注意卫生，防止变质。

（五）抽空

果蔬内部都含有一定的空气，含量依品种、栽培条件、成熟度而不同。水果中含有空气不利于罐头加工，例如，变色、组织松软、装罐困难、腐蚀罐壁及降低罐内真空度等。因此一些含空气较多或易变色的水果，如苹果、梨等，在装罐前应采用减压抽空处理。果蔬原料在抽空液中处于减压状态，组织中的空气为了维持气相平衡而外逸，而抽空液则渗入果肉使其浓度趋于平衡。经抽空后，果肉组织间隙被抽空液填充，使肉质紧密，减少热膨胀，防止加热过程中的煮熔现象。同时有利于保证罐头的真空度，减轻罐内壁腐蚀及果肉的变色。

减压抽空处理是利用真空泵等设备造成的真空状态，使水果中的空气释放出来，代之以糖水或无机盐水。真空度一般在80kPa以上，时间以抽透为准（5～10min）。必要时打开锅盖，在常压下浸泡一段时间。抽空过程中果肉要浸没在抽空液中，为了保持果肉色泽鲜艳和确保抽空效果，抽空液应经常调节，一般使用几次后应彻底更换。

三、排气与密封

果蔬罐头大多在排气前进行预封，预封是用封口机将罐盖与罐身初步钩连，其松紧程度以能使罐盖沿罐身旋转而又不致脱落为度。经预封的罐头在加热排气或在真空封罐过程中，罐内的气体能自由逸出，而罐盖不会脱落。对于采用热力排气的罐头来说，预封还可以防止罐内食品因受热膨胀而落到罐外，防止排气箱盖上的冷凝水落入罐内而污染食品；可以避免表面食品直接受高温蒸汽的损伤；可以避免外界冷空气的侵入，保持罐内顶隙温度以保证罐头的真空度。预封还可以防止因罐身和罐盖吻合不良而造成次品，有助于保证卷边的质量，特别是对于方罐和异形罐，这一作用更为明显。

果蔬罐头在装罐后、密封前应尽量将罐内顶隙、食品原料组织细胞内的气体排除，这一排除气体的操作过程就称排气。排气是罐头生产必不可少的一道工序，通过排气，不仅能使罐头在密封、杀菌冷却后获得一定的真空度，而且还有助于保证和提高罐头的质量。排气的作用主要有以下几点。

①防止或减轻罐头在高温杀菌时发生容器的变形和损坏；

②防止需氧菌和霉菌的生长繁殖；

③有利于食品色、香、味和营养素的保存；

④防止或减轻罐头在贮藏过程中罐内壁的腐蚀。

果蔬罐头常用的排气方法有热力排气法、真空密封排气法和蒸汽密封排气法。热力排气法是利用食品和气体受热膨胀的基本原理，通过对装罐后罐头的加热，使罐内食品和气体膨胀，罐内部分水分汽化，水蒸气分压提高来驱赶罐内的气体。排气后应立即进行密封，这样罐头经杀菌冷却后，由于食品的收缩和水蒸气的冷凝而获得一定的真空度。热力排气法又分热装罐排气和加热排气两种。前者是指先将食品加热到一定的温度，然后立即趁热装罐并密封的方法，此法适用于流体、半流体或食品的组织形态不会因加热时的搅拌而遭到破坏的食品，如番茄汁、番茄酱、糖浆苹果等。装罐时食品的温度不能太低，汁液的温度通常也要求不低于80℃，否则达不到排气效果。而加热排气是将装罐后的食品（经预封或不经预封）送入专门的热力排气箱中，使罐内的空气充分外逸，然后立即趁热密封、杀菌，冷却后罐头也可得到一定的真空度。

真空密封排气法是借助真空封罐机的真空仓，在抽气的同时进行密封的排气方法。真空密封排气法能在短时间内使罐头获得较高的真空度，能够较好地保存食品中的营养素，适用于各种罐头的排气，并且具有封罐机体积小占地面积少的优点。但是这种排气方法由于排气时间短，仅能排除罐头顶隙部分的气体，而食品内部的气体则难以抽除，因而对于食品组织内部含大量气体的果蔬原料，最好是装罐前先进行抽空处理，否则排气效果不理想。

蒸汽密封排气法是在封罐的同时向罐头顶隙内喷射具有一定压力的高压蒸汽，以蒸汽驱赶并置换顶隙内的空气，然后立即进行密封、杀菌，冷却后顶隙内的水蒸气冷凝形成一定的真空度。然而，蒸汽密封排气法需要封罐机带有特殊的蒸汽喷射装置，造价相对较高。无论使用何种排气方法，排气后的罐头都应立即进行封罐，以保证罐内具有一定的真空度。装有内容物的罐头（常称为“实罐”）密封与空罐密封原理基本相同，对金属罐来说，都是采用二重卷边的密封结构。采用真空密封排气法时，实罐的封罐机即为真空封罐机，而空罐制造用的封罐机则不带有真空装置。有关罐头食品密封质量的指标要求和检验方法可参考国家标准 GB/T 14251—1993《镀锡薄钢板圆形罐头容器技术条件》。

四、杀　　菌

果蔬罐头热力杀菌的方法很多，根据其原料品种、容器规格、生产规模的不同而采用不同的杀菌方法。罐头的杀菌可以在装罐前进行，也可以在装罐密封后进行。装罐前进行的杀菌，即所谓的无菌装罐，但要先将罐藏容器进行彻底的杀菌处理，然后在无菌的环境中进行罐装和密封，通常用于果汁等饮料类产品。目前罐头生产企业普遍采用的仍然是装罐密封后的杀菌。根据杀菌温度的不同，把罐头的杀菌分为常压杀菌（杀菌温度不超过 100℃）、高温高压杀菌（杀菌温度高于 100℃而低于 125℃）和超高温杀菌（杀菌温度高于 125℃）三大类。根据操作形式的不同，把罐头的杀菌分为间歇式杀菌和连续式杀菌。

间歇式常压杀菌适用于果蔬罐头等酸性罐头食品的杀菌，是最简单和最常用的杀菌方法，杀菌介质是沸水。该杀菌设备也称立式杀菌锅，杀菌操作简单，适用于小批量的生产。间歇式高压杀菌又分为高压水浴杀菌和高压蒸汽杀菌两种，杀菌介质分别是沸水和蒸汽。高压水浴杀菌是将罐头投入水中进行加压杀菌。一般低酸性的大罐、扁形罐和玻璃罐常采用这一杀菌方法，因为用此法较易平衡罐内外的压力，可防止罐头的变形、跳盖，从而保证杀菌效果和产品质量。高压蒸汽杀菌适用于大多数的低酸性金属罐头，其杀菌设备是高压蒸汽杀菌锅，可进行大批量的生产，又有立式和卧式之分。为了提高罐头内的传热效果，卧式杀菌设备被设计成回转式，在杀菌过程中可以使锅体缓慢转动，增加了罐内食品和锅内杀菌介质的搅动，从而提高了杀菌效率。

连续式常压杀菌可满足连续加工的要求，杀菌介质为沸水，在常压下进行连续杀菌。在杀菌时，罐头由输送带连续不断地送入杀菌器内进行杀菌，杀菌结束的罐头则送入冷却水区进行冷却，整个杀菌过程可实现连续运行，生产量相对间歇式的设备要大得多。连续式静水压杀菌是利用水在不同压力下的沸点而设计的，可实现连续式的高压杀菌。杀菌时，罐头由静水压高压杀菌器的传送带携带经过预热水柱进入蒸汽室进行杀菌，杀菌结束后再进入冷却水柱进行冷却，并随后进入喷淋区进一步冷却。但该杀菌设备外形大，投资费用也高。

无论采用何种杀菌方法，都要考虑产品的性质、产量、投资规模等因素，合理地选择杀菌设备。罐头食品的加热杀菌工艺规程应由授权机构按规定的程序制定，主要依据是该罐头食品中微生物的种类及其耐热性、罐型大小和形状、产品的 pH、产品的成分或配方、固形物比例和罐头贮藏温度等参数。杀菌操作工艺规程应包括罐头食品的种类、生产技术条件和配方、罐型大小及形状、罐头在杀菌锅内的排列方式、杀菌温度、排气方法、反压和冷却方法等技术参数。罐头食品生产时的杀菌记录通常要保存不少于三年，杀菌记录的内容包括：生产日期、罐头食品名称、杀菌锅号码、罐型大小、每一锅的杀菌数量、罐头初温、排气时间和温度、实际杀菌时间、水银温度计和温度记录仪读数等参数。

五、冷　却

经过热力杀菌的罐头应迅速进行冷却，因为热力杀菌结束后的罐内食品仍处于高温状态，仍然有受热作用，如不立即冷却，罐内食品会因长时间的热作用而造成色泽、风味、质地及形态等的变化，使食品品质下降。另外，由于罐头较长时间处于高温状态，还会加速罐内壁的腐蚀，特别是对高酸性的食品来说，长时间的加热作用也为嗜热微生物的生长繁殖创造了条件。

罐头冷却的方法根据所需压力的大小可分为常压冷却和加压冷却。常压冷却主要用于常压杀菌的罐头和部分高压杀菌的罐头。罐头可在杀菌锅中进行冷却，也可在有流动水的冷却池中冷却，或喷淋冷却。喷淋冷却效果较好，因为喷淋冷却的水滴遇到高温的罐头时受热而汽化，所需的汽化潜热使罐头内容物的热量很快散失。加压冷却是在杀菌结束后使罐头在杀菌锅内维持一定压力的冷却方法，主要用于一些在高温高压杀菌，特别是高压蒸汽杀菌后容器易变形、损坏的罐头。通常是杀菌结束并关闭蒸汽阀后，在通入冷却水的同时通入具有一定压力的压缩空气，用以维持罐内外的压力平衡，直至罐内压力和外界大气压相接近时再撤消反压。此时罐头可继续在杀菌锅内继续冷却，或移入冷却池中进一步冷却。

罐头冷却所需要的时间随食品的种类、罐型大小、杀菌温度、冷却水温等因素而异。但无论采用什么方法，罐头都必须冷透，一般要求冷却到38～40℃，以不烫手为宜。此时罐头尚有一定的余热，以蒸发罐头表面的水分，防止罐头生锈。用水冷却罐头时应注意冷却用水的卫生问题，因罐头食品在生产过程中难免受到碰撞和摩擦，有时在罐身卷边和接缝处会产生肉眼看不见的缺陷和裂隙，这种罐头在冷却时因食品内容物的收缩，罐内压力降低，逐渐形成真空，冷却水可能因为罐内外的压差作用进入罐内而引起罐头腐败变质。一般来说，除了要求冷却水符合饮用水标准外，必要时可进行加氯处理，控制处理后的冷却用水中的游离氯含量在3～5mg/kg。玻璃瓶罐头应采用分段冷却，并严格控制每段的温差，以防玻璃罐的爆裂。

六、关键控制点

2006年版的《罐头食品生产许可证审查细则》中规定了罐头食品生产的关键控制点应包括：原材料的验收及处理、封口工序、杀菌工序。在实际生产中应根据果蔬罐头产品的生产特点，将其他一些重要工序也纳入关键控制点进行监控，以保障罐头食品的品质和安全。该细则还对罐头食品生产中常出现的产品质量问题进行了总结，主要有以下几个方面。

①原料变质造成感官指标不符合要求；

②加工过程中带入外来杂质；

③物理性胀罐或氢胀；

④镀锡薄钢板罐的腐蚀造成内容物变质或Fe_2S_3污染；

⑤密封不良或杀菌不足造成内容物腐败变质或平酸菌败坏；

⑥Sn含量超标；

⑦违规使用食品添加剂。

果蔬罐头的生产和产品质量要求应参照相关的国家标准、行业标准和地方标准，在没有这些标准可供参照的情况下，企业应制定企业标准作为生产和质量管理的依据。果蔬罐头的卫生指标应参照 GB 11671—2003《果、蔬罐头卫生标准》，果蔬罐头中的污染物限量应参照 GB 2762—2012《食品安全国家标准 食品中污染物限量标准》。

现行有效的涉及罐头食品的相关标准还有：GB 8950—1988《罐头厂卫生规范》，GB/T 4789.26—2003《罐头食品商业无菌的检验》，GB/T 10786—2006《罐头食品的检验方法》，GB/T 20938—2007《罐头食品企业良好操作规范》，GB/T 27303—2008《食品安全管理体系 罐头食品生产企业要求》，QB 2683—2005《罐头食品代号的标示要求》，QB/T 1006—2014《罐头食品检验规则》和 QB/T 4631—2014《罐头食品包装、标志、运输和贮存》等。

第三节 果蔬罐头加工案例

一、糖水类水果罐头加工

糖水类水果罐头是将水果处理后再注入汤汁（糖液）制成，制品能较好地保存原料固有的外形和风味。我国各地均有可用于加工糖水类水果罐头的水果原料，如北方有苹果、梨、桃、山楂、李等，南方有菠萝、荔枝、橘子等。尽管水果的种类不同，但其加工过程及基本工艺都大同小异。以下列举糖水梨罐头作为典型的加工案例，其他糖水类水果罐头可作为参考，并结合水果品种的特点，制定相应的加工工艺。

（一）原料选择

作为生产糖水梨罐头的梨品种主要有巴梨、莱阳梨、雪花梨等。选择罐藏用梨要求果形正、果芯小、香味浓、石细胞少，以及丹宁含量低并且耐贮藏的梨品种，并且选择适宜的成熟度。挑选罐藏用梨时主要观察梨的皮色籽巢，如莱阳梨的皮色应绿中透黄；而巴梨的籽巢应呈乳黄色。采收时梨表皮的一些小的缺陷并不影响成品质量，允许存在，如水锈、叶磨、药斑等。但是必须控制果形异常、机械损伤、树磨、干疤的原料。

（二）工艺步骤

原料→分选→折把和去皮→半切去蒂把和籽巢→修整→洗涤→抽空→冷却→分选→装罐→注汤汁→排气与密封→杀菌与冷却→成品

（三）操作步骤

1. 分选

分选操作是对原料进行挑选，剔除那些有霉斑、病虫害的梨原料。对巴梨来说，还要剔除烂花脐、桑皮、铁头和黄花芯等原料。如果使用冷藏梨时，还要特别注意剔除那些已腐烂变质的原料。有些梨表面烂疤虽然不大，但表皮以下可能腐烂较大、较深，应特别注意。

2. 抽空

根据梨品种和加工方法的不同，生产糖水梨罐头的抽空液可分为糖水和盐水两种。糖水适用于果肉生装的梨罐头加工，制成的罐头风味较好，糖水浓度一般在20%左右。盐水适用于在加工过程中不易变色的梨，如莱阳梨，盐水浓度为2%。抽空操作通常是在专门的抽空锅内进行的，抽空温度一般控制在50℃，真空度控制在90kPa以上，抽空液与果块之比约为1:(1.2~1.5)，抽空时间5~30min不等，根据果块的大小、品种、抽空液浓度等而有所差异。

对于使用盐水抽空的果肉，抽空后还必须采用清水热烫的措施，以防果肉变色。热烫前先将果肉进行分级，按等级进行热烫。热烫通常在夹层锅中进行，锅中可加入少量的柠檬酸，以利于保持果肉的色泽。待锅中的热水沸腾后立即将梨块投入，同时保持热源充足，以使锅中的梨块保持微沸状态。热烫后再将梨块捞出，并浸入流动水中进行冷却。其他糖水类水果罐头生产时的抽空处理与之相类似。

3. 装罐

将冷却后的梨块根据块形的大小进行分选，同一罐中的块形大小应基本一致，对块形大的梨块再进行切块。装入罐中梨块的质量应该符合相应标准的要求，我国对糖水类水果罐头固形物的含量要求通常是不低于50%，优级品不低于55%。

根据产品类别的不同，相关标准中对梨的块形也有相应的规定QB/T 1379—2014《梨罐头》。例如，二开梨罐头要求纵切成1/2的梨块；四开梨罐头要求纵切成1/4的梨块；梨条罐头要求纵切成1/6或1/8的梨条；碎块梨罐头要求切成块形不拘、大小在30~50mm的梨块；梨丁罐头要求切成大小在30mm以下的规则梨块；梨碎丁罐头要求切成大小不一的不规则小丁。

外形与梨相似的水果还有苹果和桃子，行业标准中对此类产品的块形也做出了规定。QB/T 1392—2014《苹果罐头》中，二开苹果罐头要求沿轴向纵切成两瓣的苹果；三开苹果罐头要求沿轴向纵切成3瓣的苹果；四开苹果罐头要求沿轴向对切成4瓣的苹果；苹果条罐头要求沿轴向纵切成1/6或1/8的苹果；小块苹果罐头要求块形大致相同，质量不低于8g的苹果块；苹果丁罐头要求切成大小10~20mm规则丁；苹果碎丁罐头要求切成大小不一的不规则小丁。

GB/T 13516—13516《桃罐头》中，两开桃片罐头要求沿桃合缝线切成大致相等的两瓣；四开桃片罐头要求沿两开桃片轴向切成大致相等的两瓣；桃条罐头要求沿两开桃片轴向切成大致相等的3~5瓣；不规则桃条罐头切成形状近似桃条或形状不规则的桃片；桃丁罐头要求切成的体积较小的桃丁或形状不规则的桃块。其他相似的水果原料在加工成糖水类水果罐头时，也可参考以上的块形要求对产品进行区别化的生产。

糖水梨罐头宜选用素铁罐或玻璃瓶作为容器。素铁罐镀锡薄钢板中的锡离子具有一定的还原作用，有可能在产品贮藏期间使成品色泽鲜明；而涂料铁罐有可能使梨色暗、发红、口味变差。但为了防止锈蚀，玻璃瓶罐的罐盖还应使用涂料铁。

4. 注汤汁

装入梨块的罐头在密封前要加注汤汁，糖水类水果罐头所用的汤汁一般为糖液，主要是蔗糖的水溶液。蔗糖是白色的晶体，相对密度为1.595，通常纯度达99%以上，是配制糖液的基本原料。糖水类水果罐头装罐时所用的糖液浓度，一般是根据水果的种类、品种、产品规格来确定的。20世纪90年代之前，我国的各类水果罐头行业标准中均要求产品开罐后的糖液浓度(以折光计)：优级品和一级品为14%~18%，合格品为12%~18%。90年代后期对糖水类水果罐头的标准进行了修订，修订后的标准中将糖液浓度指标表达为“可溶性固形物含量（20℃，按折光计)”。对水果罐头来说，根据产品的不同，该项指标的要求通常在8%~22%范围内，清水型产品除外。目前，企业生产时通常是配制25%~30%的糖液用于装罐时的注汤汁。

随着广大消费者营养保健意识的不断提高，甜度过高的糖水罐头反而不受欢迎。糖水类水果罐头根据汤汁的不同就可分为以下几种：糖水型——汤汁为白砂糖或糖浆的水溶液；果汁型——汤汁为水和果汁的混合液；混合型——汤汁为果汁、白砂糖、果葡糖浆、甜味剂4种中不少于两种的水溶液；清水型——汤汁为清水；甜味剂型——汤汁为甜味剂的水溶液。因此，企业应根据市场的变化，生产适应消费需求的产品。

配制汤汁时，如果是使用白砂糖溶解调配的，必须进行煮沸过滤，可对汤汁起到杀菌和除杂的作用。配制汤汁时可根据需要的糖液浓度，直接称取白砂糖和水在溶糖锅内加热搅拌溶解，并进行煮沸过滤，校正浓度后备用。例如，要配制30%浓度的糖液，则可按白砂糖30kg、清水70kg的比例入锅加热溶解，过滤后再校正浓度。

梨子本身并不属于酸度高的水果，而且各种梨的酸度也有差别（表8-5）。为了调整糖水梨罐头的pH，有时还需要在汤汁中添加有机酸（如柠檬酸），必须做到随用随加，防止积压。存放时间过长，蔗糖会部分转化成转化糖，促使果肉色泽变红。

表8-5 几种梨的酸度

品种	原料酸度/%	成品酸度/%	pH	备注
巴梨	0.25~0.35	0.18~0.20	3.6~4.0	糖水中添加0.15%柠檬酸
莱阳梨	0.12~0.18	0.10~0.12	3.8~4.1	
长把梨	0.35~0.40	0.19~0.22	3.6~3.8	

资料来源：天津轻工业学院、无锡轻工业学院合编. 食品工艺学（中册）. 北京：中国轻工业出版社，1983.

为了保证罐头的杀菌效果，使杀菌前罐头具有较高的初温，所加注的汤汁应保持一定的温度，通常为75~85℃。

5. 排气与密封

糖水梨罐头如果采用加热排气法，通常排气温度要达到95℃以上，罐头的中心温度应达到75~80℃。如果采用真空密封排气法，真空室的真空度应不小于55kPa。

6. 杀菌与冷却

根据罐头pH的不同选择糖水类水果罐头的杀菌温度，对于大多数低酸性的糖水类水果罐头都可采用沸水杀菌。根据罐型的大小选择杀菌时间，几种常见罐型的糖水梨罐头的杀菌条件见表8-6。

表8-6 糖水梨罐头杀菌条件

罐号	净质量/g	杀菌条件	冷却
781	300	5~15min、100℃	立即冷却
7110	425	5~20min、100℃	立即冷却
8113	567	5~22min、100℃	立即冷却
9116	822	5~25min、100℃	立即冷却
玻璃瓶	510	25min、100℃	立即冷却

资料来源：赵晋府. 食品工艺学，第2版. 北京：中国轻工业出版社，1999.

杀菌完成后应立即将罐头冷却至38～40℃，杀菌时间过长和不迅速冷却，都会使果肉软烂，汤汁浑浊，色泽和风味恶化。因此，在保证产品安全性的前提下，要尽量缩短杀菌时间，并尽快冷却。为此，可采用回转式杀菌设备以增加罐内的传热效果，提高杀菌效率，减少杀菌时间。

（四）质量指标

1. 感官要求

符合表8－7的要求。

表8－7　　梨罐头感官要求

项目	优级品	合格品
色泽	果肉呈白色、黄白色、浅黄白色，色泽较一致；汤汁澄清，可有少量果肉碎屑	果肉色泽正常，可有轻微变色果块；汤汁可有少量果肉碎屑
滋味、气味	具有该品种梨罐头应有的滋味、气味，无异味	
组织形态	组织软硬适度，食之无明显石细胞感觉；块形完整，可有轻微毛边，同一罐内果块大小均匀	组织软硬较适度；块形基本完整，过度修整、轻微裂开的果块不超过总固形物的20%（梨碎丁罐头除外）；可有轻微石细胞和毛边；同一罐内果块基本均匀
杂质	无外来杂质	

2. 理化指标

净含量应符合相关标准和规定，每批产品平均净含量不低于标示值；优级品的固形物含量不低于55%，合格品的固形物含量不低于50%，每批产品的平均固形物含量不应低于标示值；可溶性固形物含量（20℃，按折光计）为7%～22%（清水型和甜味剂型除外）；污染物限量应符合GB 2762—2012《食品安全国家标准　食品中污染物限量》的规定；微生物指标应符合罐头食品商业无菌的要求；食品添加剂的使用应符合GB 2760—2011《食品安全国家标准　食品添加剂使用标准》的规定；食品营养强化剂的使用应符合GB 14880—2012《食品安全国家标准　食品营养强化剂使用标准》的规定。

二、果酱类水果罐头加工

果酱的加工，从实质上讲是利用果胶、糖及酸三种成分在一定比例条件下由溶胶形成凝胶的过程。生产果酱的水果原料，其果胶及酸的含量依种类、品种及成熟度而异。含果胶量及含酸量都较高的原料有苹果、杏、山楂等；含果胶量高而含酸量低的原料有无花果、甜樱桃、桃、香蕉、番石榴等；含果胶量和含酸量中等的原料有葡萄、成熟的苹果、枇杷等；含果胶量低但含酸量高的原料有酸樱桃、菠萝、草莓等；含果胶和含酸量都低的原料有成熟的桃子、洋梨、梨等。

果实含果胶量及含酸量的多少，对于果酱的胶凝力和品质关系很大，用含果胶量及酸量都比较低的果实制造果酱时，就必须外加一定量的果胶、酸和糖。草莓酱是一种典型的果酱罐头产品，其加工工艺如下。

（一）原料选择

草莓是多年生草本植物，栽培容易，在我国广泛种植。草莓是生产草莓酱的主要原料，原料的质量直接影响到草莓酱罐头的质量。作为罐藏的草莓必须新鲜良好，成熟适度（八至九成熟)，风味正常，果面呈红色或浅红色，无霉烂、病虫害、僵果及死果。宜采用含果胶量及含酸量多、芳香味浓的品种。草莓的可溶性固形物9%、总糖5%、总酸0.9%、果胶0.8%、丹宁0.19%，并含多种维生素和矿物质等，草莓的pH为3.13~3.85。草莓所含的色素系花青素，含量随品种及成熟度不同而异。

草莓的成熟度影响到草莓酱罐头的产品色泽。成熟度低、果面发绿的草莓，在加热过程中易变成黑褐色。因此，要求草莓是红色或浅红色，并且红色或浅红色的部分占整个果面积的70%以上为宜。由于草莓柔嫩多汁、营养丰富，并且容易破损及遭受微生物的污染，同时，草莓呼吸强度大，即使温度在0~2℃也进行强烈的呼吸，而且随着温度的上升而增强，因此，草莓收获后如不及时加工，品质将会迅速降低。

(二) 工艺流程

原料→洗涤→去蕾把、萼叶→检查→配料→加热与浓缩→装罐与密封→杀菌与冷却→成品

(三) 操作步骤

1. 洗涤

洗涤是为了去除草莓中的泥沙、叶等杂质。将草莓小心地倒进流动水中浸泡3~5min后，再小量分装于有孔的篮子中，置于流动水中轻轻漂洗。同时逐个摘除蕾把，去净萼叶，剔除杂质和不合格果。

2. 配料

果酱的配料是按照原料种类及产品标准要求而确定的。GB/T 22474—2008《果酱》要求果酱的配方中水果、果汁或果浆用量大于或等于25%；果味类果酱的配方中水果、果汁或果浆用量小于25%。先确定水果的用量，再根据原料中果胶酸的含量及砂糖用量，必要时可在配料中添加适量的柠檬酸及果胶或琼脂。柠檬酸补加量一般以控制成品含酸量为0.5%~1%较宜，果胶补充量以控制成品含果胶量0.4%~0.9%为宜（视具体品种稠度要求而定）。

果酱配料中所用的白砂糖、柠檬酸、果胶或琼脂，均应事先配成浓溶液过滤备用。砂糖一般配成70%~75%的浓糖液。柠檬酸配成50%的溶液。果胶粉则按粉质量加入2~4倍的白砂糖（用糖量在配方中从总糖量中扣除）充分混合均匀，再按果胶粉质量加入10~15倍的水，在搅拌下加热溶解；如果使用琼脂，可用50℃的温水事先浸泡软化，洗净杂质，在夹层锅中加热溶解，加水量为琼脂质量的20~25倍（包括浸泡时吸收的水分），溶解后过滤。果酱使用的胶凝剂以果胶为好。

草莓酱凝胶的最适pH为3~3.3，而草莓原料的pH比此值略高，因此要适当添加柠檬酸，表8-8为草莓酱生产的配方实例。

表8-8 草莓酱配方

原料	真空浓缩	常压浓缩
草莓浆	300kg	40kg
白砂糖	345~330kg	46kg
柠檬酸	600~1000g	120g

资料来源：天津轻工业学院、无锡轻工业学院合编．食品工艺学（中册）．北京：中国轻工业出版社，1983.

3. 加热与浓缩

加热与浓缩的主要目的：排除果肉原料中的大部分水分，提高果实中具有营养价值成分的含量；杀灭有害微生物及破坏酶的活力，有利于制品的保藏；使白砂糖、酸、果胶等配料与果肉组织渗透均匀，改善酱体的组织状态及风味。由于大部分水果属于热敏性较强的物料，故进行蒸发浓缩的过程较为复杂，既要提高其浓度，又要尽量保存水果原有的色、香、味和营养。因此，对工艺流程的设计、设备的选型、制造加工和具体操作等条件，均有较高的要求。目前主要有常压浓缩和真空浓缩两种方法。常压浓缩是将混合后的果酱配料置于夹层锅中，在常压下加热浓缩。由于加热温度较高，容易出现结焦现象，并且浓缩时间较长，果酱的品质略差；真空浓缩是将混合后的果酱配料置于真空浓缩锅中，在减压下进行蒸发浓缩，浓缩效率高、产品质量好。

草莓中所含的花青素很容易在加工过程中受热分解，温度越高，时间越长，分解也越多。采用常压浓缩加工的草莓酱，当加热温度为100～105℃时，色素在加工过程中分解损失可达30%～70%。因此，草莓酱的加工以真空浓缩为好。

4. 装罐与密封

装罐时要将浓缩后的草莓浆体搅拌均匀，并且尽快装罐，以使果酱罐头具有一定的杀菌初温，保证杀菌效果。

5. 杀菌与冷却

几种常见罐型的草莓酱罐头的杀菌条件见表8－9。

表8－9　　草莓酱罐头杀菌条件

净含量	杀菌条件	冷却
343g	5～15min、100℃（热水）	及时冷却
454g（玻璃瓶）	5～20min、100℃（蒸汽）	分段冷却

资料来源：天津轻工业学院、无锡轻工业学院合编．食品工艺学（中册）．北京：中国轻工业出版社，1983.

市场上还有一类非罐头工艺生产的果酱产品，如冷冻饮品类用果酱、烘焙类用果酱等原料类果酱产品，以及佐餐类果酱产品。这类果酱产品中有些产品没有经过严格的高温杀菌，没有达到商业无菌的要求，产品的保存期限短，最好低温贮藏，包装开启后应尽快用完。

（四）质量指标

1. 感官要求

符合表8－10的要求。

表8－10　　草莓酱罐头感官要求

项目	优级品	一级品	合格品
色泽	酱体呈紫红色或红色，有光泽，均匀一致	酱体呈红色或暗红色，稍有光泽，较均匀一致	酱体呈淡红色或红褐色，较一致
滋味、气味	具有草莓酱罐头应有的滋味及气味，果实香味浓，甜酸适口，无异味	具有草莓酱罐头应有的滋味及气味，果实香味较浓，甜酸较适口，无异味	具有草莓酱罐头应有的滋味及气味，无异味

续表

项目	优级品	一级品	合格品
组织形态	酱体呈胶黏状，徐徐流散，有部分果块、果实，无果蒂，无汁液析出	酱体呈胶黏状，徐徐流散，有部分果块、果实，无果蒂，允许轻微的汁液流出	酱体呈胶黏状，徐徐流散，有部分果块、果实，无果蒂，允许少量汁液流出

2. 理化指标

净含量应符合表 8 - 11 的要求，每批产品的平均净含量应不低于标示值。

表 8 - 11　　净含量要求

项目	778 号罐	9116 号罐	15267 号罐	250mL 四旋瓶	365mL 四旋瓶	750mL 四旋瓶
净含量/g	340	1000	6000	300	454	1000
允许公差 /%	±3.0	±2.0	±1.5	±3.0	±3.0	±2.0

按开罐时折光计，高糖草莓酱大于 65%，低糖草莓酱为 45% ~55%；污染物限量应符合 GB 2762—2012《食品安全国家标准　食品中污染物限量》的规定；微生物指标应符合罐头食品商业无菌的要求；食品添加剂的使用应符合 GB 2760—2011《食品安全国家标准　食品添加剂使用标准》的规定；食品营养强化剂的使用应符合 GB 14880—2012《食品安全国家标准　食品营养强化剂使用标准》的规定。

草莓罐头的严重缺陷是指有明显异味，有有害杂质，如碎玻璃、头发、外来昆虫、金属屑及长度大于 3mm 已脱落的锡珠。一般缺陷是指有一般杂质，如棉线、合成纤维丝、长度不大于 3mm 已脱落的锡珠等，感官性能明显不符合技术要求、有数量限制的超标，净含量负公差超过允许公差。

三、清渍类蔬菜罐头加工

清渍类蔬菜罐头是蔬菜罐头中的主要品种，它是选用新鲜或冷藏良好的蔬菜作为原料，如竹笋、芦笋、青豌豆、青刀豆、蘑菇、蚕豆等。清渍类蔬菜罐头能够基本保持各种新鲜蔬菜原有的色、形、味等特征，因此产品广受欢迎。芦笋罐头是清渍类蔬菜罐头的典型产品。我国生产的芦笋罐头在国际市场上占有重要地位。

芦笋又称石刁柏，含有丰富的蛋白质、维生素、多种氨基酸及矿物质等营养成分，具有很高的营养价值和药用价值，深受欧美和日本等国人民的喜爱，被列为世界十大名菜之一，因此芦笋罐头在国际市场上需求量很大。芦笋的种植主要分布于福建、江苏、山东、湖南、湖北、江西、安徽等省。罐藏加工用芦笋为未出土的地下嫩茎，即白尖笋，其肉质洁白脆嫩，带细小的叶鳞，而微露土面的绿尖笋则适合于速冻加工。

（一）原料选择

芦笋原料进厂后要按照标准进行严格的验收，从采收到进厂不宜超过 6h，运输过程中防止日晒。不能马上加工的要放入 1 ~5℃冷库中暂存，暂存时间不能超过 24h。若需放置 1 ~2d，则必须放入0～2℃的冷库中贮藏，并注意采取保湿措施。原料长度120～170mm，基部直径10～32mm，无空心、畸形、病虫害，色泽正常。

（二）工艺流程

原料→清洗→挑选→去皮分级→切割→预煮→分级检查→装罐→注汤汁→密封与排气→杀菌与冷却→成品

（三）操作步骤

1. 清洗

原料先整箱冲洗，然后再用芦笋振荡清洗机进行加压冲洗。人工清洗时用含有效氯10mg/kg的消毒液进行消毒。

2. 挑选

在运输及清洗过程中很容易发生混级及损伤现象，因此清洗后应进行精心挑选。首先将不符合规格的嫩茎及损伤茎挑出淘汰，然后依加工的罐型，按嫩茎长短、粗细、白绿色泽及品种标准等分成若干级，笋尖朝一个方向码入箱中。

3. 去皮分级

由于嫩茎基部表皮老化，因此加工整条去皮芦笋罐头时，应将原料基部的表皮去掉，去皮长度不少于嫩茎总长的1/3。机械去皮厚度在0.6mm左右，对形状不规则的芦笋应补充手工去皮，手工去皮不超过1mm。要求去皮干净、均匀，不带棱角，保持近于原来的圆度，但不可过厚，去除粗纤维层、裂口和变色部分。

由于芦笋鳞片间易带有泥沙，因此加工整条带皮芦笋罐头时，应将鳞片去除。可用人工剥除，也可用去鳞机用高压水去除。机械去鳞工效高，且去鳞的同时能对嫩茎做进一步冲洗，使原料更清洁。

4. 切割

将精选后的芦笋嫩茎按照不同罐型对原料长度的要求，用手工或机械方法将原料切成与罐型相应的长度。由于芦笋嫩茎在烫漂加热等处理过程中，有一定的缩水率，因此切割长度应比装罐长度长3～5mm。切割时断面一定要整齐、清洁，不得斜切，不带尾梢。整条芦笋一般有108～110mm、150～155mm、123～128mm等几种规格。

5. 预煮

预煮的目的是使嫩茎组织柔软，便于装罐，保证罐内固形物质量，并使酶失去活力，还可消除附着在嫩茎上的部分微生物，除去嫩茎的苦味，排除组织内部的气体。稍弯的嫩茎通过预煮还可以变直。预煮用的水以pH3～4为宜，水温78～85℃，预煮时间2～4min。水温及时间控制应依据原料的粗细及嫩度具体确定。预煮时笋尖向上，基部向下，先将靠近基部的2/3放入水中煮2～3min，然后再将笋尖部分放入水中煮1min左右，以免笋尖煮烂，鳞片松散，影响品质。

预煮一定要适度，预煮时间过长，嫩茎则过于软烂，且易损失香味；而预煮不透，则达不到软化目的。判断预煮是否适度的方法有两种：一种是将预煮嫩茎的基部水平捏住，如果其头部能弯曲90°，证明预煮适度；另一种方法是，在预煮后的冷却阶段，嫩茎缓慢下沉表示预煮适度，嫩茎上浮表示预煮不透，迅速下沉则表示预煮过度。预煮后的芦笋应迅速放入流动水中冷却至36℃以下，冷却时间15～30min，以去除部分苦味物质，但冷却时间过长会降低产品的香味。

6. 分级检查

按芦笋大、中、小号分级，剔除变色、夹有泥沙、有明显粗大鳞片的不合格者，并将弯曲、畸形、机械伤、病虫害及头部开放者挑出，另行修整。

7. 装罐

分级后的芦笋应及时装罐，以减少氧化和细菌污染。根据不同罐型，所称量的芦笋质量应稍多一些，一般应多出5%～10%。常用芦笋罐头罐型的称量要求见表8－12。

表8－12　　常用芦笋罐头罐型称量要求

罐　型	固形物要求量/g	称量/g
5133	160	165～175
7116	285	290～305
7116	270	275～290
8160	500	510～530
9121	540	550～560

资料来源：赵晋府．食品工艺学，第2版．北京：中国轻工业出版社，1999.

装罐时，整条笋的头部一律向上，要轻拿轻放，以免损伤嫩茎及笋尖。装罐后芦笋应不能在罐内自由移动，也不要把罐装得太紧。

8. 注汤汁

汤汁的配方是：清水50kg、食盐1.2kg、柠檬酸10～20g、白砂糖0.5kg，将其加热到75℃，过滤。加注的汤汁要以浸没笋尖为宜。

9. 密封与排气

注汤汁的芦笋罐头要迅速放入排气箱内排气，排气温度90～95℃，排气时间10～12min。排气时间应根据罐型的大小进行调整，排气过度容易使芦笋软化，头部溃散，影响品质与风味。排气后应及时密封。

10. 杀菌与冷却

密封后及时将罐的顶盖朝下放入杀菌锅中进行杀菌。由于罐头的初温会影响杀菌效果，因此封口后至杀菌之间的时间不应超过30min。罐的顶盖朝下，可减少对芦笋嫩茎顶部的损伤，并可缩短杀菌时间。杀菌温度及时间应根据罐型大小、固形物的数量、粗度等情况合理制定。一般温度是121℃，时间12～20min。灭菌不足易导致芦笋罐头腐烂变质，而灭菌过度会使嫩茎肉质软烂，影响其色泽和香味。杀菌结束后及时冷却，使罐中心温度迅速冷却到38～40℃，否则易导致汤汁变红、嫩茎软烂，影响品质。

（四）质量指标

1. 感官要求

符合表8－13的要求。

表 8－13 芦笋罐头感官要求

<table>
<tr><th colspan="3">项 目</th><th>优 级 品</th><th>一 级 品</th></tr>
<tr><td rowspan="6">色泽</td><td rowspan="4">整条</td><td>全白</td><td>整条芦笋呈白色、乳白色或淡黄色</td><td rowspan="2">整条芦笋呈白色、乳白色或淡黄色，允许不超过 15%（以条数计）带有淡绿色或黄绿色笋尖，但长度不超过整条的 1/5</td></tr>
<tr><td>白尖</td><td>整条芦笋呈白色、乳白色或淡黄色，允许不超过 10%（以条数计）带有淡绿色或黄绿色笋尖，但长度不超过整条的 1/5</td></tr>
<tr><td>绿尖</td><td>整条芦笋呈白色、乳白色或淡黄色；笋尖带绿色、淡紫色或黄绿色，带色部分长度不超过 1/3，允许不超过 10%（以条数计）的笋尖带色部分长度超过整条的 1/3 但不超过 1/2</td><td>整条芦笋呈白色、乳白色或淡黄色；笋尖带绿色、淡柴色或黄绿色，带色部分长度不超过 1/3，允许不超过 15%（以条数计）的笋尖带色部分长度超过整条的 1/3</td></tr>
<tr><td>全绿</td><td>整条芦笋呈绿色、淡紫色或黄绿色，允许不超过 20%（以条数计）的基部呈乳白色或淡黄色，长度不超过整条的 1/3</td><td>整条芦笋呈绿色、淡紫色或黄绿色，允许不超过 25%（以条数计）的基部呈乳白色或淡黄色，长度不超过整条的 1/2</td></tr>
<tr><td rowspan="2">段条</td><td>带笋尖</td><td>段条呈白色、乳白色或淡黄色，笋尖色泽不限</td><td rowspan="2">呈白色、乳白色或淡黄色、淡紫色</td></tr>
<tr><td>无笋尖</td><td>呈白色、乳白色或淡黄色</td></tr>
<tr><td colspan="3">滋味、气味</td><td>具有芦笋罐头应有的滋味和较浓香气，略带苦味、无异味</td><td>具有芦笋罐头应有的滋味和香气，略带苦味、无异味</td></tr>
<tr><td rowspan="2">组织形态</td><td colspan="2">整条</td><td>同一罐中长短粗细均匀，去皮笋的去皮部分应不少于整条笋长度的 1/3，去皮良好，基本上保持原形，无明显棱角，笋尖较嫩，笋尖软硬适度，切口整齐，允许带有部分鳞片，略有粗纤维及少量修整和缺陷笋，但不允许有畸形和木质化笋，含粗纤维通不过嫩度计者不得超过每罐笋总条数的 20%，每罐选定的级别允许混入上下邻笋，但不得超过每罐笋总条数的 20%，汤汁较清，允许有轻微浑浊和碎屑</td><td>同一罐中长短均匀，去皮笋的去皮部分应不少于整条笋长度的 1/4，去皮后基本上保持原形，允许有轻微棱角，带有少量鳞片和少量粗纤维及修整和缺陷笋，但不允许有畸形和木质化笋，含粗纤维通不过嫩度计者不得超过每罐笋总条数的 25%，每罐选定的级别允许混入上下邻笋，但不得超过每罐笋总条数的 25%，汤汁较清，允许有轻微浑浊和碎屑</td></tr>
<tr><td colspan="2">段条</td><td>去皮，直径 6～26mm，每罐粗细大致均匀，同一罐中粗细直径之差不大于 1 倍，含粗纤维通不过嫩度计者不得超过每罐笋总条数的 30%，带笋尖的每罐笋尖量不少于全罐笋质量的 20%，其长度为 30～60mm，无笋尖的长度为 20～40mm，汤汁较清，允许有轻微浑浊和碎屑</td><td>去皮，直径 6～26mm，每罐粗细大致均匀，同一罐中粗细直径之差大于 1 倍者不超过 3 倍，含粗纤维通不过嫩度计者不得超过每罐笋总条数的 35%，带笋尖的每罐笋尖量不少于全罐笋质量的 15%，其长度为 30～60mm，无笋尖的长度为 20～40mm，汤汁较清，允许有轻微浑浊和碎屑</td></tr>
</table>

2. 理化指标

净含量应符合相关标准和规定，每批产品平均净含量不低于标示值；固形物含量不得低于53%，其中白芦笋罐头固形物含量不得低于58%；NaCl 含量为0.8% ~1.5%（包含0.8%和1.5%）；产品中Sn、总As、Pb的限量应符合GB 2762—2012《食品安全国家标准　食品中污染物限量》的要求；微生物指标应符合罐头食品商业无菌要求；食品添加剂应符合GB 2760—2011《食品安全国家标准　食品添加剂使用标准》的要求。

四、 盐渍类蔬菜罐头加工

什锦蔬菜是以青豌豆、马铃薯、胡萝卜等不少于5种蔬菜为原料，经预处理、装罐、密封、杀菌、冷却等工序制成的蔬菜罐头，属于盐渍类蔬菜罐头。

（一）原料选择

什锦蔬菜罐头可选择青豌豆、马铃薯、胡萝卜、蚕豆瓣和卷心菜作为5种原料蔬菜，以新鲜原料为佳，也可使用冷藏或速冻的原料。要求原料蔬菜风味正常，无病虫害及腐烂、变质等现象，并且符合相应的标准要求和规定。

（二）工艺流程

原料→[预处理]→[拌料]→[装罐]→[注汤汁]→[排气]→[密封]→[杀菌]→[冷却]→成品

（三）操作步骤

1. 预处理

新鲜青豌豆经过挑选剔除不合格豆，速冻青豌豆则预先解冻，将青豌豆倒入沸水中预煮，待水微沸即捞出冷却。马铃薯洗净、去皮，切成8 ~10mm的小方块，预煮2 ~3min后呈玉色即捞出、冷却。胡萝卜清洗后用5%的碱液去皮，捞出后充分漂洗，去除木质芯的原料，切成8 ~10mm的小方块，倒入沸水中预煮2 ~3min，捞出、冷却。选用速冻的蚕豆，解冻后去皮、分瓣，在0.2%的$CaCl_2$溶液中预煮2 ~3min，捞出后漂洗冷却。卷心菜应去除老叶、青叶及老茎，洗净后切成20 ~30mm的小方块，在沸水中预煮1min，冷却后浸没在1%的$CaCl_2$溶液中约30min，卷心菜与浸泡液之比为1∶2，捞出后用清水漂洗。

2. 拌料

按照青豌豆4kg、马铃薯8kg、胡萝卜7kg和卷心菜4kg的比例将物料拌匀成为混合料，备用。

3. 装罐

以净含量425g罐装为例，先在罐底放入10g蚕豆瓣，再称取混合料250g装入罐中。

4. 注汤汁

汤汁的配方是：水50kg、食盐1kg、芹菜2kg、洋葱2kg，煮制20 ~30min，过滤。食盐的使用量根据原料的不同而进行调整，保证成品的食盐含量0.8% ~1.5%。

在罐中注入汤汁约260g，并保证开罐后的固形物含量不少于60%。

5. 排气与密封

热力排气时维持罐中心温度不少于92℃约10min，真空密封室真空度不少于40kPa。

6. 杀菌

对净含量425g的什锦蔬菜来说，杀菌温度为118℃，杀菌条件为10min—40min—15min。

（四）质量指标

1. 感官要求

符合表8－14的要求。

表8－14　什锦蔬菜罐头感官要求

项目	优级品	合格品
色泽	具有本产品各种蔬菜应有的色泽，搭配均匀，色泽鲜明	具有本产品各种蔬菜应有的色泽，搭配较均匀
滋味、气味	具有各种什锦蔬菜罐头应有的滋味及气味，无异味	
组织形态	组织软硬适度，各类蔬菜形态整齐，可有少量碎屑	组织软硬较适度，可稍软或偏软，各类蔬菜形态尚整齐，可有碎屑
杂质	无外来杂质及无 Fe_2S_3 污染物	

2. 理化指标

净含量应符合相关标准和规定，每批产品平均净含量不低于标示值；产品的固形物含量不低于60%，每批产品的平均固形物含量不应低于标示值；NaCl含量为0.8%～1.5%；污染物限量应符合GB 2762—2012《食品安全国家标准　食品中污染物限量》的规定；微生物指标应符合罐头食品商业无菌的要求；食品添加剂的使用应符合GB 2760—2011《食品安全国家标准　食品添加剂使用标准》的规定。

第四节　综合实验

一、糖水荔枝罐头

（一）实验目的

通过本实验项目加深对水果罐头加工原理的理解，学习糖水荔枝罐头的实验室制作技能；认识糖水类水果罐头加工中的水果去核、糖液配制和酸性罐头食品杀菌的方法；掌握果蔬罐头的感官检验方法和可溶性固形物含量的测定方法。

（二）材料设备

实验材料：荔枝、白砂糖、柠檬酸（食品级）、金属罐（781号或3113号）或玻璃罐（配盖）。

设备：温度计、荔枝去核器、排气箱、封罐机、杀菌锅、台秤等。

（三）工艺流程

原料挑选→洗果→去壳去核→漂洗→装罐→加汤汁→排气与密封→杀菌与冷却→成品

（四）操作步骤

1. 原料挑选

要求荔枝果肉洁白、嫩脆、味甜微酸、香气浓郁，并且果壳易于剥离。果形大小要符合加工要求。剔除病虫害、腐烂、破裂、褐斑、过熟及未熟的荔枝原料。

2. 洗果

从果枝上小心摘下荔枝，放入水中进行清洗，捞出后控水、备用。

3. 去壳去核

手工剥除荔枝的外壳，再用去核器去核。去核器的穿心筒口径应与果实核的大小相适应，常分为两种：大果用13.5mm，小果用12.5mm。凡果肉带有木质化纤维、核屑，果尖接缝处呈褐色者需进行修整，修口要平整，不穿孔。修整后立即进行漂洗，去除碎核屑等杂质。由于糖水类水果柜台多为生装罐，要求去壳去核后直至装罐的时间尽量缩短，以免果肉变色。

4. 装罐

装罐时要求同一罐中果肉大小均匀，缺陷果不应超过总果数的15%。

5. 加汤汁

装罐后所加的汤汁为30%的糖液，通过在糖液中添加食用柠檬酸来控制成品罐头的pH为4.0~4.5。在糖液中添加柠檬酸要随用随加，一般来说，柠檬酸加入后的糖液应在半小时内用完。糖液温度不低于85℃，注入罐后即趁热拨动果肉以驱赶掉果肉间的部分空气，并立即送至排气箱进行排气。

装罐量视罐号确定，781号罐的净含量为321g，果肉装入量为150~160g（12~14粒）；3113号罐的净含量为567g，果肉装入量为270~290g（20~26粒）；500mL玻璃瓶的净含量为500g，果肉装入量为260~275g（17~23粒）。

6. 排气与密封

将注入汤汁的罐头放进排气箱排气，罐中心温度不低于80℃，保持8~10min，然后迅速进行密封。若采用真空密封排气法，真空室的真空度设定为40~50kPa。在不影响净重的情况下提高真空度，对减少变色作用及减轻罐内壁氧化腐蚀都有好处。

7. 杀菌与冷却

781号罐和8113号罐，若采用排气箱排气法，杀菌条件分别为3~9min、100℃和3~11min、100℃；若采用真空密封排气法，则杀菌条件分别为3~11min、100℃和3~13min、100℃。杀菌后应迅速冷却到38~40℃。冷却后擦干罐体，贴上标签，注明罐头名称和日期。

（五）质量要求

质量优良的荔枝罐头从感官品质上来判断的话，主要观察其色泽和组织形态。色泽：果肉呈乳白色，略带微红色或微黄色，有光泽；果尖可有轻微红褐色；果核室内壁可带有红褐色；汤汁近似乳白色。组织形态：果肉软硬适度，有弹性，果形完整，洞口整齐，允许轻微裂口及缺口，同一罐内的荔枝大小均匀一致，边缘整齐；罐内允许有少量碎果屑，无异味、无杂质。理化指标上则主要测定其固形物含量，要求大于38%，可溶性固形物（20℃，按折光计）在8%~22%都为合格品。

（六）品质检测实训项目

1. 果蔬罐头感官检验

感官检验是果蔬罐头出厂检验的必检项目，所用工具包括：白瓷盘，匙，不锈钢圆筛（丝之直径1mm、筛孔2.8mm×2.8mm），烧杯，量筒，开罐刀等。参加感官检验人员须有正常的味觉与嗅觉，感官鉴定过程不得超过2h。

（1）组织与形态检验　在室温下将糖水水果类及蔬菜类罐头打开，先滤去汤汁，然后将内容物倒入白瓷盘中观察组织、形态是否符合标准。糖浆类罐头开罐后，将内容物平倾于不锈钢圆筛中，静置3min，观察组织、形态是否符合标准。果酱类罐头在室温（15～20℃）下开罐后，用匙取果酱（约20g）置于干燥的白瓷盘上，在1min内视其酱体有无流散和汁液析出现象。果汁类罐头打开后内容物倒在玻璃容器内静置30min后，观察其沉淀程度、分层情况和油圈现象。

（2）色泽检验　糖水水果类及蔬菜类罐头在白瓷盘中观察其色泽是否符合标准，将汁液倒在烧杯中，观察其汁液是否清亮透明，有无夹杂物及引起浑浊之果肉碎屑。糖浆类罐头将糖浆全部倒入白瓷盘中观察其是否浑浊，有无胶冻和有无大量果屑及夹杂物存在。将不锈钢圆筛上的果肉倒入盘内，观察其色泽是否符合标准。果酱类罐头及番茄酱罐头将酱体全部倒入白瓷盘中，随即观察其色泽是否符合标准。果汁类罐头倒在玻璃容器中静置30min后，观察其色泽是否符合标准。

（3）滋味和气味检验　检验其是否具有与原水果、蔬菜相近似之香味。果汁类罐头应先嗅其香味（浓缩的果汁应稀释至规定浓度），然后评定酸甜是否适口。

2. 可溶性固形物含量测定

对于糖水类水果罐头来说，可溶性固形物含量是出厂检验的必检项目。可溶性固形物含量的测定通常采用折光计法，其原理是在20℃时用折光计测量试验溶液的折射率，并用折射率与可溶性固形物含量的换算表计算出或从折光计上直接读出可溶性固形物的含量。用折光计法测定的可溶性固形物含量，在规定的制备条件和温度下，水溶液中蔗糖的浓度和所分析的样品有相同的折射率，此浓度以质量分数来表示。测定可溶性固形物含量所用仪器包括：阿贝折光计或糖度计、组织捣碎器等。

（1）测试溶液的制备

①透明的液体制品：如果汁等，待测样品经充分混匀后可直接测定。

②非黏稠的制品：如果浆、蔬菜浆等，待测样品应充分混匀，再用四层纱布挤出滤液，用于测定。

③黏稠制品：如果酱、果冻等，称取适量（40g以下，精确到0.01g）的待测样品到已称重的烧杯中，加100～150mL的蒸馏水，用玻璃棒搅拌，并缓和煮沸2～3min，冷却并充分混匀。20min后称重，精确到0.01g，然后用槽纹漏斗或布氏漏斗过滤到干燥容器里，留滤液供测定用。

④固相和液相分开的制品：如糖水水果罐头，按固液相的比例，将样品用组织捣碎器捣碎后，用四层纱布挤出滤液用于测定。

（2）测定步骤　事先对照说明书对折光计进行校正。分开折光计的两面棱镜，以脱脂棉蘸乙醚或酒精擦净。用末端熔圆的玻璃棒蘸取制备好的样液2～3滴，仔细滴于折光计棱镜平面之中央（注意勿使玻璃棒触及棱镜），迅速闭合上两面棱镜，静置1min，要求液体均匀无气泡并充满视野。

对准光源，由目镜观察，调节指示规，使视野分成明暗两部分。再旋动微调螺旋，使两部分界限明晰，其分界线恰在接物镜的十字交叉点上，读取读数。如折光计标尺刻度为百分数，则读数即为可溶性固形物的百分率，按可溶性固形物对温度校正表（表8－15和表8－16）换算成20℃时标准的可溶性固形物百分率。

表8－15　可溶性固形物对温度校正表（减校正值）

温度/℃	可溶性固形物含量读数/%									
	5	10	15	20	25	30	40	50	60	70
15	0.29	0.31	0.33	0.34	0.34	0.35	0.37	0.38	0.39	0.40
16	0.24	0.25	0.26	0.27	0.28	0.28	0.30	0.30	0.31	0.32
17	0.18	0.19	0.20	0.21	0.21	0.21	0.22	0.23	0.23	0.24
18	0.13	0.13	0.14	0.14	0.14	0.14	0.15	0.15	0.16	0.16
19	0.06	0.06	0.07	0.07	0.07	0.07	0.08	0.08	0.08	0.08

表8－16　可溶性固形物对温度校正表（加校正值）

温度/℃	可溶性固形物含量读数/%									
	5	10	15	20	25	30	40	50	60	70
21	0.07	0.07	0.07	0.07	0.08	0.08	0.08	0.08	0.08	0.08
22	0.13	0.14	0.14	0.15	0.15	0.15	0.15	0.16	0.16	0.16
23	0.20	0.21	0.22	0.22	0.23	0.23	0.23	0.24	0.24	0.24
24	0.27	0.28	0.29	0.30	0.30	0.31	0.31	0.31	0.32	0.32
25	0.35	0.36	0.37	0.38	0.38	0.39	0.40	0.40	0.40	0.40

如折光计读数标尺刻度为折射率，可读出其折射率，然后按折射率与可溶性固形物换算表（表8－17）查得样品中可溶性固形物的百分率，再按可溶性固形物对温度校正表（表8－15、表8－16）换算成20℃时标准的可溶性固形物百分率。

表8－17　折射率与可溶性固形物换算表

折射率 n_D^{20}	可溶性固形物含量/%	折射率 n_D^{20}	可溶性固形物含量/%	折射率 n_D^{20}	可溶性固形物含量/%	折射率 n_D^{20}	可溶性固形物含量/%
1.3330	0	1.3672	22	1.4076	44	1.4558	66
1.3344	1	1.3689	23	1.4096	45	1.4582	67
1.3359	2	1.3706	24	1.4117	46	1.4606	68
1.3373	3	1.3723	25	1.4137	47	1.4630	69

续表

折射率 n_D^{20}	可溶性固形物含量/%	折射率 n_D^{20}	可溶性固形物含量/%	折射率 n_D^{20}	可溶性固形物含量/%	折射率 n_D^{20}	可溶性固形物含量/%
1.3388	4	1.3740	26	1.4158	48	1.4654	70
1.3403	5	1.3758	27	1.4179	49	1.4679	71
1.3418	6	1.3775	28	1.4301	50	1.4703	72
1.3433	7	1.3793	29	1.4222	51	1.4728	73
1.3448	8	1.3811	30	1.4243	52	1.4753	74
1.3463	9	1.3829	31	1.4265	53	1.4778	75
1.3478	10	1.3847	32	1.4286	54	1.4803	76
1.3494	11	1.3865	33	1.4308	55	1.4829	77
1.3509	12	1.3883	34	1.4330	56	1.4854	78
1.3525	13	1.3902	35	1.4352	57	1.4880	79
1.3541	14	1.3920	36	1.4374	58	1.4906	80
1.3557	15	1.3939	37	1.4397	59	1.4933	81
1.3573	16	1.3958	38	1.4419	60	1.4959	82
1.3589	17	1.3978	39	1.4442	61	1.4985	83
1.3605	18	1.3997	40	1.4465	62	1.5012	84
1.3622	19	1.4016	41	1.4488	63	1.5039	85
1.3638	20	1.4036	42	1.4511	64		
1.3655	21	1.4056	43	1.4535	65		

测定过程中，温度最好控制在20℃左右观测，尽可能缩小校正范围。同一个试验样品进行两次测定。如果是不经稀释的透明液体或非黏稠制品或固相和液相分开的制品，可溶性固形物含量与折光计上所读得的数相等。如果是经稀释的黏稠制品，则可溶性固形物含量按下式计算。

$$X = \frac{Dm_1}{m_0} \quad (8-2)$$

式中　X——可溶性固形物含量,%；

D——稀释溶液里可溶性固形物的质量分数,%；

m_1——稀释后的样品质量，g；

m_0——稀释前的样品质量，g。

如果测定的重现性已能满足要求，取两次测定的算术平均值作为结果。另外，由同一个分析者紧接着进行两次测定的结果之差，应不超过0.5%。

二、 香菜心罐头

（一）实验目的

通过本实验项目加深对盐渍类蔬菜罐头加工原理的理解，学习香菜心罐头的实验室制作技能；认识盐渍类蔬菜罐头加工中的调味料配制、调味和低酸性罐头食品杀菌的方法；掌握果蔬罐头净含量和固形物含量的测定方法。

（二）材料设备

莴苣、白砂糖、食盐、金属罐或玻璃瓶（配盖）、温度计、浓缩锅、封罐机、杀菌锅、天平、小台秤等。

（三）工艺流程

原料挑选→腌制→切片→脱盐→压榨脱水→浸泡调味→装罐配汤→排气密封→杀菌冷却→成品

（四）操作步骤

1. 原料挑选

香菜心罐头的主要原料是莴苣，要求新鲜、无分支、无扁尾，不得采用有褐斑或暗褐色的淡绿莴苣笋。每株长度不小于200mm，尾径不小于12mm。

2. 腌制

按照每10kg去皮去筋的莴苣配用2kg食盐。初腌时，将莴苣顺序码放在缸内，先用1kg食盐分层撒盐，腌制2d。期间，每天翻动2次。第3d将莴苣捞起，再用1kg食盐分层撒盐腌制。每2d翻动1次，连翻5d后，用石块压紧封缸贮存20～30d。

3. 切片

将腌制后的莴苣取出清洗，并切除粗老部分。将莴苣横切成1.5～2.0mm的圆形薄片，直径小于15mm的则切成宽5mm、厚度2～3mm、长50～70mm的长条状。切片要均匀，并按大小分等级。

4. 脱盐

将莴苣片（条）在清水中浸泡脱盐10h，每间隔1h换一次水。

5. 压榨脱水

用压榨桶缓慢压榨去除水分，脱水率45%～50%。

6. 浸泡调味

将压榨脱水后的莴苣片（条）分等级分别在调味液中浸泡，按照莴苣片（条）1.5份调味液1份的比例浸泡3～6h，调味液的配方为：特级酱油4～7kg，生抽酱油67～70kg，甘草水（4%～5%）2.5kg，白砂糖22kg，加水煮沸并调整至总量为100kg，过滤后冷却。甘草水的熬制：将切碎的甘草用10～15倍的水熬煮约2h后捞出甘草，浓缩甘草水至浓度为4%～5%（按折光计）即可。

7. 装罐配汤

将浸泡后的莴苣片（条）捞出沥汁即可装罐。若采用745号罐，每罐装入莴苣片140g，汤汁62～65g。汤汁由上述浸泡液调制而成，先将调味液加热煮沸，加入食盐调整盐浓度至6%后过滤即可。

8. 排气密封

采用热力排气法，罐中心温度75～80℃；真空密封排气法的真空度46.7kPa。

9. 杀菌冷却

745号罐的杀菌条件为3min－（6～10）min/100℃，快速冷却。

（五）质量要求

优级品的香菜心罐头菜心呈黄褐色，色泽均匀一致，有光泽，汤汁较清，呈棕红色。香菜心口感脆嫩，无木质化粗纤维。无论片状、条状或段状，块形都均匀一致。具有香菜心罐头特有的滋味和气味，无异味、无杂质。理化指标上则要求固形物含量大于60%，NaCl含量在3.0%～6.0%。

（六）品质检测实训项目

净含量和固形物含量是果蔬罐头出厂检验的必检项目。这两个品质指标测定所用的工具包括：天平、开罐刀、烧杯、圆筛等。对于净含量小于1.5kg的罐头，用直径200mm的圆筛；对于净含量等于或大于1.5kg的罐头，用直径300mm的圆筛。不锈钢圆筛丝之直径1mm、筛孔2.8mm×2.8mm。

1. 净含量测定

擦净罐头的外壁，用天平称取罐头的总质量。打开罐头，将内容物倒出后，将空罐洗净、擦干后称重。按下式计算净含量：

$$m = m_3 - m_2 \qquad (8-3)$$

式中　m——罐头净含量，g；

m_2——空罐质量，g；

m_3——罐头总质量，g。

2. 固形物含量测定

开罐后将内容物倾倒在预先称重的圆筛上，不搅动产品，倾斜筛子，沥干2min后，将圆筛和沥干物一并称重。按下式计算固形物的质量分数：

$$X_1 = \frac{m_5 - m_4}{m_7} \times 100 \qquad (8-4)$$

式中　X_1——固形物的质量分数，%；

m_4——圆筛质量，g；

m_5——果肉或蔬菜沥干物加圆筛质量，g；

m_7——罐头标明净含量，g。

带有小配料的蔬菜罐头，称量沥干物时应扣除小配料。

[推荐书目]

1. 夏文水．食品工艺学．北京：中国轻工业出版社，2008.

2. 梁文珍．罐头生产．北京：化学工业出版社，2011.

3. 杨邦英．罐头工业手册（新版）．北京：中国轻工业出版社，2002.

思考题

1. 果蔬罐头加工中的烫漂有什么作用？
2. 为什么果酱罐头要加入一定量的柠檬酸？
3. 为什么罐头密封前要进行排气？
4. 常见的罐头杀菌方法分哪几类，各适用于什么类型的食品？
5. 罐头食品常见的传热方式有哪些？哪些因素会影响传热效果？

CHAPTER 9

第九章 果蔬速冻加工

[知识目标]

1. 理解果蔬速冻加工的原理。
2. 了解果蔬速冻的方法和设备。
3. 掌握不同果蔬速冻产品的加工工艺流程以及各工艺流程的操作要点。
4. 掌握果蔬速冻产品贮藏与运输过程中常见问题的分析与控制。

[能力目标]

1. 能够根据果蔬原料的性质制作果蔬速冻产品。
2. 能够对不同果蔬速冻加工过程中常见问题进行分析和控制。

第一节　果蔬速冻原理与技术

果蔬速冻加工是果蔬原料经过一系列处理后，在 -35 ~ -30 °C 的低温条件下进行快速冻结，再在能保持果蔬冻结状态的低温下进行冷冻保藏。速冻加工是现代食品冷冻技术，与其他保存方法相比，速冻能更好地保持食品的新鲜色泽、风味和营养成分，已成为食品工业的重要组成部分。

我国的果蔬速冻加工业起步于 20 世纪 60 年代，尤其是蔬菜速冻加工在 20 世纪 80 年代以后有了较大发展。在商品供应上以速冻蔬菜较多，速冻水果则多用于做其他食品（如果汁、果酱、蜜饯、点心、冰淇淋等）的半成品或辅料。近年来，由于“冷链”配备的不断完善和家用微波炉的普及，速冻业获得迅速的发展，果蔬速冻制品技术和产品质量不断提高。

果蔬速冻是指运用适宜的冻结技术，在尽可能短的时间内将果蔬温度降低到其冰点以下的低温，使其所含的全部或大部分水分随着食品内部热量的散失而形成微小的冰晶体，最大限度地减少生命活动和生化变化所需要的液态水分，最大限度地保留食品原有的天然品质，为低温冻藏提供一个良好的基础。

一、果蔬速冻原理

（一）纯水的冻结

水的冻结伴随着降温和结晶两个过程。如图9－1所示，当水与冷冻介质相接触后，水由环境温度首先降低至冰点（0℃），但此时水并未开始结冰，而是随后被冷却为过冷状态。只有当温度降低到水中开始出现稳定性晶核时，水分子才会释放潜热并向冰晶体转化，而放出的潜热又会使其温度回升到冰点。降温过程中，水中开始形成稳定晶核时的温度，或温度开始回升时的最低温度，称为过冷临界温度或过冷温度。当温度回升到冰点后，只要水仍不断地冻结并放出潜热，冰水混合物的温度就始终保持在0℃。只有当全部水分都冻结后，其温度才会迅速下降，并逐渐接近外界冷冻介质的温度。

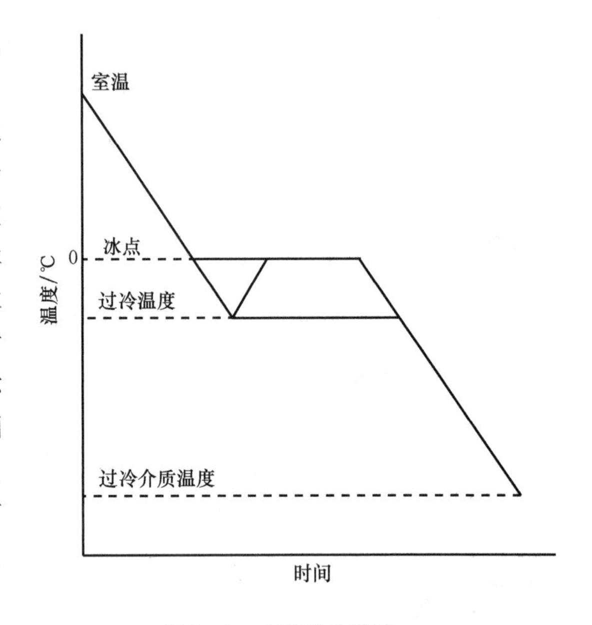

图9－1　水的冷冻曲线

因此，水冻结成冰的过程，主要是由晶核的形成和冰晶体的增长两个过程组成的。当水的温度降至冰点时，水分子的热运动减慢，开始形成称为生长点的分子集团。生长点很小，增长后就形成新相的先驱，称为晶核。晶核的形成实际上是一些水分子以一定规律运动而结合成的颗粒型微粒，形成的晶核将作为冰晶体成长的基础。晶核分为均质晶核和异质晶核两种，均质晶核系由水分子自身形成的晶核，而异质晶核则是以水中所含有的杂质颗粒为中心形成的晶核。水分子在开始时形成的晶核不稳定，随时都可能被其他水分子的热运动所分散，只有当温度下降到一定程度，即在过冷温度下，才能形成稳定的晶核，并且不会被水分子的热运动所破坏。

冰晶体的增长过程，是水分子不断有序地结合到晶核上面使冰晶体不断增大的过程。冰晶体形成的大小和数量的多少，主要与水分子的运动特性和降温速度两个因素有关。缓慢降温时，由于水降到冰点以下温度所需要的时间很长，同时水分子开始形成的晶核不稳定，容易被热运动所分散，结果形成的稳定晶核不多。此外，由于降温时间长，大量的水分子有足够的时间位移并集中结合到数量有限的晶核上，使其不断增大，形成较大的冰晶体。快速降温时，水温可被迅速降低到冰点以下，能形成大量的、稳定的晶核。同时由于降温速度很快，水分子没有足够的时间位移，加上水中稳定的晶核数量多，水分子只能就近分散地结合到数目众多的晶核上去，从而形成数量多、个体小的冰晶体。如表9－1所示，降温速度越慢，形成的冰晶体数目越少，个体越大；降温速度越快，形成的冰晶体数目越多，个体越小。

表 9-1　　降温速度对冰晶体形成的影响

降温速度（通过 -5～0℃的时间）	冰晶体形状	冰晶体大小（直径×长度）/μm	冰晶体数量
数秒	针状	（1～5）×（5～10）	无数
1.5min	杆状	（0～20）×（20～50）	数量多
40min	块状	（50～100）×100 以上	数量少
90min	块状	（50～200）×200 以上	数量少

（二）果蔬原料的冻结

由于在果蔬原料的水中溶解了多种有机物质和无机物质，还含有一定量的气体，构成了复杂的溶液体系，因此，果蔬原料水溶液的冰点与纯水不同，且随溶质种类和溶液浓度的变化而各异。果蔬中的水可分为自由水和结合水两大类，这两类水在冻结时表现出不同的特性。自由水可在液相区域内自由移动，其冰点温度在0℃以下；结合水被大分子物质如蛋白质、碳水化合物等所吸附，其冰点要比自由水低得多。根据拉乌尔第二法则，溶液冰点的降低与其所含物质的浓度成正比，浓度每增加 1mol/L，冰点便降低 1.86℃，所以果蔬原料冻结时要降低到 0℃以下才会形成冰晶体。总之，果蔬原料中的水分含量越低，其中无机盐类、糖、酸及其他溶质的浓度就越高，则开始形成冰晶的温度就越低。如表 9-2 所示，各种果品蔬菜的成分各异，其冰点也各不相同。

表 9-2　　几种果品蔬菜的冰点温度

种类	冰点温度/℃		种类	冰点/℃
	最高	最低		
苹果	-1.40	-2.78	番茄	-0.9
梨	-1.50	-3.16	洋葱	-1.1
杏	-2.12	-3.25	豌豆	-1.1
桃	-1.31	-1.93	花椰菜	-1.1
李	-1.55	-1.83	马铃薯	-1.7
酸樱桃	-3.38	-3.75	甘薯	-1.9
葡萄	-3.29	-4.64	青椒	-1.5
草莓	-0.85	-1.08	黄瓜	-1.2
甜橙	-1.17	-1.56	芦笋	-2.2

在冻结过程中，大部分果蔬原料在从 -1℃降至 -5℃时，近 80% 的水分可冻结成冰，此温度范围称为“最大冰晶生成区”（zone of maximum ice crystal formation）。食品的冻结曲线如图 9-2 所示，t_1为物料初始温度；t_2～t_3之间的温度段为物料大量形成冰晶体的区间，温度

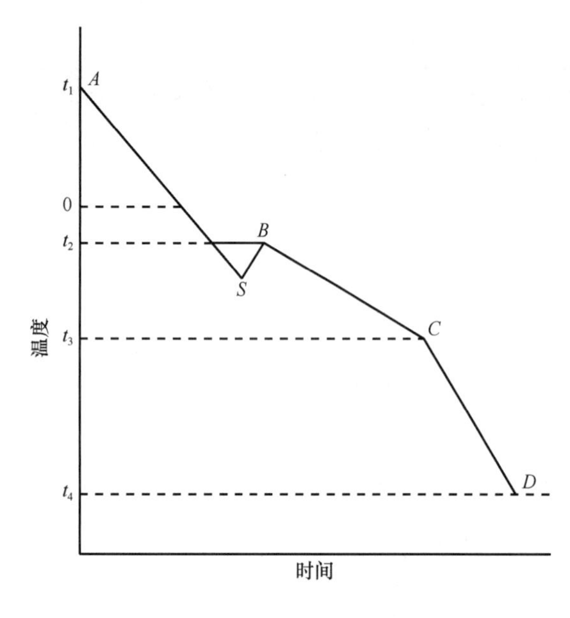

图9-2 食品的冻结曲线

在 -5 ~ -1℃，即最大冰晶生成带；t_4为冻结温度。曲线上 *AS* 段代表简单的冷却，没有冰的形成，因而降温很快，曲线较陡；*S* 点代表过冷点，温度达到 *S* 点时，物料内的水分开始形成冰晶，放出潜热使温度回升至冰点 t_2（*B* 点）；随着冻结的进行，水分的冻结量越来越大，残留在水分中的溶质的浓度也越来越高，导致残留溶液的冰点越来越低，因而曲线上 *BC* 段就不像纯水那样是条水平直线，而是逐渐向下倾斜；达到 *C* 点时，大部分水分已经冻结成冰，食品呈冻结状态，此时的温度为 t_3；进一步冷冻，由于只有少数的水分冻结，放出的潜热较少，因此食品的温度急剧下降（*CD* 段），直达到或接近冷冻介质的温度 t_4。

在果蔬原料的冷冻过程中，晶体形成的大小与晶核的数目直接相关，而晶体数目的多少又与冷冻速度有关。根据冻结速度的快慢，可将冻结分为慢冻和速冻两类。慢冻是指外界的温度降低速度与细胞组织内的温度降低速度基本保持等速，食品逐渐被冻结的过程；而速冻是指外界温度的降低速度与细胞组织内的温度降低速度有一定差值，以最快速度通过食品的最大冰晶生成带（ -5 ~ -1℃）的冻结过程。因此，能否快速通过最大冰晶生成带是影响速冻食品质量的关键。

一般来说，优质速冻果蔬食品应具备以下五个要素：

①冻结要在 -30 ~ -18℃的温度下进行，并且在 30min 内完成冻结；

②速冻后的食品中心温度要达到 -18℃以下；

③速冻食品内水分形成无数针状小冰晶，其直径应小于 100μm；

④冰晶体分布与原料中液态水分的分布相近，不损伤细胞组织；

⑤食品解冻时，冰晶体融化的水分能迅速被细胞吸收而不产生汁液流失。

二、 果蔬速冻的方法与设备

果蔬的冻结可以根据各种果蔬的具体条件和工艺标准，采用不同的方法和冻结装置来实现。需在经济合理的原则下，尽可能提高冻结装置的制冷效率，加速冻结速度，缩短冻结时间，以保证产品的质量。根据冷却介质与果蔬接触方式的不同，可以将果蔬的冻结分为间接冻结法和直接冻结法，而每一种方法均包含了多种形式的冻结装置。现将目前果蔬速冻保藏工业中常用的冻结方法和装置介绍如下。

（一）间接冻结法及其装置

1. 低温静止空气冻结

低温静止空气冻结是以空气作为冻结介质的冻结方法，具有对食品无害、成本低、机械化要求低等优点，是最早使用的冻结方式。

静止空气冻结，一般应用管架式，把蒸发器做成搁架，其上放托盘，盘上放置冷冻原料，靠空气自然对流及有一定接触面（贴近管架）进行热交换。由于空气的导热系数低，自然对流速度又低，因此原料的冻结时间长。果蔬产品的冻结往往要10h左右（视温度及原料的大小厚薄而定），一般效果差、效率低、劳动强度大。目前只在小型库中应用，低温冰箱也属此类，在工艺上已落后。

2. 送风冻结

送风冻结是通过增大风速，使原料的表面放热系数提高，从而提高冻结速度。当风速为1.5m/s时，可将冻结速度提高1倍；风速达3m/s时，可将冻结速度提高3倍；风速达5m/s时，可将冻结速度提高4倍。虽然送风会加速产品的干耗，但若加快冻结，产品表面形成冰层，可以使水分蒸发减慢，减少干耗，所以送风对速冻有利。但要注意使冻结装置内各点上的原料表面的风速一致（图9－3）。

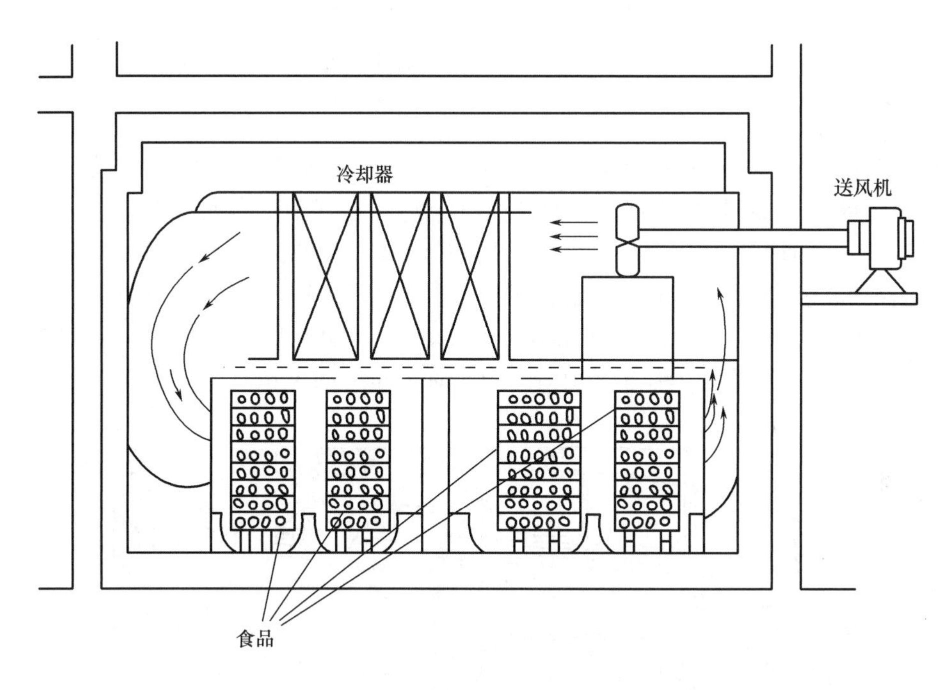

图9－3　送风冻结装置

3. 强风冻结

强风冻结是利用强大风机使冷风以3m/s以上的速度在装置内循环，主要有以下形式。

（1）隧道式　用轨道小拉车或吊挂笼传送原料，一般以逆向送入冷风，或用各种形式的导向板造成不同风向。生产效率及效果还可以，但连续化生产程度不高。

（2）传送带式　目前多采用不锈钢网状输送带，原料在传送带上冻结，冷风的流向可与原料平行、垂直、顺向、逆向或侧向。传送带速度可根据冻结时间进行调节。如螺旋带式连续冻结装置中间有一大转筒，传送带围绕着筒形成多层螺旋状逐级将原料（装在托盘上）向上传送，如图9－4所示。冷风由上部吹下，下部排出；而原料由下部送入，上部传出，即完成冻结。冷风与原料呈逆向对流换热。

（3）悬浮式（也称流态床）　流态床是目前大多数颗粒状或切分的果蔬加工采用的一种速冻形式，其冻结装置一般采用不锈钢网状传送带，分成预冷及急冻两段，以多台强大风机自下

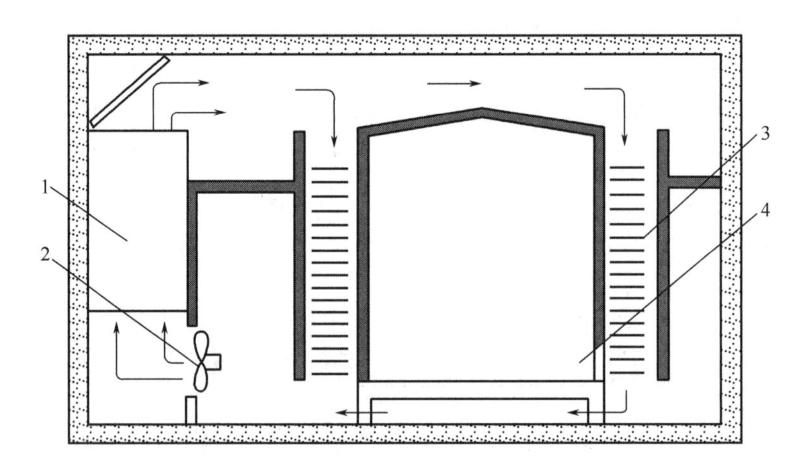

图9－4　螺旋带式连续冻结装置

1—蒸发器　2—风机　3—传送带　4—滚筒

向上吹出高速冷风，垂直向上的风速达到6m/s以上，把原料吹起，使其在网状传送带上形成悬浮状态不断跳动，原料被急速冷风所包围，进行强烈的热交换，从而急速冻结（图9－5）。一般在5～15min就能使食品冻结至－18℃，具有生产率高、效果好、自动化程度高等优点。因为要使冻品形成悬浮状态需要很大的气流速度，故被冻结的原料大小受到一定限制。一般适用于颗粒状、小片状和短段状的原料。在传送带的带动下，原料不断向前移动，在彼此不黏结成堆的情况下完成冻结，因此又称为“单体速冻”（individual quick frozen，IQF）。

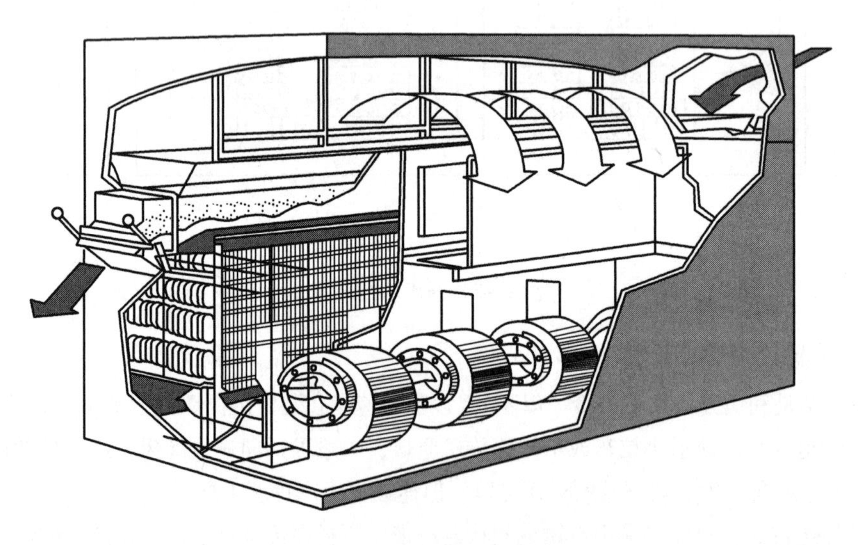

图9－5　悬浮冻结装置

4. 间接接触冻结

将产品放在由制冷剂（或载冷剂）冷却的金属空心板、盘、带或其他冷壁上，与冷壁表面直接接触但与制冷剂（或载冷剂）间接接触而进行降温冷冻的方法。这是一种完全用热传导方式进行冻结的方法，其冻结效率取决于它们的表面相互间密切接触的程度，可用于冻结未包装或用塑料袋、玻璃纸或纸盒包装的食品。

平板冻结机即属此类。一般由铝合金或钢制成空心平板（或板内配蒸发管），制冷剂以空心板为通路，从其中蒸发通过，使板面及其周围成为温度很低的冷却面；原料放置在板面上（即与冷却面接触）。一般用多块平板组装而成，可以用油压装置来调节板与板之间的距离，使空隙尽量减少，这样使原料夹在两板之间，以提高其热交换效率。由于原料被上、下两个冷却面所吸热，故冻结速度颇快，厚6～8cm的食品在2～4h内即可完成冻结，适用于扁平形状原料的速冻。但属间歇生产类型，生产效率不高，劳动强度较大。

（二）直接冻结法及其装置

直接冷冻法就是将食品与冷冻液直接接触进行冻结的方法。由于液体是热的良好导体，且产品直接和制冷剂接触，增加热交换效能，冷冻速度最快。直接冻结法中使用的冷冻液必须满足无毒、清洁、纯度高、无异味、无腐蚀、无外来色素及漂白作用等要求。

1. 浸渍冷冻法

将产品直接浸在冷冻液中进行冻结的方法。比如，将果品蔬菜浸于糖液中冻结，取出时用离心机将黏附未冻结的液体排除即可。常用的载冷剂有盐水、糖溶液和丙三醇。

2. 低温冷冻法

这是一种利用制冷剂相变（液态变为气态）实现迅速冷冻的方法。低温冷冻法所获得的冷冻速度大大超过了传统的鼓风冷冻法和板式冷冻法，且与浸渍冷冻和流态床冷冻比较，速冻更快。目前应用较多的制冷剂是液氮，其次是CO_2。

液氮具有沸点低、无毒、无味、不与食品成分发生化学反应等优点。当液氮取代食品内的空气后，能减轻食品在冻结和冻藏时的氧化作用。在大气压力下，液氮是在－196℃下缓慢沸腾并吸收热量，从而产生制冷效应，无需预先用其他制冷剂冷却。液氮的超低温沸点还对食品自然散热有很好的推动作用，原来用其他方法不能冻结的食品，现在用液氮就可使其完全冻结。如肉质肥厚的意大利种番茄，其细胞具有较强的免受冻伤的能力，使用液氮冻结，就能制成品质优良的速冻制品。液氮冷冻可采用液氮浸渍冷冻、液氮喷射冷冻、利用液氮蒸气穿流于产品之中冷冻三种形式，其中以液氮喷射冷冻最为常用。

CO_2也常作超低温制冷剂。其冻结方式有两种：一是将－79℃升华的干冰和食品混合在一起使其冻结；二是在高压下将液态CO_2喷淋在食品表面，液态CO_2在压力下降的情况下于－79℃时变成干冰霜。冻后食品的品质和液氮冻结相同。干冰气化时吸收的热量为同等量液氮的2倍，因而CO_2冻结比用液氮还要经济一些。

三、速冻对果蔬的影响

（一）组织结构变化

冻结速度的快慢与冻结过程中形成的冰晶颗粒的大小有直接的关系。果蔬在缓慢冻结时，由于冻结的时间长，由一个晶核缓慢形成大晶核，存在于细胞间隙，形成巨大的冰晶体，对细胞伤害大。同时由于水分的迁移造成细胞浓度增加，这些都直接危害冻结制品的品质，使其解冻后出现流汁、风味劣变等。当果蔬进行快速冻结（速冻）时，细胞内外的水分几乎同时在原地形成冰晶，因此，所形成的冰晶体体积小（呈针状）、数量多、分布均匀，对组织结构不会造成机械损伤，可最大限度地保持冻结果蔬的可逆性和质量，解冻后能基本保持原有的品质。

（二）生化变化

速冻产品经过降温、冻结、冻藏和解冻后都会发生色泽、风味、质地等的变化，从而影响产品的品质。如蛋白质的变性，原果胶水解成果胶，造成组织结构分离，质地软化；果蔬色泽发生不同程度变化，叶绿素转化成脱镁叶绿素，颜色由绿色变成灰绿色。

（三）酶的变化

脱氢酶在冻结时其活性受到强烈抑制。但大多数酶如转化酶、脂肪酶、脂肪氧化酶、过氧化物酶、果胶酶等，在冻结的果蔬中仍有活力，在－30～－20℃才能完全受到抑制。多数酚类物质会发生酶促褐变，使产品颜色变暗。

四、速冻对微生物的影响

冻结可以杀死一部分微生物，冰晶体的形成不仅使微生物细胞遭到机械性破坏，还促使微生物细胞内原生质或胶体脱水，最后导致不可逆的蛋白质变性。但冻结的杀菌效应是不完全的。冷冻对微生物的影响，主要决定于冻结温度及冻结速度。冻结的温度越低，微生物的损伤越大；冻结的速度越慢，对微生物的伤害越大。

第二节　果蔬速冻加工案例

一、草莓的速冻加工

草莓是一种浆果，其味美、芳香、酸甜适口，营养价值高，可食部分达98%。草莓风味别致，但因多汁、娇嫩，其耐贮性极差。在常温下，草莓只能保存1～3d，冷藏草莓也只能保存1周左右。运用高浓度CO_2处理、辐射处理及气调贮藏等方法可减少腐烂率，但贮藏期仍很短，一般不超过3～4周。相比之下，采用速冻加工方法保存草莓，保鲜期可达一年以上，且最大限度地保存了草莓的色、香、味和营养成分，解决了旺季草莓大量集中上市和不耐贮藏之间的矛盾。

速冻草莓是加工草莓冰点心、草莓冰淇淋、草莓牛奶、草莓浆和草莓汁的原料，也是我国出口国外市场的主要产品之一。因此，速冻草莓有广阔的市场前景。

（一）工艺流程

采摘和挑选→分级→去蒂→清洗→加糖→冷却→速冻→复选→称重→包装→冷藏

（二）操作步骤

1. 采摘和挑选

草莓的采摘要求是果实鲜红色一致，果肉组织坚实，成熟度适中，芳香、无异味和异臭，无机械损伤，无病虫害，形状及大小均匀。采收和挑选及运输时需轻拿轻放，最好是浅底箱，装箱不宜过满，防止造成机械损伤。

2. 分级

草莓一般分成L、M、S、2S四级。规格如下。

L级：直径28mm以上或17g/果以上；

M级：直径25～28mm或8～12g/果；

S 级：直径 20～24mm 或 5～7g/果；

2S 级：直径 20mm 以下或 5g/果以下。

3. 去蒂

草莓采收时均带蒂，速冻加工前需去蒂。去蒂时注意不损伤果肉。

4. 清洗

草莓属柔嫩食品，清洗时不得用器具用力搅拌。一般采用洁净的压缩空气吹入槽内的冷水中搅动清洗。这种方法的优点是易于除去泥沙和脏物等，而不损坏果实。

5. 加糖

草莓速冻加工分加糖处理和不加糖处理两种。加糖处理是将草莓置于预先配制好的浓度为 20%～40% 的糖液中，浸泡 3～5min，捞出后沥去糖液和水分。

6. 冷却

用冷风将草莓冷却到 10℃以下。

7. 速冻

草莓为颗粒状食品，非常适用于流态床单体速冻机快速冻结，冻结温度为 -40～-35℃，冻结时间 7～12min，冻至草莓中心温度 -18℃以下。

8. 复选、称重、包装

剔除不符合质量标准的速冻草莓。在低于 -5℃的环境温度下，称重 500g，并用聚乙烯塑料袋包装，外包装箱用纸箱，每箱 20 袋，每箱净重 10kg。

二、豌豆的速冻加工

豌豆又名青豆，含有丰富的维生素 C、蛋白质、糖等营养成分。豌豆属于含水量较低的豆类颗粒状绿色蔬菜，一般含水量占 70% 多一点，所以国际上普遍认为豌豆是最适合于速冻加工的蔬菜种类之一。目前，美国的速冻豌豆产量最高。要获得高质量的速冻豌豆，首先，应具有适宜速冻的豌豆品种；其次，最适采收期，能确保豌豆有最佳的成熟度；第三，采收后应在最短的时间里采用科学的速冻工艺进行加工处理。

（一）工艺流程

原料处理→去荚→分级→盐水浮选→烫漂→清洗→冷却→沥水→速冻→复选→称重和包装→检验→冷藏

（二）操作步骤

1. 原料处理

目前在我国适合速冻的豌豆品种有京引 28 和珍珠绿等白花品种。速冻豌豆的原料要求：高产抗病，植株生长一致，豆荚成熟度一致，荚中豆粒多，饱满，呈鲜绿色，有香气，维生素 C 和糖分含量高。

豌豆采收过早，豌豆颗粒不饱满，豆粒太小，水分多，含糖量低，质软味差，产量也低；若采收过迟，豆粒过分成熟，质地硬而粗糙，淀粉含量高，风味口感均不佳。因此应适时采收。最佳成熟度的豌豆相对密度 1.04～1.07，京引 28 号的最适采收期从开花到采收为 25～30d。

采收后的豌豆在贮运过程中，由于呼吸作用旺盛，放出大量的热量，豌豆受热极易腐败变质。因此，采收后的豌豆应迅速加工，最好是当天加工，若无法完成，应快速预冷，然后放入温度为0℃、相对湿度90%以上的保鲜库中短贮。

2. 去荚

去荚一般是在豌豆脱粒去荚机上进行，去荚后的豆粒经过滚筒的筛孔落入倾斜的收集器中。去荚时，投料速度要均匀，去荚机应随豌豆品种老嫩而异。原则上应调整到能除去豆荚，又不破坏豆粒表皮为宜。

在去荚过程中，造成豆粒破裂的原因很多，主要是去荚机中刮板与转筒之间的距离及转速不合理所致。豆粒破裂会释放出细胞酶，使豌豆变色变味，影响产品质量，同时增加原料的损耗。因此，豌豆去荚时应根据豆粒的老嫩来调节刮板的转速。采收早期的豌豆较嫩，若刮板转速过快，易使豆粒打破，故宜用低速；采收后期的豌豆成熟度高，颗粒较硬，若刮板的转速过慢，粒脱不干净，将影响原料的出豆率。豌豆出豆率依品种及成熟度不同而异，一般为40%左右。

3. 分级

豌豆大小分级采用圆筒式分级机。一般按豆粒的直径分为五级：一级豆5～7mm，二级豆7～8mm，三级豆8～9mm，四级豆9～10mm，五级豆10mm以上。

速冻豌豆有时出现豆粒大小不均匀的现象，主要是分级机上各级筛子长短不合理，小级跳大级所致。因此，豌豆分级应根据具体情况，改进分级机。

4. 盐水浮选

采收后的豌豆成熟度不同，淀粉和糖分的含量也不同，若混在一起速冻加工，冻品质量就会出现老嫩不均的现象。盐水的相对密度应为1.04～1.07，在该浓度下漂浮的豌豆，能获得最高质量的速冻产品。

5. 烫漂

豌豆速冻前，要经过一系列的处理，如分级清洗、烫漂、冷却、沥干。豌豆速冻前的各项处理都很重要，但烫漂处理是最重要的，它对速冻豌豆的稳定性影响很大。含淀粉较多成熟度高的豌豆，烫漂效果不理想。

烫漂主要有以下两种作用：

①使大部分酶失去活力，否则即使在-18℃条件下也会使产品变质。

②降低细菌总量和细菌酶污染。

烫漂中的热处理是通过反复试验而发展形成的。热处理要根据处理后残留的过氧化氢酶活力参数而进行控制。过氧化氢酶是一种受热后较稳定的酶，如果能使70%的过氧化氢酶失活，其他酶在很大程度上也会失去活力。同时，烫漂会使豌豆发生很大变化，如褪色变味、营养成分被破坏等。随着烫漂时间的增加，叶绿素和维生素C的损失量增大，而水分和蛋白质含量变化很小。因此，控制好豌豆的烫漂时间极为重要，最适成熟度的豌豆在100℃下的最佳烫漂时间为1min，过氧化氢酶失活率达85%以上。在实际生产中，对稍老淀粉含量高的豌豆，100℃沸水烫漂2～3min，既能减少叶绿素和维生素含量的损失，又足以抑制过氧化氢酶的活性。

6. 清洗，冷却和沥水

清洗可除去豌豆中的脏物，还可减少农药残留量。清洗是由喷淋清洗机喷淋冷水实现的。清洗后的豌豆输送到冰水冷却机中冷却，使豌豆的温度越低越好。冷却后的豌豆输送到振动沥水机中沥水，将豌豆表面多余的水除去即可冻结，以减轻速冻机负荷。

7. 速冻

豌豆是颗粒状绿色蔬菜，最适宜用流态床单体速冻装置。沥干后的豌豆由输送机输送到振动布料筛中，均匀地分布在流态床传送带上，豌豆在流态床中能形成全流化状态，传送带的豌豆层厚度为30～40mm。流态床装置内的空气温度要求为－40～－35℃，空气流速为4～6m/s，速冻时间一般为4～8min，冻至豌豆中心温度－18℃以下。

8. 复选

剔除不合乎速冻豌豆质量标准的裂豆、碎豆、硬豆和异色豆。

9. 称重和包装

包装工作场地必须保证－5℃以下低温，温度在－4℃以上时速冻豌豆会发生重结晶现象，大大地降低速冻豌豆的品质。包装间在包装前1h必须用紫外灯灭菌，包括工作器具，工作人员的工作服、帽、鞋及手要定时消毒。内包装材料可用0.06～0.08mm聚乙烯塑料袋，耐低温、透气性低、不透水、无异味、无毒性。外包装用纸箱，每箱净重10kg和20kg。纸箱表面必须涂油，防潮性良好，内衬清洁蜡纸。所有包装材料在包装前须在－10℃以下低温间预冷。

速冻豌豆应按规格称重包装，人工封袋时应注意排除空气，防止氧化。用热合式封口机封袋，真空包装机包装效果更好。并在纸箱上打印品名、规格数量、生产日期、贮存条件和保质期、批号和生产厂家。最后用封口条封箱后，立即入冷藏库贮存。

第三节　速冻果蔬产品的贮藏与运输

一、速冻果蔬产品的贮藏

完成速冻的果蔬制品要及时进行贮藏，对速冻果蔬制品冻藏的主要目的就是尽可能阻止食品中的各种变化，保证其速冻品质。贮藏过程中食品品质变化主要取决于食品的种类和状态、冻藏工艺与工艺条件以及贮藏时间等。只有原始品质较高和品种适宜的食品，才能达到长期贮藏之目的。食品贮藏室内必须具备良好的清洁卫生条件，不存在对食品有害的物质，如异味、异臭以及能引起氧化的各种化学物质。食品贮藏的工艺条件如温度、相对湿度和空气流速是决定食品贮藏期和品质的重要因素。冻藏室内食品的堆放情况也会影响到贮藏品质。堆放时要求食品周围有一定量的空气流动，更重要的是要使贮藏食品和墙壁间有适当的间距和空间，包装食品周围有空气流动，形成隔热层，避免食品直接吸收来自墙壁的热量。

（一）速冻果蔬制品在冻藏期间的质量变化

食品经过速冻后，只有在适宜条件下贮藏，才能保持很长的贮藏期。但在贮藏期间由于各种因素的影响，总还会发生一些变化，严重的还能影响到食品品质。

1. 变色

速冻果蔬制品色泽发生变化的主要原因有：酶促褐变、非酶褐变、色素的分解以及因制冷剂泄露造成的食品变色，如氨泄漏时，胡萝卜会变成蓝色，洋葱、卷心菜、莲子会变成黄色等。果蔬原料在冻结前，均要进行烫漂处理，破坏组织内部的氧化酶及其他酶系统。但必须正确掌握果蔬原料预处理的工艺参数，并进行严格控制，才能保证速冻果蔬制品的质量。

2. 干缩与冻害

速冻食品在冷却、速冻、冻藏过程中都会产生干缩现象。冻藏时间越长，干缩就越严重。干缩的发生主要是由于速冻食品表面的冰晶升华所造成的。在冰晶升华处可形成细微空穴，大大增加了食品与空气的接触面积，使脱水多孔层极易吸收外界环境中的各种气味，易引发氧化反应，使食品中的多种成分发生一系列不利于食品质量的反应和变化，如食品表面变黄、变褐，外观、滋味、风味、营养价值也发生劣变，内部蛋白质脱水变性，造成食品质量严重下降。

为避免和减轻速冻食品在冻藏过程中的干缩及冻害，首先，要防止外界热量的传入，提高冷库外围结构的隔热效果，使冻藏室内温度保持稳定。如果速冻果蔬产品的品温能与库温一致，可基本上避免发生干缩。其次，要对食品本身附加包装或包冰衣，隔绝产品与外界的联系，阻断物料同环境的热交换。另外，如在包装内添加一定量的抗氧化剂，对速冻食品的冻藏也会起到保质的作用。常用的抗氧化剂有两类：一类是水溶性抗氧化剂，如抗坏血酸（维生素 C）和抗坏血酸钠；另一类是脂溶性抗氧化剂，如丁基羟基茴香醚、二丁基羟基甲苯、天然生育酚。

3. 重结晶

在冻藏过程中，由于环境温度的波动，造成冻结食品内部反复解冻和再结晶，出现冰晶体积增大的现象叫做重结晶。重结晶的程度直接取决于单位时间内温度波动的次数和波动的幅度，波动的次数越多，波动的幅度越大，重结晶的程度就越深，对速冻食品的危害就越大。

为了防止冻藏过程中发生重结晶现象，应采用如下措施。

①采用深温速冻方式，冻结中使食品内 90% 的水分来不及移动，就在原位置上变成细微的冰晶体，这样形成的冰晶体的大小及分布都比较均匀。同时，由于深温速冻食品的终温低，食品的冻结效率高，残留的液相少，能够缓和冻藏中冰晶体的增长。

②贮藏温度要尽量低，并且减少波动，尤其是要避免在 -18℃ 以上时温度发生波动。

（二）冻藏温度的选择

食品的冻结温度以及在贮运中的冻藏温度应在 -18℃ 以下，这是对食品的质地变化、酶性和非酶性化学反应、微生物学以及贮运费用等所有因素进行综合考虑论证后所得出的结论。

对于速冻食品而言，冻藏温度越低，越有利于保持冻藏品质。但考虑到有关的设备费用、能源消耗、日常运转等费用以及运输过程中的温度控制等诸多因素，过低的温度没有必要也不太现实。低温对各种冻藏制品贮藏期间的影响见表 9-3。

表 9-3　不同贮温下各种冷冻食品的贮藏期　单位：月

食品	贮藏温度			
	-7℃	-12℃	-18℃	-23℃
蘑菇	—	3~4	8~10	12~14
甜玉米	—	4~6	8~10	12~14
芦笋	—	4~6	8~12	14~18
刀豆	—	4~6	8~12	16~18
抱子甘蓝	—	4~6	8~12	16~18

续表

食品	贮藏温度			
	-7℃	-12℃	-18℃	-23℃
青豆、菜花、花茎、甘蓝、菠菜、蚕豆	10d ~ 1 月	6 ~ 8	14 ~ 16	24 以上
南瓜、甜玉米、胡萝卜	—	12	24	36 以上
桃（纸盒装、加维生素 C）	6d	3 ~ 4	8 ~ 10	12 ~ 14
杏（纸盒装、加维生素 C）	—	6 ~ 8	18 ~ 24	24
草莓片	10d	8 ~ 12	18	24
橙汁	4	10	27	—

（三）速冻果蔬产品的冻藏管理

为了使速冻食品在较长贮藏时间内不发生变质，并随时满足市场的需要，必须对保藏的速冻食品进行科学的管理，建立健全的卫生制度，产品出入管理严格控制，库内食品的堆放及隔热都要符合规程的要求。

1. 冻藏库使用前的准备工作

冻藏库应具备可供速冻食品随时进出的条件，并具备经常清理、消毒和保持干燥的条件；冻藏库外室、过道、走廊等场所都要保持卫生清洁；冻藏库要有通风设施，能随时除去库内异味；库内所有的运输设施、器具、温度探测仪、台架等都要保持完好的状态，还应具有完备的消防设备。

2. 入库食品的要求

凡是进入冻藏库的速冻食品必须清洁、无污染，要经严格检验合格后才能进入库房。在速冻食品到达前，应做好一切准备工作，食品到达后根据发货单和卫生检验证，进行严格验收，并及时组织入库。入库时，对有强烈挥发性气味和腥味的食品以及要求不同贮温的食品，应入专库贮藏，不得混放；已有腐败变质或异味的速冻食品不得入库。要根据食品的自然属性和所需温度、湿度选择库房，并力求保持库房内的温度、湿度稳定；库内允许在短时间内有小的温度波动，在正常情况下，温度波动不得超过 1℃，在大批冻藏食品入库出库时，一昼夜升温不得超过 4℃；冻藏库的门要密封，没有必要一般不得随意开启。对入库冻藏食品要执行先入先出的制度，并定期或不定期地检查食品的质量。如果速冻食品将要超过贮藏期，或者发现有变质现象时，要及时进行处理。

3. 速冻食品贮藏的卫生要求

冻藏食品应堆放在清洁的垫木上，禁止直接放在地面上。货堆要覆盖篷布，以免尘埃、霜雪落入而污染食品。货堆之间应保留 0.2m 的间隙，以便空气流通。如系不同种类的货堆，其间隙应不小于 0.7m。食品堆码时，不能直接靠在墙壁或排管上，货堆与墙壁和排管应保持以下的距离：距设有顶排管的平顶0.2m，距设有墙排管的墙壁0.3m，距顶排管和墙排管0.4m，距风道口0.3m。

由于库内货物和人员要出入，微生物污染是难以避免的，而且微生物的污染途径又多种多样，使用的工具、出入的人员、流动的空气等均可将杂菌传播到食品上，因而必须从多方面着手加强冻藏库的日常卫生管理。首先，库内所有的设施、器具、管线及各处死角要定期消毒。冻藏库通风时吸入的空气也应先过滤，且过滤器本身也需定期清洗消毒。其次，当每次冻藏食品出货后，应将垫木用水冲洗干净，并经常保持清洁。第三，严禁闲杂人员进出库房，进出人员必须穿戴整齐并经过消毒，不得将杂物带入库内。

4. 消除库房异味

库房中的异味一般是由于贮藏了具有强烈气味的食品或贮藏食品发生腐败所致。各种食品都具有各自独特的气味，若将食品贮藏在具有特殊气味的库房里，这种特殊气味就会传入食品内，从而改变了食品原有的气味。因此，必须对库房中的异味进行消除。除了加强通风排气外，现在库房还广泛使用O_3进行异味的消除。但在O_3的使用过程中一定要注意安全和用量，不得在有人时使用O_3。库房内还要及时灭除老鼠和昆虫，以防止造成食品污染和库内设施的破坏，因此应设法使库房周围成为无鼠害区。

二、速冻果蔬产品的运输

果蔬经速冻后，主要是为了进入商业销售渠道，产生社会效益和经济效益。速冻食品的流通有其特殊性，从运输途中到销售网点，每一个环节都必须维持适宜的低温，这是保证速冻食品质量最基本的条件。在运输销售上，要使用有制冷及保温装置的汽车、火车、船、集装箱专用设施，运输时间长的要控制在-18℃以下，一般可用-15℃，销售时也应有低温货架与货柜，整个商品供应程序必须采用冷链流通系统，由冷冻厂或配送中心运来的冷冻产品在卸货时，应立即直接转移到冻藏库中，不应在室内或室外的自然条件下停留。零售市场的货柜应保持低温，一般要求在-18～-15℃。

第四节 综合实验

一、速冻甘薯的制作

（一）实验目的

通过本实验项目了解甘薯的速冻工艺流程及操作要点。

（二）材料设备

材料：甘薯原料，选用外形呈纺锤形、圆锥形、圆形，肉质呈黄、橙色的鲜甘薯为原料。收获后贮藏期超过3个月以上的甘薯不宜选用。

设备：蒸制设备、速冻机。

（三）操作步骤

1. 冲洗去皮

将原料薯用净水冲洗干净，凹处及发芽的部位要用刷子洗净杂质，然后用不锈钢刀把芽和皮完全除去，薯根部要除尽。

2. 浸泡洗净

去皮后的甘薯先置于盛有清水的塑料桶内，集中后再移入有流动水的大池中，以防变色。等待切块切条的时间不宜太长。

3. 切块、块条

在清洁、无毒的塑料硬板上，按一定规格进行切块。若需条状，可以采用多功能切割机将甘薯切成横截面积为4.8mm ×4.8mm、长8~10cm的狭长条。为保证条块均匀，一般应先对甘薯不宜切条的部分切块处理后再切条。

4. 漂洗护色

将薯块或薯条用干净的水反复冲洗，除去表面淀粉及杂物，然后立即放入浓度为0.5%的Na_2SO_3溶液中漂白10min。为防止有氧条件下酶导致薯块或薯条褐变，去皮后的薯块薯条应迅速浸于清水中以隔绝O_2，或浸在柠檬酸、抗坏血酸的稀溶液中。另外，薯条应避免接触铁制容器、工具和设备。

5. 汽蒸

将洗净的薯块或薯条均匀地平铺在蒸盘上，沥干水分，用0.29MPa的蒸汽蒸3~5min。在蒸煮过程中，当薯体的中心温度达到110℃以上时，即被认为完全煮熟。

6. 冷却

将蒸好的薯块或薯条放于金属架台上，用自然通风或电扇吹风的方法冷却至室温，冷却期间适当翻动。

7. 速冻

使用流态式连续速冻机进行速冻。当速冻间温度降至-40℃左右时进料，调节运行速度，在25~30min内使产品中心温度达到-28~-18℃，表面不龟裂、薯体不连结即可。

二、速冻菠菜中营养成分的检测

（一）实验目的

通过本实验项目掌握速冻蔬菜中主要营养成分的检测方法。

（二）样品制备

选与对照相同的新鲜菠菜，水洗除去泥沙，并沥干水分，采用间接或直接速冻技术，将蔬菜样品冻至-28~-25℃，并于-18℃下冷藏2~3个月。取出后，迅速用不锈钢刀将样品切成小块。

（三）速冻菠菜样品中水分的测定

采用干燥法测定速冻菠菜的水分含量。将称量后的蔬菜烘干，再称量。损失的质量即为蔬菜的含水量。

1. 仪器及器皿

恒温干燥箱、1/1000分析天平、具平盖铝盒、玻璃称量器、镊子等。

2. 操作步骤

准确称取10~20g速冻菠菜样品，置于已知恒重的具盖铝盒或称量皿内，放入100~105℃烘箱中烘2~3h，加盖取出，置于干燥器内冷却30min，迅速称重，再放入烘箱内干燥1h，取出，冷却后称重。两次称量之差不超过0.002g，即为恒重。

3. 结果计算

$$X = \frac{W_1}{W} \times 100 \tag{9-1}$$

式中 X——水分质量分数，%；

W_1——水分损失质量，g；

W——样品质量，g。

(四) 速冻菠菜样品中糖含量的测定

蔬菜中所含糖分以葡萄糖、果糖为主，采用费林试液滴定法测定速冻菠菜样品中的糖含量。

1. 仪器和试剂

三角瓶、容量瓶、碱式滴定管、移液管、电炉、水浴锅等。试剂用费林A液、费林B液（配制略），0.5%葡萄糖标准液。

2. 操作步骤

准确称取样品5~10g，研磨或于搅拌机中打碎后，用蒸馏水浸泡10~20min过滤，定容100mL并装入滴定管中备用。取费林A液、B液各5mL，放入250mL的三角瓶中，加水40mL，混匀后加热，同时加入比预备试验少1mL的试样，至沸腾后保持2min。加入次甲基蓝指示剂1~2滴，再继续滴入滤液至蓝色完全消失变为棕红色为止，记下试样体积。从沸腾到滴定结束要求在3min内完成。

3. 结果计算

$$X = \frac{F \times V_o \times V}{10 \times V_S \times m \times 1000} \times 100\% \tag{9-2}$$

式中 X——速冻菠菜样品中糖的质量分数，%；

F——10mL费林试剂（甲液和乙液各5.00mL）相当于葡萄糖的量，mg；

V_o——滴定时消耗费林试剂的总体积，mL；

V——样品提取液总体积，mL；

V_S——滴定时消耗提取液的体积，mL；

m——样品质量，g。

(五) 速冻菠菜样品中维生素C含量的测定

维生素C是菠菜的主要营养成分之一，它的化学性质很不稳定，易受温度、湿度和光照等的影响。速冻蔬菜中，维生素C含量是决定其加工工艺合理与否，制品品质优劣的主要参数。速冻菠菜中维生素C含量的测定，通常采用吲哚粉滴定法或2，6-二氯靛酚钠盐滴定法，但从生理活性和营养方面考虑，必须采用联氨比色法，它可以得出速冻菠菜中维生素C的总含量。

1. 仪器和试剂

（1）仪器　分光光度计、恒温水浴箱、比色管。

（2）试剂　5%的偏磷酸（HPO_3）溶液、吲哚酸溶液、$SnCl_2-HPO_3$溶液、85% H_2SO_4溶液、联氨溶液和标准维生素C溶液。

（3）标准维生素C溶液的配制　精确称取50mg维生素C，用5% HPO_3溶解并定容至100mL混匀。准确吸取此液2.0mL、3.0mL、4.0mL、5.0mL，分别移入100mL容量瓶中，用5% HPO_3溶液稀释至刻度，摇匀，即为标准溶液。

2. 操作步骤

（1）样品测定液的制备　称取含维生素C 2～5mg的样品10～20g，用5% HPO_3溶液溶解并定容至200mL，摇匀后过滤。吸取滤液2份，分别放入A和B两个比色管内，然后滴加吲哚酸溶液至红色并保持1min。再向管中各加入2mL $SnCl_2-HPO_3$溶液。向A管中加入1mL联氨溶液，摇匀后，将试管全部置入37℃恒温水浴槽中，恒温保持3h后取出，立即放入冰水中冷却，再慢慢滴加85% H_2SO_4溶液，混匀。向B管中加入1mL联氨溶液，摇匀放入冰水中冷却，取出后于室温下静置30min，待测。

（2）标准曲线的制作　吸取标准维生素C系列溶液2份，分别注入A管和B管，加吲哚酸溶液。在分光光度计波长540nm处，将A管中的溶液倾入10mm比色皿中，以B管为参比测定吸光度，绘出标准曲线。

速冻菠菜样品中总维生素C含量测定时，以B管为参比，测定A管的吸光度，并从标准曲线上查出样品溶液中的总维生素C的质量浓度（mg/mL）。

3. 结果计算

$$X = c \times 200 \times \frac{100}{W} \times n \tag{9-3}$$

式中　X——速冻菠菜中总维生素C的质量浓度，mg/mL；

c——由标准曲线读取的样品溶液中总维生素C的浓度，mg/mL；

W——所取样品的质量，g；

n——样品的稀释倍数。

[推荐书目]

1. 刘宝林. 食品冷冻冷藏学. 北京：中国农业出版社，2010.

2. 叶兴乾. 果品蔬菜加工工艺学. 第三版. 北京：中国农业出版社，2011.

3. 罗云波，蒲彪. 园艺产品贮藏加工学：加工篇. 第2版. 北京：中国农业大学出版社，2011.

思考题

1. 水分冻结与食品冻结有何不同？
2. 试述快速冻结和缓慢冻结对果蔬质量的影响。
3. 简述果蔬速冻加工工艺流程和工艺要点是什么？
4. 简述常见的食品速冻方法与设备。
5. 如何保证速冻果蔬产品的质量。

第十章
鲜切果蔬加工

[知识目标]

1. 掌握鲜切果蔬加工的原理。
2. 了解各种鲜切果蔬的基本加工工艺和保鲜方法，学会自我设计鲜切果蔬的加工工艺。

[能力目标]

1. 能够根据不同原料的特性加工成鲜切果蔬。
2. 能够对不同鲜切加工过程中的常见问题进行分析和控制。

第一节　鲜切果蔬加工原理

鲜切果蔬（fresh - cut fruits and vegetables），是以新鲜果蔬为原料，经分级、整理、清洗、去皮、切分、修整、护色保鲜、包装等工序加工制成的保持生鲜状态的果蔬加工制品，又称半加工果蔬（partially processed fruits and vegetables）、轻度加工果蔬（lightly processed fruits and vegetables）或最少加工果蔬（minimally processed fruits and vegetables，MP），即 MP 果蔬或预制果蔬（pre - prepared）。鲜切果蔬作为一种新兴食品工业产品起源于 20 世纪 50 年代的美国，20 世纪 80 年代后在加拿大、欧洲、日本等国家和地区得到迅速发展，20 世纪末在我国开始出现。鲜切果蔬具有新鲜、卫生、方便、环保等特点，目前正日益受到我国消费者的广泛关注。

一、鲜切果蔬的生理变化

鲜切果蔬仍然是活组织，但与新鲜果蔬相比，经过切割以后的果蔬在生理方面将显示出一系列的变化。主要表现在以下几个方面。

（一）乙烯产生

人们很早就认识到几乎所有的植物组织都能产生乙烯，乙烯对果蔬具有催熟作用。果蔬组织遭受机械伤害后会诱导乙烯产生，果蔬组织在受到伤害后产生的乙烯又称为伤乙烯。伤乙烯产生的时间一般在受伤后几分钟到1h，大约6~12h产生量达到最大。

伤乙烯的产生量受很多因素的影响。不同种类的果实伤乙烯的产生量不同，比如，猕猴桃、番茄、南瓜、木瓜等果蔬切割后乙烯产生量明显增加，而鲜切梨片与完整果实相比具有较低的乙烯产生量。伤乙烯的产生还受果实采收成熟度的影响，研究发现呼吸跃变前期采收的甜瓜切割后乙烯释放量增加，而呼吸跃变后期采收的甜瓜切割后乙烯释放量下降。贮藏温度对果蔬切割后伤乙烯的产生也有一定影响，较低的贮藏温度有利于抑制伤乙烯的产生。

伤乙烯会增强鲜切果蔬的呼吸作用，加快组织成熟、软化，促进褐变发生，使鲜切果蔬对外界污染和侵袭的抵抗能力降低，从而加速鲜切果蔬组织的衰老与腐败。同时，伤乙烯会影响果蔬中芳香物质的代谢过程，进而引起果蔬风味的变化。

（二）呼吸作用变化

切割导致果蔬组织代谢加剧，最明显的表现和特征是呼吸作用增强，但这种反应的启动迟于伤乙烯的产生。呼吸作用增强会使鲜切果蔬的物质消耗增多，导致营养物质的损失，从而降低鲜切果蔬的营养价值，缩短产品货架期。同时，果蔬切割时外溢的汁液可能会阻塞气体通道，使组织细胞内的气体扩散速率下降，造成内部组织的无氧呼吸，导致乙醇和乙醛等物质的积累，进而造成鲜切果蔬加工产品异味的产生。

鲜切果蔬呼吸强度的大小首先决定于果蔬种类、品种、发育阶段、切分的大小、伤口的光滑程度等内在因素。同时，也与贮藏温度、气体成分等外在因素密切相关。在一定的温度范围内，呼吸强度随温度的升高而增强，因此，可采用适宜的低温贮藏降低鲜切果蔬的呼吸强度，延长其货架期。研究表明，涂膜处理、气调包装也可以达到抑制呼吸作用的目的。

（三）细胞膜和细胞壁变化

切割会引起大多数果蔬膜质的降解，也会引起膜组分的酶促降解。这可能是由于切割会激活正常条件下活力很低的控制细胞膜代谢的酶，促使细胞膜的降解加剧。但并非所有的果蔬都在切割后表现出膜质的降解，如胡萝卜、鳄梨和香蕉等就是例外。细胞膜降解会导致细胞和组织结构的去区域化以及正常细胞功能的丧失，进而引起组织褐变、产生异味等次级反应。切割也会诱导细胞壁降解酶活力增强，引起果胶及多糖类物质的降解，导致果蔬组织的软化。此外，果蔬组织受到切割后引起的愈伤反应会导致伤害部位的细胞壁中产生木栓质、木质素等次生代谢物质，降低了产品的食用品质。

（四）次生代谢物积累

有些果蔬切割后会引起酚类物质的积累。如胡萝卜切片在贮藏过程中绿原酸含量会逐渐积累，洋葱切开后会产生三萜类物质或类黄酮。酚类物质的积累源自苯丙氨酸解氨酶活力的提高。

甘蓝切割会引起含硫化合物的积累。鲜切甘蓝在贮藏过程中会产生甲硫醇和二甲基二硫醚等几种令人不愉快的气味，这些物质的产生与细胞膜降解导致细胞区域化的丧失有关。也有研究发现，甘蓝切割后会引起异硫氰酸烯丙酯的产生和积累。

除此之外，绿色甜椒切割后会导致六碳醛和乙醇的产生，番茄和豆角切割后会造成脂肪酸、乙醇和软木脂聚合物等物质的积累。

（五）水分损失

果蔬在去皮和切分后因失去蒸腾作用的屏障，导致水分损失加剧。水分损失的结果会使鲜切果蔬出现萎蔫或皱缩。影响水分损失的因素很多，一般去皮的比不去皮的水分损失多，切分小的比切分大的水分损失多，切面粗糙的比切面光滑的水分损失多，组织疏松的比组织致密的水分损失多。生产上通常采用适宜的包装、涂膜等措施抑制水分的蒸发损失。

二、鲜切果蔬品质变化相关酶

果蔬的切割不仅除去了具有自然保护作用的表皮，而且也会破坏酶和底物分布的区域化，使酶与原本位于液泡中的底物结合，发生酶促反应，引起鲜切果蔬风味、色泽、质地等感官品质的劣变。参与这些酶促反应的酶主要有脂氧合酶（LOX）、多酚氧化酶（PPO）、过氧化物酶（POD）、果胶酶等。

（一）脂氧合酶

脂氧合酶存在于大多数植物组织中，在 O_2存在的条件下能催化顺，顺－1，4－戊二烯结构的多不饱和脂肪酸的氧化。果蔬中自然风味化合物在一定组织内是固有存在的，而次级化合物通常是由于切割等引起酶促反应释放的产物。如柿子椒、黄瓜切割后的风味化合物就是通过脂氧合酶催化产生的。

多酚类化合物可抑制脂氧合酶活力，并且有可能抑制果蔬中由脂氧合酶调节的类胡萝卜素的氧化。一般来说，黄酮类对脂氧合酶的抑制效果最好，其次是黄酮醇和酸性酚类化合物。多酚类化合物对脂氧合酶活力的抑制可能是由于对脂氧化过程中形成的自由基中间体的还原作用所致。

（二）多酚氧化酶

多酚氧化酶是由一组铜蛋白复合酶组成的，当水果和蔬菜细胞的完整性被破坏，基质和液泡成分混合后多酚氧化酶会被激活。多酚氧化酶在有 O_2存在时可以将多酚类化合物氧化形成高反应性的醌，醌又与蛋白质的氨基、巯基基团以及绿原酸衍生物和黄酮类物质等其他底物反应，最终形成褐色色素，从而影响鲜切果蔬的感官及营养品质。但在鲜切果蔬自身防御系统中，多酚氧化酶氧化酚类化合物也起关键作用，它可以抵御病原微生物。

防止多酚氧化酶引起的褐变反应可以考虑以下几个方面：一是利用还原性物质如半胱氨酸、异抗坏血酸、抗坏血酸将醌还原至原来的酚类化合物；二是利用巯基化合物将多酚氧化酶活性位点易于失去的 Cu^{2+} 还原为 Cu^{+}；三是降低酶促反应中的 O_2 含量。

（三）过氧化物酶

过氧化物酶是广泛分布于植物中的铁卟啉金属有机催化剂，被认为是大多数植物细胞的正常成分。过氧化物酶在水果和蔬菜里以溶解和结合两种形式存在，在完整细胞中过氧化物酶通常通过离子相互作用吸附在细胞壁上，也可能吸附在其他细胞器如线粒体和核糖体上。

果蔬中的过氧化物酶通常有很高的热稳定性，因此在果蔬烫漂工艺中通常把过氧化物酶是否被钝化作为烫漂是否完全的指标。过氧化物酶被认为是成熟和衰老的指数，在果蔬的生长和衰老过程中，过氧化物酶活力增加。过氧化物酶参与植物防御机制，在果蔬中伤害和病原体都可诱导过氧化物酶，过氧化物酶的活力增加与木质化和栓化作用相关。过氧化物酶参与酶促褐变，它们能够氧化儿茶素、羟基苯乙烯酸衍生物黄酮和类黄酮。过氧化物酶催化褐变反应有两种可能的机制：一种是酚类化合物氧化过程中生成 H_2O_2，这是苯酚被过氧化物酶进一步氧化的正常反应；另一种是以醌的形式作为底物。两种机制都说明多酚氧化酶的存在可进一步促进过氧化物酶催化的褐变反应。

（四）果胶酶

果胶是很多植物的细胞壁和中间隔膜的重要组成成分，它们本质上是带有羧基酯的线性聚半乳糖醛酸链。果胶通过在中间层提供细胞壁黏附力影响植物器官的硬度。水果蔬菜软化过程中，其中一个最明显的变化是果胶物质的逐步溶解和解聚。与果胶降解有关的酶主要有多聚半乳糖醛酸酶（PG）和果胶甲酯酶（也称为果胶酯酶，简称 PE）。

多聚半乳糖醛酸酶按照作用方式可分为内切 PG 和外切 PG 以及寡聚 PG，内切 PG 以内切方式水解断裂多聚半乳糖醛酸链，后两者以外切方式作用，依次从多聚半乳糖醛酸链或寡聚链的非还原末端释放出一个单体或二聚体，水解速度和范围取决于果胶的酯化程度。果胶甲酯酶可专一催化水解半乳糖醛酸 C_6处的甲酯基团，在高等植物细胞壁的降解过程中起重要作用，使高度聚合的果胶易于被多聚半乳糖醛酸酶进一步降解。

三、鲜切果蔬相关微生物

果品蔬菜在生长期间、采收、运输、加工以及包装过程中都会受到微生物的污染，鲜切果蔬组织暴露、汁液渗出，更易受到器具和环境中微生物的侵染，导致鲜切果蔬的腐败变质，并引起食品安全问题。微生物生长繁殖还会导致鲜切果蔬呼吸强度和乙烯合成速率的提高，加速果蔬衰老。

鲜切果蔬中存在的微生物包括嗜温细菌、乳酸菌、大肠杆菌、酵母和霉菌等，且不同果蔬上的微生物类群差别很大，几种果蔬混合在一起时还可使微生物的类群发生改变。鲜切果蔬自身的 pH、含水量、营养成分、外皮或表皮的完整程度均会影响微生物的生长繁殖。在采收和采后贮藏期间，微生物数量受温度、贮藏和运输设施的卫生状况及果蔬在采收时受破坏程度的影响。一旦进入加工厂，果蔬清洗、去皮、修整、杀菌等工序可以将微生物数量降低到一定程度，但是加工环境、加工用水、操作者也可能会成为鲜切果蔬的污染来源。

为减少微生物污染，首先应该选择新鲜健康的果蔬原料，尽量控制原料自身携带微生物的数量。加工贮藏中尽量减少再污染，并采取一定的杀菌处理减菌。鲜切果蔬的杀菌处理不宜采用热处理，一般采用杀菌剂处理和冷杀菌（非热杀菌）。O_2、辐射、超高压等为代表的冷杀菌技术是目前鲜切果蔬杀菌新技术。此外，还要注意鲜切果蔬贮藏销售期间残存微生物的生长繁殖和外界微生物的再次侵染，可采用微生物快速检测技术结合动力学模型的建立对鲜切果蔬中的微生物进行监控和预测。

四、鲜切果蔬的质量控制

鲜切果蔬与未加工果蔬相比更容易产生一系列不良的生理生化变化，这是因为果蔬经过去皮、切分等处理后，组织结构受到破坏，汁液外溢，微生物极易生长繁殖，果蔬内部的酶如多酚氧化酶、脂肪氧合酶与底物直接接触，发生各种生理生化反应，导致褐变、细胞膜的破坏等一系列不良变化。细胞壁分解酶催化分解细胞壁，使产品的外观受到严重破坏。另外，切分后组织的呼吸强度提高，乙烯生成量增加，鲜切果蔬组织的衰老与腐败进程加快。因此，在加工和贮藏中应采用一定的保鲜措施来抑制微生物的生长与繁殖，抑制鲜切果蔬组织自身的新陈代谢，延缓衰老，控制一些不良的生理生化反应，以延长鲜切果蔬的货架期。

（一）微生物控制

1. 原料控制

用于加工鲜切果蔬的原料，栽培管理过程中应避免使用含菌多的污水灌溉，原料产地应远离污染源，最好使用完全腐熟的有机肥。果蔬的灌溉用水以及灌溉方式都需进行监控，以免污染果蔬原料。

应选择适合鲜切果蔬加工的品种，成熟度适宜，特别要保证原料的新鲜度，不得使用腐烂、病虫害以及带有斑疤的不合格原料。采收时避免对果蔬造成机械损伤，采收人员、采收器具、容器以及运输工具应注意消毒。采收后如不能及时加工需在果蔬最适贮藏条件下贮藏，以保证鲜切果蔬加工原料的良好质量。

2. 加工及销售过程控制

果蔬原料一旦进入加工厂就要进行整理和去皮等处理，这些工艺可以将严重污染的外层去掉，是减少果蔬携带微生物的第一步。但是整理和去皮工艺可能会导致水果蔬菜可食部分的污染，因此，很有必要在随后的加工步骤中进行清洗杀菌以进一步减少微生物数量。清洗用水必须符合饮用水标准，同时为了提高减菌的效果，清洗水中通常加入一定的杀菌剂。传统的杀菌剂是含氯化学物质，如 Cl_2、NaClO、Ca（ClO）$_2$，一般要求氯水浓度在 100～200mg/kg。最近关于氯水安全及效率的争议增加了人们对其他可选择杀菌剂的开发兴趣，其中，二氧化氯（ClO_2）和 O_3 是目前鲜切果蔬加工中应用较多的杀菌剂。ClO_2 的杀菌机理主要是利用其独特的强氧化性。ClO_2 能迅速地破坏病毒衣壳上蛋白质中的酪氨酸，从而抑制病毒的特异性吸附，阻止对宿主细胞的感染。ClO_2 对病毒、细菌具有很强的杀灭作用，但它对动植物机体却不产生毒效。已经证明 ClO_2 的杀菌效果比一般的含氯消毒剂高 2.5 倍，在 pH 为 7.0 的水中，不到 0.1mg/L 的剂量，5 min 内能杀灭一般肠道细菌。

为了防止杀菌后的鲜切果蔬中残留的微生物生长繁殖以及二次污染，采用防腐剂处理也是一种比较有效的方法。常用的化学防腐保鲜剂主要有山梨酸钾、苯甲酸钠、亚硫酸盐等。部分化学防腐剂的安全性有待进一步研究，如亚硫酸盐可能引起人体的过敏反应并导致气喘以及其他副作用。因此，现已开发出大量无公害天然防腐保鲜剂，如采用大蒜、洋葱、菠萝汁、食用大黄汁等提取物对鲜切果蔬进行保鲜。也有的采用有益微生物的代谢物作为防腐剂抑制有害微生物，以延长贮藏期，如乳酸链球菌对鲜切生菜中的李斯特菌有抑制作用。

自发气调包装一定程度上可以阻止好气性微生物的生长繁殖。低温也可抑制微生物的生长。鲜切果蔬中一些嗜冷菌在低于0℃的环境中能缓慢地生长，但如果贮藏温度过低会造成鲜切果蔬的低温伤害以及褐变加重等现象，因此常用4℃左右的低温结合及时降温预冷进行鲜切果蔬的保鲜。

鲜切果蔬因加工后仍具有生命活动，因此在低温或常温下进行杀菌可较好地保持其品质，即采取冷杀菌技术或非热杀菌。非热杀菌包括辐射、超声波、超高压、紫外线、脉冲、电场等处理方法，尤其是辐射杀菌已经广泛用于鲜切果蔬的杀菌。

栅栏技术是由德国肉类研究中心 Leistner 和 Robel 提出的，其理论是高温处理（H）、低温冷藏（t）、降低水分活度（A_w）、酸化（pH）、氧化还原电势（E_h）、防腐剂、竞争性菌群以及辐射等几种因子的作用决定着食品防腐的方法，这些因子称为栅栏因子（hurdlefactor）。栅栏因子可单独或相互作用，形成防止食品腐败变质的“栅栏”（hurdle），决定着食品中腐败菌和病原菌的稳定性，抑制引起食品氧化变质的酶类物质的活力，即所谓的栅栏效应（hurdle effect）。栅栏效应与栅栏因子种类、强度有关。栅栏技术包含两个重要原理，即“魔方”原理和“天平”原理。“魔方”原理指的是某种栅栏因子的组合应用可大大降低另一种栅栏因子的使用强度或不采用另一种栅栏因子而达到同样的贮存效果。“天平”原理指食品中某一单独栅栏因子的微小变化即可对其货架期产生显著影响。另外，不同的栅栏因子的作用次序可直接或间接地影响某种栅栏因子的效果。

在食品加工中，将栅栏技术、危害分析与关键控制点（HACCP）和微生物评估技术结合，有针对性地选择和调整栅栏因子，再利用 HACCP 的监控体系，可有效保证产品的品质及安全性。鲜切果蔬保鲜是一项综合技术，单一的保鲜方法通常存在着一定的缺陷，采用复合保鲜技术，就能发挥其协同作用，有效地阻止鲜切果蔬的劣变。因此，人们已开始采用栅栏技术来保持鲜切果蔬产品的质量并延长其货架期。

鲜切果蔬加工中常用的栅栏因子包括温度因子、湿度因子、气体成分因子、保鲜剂因子和辐射因子等。这些栅栏因子主要通过控制酶活力（如低温、pH、护色剂、包装、气体成分）、微生物（如低温、水分活度、pH、保鲜剂、气体成分、包装、杀菌处理）、脆性（$CaCl_2$、低温）、失水和木质化（低温、切分大小、包装）等措施达到保鲜目的。在栅栏技术中，控制微生物主要是阻止微生物的生长和繁殖，而不是杀灭它们。因此，栅栏因子的使用不会对食品品质产生较大的影响。在实际应用中，联合使用强度低的多种防腐因子比单独使用强度高的单一防腐因子更加有效。

（二）褐变控制

果蔬鲜切处理以后，褐变是影响其感官品质与经济价值的最主要的因素，果蔬的褐变主要是酶促褐变。未处理的果蔬原料，一般不容易发生褐变，而经过切割以后，果蔬细胞的区域化被打破，为酚类物质、多酚氧化酶、O_2三者的直接接触提供了条件，从而引起鲜切果蔬的酶促褐变。鲜切果蔬的酶促褐变主要发生在切分表面，也会发生在距离切分部位较远的内层细胞组织。酶促褐变不仅引起鲜切果蔬色泽的变化，同时还伴随着不良气味的产生及营养成分的严重损失，对鲜切果蔬的感官及食用品质均造成严重影响。

1. 鲜切果蔬酶促褐变的机理

酶促褐变的发生机理目前主要有酚、酶的区域分布假说，自由基伤害假说，保护酶系统假说，乙醛－乙醇毒害假说，抗坏血酸保护假说等理论。其中，酚、酶的区域分布假说是目前被广为接受的酶促褐变发生机理学说之一。酚、酶的区域分布假说认为在正常的植物组织中，酚类物质分布在细胞液泡内，多酚氧化酶分布在各种质体或细胞质内，区域分布使得酚类物质与酶无法接触，即使与 O_2同时存在也不会发生褐变。一旦果蔬受到切割或机械损伤，细胞壁和细胞膜的完整性被破坏，区域分布被打破，酶与酚类物质直接接触，在有 O_2条件下，酚类物质被氧化成醌，而后发生一系列的脱水、聚合反应，最后形成黑褐色物质，引起制品褐变。

果蔬酶促褐变与果蔬的衰老密切相关，果蔬衰老可导致酶促褐变的发生，酶促褐变也能加速衰老进程。大量研究表明，果蔬衰老与细胞膜的降解有关，而细胞膜降解为酚类物质和酶类直接接触提供可能，导致了酶促褐变的发生。鲜切加工中，机械损伤导致呼吸速度的加快和部分呼吸途径的改变，细胞壁解体，细胞膜透性增加；另外，切割引起果蔬伤乙烯的大量产生，乙烯与含大量脂质的细胞膜相互作用，改变了细胞膜的透性；细胞膜衰老伴随着磷脂水解成游离脂肪酸，脂肪氧合酶氧化不饱和脂肪酸，破坏了细胞膜系统。细胞膜系统的破坏和透性增加使得酚类物质和酶类直接接触，促进了酶促褐变的发生。

2. 鲜切果蔬酶促褐变发生的条件

酶促褐变的发生需要三个基本条件：酚类物质、酶和 O_2。

酚类物质按酚羟基数目可分为一元酚、二元酚、三元酚及多元酚。这些酚类物质一般在果蔬生长发育过程中合成，如果在采收期间或加工过程中造成机械损伤，或在胁迫环境中也能诱导酚类物质的合成。果蔬中虽然含有多种酚类物质，但通常只有其中的一种或几种能被酶作为底物而氧化，导致果蔬褐变。不同的果蔬原料中，导致褐变的主要底物的种类是不同的，如引起香蕉果皮褐变的主要底物是多巴胺，引起鸭梨黑心的主要底物是绿原酸，鲜切莲藕褐变的主要底物是儿茶酚。果蔬中酚类物质的存在状态及其比例对果蔬酶促褐变也有影响。酚类物质在果蔬中以游离态和结合态两种形式存在，两者的比例在不同果蔬中有差异，且贮藏期间会发生变化，其中，仅有游离酚可以作为底物引起酶促褐变。

催化酶促褐变反应的酶主要为多酚氧化酶（PPO）和过氧化物酶（POD）。根据作用底物的不同，酚类物质氧化酶分为单酚单氧化酶、双酚氧化酶和漆酶三类。单酚单氧化酶的作用为催化一元酚氧化为二酚；双酚氧化酶的作用为催化邻位酚氧化，但不能催化间位酚和对位酚氧化；漆酶的作用为氧化邻位酚和对位酚，但不能氧化一元酚和间位酚。通常 PPO 是双酚氧化酶和漆酶的统称。在果蔬组织细胞中，PPO 的含量因其存在的位置、原料的种类、品种及成熟度而有差异，如苹果中不同部位 PPO 的活力大小为果心最大，果皮次之，果肉最小。且 PPO 的活力随果实成熟度的提高而变化。PPO 在大多数果蔬中存在，如马铃薯、黄瓜、莴苣、梨、番木瓜、葡萄、桃、杧果、苹果、荔枝等，在擦伤、切割、失水、细胞损伤时，易引起酶促褐变。PPO 的活力可以被有机酸、硫化物、金属离子螯合剂、酚类底物类似物质所抑制。POD 既是保护酶也是氧化酶，在 H_2O_2存在的条件下，能迅速氧化多酚类物质形成醌类物质，再进一步脱水聚合成黑褐色物质，可与 PPO 协同作用引起果蔬产品发生褐变。POD 是引起果蔬组织中谷胱甘肽和抗坏血酸的氧化、膜脂过氧化的重要原因，加速了果蔬的成熟衰老，可作为判断果蔬是否成熟和衰老的一个指标。

O_2是果蔬酶促褐变的必要条件。正常情况下，外界的 O_2不能直接作用于酚类物质和酶而发生酶促褐变，这是因为酚类物质与酶由于区域化而不能相互接触。在加工过程中，由于外界因素使果蔬的膜系统被破坏，打破了酚类与酶类的区域化分布，O_2的参与导致了褐变发生。

3. 鲜切果蔬酶促褐变的控制

控制鲜切果蔬酶促褐变主要从控制酶促褐变发生的三个条件入手。因为酚类物质的含量与果蔬种类、品种及成熟度等因素有关，果蔬采收后其含量难以控制。因此，酶促褐变的控制只能从控制酶活力和降低 O_2浓度两个方面采取措施。在实际生产中，通常采用物理方法、化学方法和生物方法等进行控制。

物理方法包括降低贮藏温度、采用自发气调包装（MAP）或采用可食性涂膜处理等。低温可以降低 PPO 和 POD 等酶的活力，适宜的低温还可间接抑制与褐变有关的酚类物质的合成，维持酚类物质与酶的区域化分布，从而抑制酶促褐变的发生。因此，冷链是保证鲜切果蔬品质的重要因素之一。气调包装是通过向包装中充入 N_2、CO_2，或用水蒸气排除系统中的空气，以降低 O_2浓度，而达到抑制酶促褐变的效果。同时，低 O_2环境还可以降低呼吸强度，抑制乙烯的产生和作用，降低叶绿素降解的速度，减缓细胞膜损伤及组织衰老的程度，抑制组织酚类物质的合成，延长鲜切果蔬的货架期。采用气调包装特别要注意不同原料对低 O_2、高 CO_2 敏感性的差异和包装材料透气性的不同，防止出现无氧呼吸、代谢紊乱、褐变加重、品质下降。研究发现，在不引起无氧呼吸的条件下，气调包装结合低温对于褐变的抑制效果更好。可食性涂膜处理是以壳聚糖、海藻酸钠、羧甲基纤维素钠等为主剂，并添加甘油、吐温等助剂配制成涂膜液，通过浸涂、喷涂等方法在鲜切果蔬表面涂上一层可食性膜。可食性膜具有阻止 O_2 进入、减少水分损失、抑制呼吸、延迟乙烯产生、防止芳香成分挥发等作用。如在涂膜液中加入抗坏血酸、柠檬酸等抗褐变剂，则效果更为明显。

化学法抑制褐变主要采用护色剂，生产上常用的护色剂包括：柠檬酸、酒石酸、苹果酸、乳酸等酸化剂；抗坏血酸、异抗坏血酸及其盐、L－半胱氨酸等还原剂；EDTA、缩聚磷酸盐、酸性缩聚磷酸盐、焦磷酸盐等螯合剂；4－己基间苯二酚、NaCl、$CaCl_2$、ZnCl 等酶抑制剂。酸化剂主要通过降低产品的 pH，改变酶作用条件，达到抑制褐变的目的；螯合剂主要通过螯合多酚氧化酶活性中心和组织中的 Cu^{2+}，抑制酶活力，达到抑制褐变的目的；还原剂主要通过将氧化的醌还原为酚类物质，阻止醌类物质进一步聚合形成深色物质；NaCl、$CaCl_2$ 等主要通过 Cl^- 与 PPO 活性位点的 Cu^{2+} 发生交互作用抑制酶活力。

此外，一些生物方法如采用天然护色剂、酶或基因工程也可抑制酶促褐变的发生。某些植物汁液中含有蛋白酶、小分子多肽等生物活性成分，具有抑制褐变的功能，如洋葱汁、菠萝汁等。蜂蜜中含有如生育酚、抗坏血酸、类黄酮、酚类物质及一些酶等抗氧化成分而能抑制褐变。乳酸菌产生许多小分子代谢物质，包括酸、乙醇、丁二酮和其他代谢产物，具有较强的金属离子配位能力和较高的抗氧化性，也能有效抑制酶促褐变。木瓜蛋白酶、菠萝蛋白酶、无花果蛋白酶等酶类可导致一些引起褐变的酶系失活，从而抑制褐变的发生。蛋白酶对 PPO 的抑制作用是由其蛋白水解作用或与 PPO 活力必需的特定位点结合所致。

（三）水分损失的控制

水果蔬菜采收后，只有蒸腾作用而失去了水分的补充，因此在贮藏和运输中会失水萎蔫，含水量不断降低，产品的质量不断减少。失水会引起产品失鲜，一般情况下，易腐果蔬失水 5% 就会出现萎蔫和皱缩。有些果蔬虽然没有达到萎蔫程度，但是失水已影响到果蔬的口感、脆度、颜色和风味。萎蔫时水解酶活性会提高，严重失水时，细胞液浓度增高，有些离子浓度过高会引起细胞中毒，甚至破坏原生质的胶体结构。有研究指出，组织过度失水会引起脱落酸含量增加，并且刺激乙烯合成，加速器官的衰老。果蔬切割后破坏了表面的保护层，使皮下组织暴露在空气中，因而更容易失水。

影响鲜切果蔬失水的因素除了自身因素外，贮藏环境的温度、风速和相对湿度是影响其失水的主要因素，贮藏温度越高、风速越大、相对湿度越低则越容易失水。因此，控制适宜的贮藏环境温度、相对湿度以及限制产品周围空气的流动是减少鲜切果蔬水分损失的有力措施。另外，利用涂膜保鲜技术和采用合适的包装对抑制鲜切果蔬的水分损失也非常有效。

（四）软化控制

果实的软化主要是由果胶酶和蛋白水解酶引起的，其次是物理和化学的变化。切割加工会使果实硬度大幅度降低。破伤的细胞释放果胶酶和蛋白水解酶，这些酶通过组织扩散的速度非常快。此外，原果胶变为水溶性果胶，细胞内多糖的降解、细胞膨压的丧失、纤维素结晶的减少、细胞壁的变薄等，都会引起果实的软化。Ca^{2+} 及其盐类可以用来防止多种果实软化，一般用0.1% ~1.0%的$CaCl_2$处理，也有用丙酸钙、乳酸钙、酒石酸钙来代替$CaCl_2$。另外，适度热处理也可防止软化，如适度预热处理（35~45℃，40~150min）可使鲜切“Rocha”梨在2℃贮藏7d后无明显颜色和硬度的变化。

第二节　鲜切果蔬加工工艺

鲜切果蔬的加工工艺因果蔬原料的特点、产品的用途以及保存期限的长短有所不同。比如根据原料的特点差别，有些需要去皮，有些则不需要去皮，有些需要切分，有些不需要切分，对于容易变色的品种可能需要考虑进行护色处理。根据产品的用途不同，可以将原料切分成片、段、块、条、丝等不同的形状。根据产品保存期限的长短要求，在清洗、保鲜处理、包装等方面也有所不同。虽然不同鲜切果蔬产品的处理方式有一定差异，但都有原料选择、分级、修整、清洗、护色保鲜、脱水及包装等工序。其一般加工工艺流程如下：

原料选择→去皮（或不去皮）、修整→清洗→切分（或不切分）→护色保鲜→脱水→包装→贮藏→成品

一、原料选择

果蔬原料品质的好坏会直接影响鲜切果蔬的品质，是保证鲜切果蔬产品质量的基础。果蔬原料首先要选择耐贮性好、不易变色、品质特性好的品种。鲜切果蔬的原料一般采用手工采收，采收时应避开雨天、高温及露水，注意避免污染及损伤原料，同时注意剔除杂质、成熟度不适宜以及有病害的原料。收购时要按照相应的产品质量标准，进行检验检疫，一般选择新鲜、饱满、成熟度适中、无异味、无病虫害的个体，要求果蔬中农药残留量不超标、硝酸盐含量不超标、“三废”和病原微生物不超标。采收后的原料需立即加工，采收后不能及时加工的果蔬原料，一般需在适宜的低温条件下贮藏。

二、去皮、修整

果蔬（除大部分叶菜以外）的外皮一般比较粗糙、坚硬、口感不良，有的还有不良气味，对加工制品均有一定的不良影响。如苹果、柿子、梨等果皮角质化，通透性差；大多数柑橘类果实外皮含有橘皮苷等苦味物质；菠萝、荔枝、龙眼外皮木质化；甘薯、马铃薯外皮含有单宁；竹笋的外壳纤维化，不能食用。以上果蔬均应进行去皮处理。去皮时，要求只去掉不可食用或影响制品品质的部分，不可过度，以免增加原料的损失。常用的方法有手工去皮、机械去皮、热力去皮、冷冻去皮和碱液去皮。修整主要是去除残留的果皮、斑点、变色、虫疤、机械伤痕等。去皮和修整所用工具及设备不能用铁制的，要用不锈钢的，以免引起果蔬色泽变化。

三、清　洗

原料清洗可洗去泥沙、大量微生物以及部分残留农药等，保证产品清洁卫生。清洗所用水

应该符合饮用水标准，禁止不清洁水循环使用，以免造成污染。原料清洗方法有多种，一般根据生产条件、原料形状、质地、表面状态、污染程度以及加工方法而定。对于质地比较硬和表面不怕受机械伤的原料，如胡萝卜、甘薯、苹果、马铃薯等可选用滚筒式、毛刷式清洗机；对于质地柔软、容易受机械伤的果蔬可选用喷淋式、压气式清洗机；对于叶菜类的蔬菜则宜选用压气式清洗机或流动水清洗。

清洗工序是鲜切果蔬减菌的重要环节，但是，仅仅采用清水清洗减菌的效果并不理想。因此，生产上常采用在清洗水中加入杀菌剂的方法来提高减菌的效果。鲜切果蔬加工中加入的杀菌剂主要有：①含氯的化学物质，如 Cl_2、NaClO、$Ca(ClO)_2$；②二氧化氯（ClO_2）；③pH 达 2.7 的电解酸性水；④O_3等。另外，通过 O_3、Cl_2、电离辐射、紫外线等化学、物理处理，以及 O_3与超声波、H_2O_2与紫外线等协同处理，可有效地控制微生物引起的腐败变质，延长鲜切果蔬的货架期。

四、切　　分

切分的原料必须保证洗净。切分会对果蔬组织造成损害，一般应在低于 12℃ 条件下进行。按照人们日常的食用习惯切成块、片、丝、丁等形状。

切分大小是影响鲜切果蔬品质的重要因素之一，既要有利于保存，又要符合饮食需求，一般来说，切分越小，切口面积越大，越不利于保存。生产中应依据市场需求确定切分程度，相应地设计出适宜的加工工艺。

切分过程中，刀刃状况与所切果蔬的保存时间有着很大的关系。采用薄而锋利的刀具切分，切面光滑，产品保存时间长；钝刀切分切面受伤多，易引起切面褐变，降低产品质量。

切分方式对切割果蔬的保存时间也有影响，如山药、莴笋等组织纤维较明显的果蔬，平行于组织纤维切分的切片比垂直于组织纤维切分的切片保存期长，其原因可能是垂直切割时纤维断裂，引起周边组织破坏的程度较大。

产品切分后应立即进行漂洗以除去切分时流出的汁液，也可在水中进行切分或水喷射切分，此法可使切分外渗的细胞内液立即被水冲走，因此能显著减少鲜切果蔬的酶促反应。

五、护色保鲜

果蔬在切分过程中，切面处细胞破碎，细胞的区域化被打破，分处细胞不同部位的酶和多酚类物质混合在一起并与 O_2接触，从而导致了酶促褐变发生。切分后营养物质随汁液渗出，黏附在切面，更易引起腐败变质。因此，有必要对切分后的果蔬进行护色保鲜处理。

对于鲜切果蔬而言，护色主要是防止酶促褐变，通过抑制多酚氧化酶和过氧化物酶的活力能较好地控制褐变。传统上，一般采用亚硫酸盐来抑制果蔬褐变，但因其残留造成的安全性问题，亚硫酸盐慢慢被其他护色剂取代。目前生产上常用的护色剂包括：柠檬酸、酒石酸、苹果酸、乳酸等酸化剂；抗坏血酸、异抗坏血酸及其盐、L－半胱氨酸等还原剂；EDTA、缩聚磷酸盐、酸性缩聚磷酸盐、焦磷酸盐等螯合剂；4－己基间苯二酚、NaCl、$CaCl_2$、$ZnCl_2$等酶抑制剂；无花果蛋白酶、菠萝蛋白酶、木瓜蛋白酶以及蜂蜜等也具有一定护色作用。研究表明，复合护色保鲜效果好于单一护色。如用 0.2% 异抗坏血酸＋3% 植酸＋0.1% 抗坏血酸＋0.2% $CaCl_2$混合液浸泡切分的马铃薯，结合抽真空包装，在冷藏条件下对切分马铃薯的护色效果良好，鲜切马铃薯的货架期在 4～8℃ 条件下可达 7d 以上。

此外，果蔬细胞壁中含有大量果胶物质，在切分、去皮过程中，果胶结构被破坏导致细胞彼此分离，果蔬质地变软。因此，可在护色保鲜溶液中加入 $CaCl_2$、乳酸钙、葡萄糖酸钙进行保脆。Ca^{2+} 可激活果胶甲酯酶，促使不溶性果胶酸钙的形成，增强细胞间的连接，使果蔬变得硬脆，起到保脆的效果。

在护色保鲜液中添加一定的防腐剂对于抑制鲜切果蔬中微生物的生长繁殖，延长鲜切果蔬的保存期具有重要意义。生产上常用的防腐剂主要有苯甲酸及其盐、山梨酸及其盐等。

六、脱　水

经过护色保鲜处理的鲜切果蔬应还需进行脱水处理，切不可直接进行包装，因为鲜切果蔬表面附着的水分反而更有利于微生物的生长繁殖。为了防止离心脱水时对鲜切果蔬造成机械损伤，通常采用特殊专用高速离心机进行脱水。脱水时间要适宜，加速平稳，原料装填和卸出产品均需小心处理。但若脱水过度，反而会加速鲜切果蔬品质的劣变。生产中必须注意，要根据不同的原料选择不同的转速和离心时间，以求适度脱水，抑制贮藏品质劣变。如鲜切甘蓝脱水处理时，离心机转速一般为2825r/min，时间为20s；鲜切生菜脱水时，离心机转速为100r/min，时间为20s。欧美国家也有采用空气隧道干燥对清洗后的鲜切果蔬进行脱水，干燥隧道由振动的单元格组成，产品与空气逆向行进，干燥空气采用过滤空气流并用紫外线消毒以防污染产品。

七、包　装

适宜的包装可以起到阻气、阻湿、阻光的作用，对于防止鲜切果蔬在贮藏及流通过程中二次污染、水分损失以及品质变化具有重要意义。适于鲜切果蔬包装的材料主要有聚丙烯（PP）、聚乙烯（PE）、乙烯－乙酸乙烯共聚物（EVA）以及可食性降解材料等。

包装方法主要有自发调节气体包装（modified atmosphere package，MAP）、减压包装（moderate vacuum package，MVP）、活性包装（active package，AP）和涂膜包装。MAP 的基本原理是通过使用适宜的透气性包装材料被动地产生一个调节气体环境，或采用特定的气体混合物及结合透气性包装材料主动地产生一个调节气体环境。MAP 结合冷藏能显著延长贮藏期。MVP 是指将产品包装内的大气压降为 40～46kPa 并在冷藏温度下贮藏的保鲜方法，目前应用较多。如鲜切生菜采用 80μm 的聚乙烯袋包装，在压力 46kPa、温度 5℃条件，可保持 10d 不褐变。MVP 通常用于代谢强度较低、组织较紧实的果蔬产品。AP 是指包含各种气体吸收剂和发散剂的包装，包括使用一些防腐剂、吸湿剂、抗氧化剂、脱氧剂、乙烯吸收剂等，其作用原理是通过改变环境气体组成，降低乙烯浓度、呼吸强度、微生物活力而达到保鲜效果的包装方法。Howard 等采用商业气体吸收剂（AU 高锰酸钾）对洋葱切片质量变化的影响进行了研究。结果表明，在 2℃条件下，洋葱切片保存 10d，质量较好。

可食性降解膜主要采用淀粉、壳聚糖、蛋白质、羧甲基纤维素钠等作为原料制备而来，具备普通薄膜的基本特性，同时具有可食性、易降解的特点，能抑制鲜切果蔬呼吸、延迟乙烯产生、防止芳香成分挥发、减少水分损失、延迟变色和抑制微生物生长。可食性抗菌膜的研制将在鲜切果蔬微生物污染方面起到更好的抑制作用。

包装过程中，包装室必须干净，维持 1～2℃低温，且与洗涤系统分开。产品包装完毕后，须立即加贴产品标签，并送入恒温库贮藏。

八、贮　　藏

低温贮藏可降低果蔬组织呼吸强度和生理生化反应速度，抑制褐变、微生物活动以及水分蒸发，是保持鲜切果蔬新鲜度的有效方法。一般鲜切果蔬的贮藏温度控制在4℃左右。产品在贮运及销售过程中应处于低温状态，配送期间可使用冷藏车进行温度控制，尽量避免产品温度波动，以免质量下降。零售时，应配备冷藏柜等组成冷链，保证贮藏温度不超过5℃。

第三节　鲜切果蔬加工案例

一、鲜切马铃薯片

（一）工艺流程

原料选择→分级→清洗、杀菌→去皮→切分→护色保鲜→脱水→包装→贮藏

（二）操作步骤

1. 原料选择

所选原料首先应达到无公害蔬菜的基本要求：新鲜、大小一致、芽眼小、无机械伤和病虫害、淀粉含量适中、含糖量低。并且要求不能采用发芽和表皮变绿的原料，因为发芽和表皮变绿的马铃薯龙葵素含量高，容易导致食物中毒。

2. 分级

利用滚筒式分级机按块茎大小进行分级。分级的目的主要是为了产品规格一致，同时，防止在去皮时不同大小的马铃薯混在一起导致去皮不均匀。

3. 清洗、杀菌

分级后的马铃薯可利用滚筒式清洗机进行清洗，洗去灰尘、污泥及其他污物，对于孔眼中泥土较难去除的马铃薯，采用毛刷式清洗机效果会更好。除去泥污的马铃薯再利用输送机传送至杀菌池中杀菌，杀菌液采用浓度为180mg/L的ClO_2溶液，杀菌时间20min。ClO_2不仅可以起到杀菌的作用，而且可以进一步降低马铃薯中的农药残留。

4. 去皮

马铃薯去皮可采用机械去皮法，一般用摩擦式去皮机。为了防止微生物再次污染，去皮机使用前要进行消毒，去皮过程中冲洗用水必须采用无菌水或者杀菌所用的ClO_2溶液。去皮完全后用无菌水漂洗干净。

5. 切分

采用不锈钢切片机将马铃薯切成片状，厚度一般5mm左右。切分过程中要及时用无菌水将粘在切刀上的汁液冲走，切分后的马铃薯片迅速转移至无菌水中漂洗，除去表面汁液。

6. 护色保鲜

将漂洗后的马铃薯片放入含0.1%异抗坏血酸钠、0.2% $CaCl_2$和0.05%山梨酸钾的护色保鲜溶液中浸泡15min，要求马铃薯片完全浸入溶液中。一般浸泡三批后需要及时补充护色保鲜

剂，以免影响护色保鲜效果。

7. 脱水

将护色保鲜后的马铃薯片装入消毒的网袋，放入经消毒处理的离心机中进行脱水，以除去马铃薯片表面的明水。注意脱水时一次装量不要太多，以免影响脱水效果。

8. 包装

马铃薯片脱水后定量装入经臭氧水灭菌的塑料托盘，然后用 PE 拉伸保鲜膜包装。

9. 贮藏

包装好的马铃薯片需立即放入恒温库，4℃条件下贮藏。贮藏期间一定要保证温度恒定，不要出现剧烈波动，以免引起包装内出现结露现象，影响产品的保存期。

二、 鲜切山药片

（一）工艺流程

原料选择→清洗、杀菌→去皮、修整→切分→护色保鲜→脱水→分选、包装→贮藏

（二）操作步骤

1. 原料选择

一般选用不易褐变的品种，要求原料新鲜、无病虫害、无腐烂变质、无严重机械伤，农残和重金属指标能够达到无公害食品的要求，对不符合要求的原料拒收。

2. 清洗、杀菌

清洗用水应符合饮用水标准，可选用毛刷式清洗机进行清洗，清洗后在 ClO_2 杀菌液中进行杀菌处理。杀菌时严格控制杀菌剂（ClO_2）浓度为 200mg/L，杀菌时间 3～5min。每隔半小时检测杀菌剂的浓度，如果杀菌剂浓度偏低，应及时调整杀菌剂至 200mg/L，并将产品按规定时间重新杀菌。

3. 去皮、修整

山药去皮可借助不锈钢去皮工具进行手工去皮，注意不要过分去皮，伤烂及机械伤部位要用不锈钢刀修整除去。去皮后的山药及时放入清水中漂洗，以除去黏液。

4. 切分

一般采用两种切分方法。一种是直接横切成 5mm 左右的圆片；另一种是先横切成 3～5cm 的段，然后将山药段纵切成 5mm 左右的方片。切分后的山药片不要暴露在空气中，要及时放入清水中漂洗，去除黏液。

5. 护色保鲜

将切分并漂洗的山药片沥干明水，迅速转移至护色保鲜液中。护色保鲜液采用 0.25% 柠檬酸 +0.1% 植酸 +0.25% $CaCl_2$ 溶液，护色处理时间 15min。处理过程中要及时补充护色保鲜剂。

6. 脱水

把经过护色保鲜后的山药片装入消毒的网袋，放入经消毒处理的离心机中进行脱水，以除去山药片表面的明水。脱水时一次装量不要太多，以免影响脱水效果。

7. 分选、包装

将脱水后的山药片按照不同的大小规格分选，并剔除碎片等不合格片，然后定量装入无菌的 PE 保鲜袋中，也可以先定量装入无菌的塑料托盘，然后用 PE 拉伸膜包装。

8. 贮藏

包装好的山药片要及时放入恒温库，4℃条件下贮藏。贮藏期间要注意控制好贮藏温度以及湿度等条件。

三、鲜切菠萝

（一）工艺流程

原料选择→分级、整理→清洗、杀菌→去皮→切分→护色保鲜→沥干→包装→贮藏

（二）操作步骤

1. 原料选择

鲜切菠萝宜选择八九成熟的原料。若成熟度太低，风味平淡；若成熟度太高，则容易软烂。所选原料要求新鲜、无腐烂、无病虫害、无机械损伤。

2. 分级、整理

先将菠萝根和叶用不锈钢刀削去，然后按果实大小分成不同的级别。

3. 清洗、杀菌

可选用喷淋式清洗机将上述原料进行清洗，洗去泥沙、微生物及其他污物。然后将菠萝放入O_3水中杀菌，臭氧水浓度为0.18μg/L，浸泡5min。

4. 去皮

一般选用菠萝专用去皮机去皮，去皮之前要对去皮机进行清洗、消毒。

5. 切分

可用不锈钢切片刀将菠萝切成片状、块状或条状等不同的形状。切分之前要对不锈钢刀等工具进行消毒处理。

6. 护色保鲜

切分后的原料迅速放入含有0.5%柠檬酸、0.1%山梨酸钾、0.1% $CaCl_2$和50%白砂糖的护色保鲜液中进行护色保鲜处理，处理时间20min。

7. 沥干

将护色保鲜处理后的鲜切菠萝沥干明水。

8. 包装

一般采用托盘定量分装，然后用PE拉伸保鲜膜包装。也可以将鲜切菠萝装入保鲜盒中。

9. 贮藏

包装的鲜切菠萝要放入4℃恒温条件下贮藏。

第四节 综合实验

一、护色剂护色效果的测定

（一）实验目的

通过本实验项目掌握果蔬护色效果的测定方法。

（二）材料设备

（1）实验材料　苹果、梨、西葫芦等，常用护色剂。

（2）用具及设备　去皮刀、切片刀、恒温保鲜柜、色差计。

（三）操作步骤

（1）材料预处理　将实验材料清洗、去皮，并切成片状。

（2）护色液配制　将护色剂配制成不同浓度梯度的溶液。

（3）护色处理　果蔬切片分别放入不同浓度的护色液中，浸泡一定时间，取出沥干明水。

（4）分装、贮藏　护色后的果蔬切片分装至保鲜袋中，4℃条件下贮藏。

（5）色度值测定　每隔1d用色差计测定果蔬切片的色度值，根据色度值判断护色效果。

（四）实验记录

列出表格，记录不同时间不同浓度护色液处理的鲜切果蔬的色度值。根据色度值的变化明确护色剂的护色效果。

二、鲜切莲藕片的加工

（一）实验目的

通过本实验项目掌握鲜切蔬菜加工的基本工艺及操作要点。

（二）材料设备

（1）材料　莲藕、护色保鲜剂。

（2）用具及设备　保鲜盒、网袋、不锈钢去皮刀、不锈钢切片刀、菜板、台秤、毛刷式清洗机、离心机、恒温保鲜柜。

（三）工艺流程

原料选择→整理→清洗、杀菌→去皮、修整→切分→护色保鲜→脱水→包装→贮藏

（四）操作步骤

1. 原料选择

一般采用不易褐变的白莲藕，以根茎粗壮、肉质细嫩、鲜脆甘甜、洁白无瑕者为佳，要求原料新鲜、无病虫害、无腐烂变质、无机械伤，农残和重金属指标应能够达到无公害食品的要求。

2. 整理

用不锈钢刀将藕节两端去除，尽量不要露出莲藕的孔眼，以免清洗时污物进入藕节。

3. 清洗、杀菌

可选用毛刷式清洗机进行清洗，无条件的可用手工清洗。清洗后在ClO_2杀菌液中进行杀菌处理。杀菌时严格控制杀菌剂（ClO_2）浓度为200mg/L，杀菌时间3～5min。每隔一定时间调整杀菌剂浓度至200mg/L。

4. 去皮、修整

莲藕去皮可借助不锈钢去皮工具进行手工去皮，注意不要过分去皮，并用不锈钢刀将伤烂部位修整除去。去皮后的莲藕及时放入清水中漂洗，不要暴露在空气中。

5. 切分

一般将莲藕直接横切成5mm左右的圆片。切分后的莲藕片不要暴露在空气中，要及时放入

清水中漂洗，以免引起褐变。

6. 护色保鲜

切分并漂洗的莲藕片沥干明水后，迅速转移至护色保鲜液中。护色保鲜液采用0.2%柠檬酸+0.7%维生素C+0.3%～0.4% $CaCl_2$ +0.2%焦磷酸钠（$Na_4P_2O_7$）溶液，护色处理时间15min。处理过程中要及时补充护色保鲜剂，以免多次使用后浓度降低，达不到护色效果。

7. 脱水

将护色保鲜后的莲藕片装入消毒的网袋，放入经消毒处理的离心机中进行脱水，以除去莲藕片表面的明水。脱水时一次装量不要太多，以免影响脱水效果并造成莲藕片挤压破碎。

8. 包装

将脱水后的莲藕片定量装入事先消毒的保鲜盒中。

9. 贮藏

包装好的莲藕片需立即放入恒温库，4℃条件下贮藏。贮藏期间要注意控制好贮藏温度以及湿度等条件。

[推荐书目]

1. 莱米堪拉编著. 胡文忠译. 鲜切果蔬科学、技术、市场. 北京：化学工业出版社，2009.

2. 蒲彪，乔旭光. 园艺产品加工学. 北京：科学出版社，2012.

3. 孟宪军，乔旭光. 果蔬加工工艺学. 北京：中国轻工业出版社，2012.

思考题

1. 果蔬鲜切过程中发生了哪些生理变化?
2. 如何控制鲜切果蔬的微生物污染?
3. 如何控制鲜切果蔬的酶促褐变?
4. 如何控制鲜切果蔬的水分损失?

第十一章 果酒果醋加工

[知识目标]

1. 了解葡萄酒的分类及各种酒的特点。
2. 理解葡萄酒酿造中酒精发酵、苹果酸-乳酸发酵的作用。
3. 掌握果酒的酿造原理、果醋的发酵理论。
4. 掌握主要种类葡萄酒的酿造工艺及操作要点。
5. 理解酯类物质形成的规律、氧化还原作用。
6. 了解蒸馏果酒、起泡果酒、配制果酒的生产工艺。
7. 掌握果醋的酿造工艺。

[能力目标]

1. 能够根据果酒酿制工艺酿造果酒。
2. 能够根据果醋酿制工艺酿造果醋。

第一节 果酒分类

一、果酒概述

果酒是以果实为原料酿制而成的，色、香、味俱佳且营养丰富的含醇饮料。果酒的定义可以理解为：以水果为原料，经过发酵酿制而成的低度饮料酒。其中关键点有三个：一是“以水果为原料”，二是“发酵酿制”，三是“低度饮料酒”。

果酒是一种低酒精度饮料酒，含有水果的风味，其酒度一般在12%（体积分数）左右，主要成分除乙醇外，还有糖、有机酸、酯类及维生素等。果酒具有低酒度、高营养、益脑健身等特点，可促进血液循环和机体的新陈代谢，控制体内胆固醇水平，改善心脑血管功能，同时具有利尿、激发肝功能和抗衰老的功效。果酒含有大量的多酚，能起到抑制脂肪在人体中堆积的作用。果酒的诸多优点和独特功效越来越受到人们的重视。果酒具有一定的保健功能，这早已在1989年被世界卫生组织（WHO）的世界心血管疾病控制系统“莫尼卡项目”的流行病学调查证实，法国人的冠心病发病率和死亡率比其他西方国家，尤其是美国和英国要低得多。国内外研究工作者对果酒与保健功能的种种研究表明，产品具有水果的天然香味，富含多种维生素和氨基酸，极具保健功能，由此可见果酒必将越来越多地受到消费者的喜爱。

果品制得的酒类，以葡萄酒为大宗，是世界性商品。其次是苹果酒，在英国、法国、瑞士等国较普遍，美国和中国也有酿造。目前我国的果酒产业中，葡萄酒占了大部分的市场份额，其他果种开发力度还相对较小，只有苹果酒、枸杞酒、青梅酒、杨梅酒、猕猴桃酒、黑加仑酒等稍有知名度，还有大量的果种资源没有得到开发利用，造成了极大的浪费。而多种水果混合酿制的复合果酒还多处于研究阶段，少有投放市场。为此，应加大复合果酒的研制生产，或研制果酒与其他酒种结合生产混合酒。

目前，在世界上虽然果酒占饮料酒的比例为15% ~20%，而在中国果酒只占饮料酒的1%不到。我国果酒的人均年消费量为0.2~0.3L，而世界人均年消费量为6L，彼此之间相差甚远，但同时说明我国果酒市场有潜力可挖。随着人们健康意识的加强，果酒正以其低酒度、高营养、好口感的特点而越来越被众多消费者认同和接受。尽管短时间内，我国的果酒消费量不可能同比增长，但是，我国的果酒市场绝对有着充分的发展空间和市场前景。如果我们总是固守在葡萄酒这一传统而古老的领域，将会制约果酒行业的快速发展。近年来，欧美等国也在大力提倡用苹果、樱桃，梨子等水果来酿造果酒，投放市场后取得了较大成功。据统计，我国水果年产量约8000多万t，位居世界首位，而且将以每年10%的速度增长，但我国水果深加工却十分低下，用于加工的不到10%，其中加工量最大的葡萄也只占20%左右，欧美国家的葡萄80%用于酿酒，巴西、美国的柑橘80%用于深加工。如果水果的深加工问题得不到有效解决，将在一定程度上制约农村经济的发展。因此，面对我国十分丰富的水果资源和高速成长中的果酒消费市场，因地制宜地实施果酒品种的多样化发展，将具有十分积极的意义和深远的影响。

二、果酒分类

我国果酒种类很多，有各种不同的分类方法，一般按酒的颜色深浅、含糖多少、含酒精量高低、是否含CO_2及采用的加工方法来分类。现将葡萄酒的分类方法介绍如下。

根据酿造方法和成品特点的不同，一般将果酒分为四类。①发酵果酒，用果汁或果浆经酒精发酵酿造而成，如葡萄酒、苹果酒、柑橘酒等。根据发酵程度不同，又分为全发酵果酒（果汁或果浆中的糖分全部发酵，残糖在1%以下）与半发酵果酒（果汁或果浆中的糖分部分发酵）两类。②蒸馏果酒，果品经酒精发酵后，再通过蒸馏所得到的酒，如白兰地、水果白酒等。③配制果酒，又称为露酒，是指将果实或果皮、鲜花等用酒精或白酒浸泡取露，或用果汁加酒精，再加糖、香精、色素等食品添加剂调配而成的果酒。其酒名与发酵果酒相同，但制法各异，品质也有差异。④起泡果酒，酒中含有CO_2的果酒。以葡萄糖为酒基，再经后发酵酿制而成的香槟酒为其珍品，我国生产的小香槟、汽酒也属此类。

由于以果品为原料制得的酒类，以葡萄酒的产量和类型最多，现葡萄酒的主要分类方法如下，其他种类可参照划分。葡萄酒是用新鲜的葡萄或葡萄汁经发酵酿成的酒精饮料。按照国际葡萄酒组织的规定，葡萄酒只能是用破碎或未破碎的新鲜葡萄果实或汁完全或部分酒精发酵后获得的饮料，其酒精度一般在8.5°～16.2°；按照我国最新的葡萄酒标准GB 15037—2006规定，葡萄酒是以鲜葡萄或葡萄汁为原料，经全部或部分发酵酿制而成的，酒精度不低于7.0%的酒精饮品。葡萄酒按照不同分类原则可分为不同类型。

（一）按酒的颜色分类

1. 红葡萄酒

用红葡萄带皮发酵而成，酒液含有果皮或果肉中的有色物质，酒的颜色呈自然深宝石红、宝石红或紫红、石榴红。

2. 白葡萄酒

用白葡萄或皮红肉白的葡萄分离发酵制成。酒的颜色近似无色、浅黄、金黄、禾秆黄等。凡具有深黄、土黄、棕黄和褐黄等色，均不符合白葡萄酒色泽的要求。

3. 桃红葡萄酒

用带色的红葡萄短时间浸提或分离发酵制成。酒的颜色为桃红色或浅玫瑰红色。凡色泽过深或过浅的均不符合桃红葡萄酒的要求。

（二）按含糖多少分类

1. 干葡萄酒

由于色泽不同，干葡萄酒又分干红葡萄酒和干白葡萄酒、干桃红葡萄酒。含糖量（以葡萄糖计）不大于4.0g/L，酒精含量为10%～13%（体积分数），酒液清亮透明，品尝感觉不出甜味，酸涩适口，具有洁净、爽怡、和谐的果香和酒香。

2. 半干葡萄酒

根据色泽，半干葡萄酒分为半干红葡萄酒、半干白葡萄酒、半干桃红葡萄酒。一般含糖量在4.1～12g/L，微具甜感，酒的口味洁净、舒顺、味觉圆润并具和谐愉悦的果香和酒香。

3. 半甜葡萄酒

半甜葡萄酒一般含糖量在12.1～50g/L，具有甘甜、爽顺、舒润的果香和酒香。

4. 甜葡萄酒

又可分为甜红葡萄酒、甜白葡萄酒和甜桃红葡萄酒，含糖量不低于50g/L，具有甘甜、醇厚、舒适的口味及和谐的果香和酒香。

（三）按酿造方法分类

1. 天然葡萄酒

完全用葡萄为原料发酵而成，不添加糖或酒精，以葡萄原料含有的糖分来控制产品符合质量标准。

2. 加强葡萄酒

葡萄发酵成原酒，添加白兰地或脱臭酒精从而提高酒精含量，添加糖分来提高含糖量，用这种方法生产的酒为加强葡萄酒。

3. 加香葡萄酒

按含糖量不同分为干酒和甜酒，是采用葡萄原酒浸泡芳香植物，再经调配制成，如味思美、丁香葡萄酒等。

（四）按是否含 CO_2 分类

1. 平静葡萄酒

在20℃时，CO_2 的压力小于0.05MPa的葡萄酒称为平静葡萄酒。

2. 起泡葡萄酒

可分为天然起泡酒和人工起泡酒。天然起泡酒是葡萄原酒经密闭二次发酵产生 CO_2，在20℃时 CO_2 的压力大于或等于0.35MPa的葡萄酒。

3. 加气起泡葡萄酒

在20℃时，CO_2（全部或部分由人工充入）的压力大于或等于0.35MPa（以250mL/瓶计），这类型的酒称为汽酒，具有清新愉快、爽怡的味感。

此外，按饮用时间及用途还可将葡萄酒分为餐前酒（开胃酒）、佐餐酒和餐后酒等。

第二节　果酒酿造原理

一、酒精发酵及产物

（一）酒精发酵的化学反应

酒精发酵是相当复杂的化学过程，有许多化学反应和中间产物生成，而且需要一系列酶的参与。酵母菌酒精发酵的总反应式为：

$$C_6H_{12}O_6 + 2ADP + 2Pi \longrightarrow 2C_2H_5OH + 2CO_2 + 2ATP$$

酒精发酵主要包括糖分子的裂解、丙酮酸的分解、甘油发酵三个阶段。

1. 糖分子的裂解

糖分子的裂解包括将己糖分解为丙酮酸的一系列反应，可以分为以下几个步骤。

（1）己糖磷酸化　己糖磷酸化是通过己糖磷酸化酶和磷酸糖异构酶的作用，将葡萄糖和果糖转化为1，6－二磷酸果糖的过程。

（2）1，6－二磷酸果糖分裂为三碳糖　1，6－二磷酸果糖在醛缩酶的作用下分解为磷酸甘油醛和磷酸二羟丙酮。由于磷酸甘油醛将参加下一阶段的反应，磷酸二羟丙酮将转化为磷酸甘油醛，所以在这一过程中，只形成磷酸甘油醛一种。

（3）3－磷酸甘油醛氧化为丙酮酸　3－磷酸甘油醛在氧化还原酶的作用下，转化为3－磷酸甘油，后者在变位酶的作用下转化为2－磷酸甘油酸；2－磷酸甘油酸在烯醇化酶的作用下，先形成磷酸烯醇式丙酮酸，然后转化为丙酮酸。

2. 丙酮酸的分解

丙酮酸首先在丙酮酸脱羧酶的催化下脱去羧基，生成乙醛和 CO_2，乙醛则在氧化还原的情况下还原为乙醇，同时将3－磷酸甘油醛氧化为3－磷酸甘油酸。

3. 甘油发酵

在酒精发酵开始时，参加3－磷酸甘油醛转化为3－磷酸甘油酸这一反应，所必需的NAD是通过磷酸二羟丙酮的氧化作用来提供的。这一氧化作用要伴随着甘油的产生。每当磷酸二羟

丙酮氧化一分子 $NADH_2$，就形成一分子甘油，这一过程称为甘油发酵。在这一过程中，由于将乙醛还原为乙醇所需的两个氢原子（由 $NADH_2$ 提供）已被用于形成甘油，所以乙醛不能继续进行酒精发酵反应。

实际上，在发酵开始时，酒精发酵和甘油发酵同时进行，而且甘油发酵占优势；以后酒精发酵则逐渐加强并占绝对优势，而甘油发酵减弱，但并不完全停止。乙醇发酵中，还常有甘油、乙醛、醋酸、乳酸和高级醇等副产物，它们对果酒的风味、品质影响很大。

（二）酒精发酵的主要副产物

1. 甘油

甘油味甜且稠厚，可赋予果酒以清甜味，增加果酒的稠度。干酒含较多的甘油而总酸不高时，会有自然的甜味，使干酒变得轻快圆润。甘油在发酵开始时由甘油发酵而形成。在葡萄酒中，其含量为6～10mg/L。

2. 乙醛

乙醛可由丙酮酸脱羧产生，也可在发酵以外由乙醇氧化而产生。在葡萄酒中乙醛的含量为0.02～0.06mg/L，有时可达0.30mg/L。乙醛可与 SO_2 结合形成稳定的亚硫酸乙醛，这种物质不影响葡萄酒的质量，而游离的乙醛则使葡萄酒具氧化味，可用 SO_2 处理，使这种味消失。

3. 醋酸

醋酸是构成葡萄酒挥发酸的主要物质。在正常发酵情况下，醋酸在酒精中的含量为0.2～0.3g/L。它是由乙醛经氧化作用而形成的。葡萄酒中醋酸含量过高，就会有酸味。一般规定，白葡萄酒挥发酸含量不能高于0.88g/L（以 H_2SO_4 计），红葡萄酒不能高于0.98g/L（以 H_2SO_4 计）。

4. 琥珀酸

在葡萄酒中，其含量为0.5～1.0g/L，主要来源于酒精发酵和苹果酸－乳酸发酵。

5. 杂醇

果酒的杂醇主要有甲醇和高级醇。甲醇有毒害作用，含量高对品质不利。果酒中的甲醇主要来源于原料果实中的果胶，果胶脱甲氧基生成低甲氧基果胶时即会形成甲醇。此外，甘氨酸脱羧也会产生甲醇。高级醇指比乙醇多一个或多个碳原子的一元醇。它溶于酒精，难溶于水，在酒度低时似油状，又称杂醇油。主要为异戊醇、异丁醇、活性戊醇、丁醇等。高级醇是构成果酒二类香气的主要成分，一般情况下含量很低，如含量过高，可使酒具有不愉快的粗糙感，且使人头痛致醉。高级醇主要从代谢过程中的氨基酸、六碳酸及低分子酸中生成。

二、酯类及其生成

酯类赋予果酒独特的香味，是葡萄酒芳香的重要来源之一。一般把葡萄酒的香气分为三大类：第一类是果香，它是葡萄果实本身具有的香气，又称一类香气；第二类是发酵过程中形成的香气，称为酒香，又称二类香气；第三类香气是葡萄酒在陈酿过程中形成的香气，称为陈酒香，又称三类香气。

果酒中酯的生成有两个途径，即陈酿和发酵过程中的酯化反应和发酵过程中的生化反应。

酯化反应是指酸和醇生成酯的反应，即使在无催化的情况下照样发生。葡萄酒中的酯主要有醋酸、琥珀酸、异丁酸、己酸和辛酸的乙酯，还有癸酸、己酸和辛酸的戊酯等。酯化反应为可逆反应，一定程度时可达平衡，此时遵循质量作用定律。生化反应是果酒发酵过程中，通过其代谢生成的酯类物质，它是通过酰基辅酶 A 与酸作用生成的。如乙酸乙酯的生成反应为：

$$CH_3CO-SC_0A+C_2H_5OH\xrightarrow[Mg^{2+}]{酯酶}CH_3COOC_2H_5+C_0A-SH$$

这一反应需要多步才能完成。通过生化反应形成的酯主要为中性酯。

酯的含量随葡萄酒的成分和年限不同而异，新酒一般为 176～264mg/L，老酒为 792～880mg/L。酯的生成在葡萄酒贮藏的头两年最快，以后就变慢了，这是因为酯化反应是一个可逆反应，进行到一个阶段便达到平衡之故。即使贮藏 50 年的葡萄酒，也只能产生理论上 3/4 的酯量。

酯分中性酯和酸性酯两类，中性酯和酸性酯在葡萄酒中约各占 1/2。中性酯是在发酵过程中，由酯酶的作用产生，是一种生物化学反应。中性酯具有挥发性，因而称为挥发酯。在陈酿过程中由化学反应也生成一些中性酯，但数量很少。酸性酯是在陈酿过程中，由酸和醇发生酯化反应而生成的，这是一种简单的化学反应，生成的大部分是酸性酯。

影响酯化反应的因素很多，主要有温度、酸的种类、pH 和微生物等。温度与酯化反应速度成正比，在葡萄酒贮存过程中，温度越高，酯的含量就越高。这是葡萄酒进行热处理的依据。

有些有机酸很容易与乙醇化合成酯，有些则生成较慢，对于总酸在 0.5% 左右的葡萄酒来说，如欲通过加酸促进酯的生成，以加乳酸效果最好，柠檬酸次之，苹果酸又次之，琥珀酸较差；在混合酸中，则以等量的乳酸和柠檬酸为最好。加酸量以 0.1%～0.2% 的有机酸为适当。

H^+是酯化反应的催化剂，故 pH 对酯化反应的影响非常大。在同样条件下，当 pH 降低一个单位，酯的生成量能增加一倍。例如，琥珀酸和酒精的混合液，在 100℃加热 24h，如溶液的 pH 为 4 时，则琥珀酸有 3.9% 酯化，酯的生成量增加了一倍多。在同样条件下，因有机酸的种类和性质不同，其与乙醇酯化的速度也不相同。在 pH 为 3 时，将各种有机酸与乙醇的混合溶液加热至 100℃，维持 24h 后，苹果酸有 9% 酯化，但醋酸只有 2.7% 酯化。

微生物细胞内所含的酯酶是导致由生化反应而引起酯化反应的主要原因。其酯化率不受质量作用定律的限制，甚至可以超过化学反应的限度。有些酵母菌，如汉逊酵母生成很少的醋酸和很多的醋酸乙酯。

氧化还原作用是果酒加工中一个重要的反应，它直接影响到产品的品质。无论是在新酒还是老酒中都不存在痕量的游离状的溶解氧。但果酒在加工中由于表面接触、搅动、换桶、装瓶等操作会溶入一些 O_2。O_2的消耗与温度、SO_2、氧化酶、Cu 和 Fe 等因素有关。高温时 O_2的消耗快，SO_2加速 O_2的消耗，氧化酶、Cu、Fe 等也会加速 O_2的消耗。

三、果酒的氧化还原作用

氧化还原作用可用氧化还原电位（*EH*）和氧化程度（*RH*）来表示。*EH* 的单位是 mV，可以通过测定或计算得到。通过 *EH* 的测定，可以了解酒中的氧化还原反应是在什么条件下进行的，即了解在不同的电位下所发生的反应有什么不同，进而了解对发酵和陈酿有什么影响。葡萄酒氧化越强烈，氧化还原电位就越高。相反，当葡萄酒贮存在没有空气的条件下时，其电位就会逐渐下降到一定的值，这个值称为极限电位。在葡萄酒中，氧化还原电位的降低是与溶解氧的消失和这些系统的还原同时发生的。实际上，当溶解于葡萄酒中的 O_2完全消失时，电位远未达到极限数值。

RH 为氧化程度，它与 *EH*、pH 关系密切。在氧化还原反应进行时，有 H^+的参加，所以电

位大小不仅决定于氧化还原剂的比例，也取决于溶液的 pH。葡萄酒酵母的繁殖取决于酒液中的 *RH* 值，氧化还原电位的高低是刺激发酵或抑制发酵的因素之一。

在有 O_2条件下，如向葡萄酒通气时，葡萄酒的芳香味就会逐渐减弱，强烈通气的葡萄酒则易形成过氧化味和出现苦涩味。在无 O_2条件下，葡萄酒形成和发展其芳香成分，即还原作用促进了香味物质的形成，最后香味的增强程度是由所达到的极限电位来决定的。氧化还原作用与葡萄酒的芳香和风味关系密切，在不同阶段需要的氧化还原电位不一样。在成熟阶段，需要氧化作用，以促进单宁与花色苷的缩合，促进某些不良风味物质的氧化，使易氧化沉淀的物质沉淀去除；而在酒的老化阶段，则希望处于还原状态为主，以促进酒的芳香物质产生。

氧化还原作用还与酒的破败病（casse）有关，葡萄酒暴露在空气中，常会出现浑浊、沉淀、褪色等现象。铁的破败病与 Fe^{2+}浓度有关，Fe^{2+}被氧化成 Fe^{3+}，电位上升，同时也就出现了铁破败病。如果 Cu^{2+}被还原成 Cu^{+}，电位下降，则产生铜破败病。

四、 果酒酿造的微生物

果酒酿造的成败及品质的好坏，与参与微生物的种类有最直接的关系。凡有霉菌类、细菌类等微生物参与时，酿酒必然失败或品质变劣。酵母菌虽是果酒发酵的主要微生物，但酵母菌的品种很多，生理特性各异，有的优良，有的益处不大甚至有害。所以果酒酿造过程中，必须防止或抑制霉菌类、细菌类等其他微生物的参与，选用与促进优良酵母菌进行酒精发酵。

（一）葡萄酒酵母（*Saccharomyces ellipsoideus*）

葡萄酒酵母又称椭圆酵母，附生在葡萄果皮上，在土壤中越冬，通过昆虫或灰尘传播，可由葡萄自然发酵、分离培养而制得。具有以下主要特点。

1. 发酵力强

所谓发酵力是指酵母菌将可发酵性糖类发酵生成酒精的最大能力。通常用酒精度表示，故又称产酒力。葡萄酒酵母能发酵果汁（浆）中的蔗糖、葡萄糖、果糖、麦芽糖、半乳糖、1/3 棉子糖等，但不能发酵乳糖、D－阿拉伯糖、D－木糖等。在富含可发酵性糖类的发酵液中，葡萄酒酵母能发酵到酒精含量 12% ~16%，最高达 17%。

2. 产酒率高

产酒率指产生酒精的效率。通常用每产生 1°酒精所需糖的克数表示。葡萄酒酵母在 1000mL 发酵液中，只要含糖 17 ~18g，就能生成 1°酒精，而巴氏酵母或尖端酵母则需糖 20 ~22g。

3. 抗逆性强

葡萄酒酵母可忍耐 250mg/L 以上的 SO_2，而其他有害微生物在此 SO_2浓度下全部被杀死。

4. 生香性强

葡萄酒酵母在果汁（浆）中，甚至在麦芽汁中，发酵后也会产生典型的葡萄酒香味。有人用葡萄酒酵母发酵麦芽汁，产生出葡萄酒香，再经蒸馏，得到类似白兰地的香气和滋味。

葡萄酒酵母在果酒酿造中占十分重要的地位，它将发酵液中的绝大部分糖转化为酒精。就其使用情况而言，它不仅是葡萄酒酿造的优良菌种，对于苹果酒、柑橘酒等其他果酒酿造也属较好的菌种，故有果酒酵母之称。

（二）巴氏酵母（*Saccharomyces pastorianus*）

又称卵形酵母，是附生在葡萄果实上的一类野生酵母。巴氏酵母的产酒力强，抗 SO_2能力也强，但繁殖缓慢，产酒效率低，产生1°酒需要20g/L糖。这种酵母一般出现在发酵后期，进一步把残糖转化为酒精，也可引起甜葡萄酒的瓶内发酵。

（三）尖端酵母（*Saccharomyces apiculatus*）

又名柠檬形酵母，是从外形来区分的一大群酵母，其中有些明显的种类，能够形成孢子的称为汉逊孢子酵母或尖端（真）酵母，不生成孢子的称为克勒克酵母。这类酵母广泛存在于各种水果的果皮上，耐低温，耐高酸，繁殖快，但产酒力低，一般仅能生成4°~5°酒精，之后即被生成的酒精杀死。产酒效率也很低，转化1°酒精约需22g/L糖。形成的挥发酸也多，因此对发酵不利。但它对SO_2极为敏感，为了避免这类酵母的不利发酵，可以用SO_2处理的方式，将它除去。

酿造高品质果酒的保证和前提是必须有专用优良果酒酿造酵母。酵母是果酒发酵的主要微生物，而酵母的种类很多，其生理功能各异，有良好的发酵菌种，也有危害性的菌种存在。果酒酿造需选择优良的酵母菌进行酒精发酵，同时要防止杂菌的参与。直接参与葡萄酒酿造的酵母有25个属约150种。目前，葡萄酒发酵多采用专用直投式活性干酵母接种发酵技术，省去了酵母菌多级扩培工序，并避免了杂菌污染，生产质量和效率大大提高。如用于干红葡萄酒酿造的活性干酵母有F5、F10、F15、ACTIFLORE BJL、Enoferm SDX和La I Vin系列的RC212、D254、D2323、T73、RA17、BM45和71B等；用于干白葡萄酒酿造的活性干酵母有VL1、VL3、ST、BO213、CY3079、R－HST、QA23、D47、EC1118、71B、DV10、DV254和KD等。

（四）其他微生物

1. 醭酵母和醋酸菌

醭酵母是空气中的一大类产膜酵母，俗称酒花菌。在果酒发酵过程中，这两类微生物常侵入参与活动。它们常于果汁未发酵前或发酵势微弱时，在发酵液表面繁殖，生成一层灰白色或暗黄色的菌丝膜。它们有强大的氧化代谢力，将糖和乙醇分解为挥发酸、醛等物质，对酿酒危害极大。但它们的繁殖一般均需要充足的空气，且抗SO_2能力弱，果酒酿造中常采用减少空气、SO_2处理、接种大量优良果酒酵母等措施来消灭或抑制其活动。

2. 乳酸菌

在葡萄酒酿造中具有双重作用，一是把苹果酸转化为乳酸，使新葡萄酒的酸涩、粗糙等缺点消失，而变得醇厚饱满，柔和协调，并且增加了生物稳定性。所以，苹果酸－乳酸发酵是酿造优质红葡萄酒的一个重要工艺过程。但乳酸菌在有糖存在时，也可把糖分解成乳酸、醋酸等，使酒的风味变坏，这是乳酸菌的不良作用。

3. 霉菌

对果酒酿造一般表现为不利影响，一般情况下用感染了霉菌的葡萄难以酿造出好的葡萄酒，这是众所周知的。但法国南部的索丹（Sauternes）地区，用感染了的灰葡萄孢（*Botrytis cinerea*），产生了“贵腐”现象的葡萄，酿造出闻名于世的贵腐葡萄酒。

五、影响果酒酵母和酒精发酵的因素

发酵的环境条件，直接影响果酒酵母的生存与作用，从而影响果酒的品质。

1. 温度

尽管酵母在低于10℃的条件下不能生长繁殖或繁殖很慢，但其孢子可以抵抗－200℃的低温。液态酵母活动的最适温度为20～30℃，20℃以上，繁殖速度随温度上升而加快，至30℃达最大值，34～35℃时，繁殖速度迅速下降，40℃时停止活动。在一般情况下，发酵危险温度区为32～35℃，这一温度称发酵临界温度。需要指出的是，在控制和调节发酵温度时，应尽量避免温度进入危险区，不能在温度进入危险区以后才开始降温，因为这时酵母的活动能力和繁殖能力已经降低。红葡萄酒发酵的最佳温度为26～30℃，白葡萄酒和桃红葡萄酒发酵的最佳温度为18～20℃。当温度不高于35℃时，温度越高，开始发酵越快；温度越低，糖分转化越完全，生成的酒度越高。

2. pH

酵母在pH2～7的范围内均可以生长，但以pH4～6生长最好，发酵能力最强，可在这个pH范围内，某些细菌也能生长良好，给发酵安全带来威胁。实际生产中，将pH控制在3.3～3.5。此时细菌受到抑制，而酵母菌还能正常发酵。但如果pH太低，在3.0以下时，发酵速度则会明显降低。

3. O_2

酵母菌在O_2充足时，大量繁殖酵母细胞，只产生极少量的乙醇；在缺O_2时，繁殖缓慢，产生大量酒精。故果酒发酵初期，宜适当供给空气。一般情况下，果实在破碎、压榨、输送等过程中所溶解的O_2，已足够酵母繁殖所需。只有当酵母菌繁殖缓慢或停止时，才适当供给空气。在生产中常用倒罐的方式来保证酵母对O_2的需要。

4. 压力

压力可以抑制CO_2的释放从而影响酵母的活动，抑制酒精发酵。但即使100 MPa的高压，也不能杀死酵母。当CO_2含量达15g/L（约71.71kPa）时，酵母停止生长，这就是充CO_2法保存鲜葡萄汁的依据。

5. SO_2

果酒发酵一般都采用H_2SO_3（以SO_2计）来保护发酵。葡萄酒酵母菌具有较强的抗SO_2能力。适宜的SO_2含量既可以提高果酒的风味，又能增强其杀菌能力。葡萄酒酵母可耐lg/L的SO_2，如果汁中含10mg/L的SO_2，对酵母无明显作用，其他杂菌则被抑制。若SO_2含量增至20～30mg/L时，仅延迟发酵进程6～10h。SO_2的含量达50mg/L，延迟18～20h，而其他微生物则完全被杀死。

6. 其他因素

（1）促进因素　酵母生长繁殖尚需要其他物质。和高等动物一样，酵母需要生物素、吡哆醇、硫胺素、泛酸、内消旋环已六醇、烟酰胺等，它还需要固醇和长链脂肪酸。基质中糖的含量等于或高于20g/L，促进酒精发酵。酵母繁殖还需供给氨、氨基酸、铵盐等氨态氮源。

（2）抑制因素　如果基质中糖的含量高于30%，由于渗透压作用，酵母因失水而降低其活动能力。乙醇的抑制作用与酵母种类有关，有的酵母在酒精含量为4%时就停止活动，而优良的葡萄酒酵母则可抵抗16%～17%的酒精。此外，高浓度的乙醛、SO_2、CO_2以及辛酸、癸酸等都是酒精发酵的抑制因素。

第三节　果酒加工案例

很多种类和品种的果品都可用于酿制果酒，但以葡萄酒为最大宗，本节主要介绍葡萄酒的酿造。

一、葡萄酒的酿造工艺

优质红、白葡萄酒的酿造工艺如下：

红葡萄→选别→破碎、除梗（SO_2）→葡萄浆→成分调整→浸提与发酵（酒母）→压榨→自流酒与前期压榨酒→成分调整→后发酵→添桶→第一次换桶→干红葡萄原酒→陈酿→第二次换桶→均衡调配→澄清处理→过滤→贮酒→过滤→包装→干红葡萄酒

葡萄→选别→破碎（SO_2）→压榨取汁→低温澄清→成分调整→控温发酵（酒母）→倒酒→干白葡萄酒原酒→陈酿→调配→澄清→冷处理→粗滤→无菌过滤→包装→干白葡萄酒

（一）原料的选择

葡萄的酿酒适性好，任何葡萄都可以酿出葡萄酒，但只有适合酿酒要求和具有优良质量的葡萄才能酿出优质葡萄酒。因此，必须建立良种化、区域化的酒用葡萄生产基地。

干红葡萄酒要求原料葡萄色泽深、风味浓郁、果香典型、糖分含量高（21g/100mL 以上）、酸分适中（0.6～1.2g/100mL）、完全成熟，糖分、色素积累到最高而酸分适宜时采收。适于酿制红葡萄酒的葡萄品种有法国兰、佳丽酿、汉堡麝香、赤霞珠、蛇龙珠、品丽珠、黑乐品等。

干白葡萄酒要求果粒充分成熟，即将达完熟，具有较高的糖分和浓郁的香气，出汁率高。如龙眼、雷司令、贵人香、白羽、李将军等。个别的白葡萄酒，如索丹类型的酒，残糖较高，对果汁含糖要求也严，因此采用感染了葡萄灰霉病，并产生“贵腐”的干缩果粒为原料。

葡萄的成熟状态将影响葡萄酒的质量，甚至葡萄酒的类型。葡萄生长发育可分幼果期、转色期、成熟期和过熟期。随着果粒的不断增大，到了转色期，白色品种的果皮色泽变浅，有色品种果皮颜色逐渐加深，糖分含量不断上升。酸的含量到成熟期开始下降，单宁至成熟期时仍在增加，葡萄的香味也越来越浓。葡萄的成熟度可根据固酸比来判定，每一品种在特定区域都有较为固定的采收期，在采收季一个月内每周二次取样，测定固酸比，从而决定采收日期。采收期还受酿酒类型的影响，如白葡萄酒的原料比红葡萄酒的原料稍早采收，冰葡萄酒则要等葡萄在树上结冰后再摘下发酵。

葡萄品种分为鲜食葡萄品种和酿酒葡萄品种，通常见到的葡萄均为鲜食葡萄。酿酒葡萄为Ampelidecese科，所用酿酒葡萄品种均属于Ampelidecese科中的*Vitis*属，其中又以欧洲葡萄(*Vitis vinifera*)最为重要，全球的葡萄酒有99.99%均是使用*Vitis vinifera*的葡萄品种酿造。全世界有超过8000种可以酿酒的葡萄品种，但可以酿制上好葡萄酒的葡萄品种只有50种左右，大约可以分为白葡萄和红葡萄两种。白葡萄颜色有青绿色、黄色等，主要用来酿制起泡酒及白葡萄酒。红葡萄颜色有黑、蓝、紫红、深红色，有果肉是深色的，也有果肉和白葡萄一样是无色的，所以白肉的红葡萄去皮榨汁之后可以酿造白葡萄酒，如Pinot Noir可用来酿造香槟及白葡萄酒。

我国主要优良葡萄酿酒品种见表11-1。

表11-1　主要优良葡萄酿酒品种

中文名称	外文名称	颜色	适用酿酒种类
蛇龙珠	Cabernet Gernischet	红	干红葡萄酒
赤霞珠（解百纳）	Cabernet Sauvignon	红	高级干红葡萄酒
黑比诺	Pinot Noir	红	高级干红葡萄酒
梅鹿辄（梅露汁）	Merlot	红	干红葡萄酒
法国蓝（玛瑙红）	Bule French	红	干红葡萄酒
品丽珠	Cabernet France	红	干红葡萄酒
增芳德	Zinfandel	红	干红葡萄酒
佳丽酿（法国红）	Carignane	红	干红或干白葡萄酒
北塞魂	Petite Bouschet	红	红葡萄酒
魏天子	Verdot	红	红葡萄酒
佳美	Gamay	红	红葡萄酒
玫瑰香	Muscat Hambury	红	红或白葡萄酒
霞多丽	Chardonnay	白	白葡萄酒、香槟酒
雷司令（里斯林）	Riesling	白	白葡萄酒
灰比诺（李将军）	Pinot Gris	白	白葡萄酒
意斯林（贵人香）	Italian Riesling	白	白葡萄酒
琼瑶浆	Gewüurztraminer	白	白葡萄酒
长相思	Sauvignon Blanc	白	白葡萄酒
白福儿	Folle Blanche	白	白葡萄酒
白羽	Ркадитепи	白	白葡萄酒、香槟酒
白雅	Баии ирей	白	白葡萄酒
北醇	—	红	红或白葡萄酒
龙眼	—	淡红	干白或香槟

资料来源：罗云波，蔡同一．园艺产品贮藏加工学．北京：中国农业大学出版社，2011.

(二) 发酵液的制备与调整

发酵液的制备与调整包括葡萄的选别、破碎、除梗、压榨、澄清和汁液改良等工序，是发酵前的一系列预处理工艺。为了提高酒质，进厂葡萄应首先进行选别，除去霉变、腐烂果粒；为了酿制不同等级的酒，还应进行分级。

1. 破碎与去梗

将果粒压碎使果汁流出的操作称破碎。破碎便于压榨取汁，增加酵母与果汁接触的机会，利于红葡萄酒色素的浸出，易于 SO_2 均匀地应用和物料的输送，同时 O_2 的溶入增加。破碎时只要求破碎果肉，不伤及种子和果梗。因种子中含有大量单宁、油脂及糖苷，会增加果酒的苦涩味。破碎设备凡与果肉、果汁接触的部件，不能使用 Cu、Fe 等材料制成，以免 Cu、Fe 溶入果汁中，增加金属离子含量，使酒发生铜或铁败坏病。

破碎后应立即将果浆与果梗分离，这一操作称除梗。酿制红葡萄酒的原料要求除去果梗。除梗可在破碎前，也可在破碎后，或破碎、去梗同时进行，可采用葡萄破碎去梗送浆联合机。除梗具有防止果梗中的青草味和苦涩物质溶出，减少发酵醪体积，便于输送，防止果梗固定色素而造成色素的损失等优点。酿制白葡萄酒的原料不宜去梗，破碎后立即压榨，利用果梗作助滤层，提高压滤速度。

破碎可手工，也可采用机械。手工法用手挤或木棒捣碎，也有用脚踏。破碎机有双辊式破碎机、鼓形刮板式破碎机、离心式破碎机等。现代生产常采用破碎与去梗同时进行。

2. 压榨与澄清

压榨是将葡萄汁或刚发酵完成的新酒通过压力分离出来的操作。红葡萄酒带渣发酵，当主发酵完成后及时压榨取出新酒。白葡萄酒取净汁发酵，故破碎后应及时压榨取汁。在破碎后不加压力自行流出的葡萄汁称自流汁，加压之后流出的汁为压榨汁。前者占果汁的 50% ~55%，质量好，宜单独发酵制取优质酒。压榨分两次进行，第一次逐渐加压，尽可能压出果肉中的汁，而不压出果梗中的汁，然后将残渣疏松，加水或不加水做第二次压榨。第一次压榨汁占果汁的 25% ~35%，质量稍差，应分别酿制，也可与自流汁合并；第二次压榨汁占果汁的 10% ~15%，杂味重，质量差，宜作蒸馏酒或其他用途。压榨应尽量快速，以防止氧化和减少浸提。

澄清是酿制白葡萄酒的特有工序，以便取得澄清果汁发酵。因压榨汁中的一些不溶性物质在发酵中会产生不良效果，给酒带来杂味。用澄清汁制取的白葡萄酒胶体稳定性高，对 O_2 的作用不敏感，酒色淡，芳香稳定，酒质爽口。澄清方法有静置澄清、酶法澄清、皂土澄清和机械分离等多种方法。

3. SO_2 处理

SO_2 处理就是在发酵醪或酒中加入 SO_2，以便发酵能顺利进行或有利于葡萄酒的贮藏。SO_2 在葡萄酒中的作用有杀菌、澄清、抗氧化、增酸、使色素和单宁物质溶出、使风味变好等，但使用不当或用量过高，可使葡萄酒具怪味且对人体产生毒害，并可推迟葡萄酒成熟。

使用的 SO_2 有气体 SO_2、液体 H_2SO_3 及固体亚硫酸盐等。其用量受很多因素影响，原料含糖量越高，结合 SO_2 的含量越高，从而降低活性 SO_2 的含量，用量略增；原料含酸量越高，pH 越低，活性 SO_2 含量越高，用量略减；温度越高，SO_2 越易与糖化合且易挥发，从而降低活性 SO_2 的含量，用量略增；原料带菌量越多、微生物种类越杂，果粒霉变严重，SO_2 用量越多；干白葡萄酒为了保持色泽，用量比红葡萄酒略增。常用的 SO_2 浓度见表 11 -2。

表 11－2　　常见发酵基质中 SO_2 浓度　　单位：mg/L

原料状况	红葡萄酒	白葡萄酒
无破损、霉变、含酸量高	30～50	60～80
无破损、霉变、含酸量低	50～100	80～100
破损、霉变	60～150	100～120

资料来源：蒲彪，乔旭光．园艺产品加工学．北京：科学出版社，2012.

SO_2在葡萄酒酿造过程中主要应用在两个方面。一方面是在发酵前使用，红葡萄酒应在破碎除梗后入发酵罐前加入，并且一边装罐一边加入 SO_2，装罐完毕后进行一次倒罐，以使 SO_2与发酵基质混合均匀。切忌在破碎前或破碎除梗时对葡萄原料进行 SO_2处理，否则 SO_2不易与原料均匀混合，且挥发和固定而造成损失。白葡萄酒应在取汁后立即加入，以保护葡萄汁在发酵以前不被氧化，在皮渣分离前加入会被皮渣固定部分 SO_2，并加重皮渣浸渍现象，破坏白葡萄酒的色泽。另一个方面是在葡萄酒陈酿和贮藏时进行。在葡萄酒陈酿和贮藏过程中，为了防止氧化作用和微生物活动，以保证葡萄酒不变质，常将葡萄酒中的游离 SO_2 含量保持在一定水平（表 11－3）。

表 11－3　　不同情况下葡萄酒中游离 SO_2需保持的浓度

SO_2浓度类型	葡萄酒类型	游离 SO_2/（mg/L）
贮藏浓度	优质红葡萄酒	10～20
	普通红葡萄酒	20～30
	干白葡萄酒	30～40
	加强白葡萄酒	80～100
消费浓度（瓶装葡萄酒）	红葡萄酒	10～20
	干白葡萄酒	20～30
	加强白葡萄酒	50～60

资料来源：蒲彪，乔旭光．园艺产品加工学．北京：科学出版社，2012.

4. 葡萄汁的成分调整

为了克服原料因品种、采收期和年份的差异，而造成原料中糖、酸及单宁等成分的含量与酿酒要求不相符，必须对发酵原料的成分进行调整，确保葡萄酒质量并促使发酵安全进行。

（1）糖分调整　糖是酒精生成的基质。根据酒精发酵反应式，理论上 1 分子葡萄糖（分子质量 180u）生成 2 分子酒精（分子质量 46×2＝92u），或者 180g 葡萄糖生成 92g 酒精。则 1g 葡萄糖将生成 0.511g 或 0.64mL 酒精（在 20℃时酒精的相对密度为 0.7943）或 0.64°酒精。换言之，生成 1°酒精需葡萄糖 1.56g 或蔗糖 1.475g。但实际上酒精发酵除主要生成酒精、CO_2外，还有微量的甘油、琥珀酸等产物生成，需消耗一部分糖，加之酵母菌生长繁殖也要消耗一部分糖。所以，实际生成 1°酒精需 1.7g 葡萄糖或 1.6g 蔗糖。

一般葡萄汁的含糖量在 14～20g/100mL，只能生成 8.0°～11.7°的酒精。而成品酒的酒精浓度要求为12°～13°，乃至16°～18°。增高酒精度的方法，一是补加糖使生成足量浓度的酒精，二是发酵后补加同品种高浓度的蒸馏酒或经处理过的酒精。酿制优质葡萄酒须用补加糖的办法。补加酒精量以不超过原汁发酵酒精量的10%为宜。

应补加的糖量，根据成品酒精浓度而定。如要求酒精度13°，按1.7g糖生成1°酒精计，则每升果汁中的含糖量是13×17=221g。如果葡萄汁的含糖量为170g/L，则每升葡萄汁应加砂糖量为221－170=51g。但实际上，加糖后并不能得到每升含糖221g，而是比221g低。由于每千克砂糖溶于水后增加625mL的体积。因此，应按下式计算加糖量：

$$X = \frac{V(1.7A - B)}{100 - 1.7A \times 0.625} \tag{11-1}$$

式中　X——应加砂糖量，kg；

V——果汁总体积，mL；

1.7——产生1°酒精所需的糖量；

A——发酵要求的酒精度，°；

B——果汁含糖量，g/100mL；

0.625——单位质量砂糖溶解后的体积系数。

按上式计算，应加砂糖量为59.2g。生产上为了简便，可用经验数字。如要求发酵生成12°～13°酒精，则用230～240减去果汁原有的糖量。果汁含糖量高时（150g/L以上）可用230，含糖量低时（150g/L以下）则用240。按上例果汁含糖170g/L，则每升加糖量为：230－170=60（g）。

加糖时，先用少量果汁将糖溶解，再加到大批果汁中去。以分次加入为好。除加糖外，还可加浓缩果汁。

（2）酸分调整　酸在葡萄酒发酵中起重要作用，它可抑制细菌繁殖，使发酵顺利进行；使红葡萄酒得到鲜明的颜色；使酒味清爽，并使酒具有柔软感；与醇生成酯，增加酒的芳香；增加酒的贮藏性和稳定性。

葡萄汁中的酸分以0.8～1.2g/100mL为适宜。此量既为酵母最适应，又能赋予成品酒浓厚的风味，增进色泽。若pH大于3.6或可滴定酸低于0.65%时，可添加酸度高的同类果汁，也可用酒石酸对葡萄汁直接增酸，但国际葡萄与葡萄酒协会规定酒石酸的最多用量为1.5g/L；如酸度过高，除用糖浆降低或用酸度低的果汁调整外，也可用中性酒石酸钾中和。

对于红葡萄酒，应在酒精发酵前补加酒石酸，这样利于色素的浸提。若加柠檬酸，应在苹果酸－乳酸发酵后再加。白葡萄酒加酸可在发酵前或发酵后进行。

（三）酒精发酵

1. 酒母的制备

酒母即经扩大培养后加入发酵醪的酵母液，生产上需经三次扩大后才可加入，分别称一级培养（试管或三角瓶培养）、二级培养、三级培养，最后用酒母桶培养。

（1）一级培养　于生产前10d左右，选完熟无变质的葡萄，压榨取汁。装入经干热灭菌的试管或三角瓶内，试管内装量为1/4，三角瓶则为1/2。装后在常压下沸水杀菌1h或58kPa下30min，冷却至常温后在无菌操作下，接入优良固体试管斜面葡萄酒酵母菌种，摇动果汁，使菌体分散。在25～28℃恒温下培养24～48h，发酵旺盛时，即可供下级培养。

（2）二级培养　用清洁、干热杀菌的三角瓶或烧瓶（1000mL）内装1/2新鲜葡萄汁，加棉塞，杀菌冷却后，接入培养旺盛的试管酵母液二支或三角瓶酵母液一支，25～28℃恒温培养20～24h。

（3）三级培养　用洁净、消毒的卡氏罐或10～15L大玻璃瓶，装上发酵栓后加葡萄汁至容积的70%左右，加热杀菌或用亚硫酸杀菌，后者以每升果汁中含$SO_2$150mg为宜，但需放置1d。瓶口用70%的酒精消毒，接入二级菌种，用量为2%～5%。在25～28℃恒温下培养，繁殖旺盛后，可供再扩大用。

（4）酒母桶培养　将酒母桶用SO_2消毒后，装入12～14°Bé的葡萄汁，在28～30℃下培养1～2d即可作为生产酒母。培养后的酒母即可直接加入发酵液中，用量为2%～10%。

酒母制备既费工费时，又易感染杂菌，如有条件，可采用活性干酵母。这种酵母活细胞含量很高［一般为（10～30）$\times 10^9$个/g］，贮藏性好（低温下可贮存一至数年），使用方便。活性干酵母的用量一般为50～100mg/L，使用前只需用10倍左右30～35℃的温水或稀释葡萄汁将酵母活化20～30min，即可加入发酵醪中进行发酵。

2. 发酵设备

发酵设备要求能控温、易于洗涤、排污、通风换气良好等条件。使用前应进行清洗，用SO_2或HCHO熏蒸消毒处理。发酵容器一般为发酵与贮酒两用，要求不渗漏、能密闭、不与酒液起化学反应。

（1）发酵桶　一般用橡木、山毛榉木、栎木或栗木制作。圆筒形，上部小，下部大，容量3000～4000L或10000～20000L，靠桶底15～40cm的桶壁上安装阀门，用以放出酒液，桶底开一排渣阀，上口有开放式和密闭式两种。密闭式发酵桶也可制成卧式安放。

（2）发酵池　用钢筋混凝土或石、砖砌成。形状有六面形或圆形，大小不受限制，能密闭，池盖略带锥度，以利气体排出而不留死角。盖上安有发酵栓、进料孔等。池底稍倾斜，安有放酒阀及废水阀等。池内安放温控设备，池壁、池底用防水粉（$Na_2SiO_3 \cdot 9H_2O$）涂布，也可镶瓷砖。

（3）专门发酵设备　目前国内外一些大型企业普遍采用不锈钢、玻璃钢等材料制成的专用发酵罐，如旋转发酵罐、连续发酵罐、自动连续循环发酵罐等（图11－1至图11－3）。

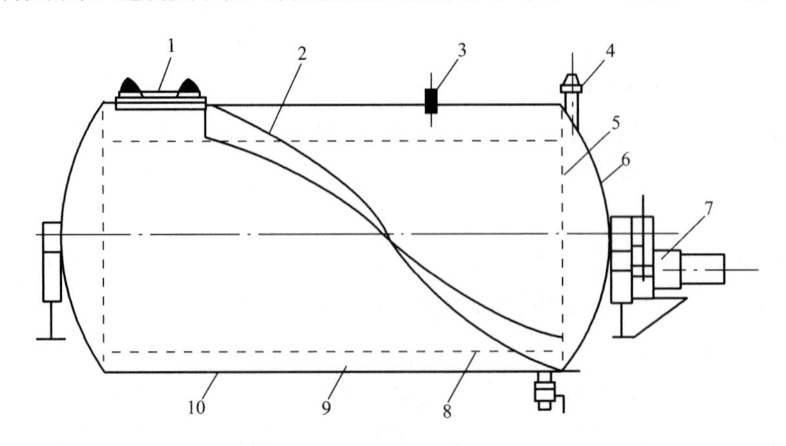

图11－1　旋转发酵罐示意（Feitz）

1—盖　2—螺线刮刀　3—浮标　4—安全阀　5—穿孔假底　6—底
7—电机　8—穿孔内壁　9—内层间隙　10—转筒

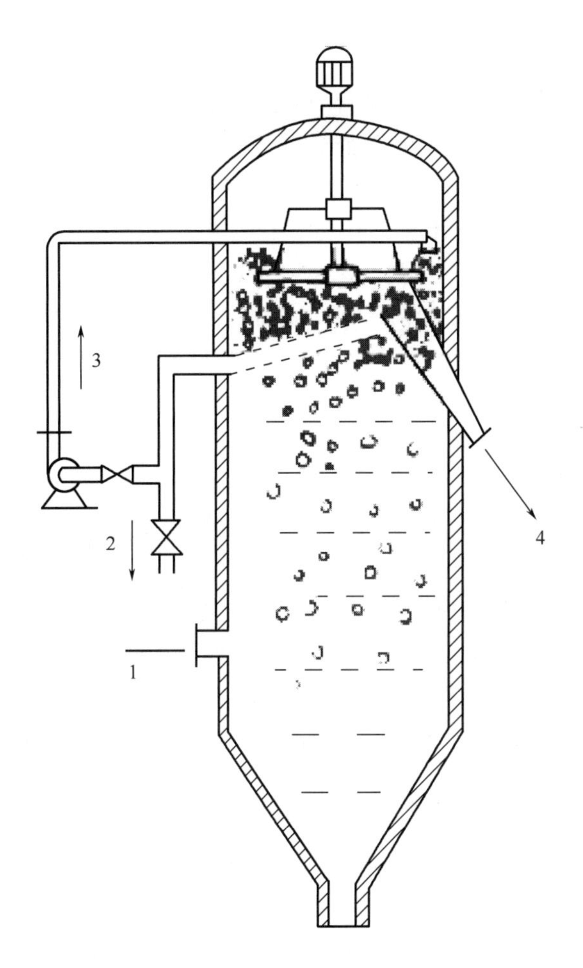

图 11－2　连续发酵罐示意

1—葡萄浆　2—自流酒　3—回流　4—酒渣出口

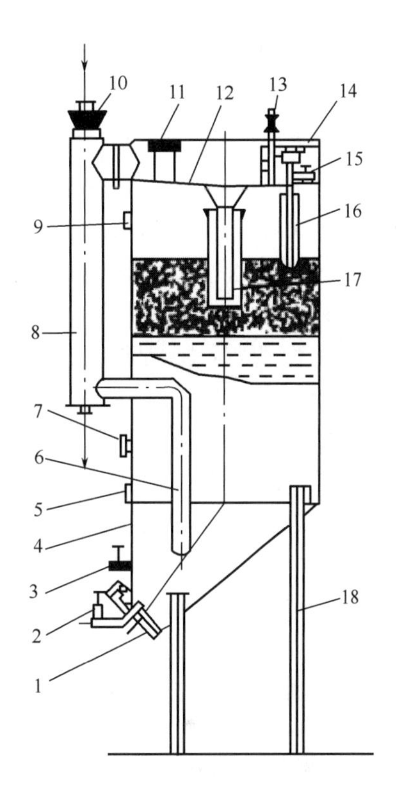

图 11－3　自动循环发酵罐示意（Blachere）

1—酒渣出口　2—电机　3，13，15—阀

4—罐体　5，9—高度指示　6—酒循环管

7—温度计　8—热交换器

10—分配装置　11—葡萄浆进口

12—内壁　14—盛水器　16—水封

17—下液管　18—支脚

3. 主发酵及其管理

将发酵醪送入发酵容器到新酒出池（桶）的过程称主发酵或前发酵。主发酵阶段主要是酒精生成阶段。葡萄酒发酵有自然发酵和人工发酵两种形式。为提高酒的品质，大型葡萄酒厂普遍采用人工培养的酒母发酵。

（1）红葡萄酒发酵　传统的红葡萄酒均用葡萄浆发酵，以便酒精发酵与色素浸提同步完成。主要的发酵方式介绍如下。

①开放式发酵：将经破碎、SO_2处理、成分调整或不调整的葡萄果浆，用泵送入开口式发酵桶（池）至桶容约 4/5，留空位约 1/5 预防发酵时皮渣冲出桶外，最好在 1d 内冲齐。加入酒母 3% ~5% 乃至 10% （按果浆量计），加酒母的方法有先加酒母后送果浆，也可与果浆同时

送入。

发酵初期主要为酵母繁殖阶段。因酵母移植于新果浆中，需经过适应阶段，才开始繁殖。发酵初期液面平静，随后有微弱的 CO_2 气泡产生，表示酵母已开始繁殖。随酵母的大量繁殖，CO_2 放出逐渐加强。此期中首先注意控制品温，在 25～30℃下一般为 20～24h；若品温低，可延迟 48～72h 乃至 96h 才开始旺盛繁殖。一般温度不宜低于 15℃。其次应注意空气的供给，以促进酵母的繁殖，常用方法是将果汁从桶底放出，再用泵呈喷雾状返回桶中，或通入过滤空气。

发酵中期主要为酒精发酵阶段。随着品温的升高，有大量 CO_2 放出，甜味渐减，酒味渐增，皮渣上浮在液面结成浮渣层，称酒帽。高潮时，刺鼻熏眼，品温升到最高，酵母细胞保持一定水平。随后，发酵势逐渐减弱，表现为 CO_2 放出量下降，液面接近于平静，品温下降至近室温，糖分减少至 1% 以下，酒精积累接近最高，汁液开始清晰，皮渣、酵母部分开始下沉，酵母细胞数逐渐死亡减少，即为主发酵结束。

此期的管理措施主要是控制温度，应控制品温在 30℃以下。高于 30℃，酒精易挥发，高于 35℃，醋酸菌容易活动，挥发酸增高，发酵作用也要受到阻碍。发酵过程中一般会升温 7～12℃，所以主发酵期主要是降温。其次是控制发酵时形成的浮渣。坚厚的浮渣会隔绝 CO_2 排出，热量不易散出，影响酵母的正常生长和酒的品质。常用的除浮渣办法是将发酵液从桶底放出，用泵循环喷洒在浮渣面上而使其冲散。每天一两次，或用压板将浮渣压在液面下 30cm 左右。

发酵期的长短因温度而异，一般 25℃ 5～7d，20℃ 2 周，15℃左右 2～3 周。发酵过程中要经常检查发酵液的品温，糖、酸及酒精含量等。

②密闭式发酵：将制备的果浆及酒母送入密闭式发酵桶（罐）至约八成满。安上发酵栓，使发酵产生的 CO_2 能经发酵栓逸出，而外界的空气则不能进入。桶内安有压板，将皮渣压没在果汁中。

密闭式发酵的进程及管理与开放式发酵相同。其优点是芳香物质不易挥发，酒精浓度约高 0.5°，游离酒石酸较多，挥发酸较少。不足之处是散热慢，温度易升高，但在气温低或有控温条件下有利。

（2）白葡萄酒发酵　白葡萄酒的发酵进程及管理基本上与红葡萄酒相同。不同之处是取净汁在密闭式发酵容器中进行发酵。白葡萄汁一般缺乏单宁，在发酵前常按 100L 果汁加 4～5g 单宁，有利于提高酒质。

发酵的温度比红葡萄酒低，一般要求 18～20℃。低温制得的酒色泽浅，香味浓，若超过 30℃，则香与味都受到严重影响。所以发酵温度必须严加控制。主发酵期为 2～3 周。主发酵高潮时，可以不加发酵栓。让 CO_2 顺利排出。主发酵结束后，迅速降温至 10～12℃，静置 1 周后，倒桶除去酒脚。以同类酒添满，严密封闭隔绝空气，进入贮存陈酿。

（四）分离和后发酵

主发酵结束后，应及时出桶，以免酒脚中的不良物质过多渗出，影响酒的风味。分离时先不加压，将能流出的酒放出，这部分称自流酒；然后等 CO_2 逸出后，再取出酒渣压出残酒，这部分酒称压榨酒。压榨酒占 20% 左右，除酒度较低外，其余成分较自流酒高。最初的压榨酒（占 2/3）可与自流酒混合，但最后压出的酒，酒体粗糙，不宜直接混合，可通过下胶、过滤等净化处理后单独陈酿，也可作白兰地或蒸馏酒精。压榨后的残渣，还可供作蒸馏酒或果醋。

由于分离压榨使酒中混入了空气，使休眠的酵母复苏，再进行发酵作用将残糖发酵完，称为后发酵。后发酵比较微弱，宜在 20℃左右的温度下进行。开始还有 CO_2 放出，经 2～3 周，已

无 CO_2 放出，糖分降到0.1%左右，此时即可将发酵栓取下，用同类酒添满，加盖严密封口。待酵母、皮渣全部下沉后，及时换桶，分离沉淀，以免沉淀与酒接触时间太长影响酒质。

1. 苹果酸－乳酸发酵

新酿成的葡萄酒在酒精发酵后的贮酒前期，有些酒中又出现 CO_2 逸出的现象，并伴随着新酒浑浊，酒的色泽减退，有时还有不良风味出现，这一现象即苹果酸－乳酸发酵（malolactic fermentation，MLF）。原因是酒中的某些 MLF 乳酸菌（如酒明串珠菌）将苹果酸分解成乳酸和 CO_2 等。其主要反应机理为：

$$\text{L－苹果酸} \xrightarrow{NAD \longrightarrow NADH_2} \text{L－乳酸} + CO_2$$

苹果酸－乳酸发酵是葡萄酒酿造过程中的一个重要环节，应该与酒精发酵一样，同样受到重视。现代葡萄酒酿造的一条主要原则是红葡萄酒未经过两次发酵是未完成和不稳定的，酿造优质红葡萄酒应在糖分被酵母分解之后立即使苹果酸被乳酸菌分解，并尽快完成这一过程，当酒中不再含有糖和苹果酸时，应立即除去或杀死乳酸菌，以免影响品质。

经苹果酸－乳酸发酵后葡萄酒酸度降低，风味改进。风味的改进来自两个方面，一方面由于酸味尖锐的苹果酸被柔和的乳酸所代替，另一方面是1g苹果酸只生成0.67g乳酸。新酒失去酸涩粗糙风味的同时，香味也开始变化，果香味变为葡萄酒特有的醇香，红葡萄酒变得醇厚、柔和。

生产上应该在新葡萄酒中很快完成这一发酵，以便较早得到生物稳定性好的葡萄酒。一般应尽量让它在第一个冬季前完成，避免翌年春暖时，再出现第二次发酵。葡萄酒酿造中是否应用苹果酸－乳酸发酵，应根据以下因素来决定。

①葡萄酒种类：对于红葡萄酒、起泡酒应进行苹果酸－乳酸发酵；白葡萄酒大多不进行苹果酸－乳酸发酵，以免损坏其优雅的果香；桃红葡萄酒视色泽偏向而定，偏向于红葡萄酒的类型可采用，偏向于白葡萄酒的类型不需要，因经苹果酸－乳酸发酵后，鲜红的色泽会变为暗红色；甜型葡萄酒不进行苹果酸－乳酸发酵，因大量残糖会严重损害其品质。

总之，如希望获得醇厚、圆润、丰满、适于贮藏的葡萄酒，应进行苹果酸－乳酸发酵；如想获得清香、爽口、果香浓郁、尽早上市的葡萄酒，则应防止这一发酵。

②葡萄的含酸量：对于含酸量较高的葡萄和含酸量较高的地区，可用苹果酸－乳酸发酵作为降酸手段；但在葡萄酸度太低时，则应抑制苹果酸－乳酸发酵。

③葡萄品种：对于果味过于浓郁的葡萄，经苹果酸－乳酸发酵可减少一部分果香，使葡萄酒的香气更加完美；对于果香不足的葡萄，则不能进行苹果酸－乳酸发酵。

2. 影响苹果酸－乳酸发酵的因素

（1）MLF 乳酸菌的数量　当葡萄醪入池（罐）发酵时，乳酸菌与酵母菌同时发酵，但在发酵初期酵母菌发育占优势，乳酸菌受到抑制，主发酵结束后，经过潜伏期的乳酸菌重新繁殖，当数量超过 1.0×10^6 个/mL 时，才开始苹果酸－乳酸发酵。

（2）pH　pH3.1～4.0范围内，pH越高，发酵开始越快，pH低于2.9时，发酵不能正常进行。

（3）温度　在14～20℃范围内，苹果酸－乳酸发酵随温度升高而发生得越快，结束得也越早。低于15℃或高于30℃，发酵速度减慢。

（4）O_2 和 CO_2　增加 O_2 会对苹果酸－乳酸发酵产生抑制作用；CO_2 对乳酸菌的生长有促进

作用，所以主发酵结束后晚除酒渣以保持CO_2含量，可促进苹果酸－乳酸发酵。

（5）酒精浓度　当酒精浓度超过12%时，苹果酸－乳酸发酵就很难诱发，而葡萄酒的酒精度通常在10%～12%。因此，酒精度对苹果酸－乳酸发酵影响不太大。但乳酸菌在酒精度低时生长更好。

（6）SO_2的影响　SO_2在50μL/L以上时可抑制苹果酸－乳酸发酵。

（五）葡萄酒的陈酿

新酿成的葡萄酒浑浊、辛辣、粗糙，不适宜饮用。必须经过一定时间的贮存，以消除酵母味、生酒味、苦涩味和CO_2刺激味等，使酒质清晰透明，醇和芳香。这一过程称酒的老熟或陈酿。

1. 陈酿过程

（1）成熟阶段　葡萄酒经氧化还原等化学反应，以及聚合沉淀等物理化学反应，使其中的不良风味物质减少，芳香物质增加，蛋白质、聚合度大的单宁、果胶、酒石酸盐等沉淀析出，风味改善，酒体变澄清，口味变醇和。这一过程为6～10个月甚至更长。此过程中以氧化作用为主，故应适当地接触空气，有利于酒的成熟。

（2）老化阶段　在成熟阶段结束后，一直到成品装瓶前，这个过程是在隔绝空气的条件下，即无O_2状态下完成的。随着酒中含O_2量的减少，氧化还原电位也随之降低，经过还原作用，不但使葡萄酒增加芳香物质，同时也逐渐产生陈酒香气，使酒的滋味变得较柔和。

（3）衰老阶段　此阶段品质开始下降，特殊的果香成分减少，酒石酸和苹果酸相对减少，乳酸增加，使酒体在某种程度上受到一定的影响。故葡萄酒的贮存期也不能一概而论。

2. 贮酒环境要求

（1）温度　贮酒温度对葡萄酒的品质影响很大。在低温下成熟慢，在高温下成熟快。但高温有利于杂菌繁殖，温度低而恒定，对葡萄酒澄清有利。贮酒室温度一般以12～15℃为宜，以地窖为佳。

（2）湿度　相对湿度在85%时较适宜。空气过分干燥使酒蒸发损失，过湿使水蒸气通过桶板渗透到酒中，造成酒度降低，酒味淡薄，同时霉菌等易繁殖，产生不良风味影响酒的质量。湿度过高可采取通风排湿等措施，过低可在地面洒水。

（3）通风　酒窖内的空气应当保持新鲜，不得有异味及CO_2的积累。通风最好在清晨进行，此时不但空气新鲜，而且温度较低。

（4）卫生　贮酒室要保持卫生；酒桶要及时擦抹干净；地面要有一定坡度，便于排水，并随时刷洗；每年要用石灰浆加10%～15%的$CuSO_4$喷刷墙壁，定期熏硫。

3. 贮存期的管理

（1）添桶　由于酒中CO_2的释放、酒液的蒸发损失、温度的降低以及容器的吸收渗透等原因造成贮酒容器中液面下降现象，形成的空位有利于醭酵母的活动，必须用同批葡萄酒添满。

（2）换桶　为了使贮酒桶内已经澄清的葡萄酒与酒脚分开，应采取换桶措施，因为酒脚中含有酒石酸盐和各种微生物，与酒长期接触会影响酒的质量。同时新酒可借助换桶的机会放出CO_2，溶进部分O_2加速酒的成熟。

换桶的时间及次数因酒质不同而异，品质不好的酒宜早换桶并增加换桶次数。一般在当年11～12月份进行第一次，第二次应在翌年2～3月份进行，11月份换第三次，以后每年一次或两年一次。换桶时宜在气温低无风的时候进行。第一次换桶宜在空气中进行，第二次起宜在隔绝空气下进行。

（3）下胶澄清　葡萄酒经较长时间的贮存与多次换桶，一般均能达到澄清透明，若仍达不到要求，其原因是酒中的悬浮物质（如色素粒、果胶、酵母、有机酸盐及果肉碎屑等）带有同性电荷，互相排斥，不能凝聚，且又受胶体溶液的阻力影响，悬浮物质难于沉淀。为了加速除去这些悬浮物质，常用下胶处理。

用于葡萄酒下胶澄清的材料有明胶、单宁、蛋白、鱼胶、皂土等。下胶前需预做小试以确定准确用量，下胶不足或下胶过量都达不到澄清效果，甚至引起酒液更加浑浊。

（4）葡萄酒的冷热处理　自然陈酿葡萄酒需要1～2年，甚至更长时间。为了缩短酒龄，提高稳定性，加速陈酿，可采取冷热处理。

冷处理可加速酒中胶体及酒石酸氢盐的沉淀，使酒液澄清透明，苦涩味减少。处理温度以高于酒的冰点0.5℃为宜。处理时间视冷却方法和降温速度而定，一般4～5d，最多8d。

热处理可以促进酯化作用，加速蛋白质凝固，提高果酒稳定性，并具杀菌灭酶作用。但可加速氧化反应，对酿造鲜爽、清新型产品并不适宜。热处理的温度和时间尚无一致意见，有人认为，无论甜或干葡萄酒，以50～52℃处理25d效果较好，也有人认为甜酒以55℃为好。

冷热交互处理比单一处理效果更好，生产上已广泛应用。冷热交互处理以先热后冷为好，但也有人认为先冷后热更能使葡萄酒接近自然陈酿的风味。

（六）成品调配

葡萄酒的成分极为复杂，不同的葡萄品种、生产年份、发酵方式、贮存时间使葡萄酒的品质各不相同。为了使同一品种的酒保持固有的特点，提高酒质或改良酒的缺点，常在酒已成熟而未出厂之前，进行成品调配。

成品调配主要包括勾兑和调整两个方面。勾兑即原酒的选择与适当比例的混合；调整则是指根据产品的质量标准对勾兑酒的某些成分进行调整。

勾兑的目的在于使不同优缺点的酒相互取长补短，最大限度地提高葡萄酒的质量和经济效益。其比例需凭经验和一定方法才能得到。一般选择一种质量接近标准的原酒作基础酒，根据其缺点选一种或几种另外的酒作勾兑酒，按一定比例加入后再进行感官和理化分析，从而确定调整比例。葡萄酒的调配主要是以下指标。

①酒度：原酒的酒精度若低于产品标准，最好用酒度高的同品种酒调配，也可用同品种葡萄蒸馏酒或精制酒精调配。

②糖分：甜葡萄酒中若糖分不足，用同品种的浓缩果汁为好，也可用精制砂糖调配。

③酸分：酸分不足可加柠檬酸，1g柠檬酸相当于0.935g酒石酸。酸分过高可用中性酒石酸钾中和。

调配的各种配料应计算准确，把计算好的原料依次输入调配罐，尽快混合均匀。配酒时先加入酒精，再加入原酒，最后加入糖浆和其他配料，并开动搅拌器使之充分混合，取样检验合格后再经半年左右贮存，使酒味恢复协调。

（七）过滤、杀菌、装瓶

1. 过滤

（1）滤棉过滤法　滤棉用精选木浆纤维加入1%～5%的石棉制成，其孔径常在15～30μm。过滤前需经洗涤、杀菌并制成一定形状的棉饼。过滤开始后，将过滤机的进酒管与贮酒罐相连，过滤时要求压力稳定，一罐酒最好一次滤完。

（2）硅藻土过滤　硅藻土是多孔性物质，1g 硅藻土具有 20～25m^2的表面积。过滤前，先将一部分硅藻土浑入葡萄酒中作为助滤剂。根据酒液浑浊程度，每百升葡萄酒中加入硅藻土 40～120g。在滤板上形成 1mm 左右厚度的过滤层，能阻挡和吸附葡萄酒中的浑浊粒子。

（3）薄板过滤　过滤用薄板是由精制木材纤维和棉纤维，掺入石棉和硅藻土压制而成的薄板纸，它的密度和强度均较大，孔隙可据实际应用而选定，也可以从大孔径到小孔径串联使用，一次过滤，效果较好。

（4）微孔薄膜过滤　微孔薄膜是采用合成纤维、塑料和金属制成的孔径很小的薄膜，常用的材料有醋酸纤维酯、尼龙、聚四氟乙烯、不锈钢或钛等。薄膜厚度仅 130～150μm，孔径 0.5～14μm。微孔过滤一般用做精滤，选择孔径 0.5μm 以下的薄膜过滤可有效地除去酒中的微生物，实现无菌灌装。

2. 装瓶与杀菌

葡萄酒常用玻璃瓶包装。优质葡萄酒均采用软木塞封口，要求木塞表面光滑，无疤节和裂缝，弹性好，大小与瓶口吻合；低档葡萄酒采用螺纹扭断盖。

装瓶时，空瓶先用 2%～4% 的碱液，在 30～50℃的温度下浸洗去污，再用清水冲洗，后用 2% 的亚硫酸液冲洗消毒。

葡萄酒杀菌分装瓶前杀菌和装瓶后杀菌。装瓶前杀菌是将葡萄酒经巴氏杀菌后再进行热装瓶或冷装瓶；装瓶后杀菌，是先将葡萄酒装瓶，密封后在 60～75℃下杀菌 10～15min。杀菌温度（T_0）可用下式估算。

$$T_0 = 75 - 1.5D_1 \qquad (11-2)$$

式中　D_1——葡萄酒的酒度，°；

75——葡萄酒的杀菌温度，℃；

1.5——经验系数。

杀菌装瓶后的葡萄酒，再经过一次光检，合格品即可贴标、装箱、入库。软木塞封口的酒瓶应倒置或卧放。

二、其他果酒制造工艺

（一）蒸馏果酒

蒸馏果酒是将果实经酒精发酵后，通过蒸馏提取酒精成分及芳香物质等而成。酒精度 30°～70°不等，具有该果实的芳香味，一般称果实白酒，独特的称白兰地。所谓白兰地，系专指以葡萄酒为原料制得的蒸馏酒。其他果实白兰地常需冠以果实名称，如苹果白兰地、樱桃白兰地等。

1. 白兰地原酒的酿造

用来蒸馏白兰地的葡萄酒叫白兰地原料葡萄酒，简称白兰地原酒。酿造白兰地原酒用白葡萄酒比红葡萄酒好（常用的白葡萄品种主要有白玉霓、白福儿、鸽笼白、白羽、白雅、龙眼等）。因为白葡萄酒取净汁发酵，酒中含单宁低，总酸高，杂质少，蒸馏的白兰地醇和柔软。白兰地原酒的发酵工艺与传统法生产白葡萄酒的工艺相同。当发酵完全停止，残糖已达 0.3% 以下时，在罐内静置澄清，然后分离新酒，自流酒即为白兰地原酒，可蒸馏白兰地。酒脚单独蒸馏，可生产皮渣白兰地。在白兰地原酒发酵过程中不允许加 SO_2，以免使蒸馏出的白兰地带有 H_2S 等不良气味。

白兰地酿造工艺流程如下：

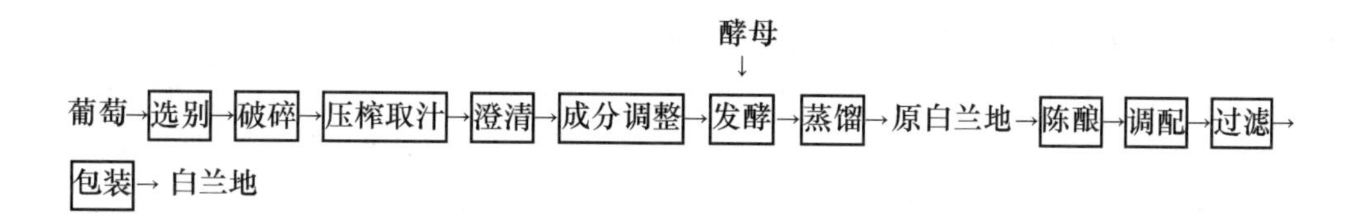

2. 白兰地的蒸馏方法

蒸馏是提取白兰地原酒中酒精及芳香成分的过程，由白兰地原酒蒸馏所得的葡萄酒精称原白兰地。白兰地原酒开始蒸馏时沸点为92～94℃，以后随酒精浓度降低，沸点逐渐升高。最初蒸馏出的酒精浓度较高，随后逐渐降低。若用重复蒸馏，可得更高浓度的蒸馏酒。葡萄酒中的成分除酒精与水分外，还有乙醛、丙醇、醋酸、丙酸、醋酸乙酯、异丁醇、戊醇、丁酸、乙二醇等挥发性物质，这些物质含量虽然极微，但对白兰地的品质影响极大。蒸馏时要求一部分物质如醋酸乙酯和丙醇等尽量蒸馏出来保存在酒液中，另外一些物质如乙醛、戊醇、呋喃甲醛等尽量减少或被分离出来，以保证白兰地的品质。

（1）蒸馏设备　白兰地的蒸馏设备有壶式蒸馏器（锅）与蒸馏塔。白兰地是一种具有特殊风格的饮料酒，它对酒度要求不高，但要保持其固有的芳香风味，以采用壶式蒸馏器为主。著名的Cognac（多译为干邑或科涅克）白兰地一直采用壶式蒸馏法。壶式蒸馏锅用紫铜制成，主要由锅体、预热器、冷却器等组成，锅的容积为1200～2000L（图11－4）。

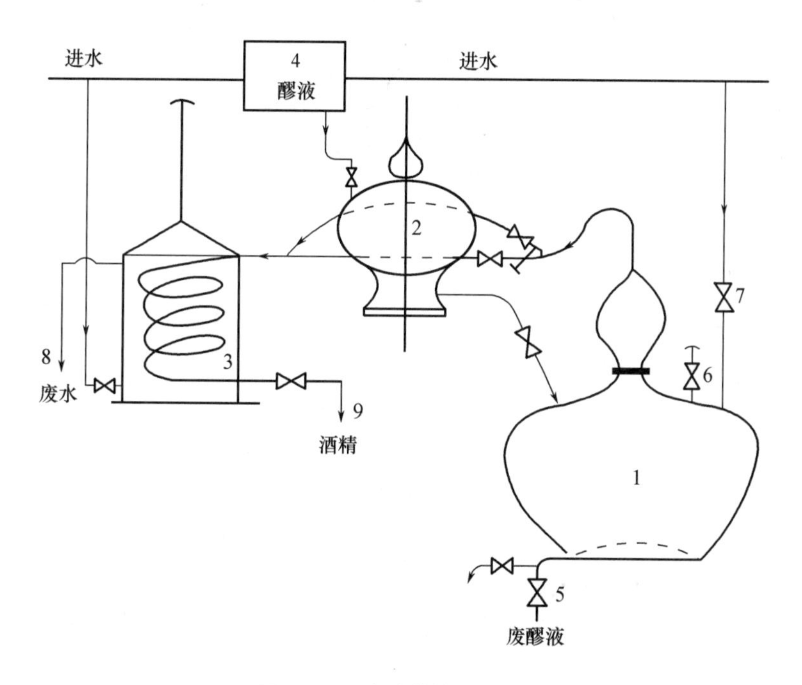

图11－4　壶式蒸馏工艺流程

1—锅体　2—预热器　3—冷却器　4—醪液罐　5—废醪液排出　6—排气阀

7—自来水清洗阀　8—冷却水排出口　9—酒精排出口

（2）壶式蒸馏器操作要点　壶式蒸馏器是用火直接加热进行两次蒸馏的方法。第一次称粗馏，即将原料酒注入蒸馏锅中，装量约为锅容的4/5，用大火蒸馏，待酒精浓度降至4°以下时，截去酒尾，得到酒精度25°~30°的粗馏酒。将粗馏酒再注入壶式蒸馏器，装量同粗馏，火力宜小，缓慢蒸馏，以减少高沸点物质被蒸出。最初蒸出的酒称为酒头，其中含醛类（低沸点）物质多，对酒质有影响；截头后继续蒸馏，直至蒸出的酒液浓度降为50°~58°时，即分开，这部分酒称中流酒，质量好；取中流酒后，继续蒸馏出的酒尾，含沸点高的物质多，质量差，另用容器接收，称为酒尾。将酒头、酒尾混合在一起，加入下次蒸馏的原料酒中再蒸馏。

3. 白兰地的老熟

新蒸馏的原白兰地无色，香气不协调，味道辛辣，需要在橡木桶内经过长期贮存陈酿，以改变白兰地的色泽和风味，达到成熟完美的程度，成为名贵的陈酿佳酒。白兰地的贮存容器主要是橡木桶。橡木桶板材的质量与白兰地的质量关系很大，法国的干邑白兰地，专门选用法国中央高原栗木森省（Limousin）出产的橡木制作白兰地酒桶。法国和西班牙等国家多采用250~350L的鼓形桶，我国使用的容量为350~3000L。水泥池或不锈钢罐中放置橡木块也可作贮酒容器，但品质较差。

贮酒过程中，由于橡木中含有的单宁、色素被酒精溶解，白兰地渐渐变成金黄色。氧化作用、酯化作用逐渐进行，使原来的辛辣味变得芳香柔和。白兰地的贮酒室应保持适当的温度和湿度，适宜的室温为15~25℃，相对湿度在75%~85%，保证通风良好，利于白兰地充分氧化，加速成熟。白兰地贮存老熟时间较长，少则几年，多则几十年。

4. 白兰地调配

原白兰地是一种半成品，一般不能直接饮用。经过精心勾兑和调配变为成品酒，再经过贮藏和一系列的后加工处理，才能装瓶出厂。不同品种的白兰地调配时需要把各种不同的原白兰地，按一定的比例勾兑起来，以保持白兰地的特殊风格。不同酒龄的白兰地可以老酒和新酒一起勾兑，以增加白兰地的陈酒风味，提高白兰地的质量。白兰地酒度在国际上一般为40°左右。酒度过高可用蒸馏水或软化纯净水稀释；色泽过浅可用焦糖色调色；口味不醇厚可适当调糖；香味不足可适当调香。

（二）起泡果酒

含CO_2的葡萄酒称起泡葡萄酒（sparkling wine）。香槟酒（champagne）是典型的高级起泡葡萄酒，它源于法国香槟省而得名。法国酒法规定，只有在香槟地区生产的起泡葡萄酒，才能称香槟酒；其他地区即使采用同样的生产工艺，也只能叫起泡葡萄酒，注明产地，如“加利福尼亚香槟”。我国于1970年青岛葡萄酒厂试制成功罐式发酵起泡酒，此后，张裕葡萄酒公司、河北沙城长城葡萄酒厂等也相继生产出了起泡葡萄酒。

起泡葡萄酒可分红、桃红和白几种，以白为主。按含糖量可分为自然、极干、干、半干、半甜和甜型六类。按其CO_2气体来源可分为四类：一是加糖后二次发酵制成；二是来源于主发酵后的残糖；三是由苹果酸-乳酸发酵而成；四是人工加入。按发酵方法分瓶内发酵和罐内发酵两种。

1. 瓶内发酵

瓶内发酵是传统的香槟起泡法，有原瓶发酵法（fermented in this bottle）和转换法（fermented in the bottle）。许多欧美国家都采用原瓶发酵法生产起泡酒，该法生产的起泡酒口感好、质量高，但操作麻烦，劳动强度大，时间长，产量低。转换法为原瓶发酵法的改良，即瓶内起泡后在一定的装置下收集处理，产量较大。

原瓶发酵法工艺流程：

原酒、糖浆、酵母等→混合→装瓶→压盖→发酵→摇瓶→斜沉→冷冻→除渣→补液→压塞→捆扎→后熟→产品

（1）原材料及混合

①原酒：酿造起泡酒的原酒酿造与干红、干白葡萄酒相似。法国香槟酒选用原料品种极讲究，主要有黑比诺、霞多丽和品乐麦涅，保加利亚常用雷司令、七月白等来生产白起泡酒。要求原料葡萄含糖18%～20%，滴定酸8～10g/L，发酵时加SO_2 80mg/L，取自流汁发酵，发酵温度18～20℃。发酵结束后，除去沉淀，澄清过滤，并经冷处理。

②糖浆：糖浆是发酵产气的主要来源。过量会造成压力过高引起爆瓶或抑制酵母繁殖，过少产气不足。在酒度10°时，添加4g/L糖可产气0.1MPa，故加糖至24g/L，则可产气0.6MPa，酒度高则应适当增加糖量，如12°时，可加糖至26g/L。

③酵母：要求抗酒精和耐压能力强，在低温下发酵彻底。加入量可控制在活细胞1×10^6个/L。

为了使发酵能顺利进行，常加入铵态氮如$(NH_4)_2HPO_4$或$(NH_4)_2SO_4$，还有添加维生素B_1等。另外，还加入明胶、单宁等利于澄清、去渣的物质，保证单宁1g/100L、明胶1.25g/100L、皂土10～20g/100L，在处理前要做小试。将上述物料在混合罐内按一定比例混合均匀。

（2）装瓶　瓶和盖用1.5% H_2SO_3溶液消毒，瓶子要耐压。将上述原料混合冷却至10～14℃，灌入专用瓶内，留15～20cm^3的顶隙。

（3）发酵　装瓶后，将瓶子送入酒窖，水平堆放在架子上，进行发酵。发酵温度以10～12℃为宜，发酵时间依温度、所用酵母及酒的化学成分而异。在10～12℃下60～90d，可生成12°的乙醇，残糖降至3g/L，压力升至0.4～0.5MPa。高乙醇含量的原酒则发酵较慢，残糖含量高。

发酵后在同样的温度下贮存，周期性摇瓶和重新堆放，通过酒体与沉渣的接触创造一个氧化还原反应的环境，使酵母细胞自溶，含氮物质转移，新的芳香成分形成。这一过程需要数周至数月，劳动强度较大。

（4）斜沉　目的在于使沉淀向瓶颈处集中，采用特制的木架来完成，最初要求斜度至少25°～30°，然后每天转动一次，瓶子转动一圈需要8次，持续20～25d，视沉淀状况，最后可升高角度至60°。这时酒内沉淀物及酵母全部集中在瓶颈内塞上，酒体变清晰。转瓶操作是一项劳动强度大且细腻的工作。

（5）除渣　将瓶颈部插入-30～-22℃的冰水中，使瓶口的内塞、酒液、沉渣等迅速形成一个长约25cm的冰塞，然后打开盖子，利用瓶内CO_2压力顶出冰塞。

（6）补液　由于去塞时损失部分酒液，易引起氧化，对品质不利。因此，需将瓶口插入补酒机上，以同类原酒补充酒液，一般补充量为30mL左右。

（7）压盖、捆扎、后熟　加酒液后，用新软木塞压盖，并用特殊的铁丝捆扎紧，摇动酒瓶，使瓶内酒液混匀，在12～20℃下后熟1～3个月即为成品。

2. 罐内发酵

瓶内发酵生产香槟酒工艺复杂，投资大，生产周期长，约需3年，产量低、技术要求高，

仅适合于少量名牌。目前许多国家采用罐内发酵法生产起泡葡萄酒。其工艺流程如下：

原酒、糖浆、酵母等→混合→罐内发酵→过滤→灌装→产品

原酒的配料与瓶内发酵法相同。发酵混合液入罐至罐容95%为度，保持温度16～18℃ 24h，而后下降温度至12～14℃，密闭状态下发酵，其发酵速度控制在0.02～0.03MPa/d，发酵速度主要由温度来控制。

至预定压力后，用降温的方式来终止发酵，将被CO_2饱和的酒液降至－5～－4℃，在这一温度下保持5～10d，以促使澄清。低温还可增加酒体对CO_2的吸收，提高酒体的稳定性。降温后的起泡酒经过二次精滤后装瓶。

罐内发酵法可用不锈钢或碳钢罐进行。现代罐式起泡酒生产除延长发酵后酒与沉渣的接触时间外，在设备上一是增大罐的体积，已有200m^3以上的起泡酒发酵罐；二是采用连续化装置进行起泡发酵。

（三）配制果酒

配制果酒是用人工方法，模拟发酵果酒的营养成分、色泽及风味，用果汁或果实浸泡液，加入酒精、砂糖、有机酸、色素、香精和蒸馏水配制而成的。其优点是方法简易，成本较低，能较好地保存果酒中的营养成分；缺点是缺乏醇厚柔和，风味不如发酵果酒。

配制果酒在生产上大致分为三类。一是用果汁加酒精、砂糖及其他材料配制；二是用果实浸泡，提取浸泡液加酒精、砂糖、果酸等配料配制；三是用酒精、香精、色素、砂糖及果酸调配而成。

味美思（Vermouth）是典型的配制酒之一，它是以葡萄发酵酒为酒基，加多种名贵药物浸泡，或加入多种名贵药物萃取液混合调配，或在葡萄酒发酵过程中加入多种名贵药物一同发酵等法制成。风味独具一格，对人体能起到治疗、滋补、助消化、提神等作用。此外，橘子酒、广柑酒、樱桃酒、苹果酒乃至葡萄酒都可用配制法生产。

1. 原料选用

（1）果实　大多数果实都可作配制酒的原料，一般选用含糖酸适宜、新鲜完整、香味浓郁的果实为原料。

（2）糖、有机酸　糖多用蔗糖，有机酸主要用柠檬酸。

（3）酒精　必须用经脱臭处理的食用酒精。

（4）香料　可用陈皮、鲜橘皮、玫瑰、丁香、豆蔻、甘草等的浸出物或用食用香精。

（5）水　用蒸馏水或软化水。

（6）色素　焦糖色素或其他食用色素。

2. 果汁液制备

（1）破碎、榨汁　与果酒（汁）生产工艺相同，若进行半发酵，果汁用SO_2处理，以保证发酵期的安全。桃、李、草莓等果实含半纤维素和果胶物质较多，可用纤维素酶和果胶酶处理来提高出汁率。

（2）半成品保存　主要有两种方法。

①半发酵保存：将果汁装入发酵池（桶），加入培养好的酒母3%～5%，保温25℃左右发酵2～3d，待糖分消耗到一半左右时，汁液开始清晰，即可加入脱臭酒精，使酒精浓度保持在20°左右，令其停止发酵，然后装入池内，加盖密封保存。

②直接加酒精保存：将果汁直接加入酒精，使酒精浓度达20°左右，装满密封保存。保存2～3个月后，有部分物质沉淀出来，将汁液虹吸出，转池（桶）贮藏。

（3）沉淀澄清　由于果汁未经发酵或只经半发酵，果汁中的胶体物质和糖分没有完全分解，因此，不易沉淀澄清。为了加速澄清，可在第一次转池（换桶）时，加入果胶酶制剂促使澄清。

3. 配制

配制果酒要按照产品标准制定适宜的配方，按配方进行配制。配制时先将酒精与果汁配成一定的酒度，再加入糖液、有机酸，充分搅匀后过滤，静置1～3个月任其醇化澄清，装瓶前加入色素和香精。其他工序与发酵果酒相同。

第四节　果醋加工案例

果醋是以果实或果酒为原料，采用醋酸发酵技术酿造而成的调味品。它含有丰富的有机酸、维生素，风味芳香，具有良好的营养、保健作用。

果醋的加工方法可以归纳为鲜果制醋、果汁制醋、鲜果浸泡制醋、果酒制醋4种。鲜果制醋是将果实先破碎榨汁，再进行酒精发酵和醋酸发酵。其特点是产地制造，成本低，季节性强，酸度高，适合做调味果醋。果汁制醋是直接用果汁进行酒精发酵和醋酸发酵，其特点是非产地也能生产，无季节性，酸度高，适合做调味果醋。鲜果浸泡制醋是将鲜果浸泡在一定浓度的酒精溶液或食醋溶液中，待鲜果的果香、果酸及部分营养物质进入酒精溶液或食醋溶液后，再进行醋酸发酵。其特点是工艺简单，果香味好，酸度高，适合做调味果醋和饮用果醋。果酒制醋是以各种酿造好的果酒为原料进行醋酸发酵。不论以鲜果为原料还是以果汁、果酒为原料制醋，都要进行醋酸发酵这一重要工序。果醋发酵的方法有固态发酵、液态发酵和固－液发酵。这三种方法因水果的种类和品种不同而定，一般以梨、葡萄及沙棘等含水量多的、易榨汁的果实为原料时，宜选用液态发酵法；以山楂和枣等不易榨汁的水果为原料时，宜选用固态发酵法；固－液发酵法选择的果实介于两者之间。果醋一般含5%～7%的醋酸，风味芳香，又具有一定的保健功能，很受消费者喜爱。

一、果醋发酵理论

果醋发酵需经过两个阶段。首先是酒精发酵阶段，其次为醋酸发酵阶段。如以果酒为原料则只进行醋酸发酵。

（一）醋酸发酵微生物

醋酸菌大量存在于空气中，种类繁多，对乙醇的氧化速度有快有慢，醋化能力有强有弱，性能各异。生产果醋为了提高产量和质量，避免杂菌污染，采用人工接种的方式进行发酵。用于生产食醋的醋酸菌种主要有白膜醋酸杆菌（*Acetobacter acetosum*）和许氏醋酸杆菌（*Acetobacter schutzenbachii*）等。目前用得较多的是恶臭醋酸杆菌浑浊变种（*A. rancens var. furbidans*）As 1.41和巴氏醋酸菌亚种（*A. pasteurianus*）泸酿1.01号以及中国科学院微生物研究所提供的醋酸杆菌 As 7015。醋酸菌为椭圆形或短杆状，革兰阴性，无鞭毛，不能运动，产醋力6%左右，并伴有乙酸乙酯生成，增进醋的芳香，缩短陈酿期，但它能进一步氧化醋酸。

醋酸菌的繁殖和醋化与下列环境条件有关。

①果酒中的酒精浓度超过14°时，醋酸菌不能忍受，繁殖迟缓，生成物以乙醛为多，醋酸产量少；若酒精浓度在14°以下，醋化作用能很好地进行，直至酒精全部变成醋酸。

②果酒中的溶解 O_2 越多，醋化作用越完全。理论上100 L纯酒精被氧化成醋酸需要38.0m^3纯 O_2。实践上供给的空气量还需超过理论数15% ~20%才能醋化完全。反之，缺乏空气，醋酸菌则被迫停止繁殖，醋化作用受到阻碍。

③SO_2 对醋酸菌的繁殖有抑制作用。若果酒中的 SO_2 含量过多，则不适宜醋酸发酵。

④温度在10℃以下，醋化作用进行困难。30℃为醋酸菌繁殖最适宜温度，30 ~35℃醋化作用最快，达40℃时停止活动。

⑤果酒的酸度对醋酸菌的发育亦有妨碍。醋化时，醋酸量逐渐增加，醋酸菌的活动也逐渐减弱。当酸度达某一限度时，其活动完全停止。醋酸菌一般能忍受8% ~10%的醋酸浓度。

⑥太阳光线对醋酸菌的发育有害。因此，醋化应在暗处进行。

（二）醋酸发酵的生物化学变化

醋酸菌在充分供给 O_2 的情况下生长繁殖，并把基质中的乙醇氧化为醋酸，这是一个生物氧化过程。首先是乙醇被氧化成乙醛：

$$CH_3CH_2OH + 1/2\ O_2 \longrightarrow CH_3CHO + H_2O$$

其次是乙醛吸收一分子 H_2O 成水化乙醛：

$$CH_3CHO + H_2O \longrightarrow CH_3CH(OH)_2$$

最后水化乙醛再氧化成醋酸：

$$CH_3CH(OH)_2 + 1/2\ O_2 \longrightarrow CH_3COOH + H_2O$$

理论上100g纯酒精可生成130.4g醋酸，而实际产率较低，一般只能达理论数的85%左右。其原因是醋化时酒精的挥发损失，特别是在空气流通和温度较高的环境下损失更多。此外，醋酸发酵过程中，除生成醋酸外，还生成二乙氧基乙烷、高级脂肪酸、琥珀酸等。这些酸类与酒精作用在陈酿时产生酯类，赋果醋芳香味。

有些醋酸菌在醋化时将酒精完全氧化成醋酸后，为了维持其生命活动，能进一步将醋酸氧化成 CO_2 和 H_2O。生产上当醋酸发酵完成后，常用加热杀菌的办法阻止其继续氧化。

二、果醋酿制工艺

（一）固态发酵法工艺流程

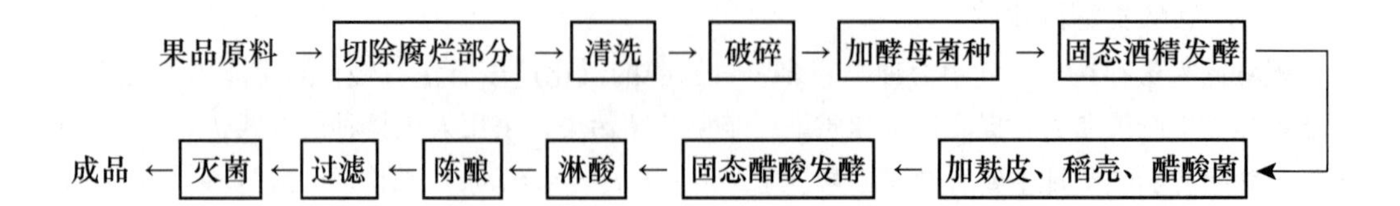

（二）液态发酵法工艺流程

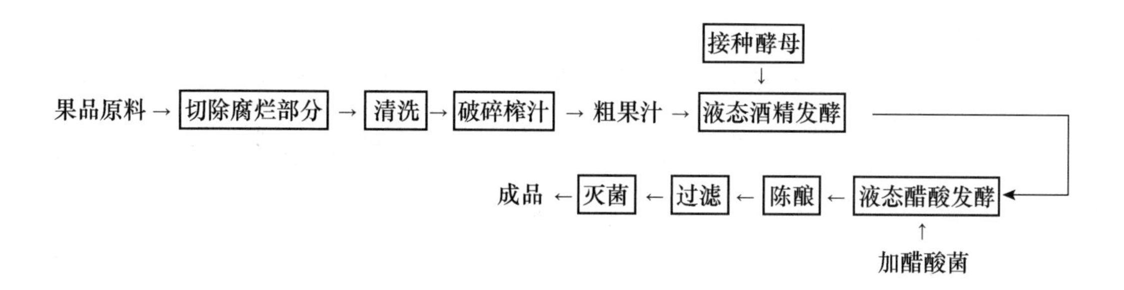

1. 醋母的制备

优良的醋酸菌种，各大型制醋工厂及科研单位有保存，可选购。还可从优良的醋醅或生醋中采种繁殖。其扩大培养步骤如下。

（1）斜面固体培养　按麦芽汁或果酒 100mL，葡萄糖 3%，酵母膏 1%，$CaCO_3$ 2%，琼脂 2% ~2.5% 的比例，混合，加热熔化，分装干热灭菌的试管中，每管为 8 ~12mL，$1kgf/cm^2$（$1kgf/cm^2=9.80665\times10^4Pa$）压力杀菌 15 ~20min，取出，趁未凝固前加入 50°的酒精 0.6mL，制成斜面，冷后，在无菌操作下接种醋酸菌种，26 ~28℃恒温下培养 2 ~3d 即成。

（2）液体扩大培养　第一次扩大培养，取果酒 100mL，葡萄糖 0.3g，酵母膏 1g，装入灭菌的 500 ~800mL 三角瓶中，消毒，接种前加入 75°的酒精 5mL，随即接入斜面固体培养的醋酸菌种一两针，26 ~28℃恒温培养 2 ~3d 即成。在培养过程中，每日定时摇瓶 6 ~8 次，或用摇床培养，以供给充足的空气。培养成熟的液体醋母，即可接入再扩大 20 ~25 倍的准备醋酸发酵的酒液中培养，制成醋母供生产用。

2. 酿醋及管理

果醋酿制分液体酿制和固体酿制两种。

（1）液体酿制法　液体酿制法是以果酒为原料酿制。酿制果醋的原料酒，必须酒精发酵完全、澄清透明。优质的果醋应用品质良好的果酒，但质量较差的或酸败的果酒也可酿制果醋。

将酒度调整为 7° ~8°的原料果酒，装入醋化器中，为容积的 1/3 ~1/2，接种醋母液 5% 左右，用纱罩盖好，如果温度适宜，24h 后发酵液面上有醋酸菌的菌膜形成，发酵期间每天搅动 1 ~2 次，经 10 ~20d 醋化完成。取出大部分果醋，留下醋膜及少量醋液，再补充果酒继续醋化。

（2）固体酿制法　以果品或残次果品等为原料，同时加入适量的麸皮，固态发酵酿制。

①酒精发酵：果品经洗净、破碎后，加入酵母液 3% ~5%，进行酒精发酵，在发酵过程中每日搅拌 3 ~4 次，经 5 ~7d 发酵完成。

②制醋醅：将酒精发酵完成的果品，加入麸皮或谷壳、米糠等（为原料量的 50% ~60%），作为疏松剂，再加培养的醋母液 10% ~20%（也可用未经消毒的优良的生醋接种），充分搅拌均匀，装入醋化缸中，稍加覆盖，使其进行醋酸发酵。醋化期中，控制品温在 30 ~35℃。若温度升高至 37 ~38℃时，则将缸中醋醅取出翻拌散热；若温度适当，每日定时翻拌 1 ~2 次，充分供给空气，促进醋化。经 10 ~15d，醋化旺盛期将过，随即加入 2% ~3% 的食盐，搅拌均匀，将醋醅压紧，加盖封严，待其陈酿后熟，经 5 ~6d 后，即可淋醋。

③淋醋：将后熟的醋醅放在淋醋器中。淋醋器用一底部凿有小孔的瓦缸或桶，距缸底 6 ~10cm 处放置滤板，铺上滤布。从上面徐徐淋入约与醋醅等量的冷却沸水，浸泡 4h 后，打开孔

塞让醋液从缸底小孔流出，这次淋出的醋称为头醋。头醋淋完以后，再加入凉水，再淋，即二醋。二醋含醋酸很低，供淋头醋用。

3. 果醋的陈酿和保藏

（1）陈酿　果醋的陈酿与果酒相同。通过陈酿果醋变得澄清，风味更加纯正，香气更加浓郁。陈酿时将果醋装入桶或坛中，装满，密封，静置1～2个月即完成陈酿过程。

（2）过滤、灭菌　陈酿后的果醋经澄清处理后，用过滤设备进行精滤。在60～70℃温度下杀菌10min，即可装瓶保藏。

第五节　综合实验

一、苹果酒酿造实验

（一）实验目的

通过本实验项目了解苹果酒酿造的工艺流程和操作要点。

（二）材料设备

材料：苹果。

设备：小型果酒酿造设备。

（三）工艺流程

干酵母↓

苹果→选果→清洗→破碎→榨汁护色→硫处理→调糖调酸→低温发酵→醪液澄清→后发酵→陈酿→过滤→装瓶→成品

（四）操作步骤

①破碎时不要破碎得太细，同时注意不要将果核破碎，否则会给果汁带来异杂味。

②果汁可用适量的亚硫酸盐澄清，加量控制在SO_2含量为80～100mg/L为宜。澄清时间为1～2d。

③糖在发酵初期一次补足；总酸度一般在0.45g/L（以H_2SO_4计）以上则不必调整；活性干酵母加量为0.3%～0.5%，可用安琪牌葡萄酒活性干酵母；清汁发酵温度为15～22℃，发酵12%的酒需12～20d。

④发酵结束，可用凝聚澄清剂进行澄清处理。

⑤瓶贮时，温度应控制在0～2℃，必要时可贮6～7个月，使酒体协调。

（五）指标测定

采用酒精计法测定苹果酒酒精度，采用直接滴定法测定其总糖，采用电位滴定法测定其总酸。

二、 柿子酒酿造实验

（一）实验目的

通过本实验项目了解柿子酒酿造的工艺流程和操作要点。

（二）材料设备

材料：柿子原料。

设备：小型果酒酿造设备。

（三）工艺流程

柿子→清洗→脱涩→除果柄和花盘→破碎→灭菌→调糖度→主发酵→过滤→后发酵→陈酿→过滤杀菌→包装→成品

（四）操作要点

1. 脱涩

用40～50℃温水浸泡24h脱涩，也可采用石灰水、酒精等其他脱涩方法。

2. 破碎

除去果柄和花盘，将鲜果破碎，然后将果浆加热到45℃，加入0.01%果胶酶，处理1～2h，保存于冰箱中备用。

3. 灭菌

添加柠檬酸将pH调到4.0左右。

4. 调糖度

由于直接制备的果汁糖度略低，经发酵所得果酒酒度难以达到规定值（不低于8.5%），所以发酵前应对果汁的糖度做适当调整。一般1L果汁中含糖17g可产生1%酒精（体积分数），依照此标准补足缺少的糖分。

5. 主发酵

将果浆装入发酵罐（初始容量控制在80%，以防发酵时膨胀外溢），加入10%葡萄酒酵母，在恒定28℃下进行发酵5d。发酵时可加入$NaHSO_3$以防杂菌感染，加入量为0.01%（w/V）。

6. 后发酵

主发酵结束后，在无菌条件下将原酒过滤到经灭菌的密闭容器中，保持28℃发酵15d。

7. 陈酿

将经后发酵的酒液放在冰箱中静置贮存60d，避免与O_2接触，以提高酒的质量。

8. 过滤灭菌

将陈酿后的酒液过滤，然后70℃水浴杀菌30min。

三、 苹果醋酿造实验

（一）实验目的

通过本实验项目了解苹果醋酿造的工艺流程和操作要点。

（二）材料设备

材料：苹果。

设备：酿醋设备。

（三）工艺流程

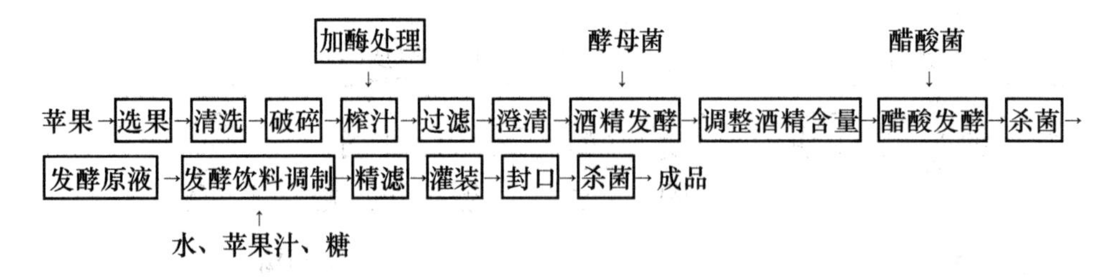

（四）操作步骤

1. 酒精发酵

压榨出的苹果汁加入果胶酶进行澄清处理后，接入5% ~10%的酵母培养液进行酒精发酵，主发酵时加SO_2 70 ~80mg/kg，加糖发酵使酒精含量达13%以上。主发酵结束后，分离过滤，然后进行成分调整，再经陈酿即制成苹果酒。

2. 醋酸发酵

酒精发酵结束后，加入苹果汁调整酒精浓度，接入10%醋酸菌培养液，在30℃条件下，发酵至酒精浓度低于0.2%（体积分数），醋酸4 ~6g/100mL为宜。

四、猕猴桃果醋酿造实验

（一）实验目的

通过本实验项目了解猕猴桃果醋酿造的工艺流程和操作要点。

（二）材料设备

材料：猕猴桃。

设备：酿醋设备。

（三）工艺流程

果胶酶　活性干酵母　醋酸杆菌

猕猴桃果→打浆→果浆→果胶酶处理→酒精发酵→醋酸发酵→粗滤→陈酿→调配→精滤→灌装→杀菌→猕猴桃果醋

（四）操作步骤

1. 打浆

将新鲜、无霉变腐烂、无病虫害的猕猴桃成熟果实用打浆机打成果浆。

2. 果胶酶处理

为提高成品中的醋酸含量，首先用白砂糖调节猕猴桃果浆可溶性固形物含量至18.0g/100mL，添加0.03g/kg左右的复合果胶酶，处理2 ~3h后备用。

3. 酒精发酵

将猕猴桃果浆泵入发酵罐，添加$SO_2$80mg/L，接入葡萄酒高活性干酵母［事先加入38 ~40℃、用猕猴桃果浆配制成的含总糖5%（质量分数）左右的果汁中，搅拌溶解，保温活化

25～30min，然后冷却至28～30℃使用]，控制发酵温度为26℃左右 。

4. 醋酸发酵

当酒精含量达到5.0%（体积分数）左右时接入醋酸杆菌，接种量0.08‰（体积分数）（事先需经3级扩大培养），发酵温度为30～35℃，并不时搅拌或通入空气，每天检查发酵品温及酒精、醋酸的含量，发酵时间约需4d左右。当果醋中醋酸含量达6.0g/100mL左右且不再升高时，停止醋酸发酵。

5. 陈酿

发酵完毕后的醋液经粗滤，置于密闭容器中贮存。醋液陈酿的目的是通过分子间的聚合作用，使有机酸和醇类结合成芳香酯类，使猕猴桃果醋味醇厚。同时，陈酿期间的化学反应可生成一些沉淀，包装前可过滤除去，能保证产品在货架期的质量稳定。

6. 调配与精滤

控制成品中的醋酸含量达6.0g/100mL左右，可溶性无盐固形物不低于5.0g/100mL，采用微孔膜过滤机进行精滤。

7. 灌装与杀菌

将过滤后的猕猴桃果醋灌入瓶中，迅速封盖，然后送入杀菌机中，控制杀菌温度85℃左右，保持25～30min，然后分段冷却到室温，即得到猕猴桃果醋成品。

[推荐书目]

1. 埃德·麦卡锡（Ed McCarthy），玛丽·埃文－莫利根（Mary Ewing－Mulligan）著. 范晓郁等译. 葡萄酒. 北京：机械工业出版社，2005.

2. 朱宝镛. 葡萄酒工业手册. 北京：中国轻工业出版社，1995.

思考题

1. 简述葡萄酒酿造原理，并说明酒精发酵的因素。
2. 简述优良葡萄酒酵母的主要特点。
3. 用箭头简示优质红、白葡萄酒酿造的工艺流程，并对比其主要差异。
4. 对葡萄酒进行澄清和稳定处理的方法各有哪些?
5. 苹果酸－乳酸发酵的意义和实施方法?
6. 果醋酿造和果酒酿造的主要区别是什么?
7. 简述白兰地的生产工艺。
8. 对比果醋固体发酵和液体发酵的工艺差别。

参考文献

1. 冯双庆. 果蔬贮运学. 北京：化学工业出版社，2008.

2. 刘兴华，陈维信. 果品蔬菜贮藏运销学. 北京：中国农业出版社，2010.

3. 罗云波，蔡同一. 园艺产品贮藏加工学（贮藏篇）. 北京：中国农业大学出版社，2003.

4. 潘静娴. 园艺产品贮藏加工学. 北京：中国农业大学出版社，2007.

5. 王忠等. 植物生理学. 北京：中国农业出版社，1996.

6. 王颉，张子德. 果品蔬菜贮藏加工原理与技术. 北京：化学工业出版社，2009.

7. 王鸿飞. 果蔬贮运加工学. 北京：科学出版社，2014.

8. 张秀玲. 果蔬采后生理与贮运学. 北京：化学工业出版社，2011.

9. 祝战斌. 果蔬贮藏与加工技术. 北京：科学出版社，2010.

10. 赵丽芹，张子德. 园艺产品贮藏加工学. 第2版. 北京：中国轻工业出版社，2011.

11. 张宝善，王军. 果品加工技术. 北京：中国轻工业出版社，2000.

12. 李耀维. 果品蔬菜干燥技术. 北京：中国社会出版社，2006.

13. 孙术国. 干制果蔬生产技术. 北京：化学工业出版社，2009.

14. 郝利平. 园艺产品贮藏加工学. 北京：中国农业出版社，2008.

15. 张存莉. 蔬菜贮藏与加工技术. 北京：中国轻工业出版社，2008.

16. 刘新社，易诚. 果蔬贮藏与加工技术. 北京：中国农业出版社，2009.

17. 秦文，吴卫国，翟爱华. 农产品贮藏与加工学. 北京：中国计量出版社，2007.

18. 刘俊红，刘瑞芳，陈兰英. 农产品贮藏与加工学. 徐州：中国矿业大学出版社，2012.

19. 陈月英，佘远国. 食品加工技术. 北京：中国农业出版社，2009.

20. 孟宪军，张佰清. 农产品贮藏与加工技术. 沈阳：东北大学出版社，2010.

21. 阮美娟，徐怀德. 饮料工艺学. 北京：中国轻工业出版社，2013.

22. 天津轻工业学院，无锡轻工业学院合编. 食品工艺学（上册）. 北京：中国轻工业出版社，1984.

23. 天津轻工业学院，无锡轻工业学院合编. 食品工艺学（中册）. 北京：中国轻工业出版社，1983.

24. 梁文珍. 罐头生产. 北京：化学工业出版社，2011.

25. Donald Holdsworth，Ricardo Simpson. Thermal Processing of Packaged Foods. Second Edition. Springer Science and Business Media，2007.

26. 赵晋府. 食品工艺学. 第2版. 北京：中国轻工业出版社，1999.

27. 杨清香，于艳琴. 果蔬加工技术. 第2版. 北京：化学工业出版社，2010.

28. 杨邦英. 罐头工业手册. 北京：中国轻工业出版社，2002.

29. 刘宝林. 食品冷冻冷藏学. 北京：中国农业出版社，2010.

30. 刘升，冯双庆. 果蔬预冷贮藏保鲜技术. 北京：科学技术文献出版社，2001.

31. 尹明安. 果品蔬菜加工工艺学. 北京：化学工业出版社，2010.

32. Mallett C P. Frozen food technology. Glasgow. UK：Chapman and Hall，1993.

33. 罗云波，蒲彪. 园艺产品贮藏加工学. 第2版. 北京：中国农业大学出版社，2011.

34. 叶兴乾. 果品蔬菜加工工艺学. 第3版. 北京：中国农业出版社，2011.

35. 蒲彪，乔旭光. 园艺产品加工学. 北京：科学出版社，2012.

36. 孟宪军，乔旭光. 果蔬加工工艺学. 北京：中国轻工业出版社，2012.

37. 周山涛. 果蔬贮运学. 北京：化学工业出版社，1999.

38. 罗云波，蔡同一. 园艺产品贮藏加工学（加工篇）. 北京：中国农业大学出版社，2001.

39. 秦文，李梦琴. 农产品贮藏加工学. 北京：科学出版社，2013.

40. 陆兆新. 果蔬贮藏加工及质量管理技术. 北京：中国轻工业出版社，2004.

41. 余善鸣. 果蔬保鲜与冷冻干燥技术. 哈尔滨：黑龙江科学技术出版社，1999.

42. 莱米堪拉. 鲜切果蔬科学、技术、市场. 胡文忠译. 北京：化学工业出版社，2009.

43. 孙鹤宁. 速冻蔬菜营养成分的检测及保存. 冷饮与速冻食品工业，1998，19~20.

44. 励建荣，朱丹实. 果蔬保鲜新技术研究进展. 食品与生物技术学报，2012，31（4）：337~347.

45. 郭鑫，崔政伟. 果蔬气调贮藏研究现状及展望. 包装工程，2012，33（7）：122~126.

46. 梁洁玉，朱丹实，冯叙桥等. 果蔬气调贮藏保鲜技术研究现状与展望. 2013，4（6）：1617~1625.

47. Sisler E C, Serek M. Inhibitors of ethylene responses in plants at the receptor level：recent developments. Physiologia Plantarum, 1997, 100（3）：577~582.

48. 千春录，何志平，林菊等. 1－MCP对黄花梨冷藏品质和抗氧化特性的影响. 食品工业科技，2012，33（21）：326~329.

49. 千春录，米红波，何志平等. 1－MCP对水蜜桃冷藏品质和氧化还原水平的影响. 食品科学，2013，34（12）：322~326.

50. 千春录，陶蓓佩，陈方霞等. 1－MCP对猕猴桃果实品质和细胞氧化还原水平的影响. 保鲜与加工，2012，12（2）：9~13.

51. 李志文，张平，刘翔等. 1－MCP结合冰温贮藏对葡萄采后品质及相关生理代谢的调控. 食品科学，2011，32（20）：300~306.

52. 茅林春，方雪花，庞华卿. 1－MCP对杨梅果实采后生理和品质的影响. 中国农业科学，2004，37（10）：1532~1536.

53. 李志强，汪良驹，巩文红等. 1－MCP对草莓果实采后生理及品质的影响. 果树学报，2006，23（1）：125~128.

54. 苏新国，郑永华，张兰等. 菜用大豆采后用不同浓度1－MCP处理对贮藏期间衰老及腐烂的影响. 中国农业科学，2003，36（3）：318~323.

55. 林本芳，鲁晓翔，李江阔等. 1－MCP处理结合冷藏对西兰花品质的影响. 食品科技，2012，37（12）：34~39.

56. 翟进升，郭维明，周凯等. 1－MCP延缓观赏植物衰老的研究与应用. 园艺学报，2005，32（1）：165~170.

57. 李润生. 我国酱腌菜分类问题的探讨. 中国调味品，1987（2）.

58. 陈仲翔，董英. 泡菜工业化生产的研究进展. 食品科技，2004，（4）：33~35.

59. 宦银根. 蔬菜的腌制. 中国调味品，2000，2：28~29.

60. 李金红. 泡菜的制作和食用. 中国调味品，2002，1：34~35.

61. 宋焕禄. 乳酸菌发酵产生丁二酮的初步研究. 食品与发酵工业, 2001, 28 (3): 47 ~ 50.

62. 周涛. 蔬菜腌制品的种类及腌制原理和保藏措施. 中国调味品, 2000, (5): 6 ~ 12.

63. 王金菊, 崔宝宁, 张治洲. 泡菜风味形成的原理. 食品研究与开发, 2008, 29 (12): 163 ~ 166.

64. 陈飞平. 微生物发酵对蔬菜腌制品品质的影响. 中国食品与营养, 2009, 9 (9): 28 ~ 30.

65. 吴祖芳, 赵永威, 翁佩芳等. 蔬菜腌制及其乳酸菌技术的研究进展. 食品与生物技术学报, 2012, 31 (7): 62 ~ 64 .

66. 燕平梅, 薛文通. 乳酸菌与发酵蔬菜的风味. 中国调味品, 2005, (2): 11 ~ 14.

67. 施安辉, 周波. 蔬菜传统腌制发酵工艺过程中微生物生态学的意义. 中国调味品, 2002, (5): 11 ~ 15.

68. 蒋欣茵, 李晓晖, 张伯生等. 腌制食品中降解亚硝酸盐的乳酸菌分离与鉴定. 中国酿造, 2008, 178 (1): 13 ~ 16.

69. 何淑玲, 李博, 籍保平等. 泡菜中亚硝酸盐问题的研究进展. 食品与发酵工业, 2005, 31 (11): 85 ~ 87.

70. 吴蕊, 田洪涛, 孙纪录等. 泡菜中乳酸菌优良菌株的分离鉴定及发酵性能的研究. 食品研究与开发, 2009, 30 (2): 51 ~ 54.

71. 孙力军, 李正伟, 孙德坤等. 纯种接种和促菌物质的添加对苔菜泡菜发酵过程及其品质的影响. 食品与发酵工业, 2003, 29 (8): 103 ~ 105.

72. 吴祖芳, 刘璞, 翁佩芳. 传统榨菜腌制加工应用乳酸菌技术的研究. 食品工业科技, 2008, 29 (2): 101 ~ 103.

73. 李文婷, 车振明, 雷激等. 乳酸菌制剂发酵泡菜品质及安全性研究. 西华大学学报, 2011, 30 (3): 97 ~ 100.

74. 袁晓阳, 陆胜民, 郁志芳等. 自然发酵腌制冬瓜主要发酵菌种及风味物质鉴定. 中国食品学报, 2009 (1): 219 ~ 225.

75. 李幼筠. 泡菜与乳酸菌. 中国酿造, 2001, (4): 7 ~ 9.

76. 吴浪, 徐俐. 乳酸菌发酵对雪里蕻挥发性质及品质的影响. 食品科学, 2011, 32 (23): 250 ~ 255.

77. 陈惠音, 杨汝德. 超低盐多菌种快速发酵腌制技术. 食品科学, 1994, (5): 18 ~ 22.

78. 李书华, 陈封政. 泡菜研究进展及生产中存在的问题. 食品科技, 2007, (3): 8 ~ 10.

79. 刘玲, 吴祖芳, 翁佩芳等. 乳酸菌低盐腌制榨菜脆性与果胶含量的关系研究. 中国食品学报, 2009, 9 (4): 137 ~ 142.

80. 巨晓英, 韩烨, 周志江. 自然发酵泡菜中乳酸菌的分离鉴定. 食品与机械, 2008, 24 (5): 29 ~ 31.

81. 商军, 钟方旭, 王亚林等. 几种发酵蔬菜中乳酸菌的分离与筛选. 食品科学, 2007, 28 (4): 195 ~ 199.

82. 张锐, 吴祖芳, 沈锡权等. 榨菜低盐腌制过程的微生物群落结构与动态分析. 中国食品学报, 2011, 11 (3): 175 ~ 180.

83. 翁佩芳, 吴祖芳, 龚业等. SSCP 方法的条件优化与榨菜低盐腌制微生物多样性分析. 食品与生物技术学报, 2011, 30 (2): 261 ~266.

84. 梁新乐, 朱扬玲, 蒋予箭等. PCR - DGGE 法研究泡菜中微生物群落结构的多样性. 中国食品学报, 2008, 8 (3): 134 ~137.

85. 李正国, 付晓红, 邓伟等. 传统分离培养结合 DGGE 法检测榨菜腌制过程的细菌多样性. 微生物学通报, 2009, 36 (3): 371 ~376.

86. 翁佩芳, 陈希, 沈锡权等. 榨菜低盐腌制细菌群落多样性的分析. 中国农业科学, 2012, 45 (2): 338 ~345.

87. 沈锡权, 赵永威, 吴祖芳等. 冬瓜生腌过程细菌种群变化及其品质相关性. 食品与生物技术学报, 2012, 31 (4): 411 ~416.

88. 孙建光, 高俊莲. 乳酸菌对糖和糖醇的分解代谢及其致龋性. 口腔医学, 2007, 27 (7): 384 ~386.

89. 张文杰. 基于对乳酸菌功能用途的探讨. 黑龙江科技信息, 2009, 26: 79.

90. 于志会, 李常营. 酸菜来源植物乳杆菌耐受性和吸收胆固醇能力. 吉林农业科技学院学报, 2011, 20 (2): 4 ~6.

91. 顾笑梅, 王富生, 孔健等. 乳酸菌 Z222 产胞外多糖 (EPS1) 对免疫细胞功能的影响. 中华微生物学和免疫学杂志, 2003, 23 (6): 442 ~445.

92. 吴祖芳, 刘璞, 翁佩芳. 榨菜加工中乳酸菌技术的应用及研究进展. 食品与发酵工业, 2005, 31 (8): 73 ~76.

93. 陈健凯. 利用乳酸菌来提高果蔬的安全性. 福建热带作物科技, 2002, 27 (4): 38 ~39.

94. 王思文, 巩江, 高昂等. 防腐剂苯甲酸钠的药理及毒理学研究. 安徽农业科学, 2010, 38 (30) : 1672.

95. 钟耀广, 南庆贤. 亚硝酸盐的发色机理及安全性问题. 肉类工业, 2001, 5: 47 ~48.

96. 李宁. 国内外甜蜜素限量标准及使用现状分析. 中国食品卫生杂志, 2007, 19 (5) : 455 ~457.

97. 丁成翔, 代汉慧, 陈冬东. 六种着色剂毒性研究进展. 检验检疫学刊, 2009, 19 (2) : 70 ~73.

98. Panos Mourdoukoutas. 苏亚果汁 (Suja Juice) 的成长史. 李雨蒙译. 中国民商, 2014, (6): 80 ~82.

99. 曾祥奎, 吴丽宁, 岳欢. 现代分离技术与装备在橙汁加工中的应用. 饮料工业, 2011, 14 (10): 9 ~15.

100. 张义. 龙眼汁香气物质及其在加工和贮藏过程中的变化规律. 华中农业大学, 2010.

101. 陈学红, 秦卫东, 马利华等. 加工工艺条件对果蔬汁的品质影响研究. 食品工业科技, 2014, 35 (1): 355 ~362.

102. 刘凤霞. 基于超高压技术芒果汁加工工艺与品质研究, 中国农业大学, 2014.

103. 乔勇进, 徐芹, 方强等. 果汁澄清工艺研究进展. 保鲜与加工, 2007, (3): 4 ~7.

104. 石超, 吕长鑫, 冯叙桥等. 果蔬汁饮料现状及发展前景分析. 食品安全质量检测学报, 2014, 5 (3): 970 ~976.

105. 李菲. 果蔬汁加工中常见的质量问题及预防措施. 农产品加工, 2013, (6): 26 ~27.

106. 王卫东, 孙月娥. 果胶酶及其在果蔬汁加工中的应用. 食品研究与开发, 2006, 27

(11)：222～226.

107. 张群，吴跃辉，刘伟. 不同类型柑橘品种加工制汁适应性研究初探. 农产品加工，2009，(4)：64～67.

108. 胡静，田志宏，张长峰等. 南瓜饮料的研制. 安徽农业科学，2007，35（30）：9687～9688.

109. 朱晓红，纳文娟，于颖. 红枣汁的研制. 饮料工业，2009，(5)：20～23.

110. 贾爱娟，李巨秀，何华亮. 草莓胡萝卜复合果蔬汁饮料的工艺研制. 农产品加工. 学刊，2008，(2)：48～51.

111. 孙炳新，王月华，冯叙桥等. 高压脉冲电场技术在果蔬汁加工及贮藏中的研究进展. 食品与发酵工业，2014，40（4）：147～154.

112. 刘苏苏，吕长鑫，李萌萌等. 酶制剂在果蔬汁澄清及加工中的应用研究进展. 食品安全质量检测学报，2014，5（10）：3276～3283.

113. Dede S，Alpas H，Bayındırlı A. High hydrostatic pressure treatment and storage of carrot and tomato juices：Antioxidant activity and microbial safety. Journal of the Science of Food and Agriculture，2007，87（5）：773～782.

114. 迟淼. 果蔬汁加工中冷杀菌技术的研究和应用现状. 食品工业科技，2009，30（7）：367～371.

115. 姜斌，胡小松，廖小军等. 超高压对鲜榨果蔬汁的杀菌效果. 农业工程学报，2009，25（5）：234～238.

116. Teo A Y L，Ravishankar S，Sizer C E. Effect of Low – Temperature，High – Pressure Treatment on the Survival of *Escherichia coli* O157：H7 and *Salmonella* in Unpasteurized Fruit Juices. Journal of Food Protection，2001，(8)：1122～1127.

117. 焦中高，刘杰超，王思新. 果蔬汁非热加工技术及其安全性评析. 食品科学，2004，25（11）：340～345.

118. 赵文红，白卫东，颜立毅. 柿子酒加工工艺研究. 现代食品科技，2007，23（11）：41～44.

119. 李加兴，孙金玉，陈双平. 猕猴桃果醋发酵工艺优化及质量分析. 食品科学，2011，32（24）：306～310.

120. 何义，林杨，张伟. 果酒研究进展. 酿酒科技，2006，4：91～95.